D1251944

GUÍA AMENA DE MATEMÁTICAS

historia y aplicaciones del

álgebra

GUÍA AMENA DE MATEMÁTICAS

historia y aplicaciones del

álgebra

Desde el número de pétalos de una flor hasta el tipo de interés de una hipoteca

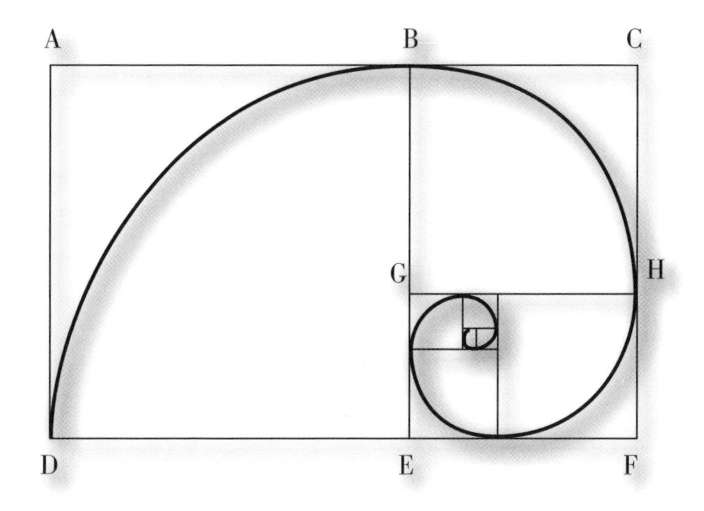

Explicaciones claras y concisas y breves biografías de las figuras más destacadas y sus descubrimientos

BLUME

Michael Willers

Título original:
The Bedside Book of Algebra

Traducción y documentación:
Alfonso Rodríguez Arias
Dr. Ingeniero Industrial

Coordinación de la edición en lengua española:
Cristina Rodríguez Fischer

Primera edición en lengua española 2012

Avda. Mare de Déu de Lorda, 20
08034 Barcelona
Tel. 93 205 40 00 Fax 93 205 14 41
e-mail: info@blume.net

I.S.B.N.: 978-84-9801-599-7

Impreso en China

Este libro se ha impreso sobre papel manufacturado con materia prima procedente de bosques de gestión responsable. En la producción de nuestros libros procuramos, con el máximo empeño, cumplir con los requisitos medioambientales que promueven la conservación y el uso sostenible de los bosques, en especial de los bosques primarios. Asimismo, en nuestra preocupación por el planeta, intentamos emplear al máximo materiales reciclados, y solicitamos a nuestros proveedores que usen materiales de manufactura cuya fabricación esté libre de cloro elemental (ECF) o de metales pesados, entre otros.

CONTENIDO

INTRODUCCIÓN AL ÁLGEBRA

Las matemáticas significan muchas cosas para muchas personas. Así, para algunos representa toda la belleza del universo. Alfred North Whitehead (1861-1947), un matemático y filósofo inglés, describió las matemáticas puras como «la creación más original del espíritu humano». Sin embargo, para otros, las matemáticas son un tema desalentador, tanto si se presentan en forma de ecuaciones en una pizarra como en el hecho de que, como sucede con gran frecuencia, no nos cuadra la suma de las facturas a fin de mes.

Estas dos percepciones divergentes son demasiado simplistas. Por una parte, incluso el más declarado enemigo de los números es difícil que pueda sustraerse a la belleza de algo tan sencillo como absorbente como la sucesión de Fibonacci cuando ésta se presenta en la naturaleza; por otra, hasta el más ferviente apasionado de las matemáticas tiene que admitir que muchas de las ideas matemáticas más bellas están envueltas en un halo de misterio impenetrable que las hace inaccesibles a la mayoría de los humanos.

Este aire de alteridad puede ser la cosa más temible. De hecho, el teólogo del siglo IV san Agustín de Hipona llegó a afirmar: «Existe ya el peligro de que los matemáticos hayan hecho un pacto con el diablo para oscurecer el espíritu y confinar al hombre en los abismos del infierno».

«Las leyes de la naturaleza se escriben en el idioma de las matemáticas.»

Galileo Galilei (1564–1642)

No hay duda de que numerosos estudiantes desconcertados y perplejos compartirán esta apreciación.

Sin embargo, no tiene por qué ser así. De acuerdo: hay algunas ideas difíciles, aunque también mucha belleza que contemplar. Para estudiar la naturaleza de las matemáticas es necesario considerar lo que representan realmente, lo que las hace únicas, y cómo se han desarrollado.

El presente libro pretende ayudarle en esta andadura. Por el camino, conoceremos numerosas ideas interesantes y que exigen esfuerzo, pero nuestro objetivo es ponerlas en relación con el mundo cotidiano; y donde esto no sea posible, descansar y maravillarnos con la belleza que desvelan los números.

¿QUÉ SON LAS MATEMÁTICAS?

Las matemáticas se han descrito de muchas maneras. Se las ha llamado la ciencia de los números y las magnitudes, la ciencia de los patrones y las relaciones, y el lenguaje de la ciencia. Galileo, el famoso científico italiano que vivió de 1564 a 1642, afirmaba que «las leyes de la naturaleza se escriben en el idioma de las matemáticas». De hecho, son todas estas cosas. Conforman un campo de investigación creativo y dinámico. La explosión de las matemáticas queda a menudo oculta a la gente en general, pero esto ha venido cambiando en los últimos años. Los descubrimientos científicos y los debates como, por ejemplo, el relativo al calentamiento global han despertado el interés por entender las estructuras matemáticas subyacentes. Los medios populares han desempeñado también su papel, y las matemáticas han sido el tema central de obras como la película ganadora del Oscar *Una mente maravillosa* (adaptación del libro homónimo nominado para el premio Pulitzer) y el éxito editorial de Dan Brown *El código da Vinci*, por citar tan solo dos ejemplos. Incluso los carteles de fractales en el dormitorio de un adolescente revelan un aprecio por la belleza matemática, aunque las personas no puedan ver los números tras las estructuras.

A pesar de ello, algunos ven las matemáticas como una disciplina estática, aislada del mundo real. Esto se debe fundamentalmente a un fallo en el sistema educativo que dedica gran parte del tiempo al estudio de materias desarrolladas hace milenios. Esto no quiere decir que estos temas no sean importantes e interesantes, pero rara vez llegan a transmitir la fluidez de las matemáticas ni muestran cómo se han desarrollado a lo largo del tiempo. En efecto, tienen una historia muy rica y en estas páginas conoceremos a muchos de los fascinantes matemáticos que la conforman.

• Los números de la sucesión de Fibonacci aparecen en muchos lugares de la naturaleza. En este caso, el número de pétalos de la margarirta es 21.

Y lo que es más: las matemáticas continúan avanzando gracias a individuos notables. Andrew Wiles, el matemático inglés que logró resolver el «último teorema de Fermat» en 1994, y la popularidad del subsiguiente libro de Simon Singh son dos muestras del continuo proceso de desarrollo y cambio de las matemáticas.

Una breve historia de las matemáticas

Como lo atestigua el descubrimiento de un hueso de lobo de 30.000 años de antigüedad con muescas en series de cinco, la historia de las matemáticas es realmente antigua.

La revelación de que las matemáticas no son un dominio exclusivo de los humanos (se ha demostrado, por ejemplo, que los cuervos pueden llegar a diferenciar entre conjuntos de hasta cuatro elementos) demuestra que los rudimentos del conteo están presentes en otras criaturas. Y aquí se plantea la pregunta de rigor: ¿qué fue primero, los humanos o las matemáticas?

A la vista de la larga y pintoresca historia de las matemáticas no es sorprendente que las grandes aportaciones de los matemáticos no queden limitadas a este campo. Muchos de ellos eran polifacéticos de un modo u otro, o grandes científicos o sesudos filósofos.

El estudio de la historia de las matemáticas es el de la historia de la civilización. Se puede afirmar que la revolución científica del Renacimiento tuvo lugar gracias a los avances matemáticos que la hicieron posible. Cuando Fibonacci (*véanse* páginas 94-95 y 98-99) introdujo en Europa la numeración hindú-arábiga en el siglo XIII, permitió que los matemáticos se liberaran de las limitaciones impuestas por la numeración romana.

Hay que subrayar el hecho de que las matemáticas no progresaron a la misma velocidad en todas partes. Sus avances, en efecto, han tenido altibajos. Se descubrieron las ideas, se perdieron y se volvieron a encontrar. El flujo del conocimiento no ha discurrido siempre en la misma dirección, y las matemáticas modernas adoptan ideas muy diferentes procedentes de muy diversos lugares. Sin embargo, tenemos mucho que agradecer a los matemáticos árabes y persas. Situados entre Grecia e India, adoptaron lo mejor de ambos mundos antes de que sus conocimientos fueran reexportados a Europa, a la cuna del Renacimiento.

Las matemáticas están omnipresentes en el mundo moderno. Está claro que han estado siempre en nuestro entorno de un modo u otro, pero en la actualidad tienen un papel mucho más importante en la vida cotidiana de la gente corriente de lo que lo era con anterioridad. El nivel de complejidad en un ordenador moderno significa que se ha invertido mucho más en esa compleja magia tecnológica, que implica unas matemáticas de increíble sofisticación.

Sin embargo, no es necesario ser un genio de la informática o de las matemáticas para apreciar la belleza de los números. Cuanto más se sabe de las matemáticas en mayor medida se aprecia su influencia en el mundo que nos rodea, aunque no es necesario entender hasta la última ecuación. Incluso las ramas más sofisticadas de las matemáticas como, por ejemplo, la teoría del caos, se hacen visibles en imágenes tan habituales como las espirales del humo de un cigarrillo o los remolinos de la crema en el café. Como afirmara René Descartes, «conmigo todo se transforma en matemáticas».

«No hay un camino real a la geometría.»

• En términos generales, Euclides está considerado como el «padre de la geometría», siendo ésta la base de las matemáticas griegas.

La naturaleza de las matemáticas

Las matemáticas poseen la característica única de poder ser, al mismo tiempo, tangibles y completamente abstractas. Por ejemplo, y al nivel más sencillo, la adición se puede demostrar con algo tan simple como un puñado de guijarros pero, al mismo tiempo, la suma $2 + 2 = 4$ es una afirmación general que puede ser aplicada a cualquier otro objeto, tanto si son guijarros como peras, o puede ser una expresión abstracta que no tiene nada que ver con algo físico.

El desarrollo histórico de esta ciencia es, en líneas generales, el paso de una disciplina concreta a una más abstracta. Para los antiguos griegos, las matemáticas eran un tema muy práctico, con una base geométrica. Una variable venía representada por una longitud, el cuadrado de dicha variable como un área y su cubo como un volumen. Sin embargo, este enfoque pragmático proporcionó verdaderos dolores de cabeza a los griegos a la hora de abordar ideas que estaban más allá de este paradigma, como, por ejemplo, los números negativos.

En el transcurso de los siguientes milenios, las matemáticas se han hecho más abstractas en la forma y, en consecuencia, más flexibles. Sin embargo, esto no quiere decir que sus aplicaciones sean menos prácticas. Incluso cuando se persigue una idea sobre una base puramente teórica, puede llegar a tener una aplicación práctica de uso corriente. Un buen ejemplo de ello se encuentra en Joseph Fourier (1768-1830), un matemático francés que utilizó en sus trabajos las series infinitas de las funciones trigonométricas. Por aquel entonces, este tema era de naturaleza puramente teórica, un rompecabezas matemático que, en apariencia, había que resolver solo por gusto. Sin embargo, muchos años más tarde las bases que él sentó constituyen la base de las conversiones analógico-digitales, la técnica utilizada para convertir las ondas sonoras analógicas en discos digitales compactos.

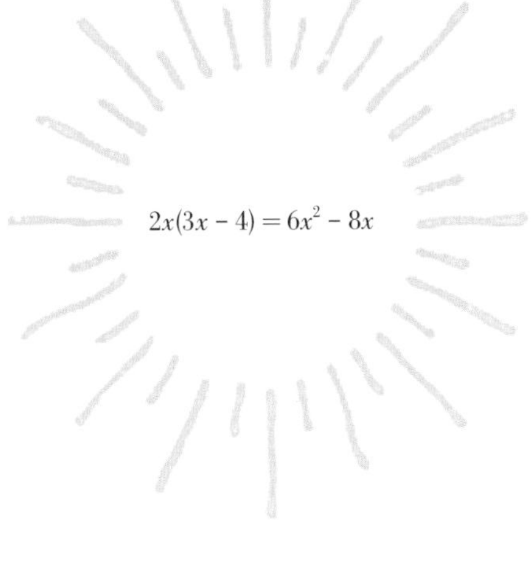

• El lenguaje de las matemáticas es muy bello, y va más allá de las fronteras de las naciones y de los continentes.

El lenguaje de las matemáticas

Uno de los aspectos más fascinantes de las matemáticas es su lenguaje universal. En efecto, aunque en el planeta se hablan numerosas lenguas, hay una que es universal para las matemáticas.

En mis clases tengo muchos estudiantes extranjeros, la mayoría procedentes de Europa y Asia. Cuando llegan con los libros de texto de sus países de origen no entiendo una palabra del texto escrito, pero comprendo los símbolos matemáticos.

Como dijo David Hilbert (1862-1943), un gran matemático alemán, «las matemáticas no saben nada de razas ni fronteras, ya que, para ellas, el mundo cultural es un solo país».

Aunque parezca imposible, las matemáticas pueden ser universales en el sentido más amplio de la palabra, y, por esta razón, la búsqueda de inteligencia extraterrestre utiliza representaciones binarias de π (*véanse* páginas 18-19) y números primos (*véase* página 16) para radiar nuestra presencia a cualquiera que pueda escucharnos. Resulta casi imposible que ese alguien entienda el saludo «¡hola!» en cualquier lengua. Sin embargo, es mucho más probable que tenga un concepto de π, desarrollado al trabajar con círculos, y aunque su sistema matemático principal pueda ser diferente al nuestro de base diez, es muy posible que entienda el concepto expresado en forma binaria (encendido/apagado o día/noche).

• Los cinco sólidos platónicos. Estas fascinantes formas tienen propiedades únicas (*véanse* páginas 52-53)

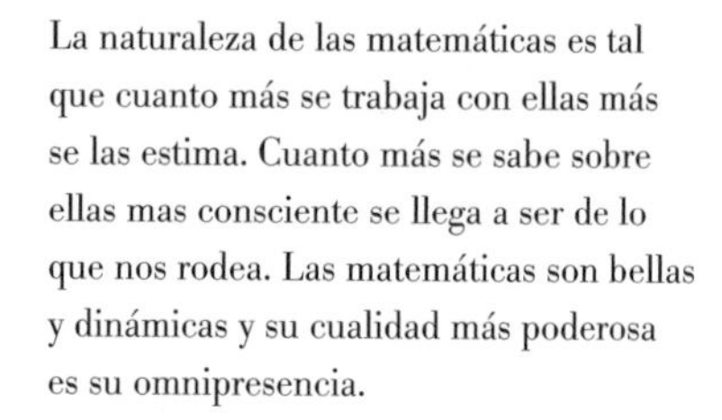

La naturaleza de las matemáticas es tal que cuanto más se trabaja con ellas más se las estima. Cuanto más se sabe sobre ellas mas consciente se llega a ser de lo que nos rodea. Las matemáticas son bellas y dinámicas y su cualidad más poderosa es su omnipresencia.

¿QUÉ ES EL ÁLGEBRA?

La palabra «álgebra» deriva de una obra de Al-Juarismi (*véanse* páginas 86-87) *Hisab Al-Jabr w'Al-Muqabala*, de la que «Al-Jabr» se convertiría en «álgebra». No en vano, algunos consideran a Al-Juarismi como el «padre del álgebra.»

Cuando en estas páginas hablamos de álgebra nos referimos al álgebra elemental, que es la que se enseña a nivel de enseñanza secundaria en todo el mundo. Sin embargo, hay también otros tipos de álgebra, como la boleana (el álgebra de la lógica), que son bastante accesibles, si bien existen también otros de mucha mayor complejidad.

Nuestro enfoque es sobre el álgebra que trata de las operaciones aritméticas de números y variables; dicho de otro modo, de cosas del tipo $3x + 5 = 9$. Desde luego, el álgebra no nació totalmente formada; este tipo de notación es relativamente reciente y data del siglo XVII, en concreto de la obra de René Descartes (*véanse* páginas 116-117).

La primera fase del desarrollo fue el álgebra retórica. Ésta tomó la forma de frases completas y fue la que dominó hasta el siglo III. Hoy día, este estilo de álgebra continúa siendo la pesadilla de la mayoría de

SOBRE LA NOTACIÓN

La notación utilizada en este libro es la estándar, pero cabe hacer notar que, para evitar confusiones, el uso de la *x* se reserva para las variables, y el signo • para denotar la multiplicación.

Para ser más claros, se usan números y palabras del modo más apropiado. Asimismo, las unidades de medida son las métricas, ya que lo importante son los números.

los estudiantes ya que todo se reduce a problemas de palabras. Así, en lugar de resolver algo como $3x + 5 = 9$, se tendría que resolver algo tan arcaico como «una cantidad incrementada tres veces ella misma e incrementada después en cinco más iguala al valor nueve».

Vino después el álgebra sincopada, en la que se introdujeron símbolos y taquigrafía. La obra de Diofanto (*véanse* páginas 64-67) se considera sincopada, lo mismo que la de Brahmagupta (*véanse* páginas 78-79). Esto representó una mejora, pero todavía requería de mucho trabajo adicional comparado con lo que vendría después.

El estadio final en el desarrollo del álgebra, por lo menos en lo que nos concierne aquí, fue el álgebra simbólica. Esta es la que conocemos y utilizamos hoy en día. Cuando escribimos $3x + 5 = 9$, x es la incógnita y podemos resolver la

«Las matemáticas no saben nada de razas ni fronteras, ya que, para ellas, el mundo cultural es un solo país.»

David Hilbert (1862-1943)

ecuacióncon utilizando el resto de información disponible. La cuestión es estrictamente teórica y no requiere de ejemplos prácticos.

Esta notación cristalizó con René Descartes, aunque había alcanzado ya un cierto grado de desarrollo antes de él. Las obras de Descartes son las más antiguas que un estudiante actual podría leer sin dificultades para entender la notación.

Al mismo tiempo, y como ya hemos visto, el álgebra fue pasando por distintas fases de abstracción creciente. En las eras babilónica, egipcia y griega, las matemáticas eran de naturaleza geométrica, lo que hacía absurdos el concepto del cero y de los números negativos. Incluso cuando el álgebra se volvió sincopada, se conservó la aversión a los números negativos. Incluso en el siglo XV, en Europa se veían todavía con recelo.

El álgebra pasó después a una fase estática de resolución de ecuaciones, que es lo que se encontrará en las páginas que siguen.

Así pues, sin más demora, iniciemos nuestro viaje. Por el camino conoceremos algunos personajes fascinantes y algunas ideas no menos apasionantes, y también encontraremos algunas páginas dedicadas a la resolución de problemas para mantenernos en forma. Empecemos pues con algunas de las bases del álgebra.

Capítulo

Las bases del álgebra

En este primer capítulo echaremos una ojeada a unos pocos conceptos básicos. Empezaremos por el conocimiento de los diferentes tipos de números, como los perfectos, los radicales, los irracionales así como el favorito de todos los números: π. Abordaremos a continuación algunas de las maneras de resolver las ecuaciones algebraicas más básicas, y revelaremos algunas de las fascinantes historias que hay detrás de todo ello.

TIPOS DE NÚMEROS **Parte I**

Un número es un número, ¿verdad? En realidad, no. Los números se parecen mucho a las personas: pertenecen a diferentes grupos. Del mismo modo que en la escuela hay alumnos espabilados, torpes, etcétera, así son los números. De hecho, algunos son cuadrados, otros perfectos y uno es incluso áureo (el número áureo, o dicho más propiamente, la razón áurea, se trata con más detalle en las páginas 100-101). Pero antes de llegar a estos últimos, veamos las categorías de números más básicas.

Conjuntos de números

Imagine que es un hombre de las cavernas que se entretiene contando piedras. Este constituye el conjunto más básico de los números, los usados para contar, los números «naturales positivos»: 1, 2, 3, 4, 5 y siguientes. Este conjunto de números fue útil durante muchos años y de hecho sirve todavía en muchísimos casos. Sin embargo, ampliar este conjunto requirió de un gran salto en el pensamiento. Para ampliarlo, añadiremos un nuevo número: el cero (*véase* recuadro de la siguiente página); a este conjunto se le suele denominar el de los números «naturales», constituido por 0, 1, 2, 3, 4, 5 y siguientes.

El siguiente conjunto de números, que contiene todos los enteros, ha sido la cruz de muchas vidas: son los números «negativos». ¿Cómo funcionarían el comercio y la banca sin ellos? Al conjunto de los números naturales positivos y los negativos más el cero, se denomina el de números «enteros». Éste es, pues: ..., -3, -2, -1, 0, 1, 2, 3,..., que se podría representar también como 0, ±1, ±2, ±3, etcétera. Para el siguiente conjunto, el de los números «racionales», ya no vivimos en las cavernas. Se ha desarrollado la agricultura y usted cría pollos, pero los quiere cambiar por una vaca. El dueño de ésta decide que el valor de intercambio es de veinte pollos por vaca. Usted tiene unicamente quince pollos, pero puede utilizar cinco de los de su hermano para cubrir la diferencia. Una vez sacrificada la vaca, ¿qué parte debe darle a su hermano? Evidentemente serán cinco de veinte partes, $\frac{5}{20}$, o sea $\frac{1}{4}$, un cuarto de la vaca.

Éstos son números fraccionarios o fracciones, que son los que se pueden expresar en la forma $\frac{a}{b}$, donde a y b son números enteros y b no puede ser igual a cero (la división por cero da como resultado infinito). Si b es igual a uno, el resultado es un número entero, y el conjunto formado por los números enteros y fraccionarios conforma el de los números «racionales». Otra manera de expresarlo sería decir que los números racionales están formados por todos los decimales, sean «finitos» o «periódicos». Por ejemplo, la fracción $\frac{1}{4}$

es exactamente igual a 0,25; es un decimal «finito». Pero si el valor de intercambio fuera de nueve pollos por vaca, su hermano tuviera seis pollos y usted solo tres, su hermano recibiría $\frac{6}{9}$ de vaca, 0,6666666..., que es un decimal «periódico». Ambos tipos de fracciones, son números racionales.

Los distintos conjuntos de números caben unos dentro de otro como las muñecas rusas, pero están separados. Los números que no se pueden expresar en forma de fracción, es decir, ni como decimal finito ni como decimal periódico, se denominan números «irracionales». Dos buenos ejemplos de estos números son π (pi) y $\sqrt{2}$ (la raíz cuadrada de dos). El número de sus decimales continúa hasta el infinito sin períodos.

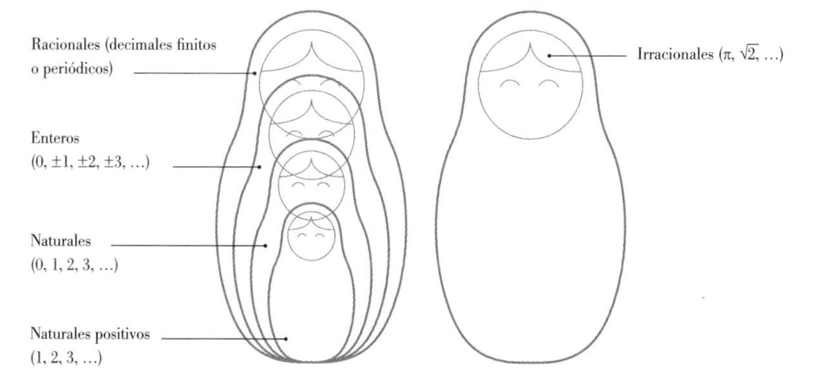

CERO, EL HÉROE

Aunque cada día utilizamos el cero, pocos somos conscientes de su significado. El cero es una parte imprescindible de nuestro sistema de numeración posicional. Y es que sin él, 206 y 26 parecerían iguales. Esto nos parece obvio en la actualidad, pero el paso teórico requerido para desarrollar un símbolo que representara la nada es impresionante. Ni los griegos ni los romanos tenían una representación para el cero.

El matemático indio Brahmagupta (*véanse* páginas 78-79) fue el autor del primer texto que trata del cero como número. Se dice, a veces, que no se puede pensar en el infinito hasta que no se ha pensado en el cero. De hecho, esta ponderación del cero y del infinito constituye una parte importante del cálculo (la pesadilla de muchos estudiantes universitarios). El cálculo se utiliza en la ciencia y la economía para considerar lo infinitamente grande y lo infinitamente pequeño. Para no extendernos demasiado en ello, diremos que la aparición del cero constituyó un gran hito en la historia de las matemáticas.

TIPOS DE NÚMEROS Parte 2

Los números tienen una gran vida social y pertenecen a diferentes grupos, como clubes, gimnasios u obras caritativas. En las páginas anteriores hemos visto que se hallan en grupos que están unos dentro de otros, como las muñecas rusas, y hemos conocido también a los números irracionales, que no caben en ellos. Vamos a ver ahora otras maneras de agrupar los números.

Números primos y compuestos

Los números primos son un subconjunto en el conjunto de los números naturales. Un número primo es el número natural que únicamente tiene dos divisores: el uno y él mismo. Dicho de otra manera, un número primo es el que solo es divisible por sí mismo y por la unidad. Esto quiere decir que si un número primo se divide por cualquier otro número entero se obtendrá una fracción o decimal. Los números primos tienen algunas restricciones: un número negativo (que no es natural) no puede ser primo. El uno en sí tampoco es primo.

Por su parte, los números compuestos son lo «contrario» de los primos. Un número compuesto es un número natural que tiene algún otro divisor aparte del uno y él mismo. Esto significa que los números compuestos son todos los números naturales menos los primos y el uno. Este último, no es ni primo ni compuesto. Siempre hay alguien diferente.

Números cuadrados

Cuando leemos $4^2 = 16$, lo expresamos como «cuatro al cuadrado igual a dieciséis». ¿Por qué decimos «al cuadrado»? Los griegos eran grandes en geometría y la aplicaban muy bien a los números. Dieciséis es un cuadrado porque es posible distribuir dieciséis puntos formando un cuadrado de cuatro por cuatro. De hecho, cuatro es la raíz cuadrada de dieciséis, o $n = 4$. Casi todos conocemos la serie de números cuadrados 1, 4, 9, 16, 25, etcétera; es la diagonal de las antiguas tablas de multiplicar, y la fórmula que se usa para hallar el cuadrado de un número es n^2.

Números triangulares

Un conjunto menos conocido es el de los números triangulares: 1, 3, 6, 10, 15, 21, etcétera. Como los números cuadrados, reciben su nombre por el hecho de poder representarse en forma de un triángulo equilátero de puntos.

Es interesante hacer notar que algunos números son tanto cuadrados como triangulares. De hecho, ya conocemos el primero: es el número 1. El siguiente es el treinta y seis, y el que sigue que puede ser

• Los primeros números cuadrados (1, 4, 9, 16) representados en puntos.

LA GEOMETRÍA DE LOS NÚMEROS

Los números cuadrados y triangulares son solo dos de los muchos conjuntos de números geométricos: los poligonales. En la siguiente tabla se muestran los cinco primeros, junto con las fórmulas que se pueden utilizar para calcularlos. Basta reemplazar *n* por un número entero y se encuentra el número poligonal correspondiente. Los números geométricos existen también en tres dimensiones; por ejemplo, están los números «tetraédricos», que son la suma de números triangulares y que forman un tetraedro regular.

Tipo de número	Primeros números	Fórmula
Triangular	1, 3, 6, 10, 15, ...	$\frac{(n)(n+1)}{2}$
Cuadrado	1, 4, 9, 16, 25, ...	n^2
Pentagonal	1, 5, 12, 22, 35, ...	$\frac{(n)(3n-1)}{2}$
Hexagonal	1, 6, 15, 28, 45, ...	$(n)(2n-1)$
Heptagonal	1, 7, 18, 34, 55, ...	$\frac{(n)(5n-3)}{2}$

representado en forma de cuadrado y de triángulo es el 1.225, seguido del 41.616; la separación entre ellos se va haciendo cada vez más grande. Hay muchos otros números poligonales; en el recuadro superior se trata algo más sobre ellos.

• El treinta y seis representado con puntos, donde se ve que es un número cuadrado y triangular.

Números perfectos

Un número perfecto es aquel que es igual a la suma de todos sus divisores propios. Esto se entenderá más claramente mediante un ejemplo: seis es un número perfecto ya que los divisores propios de seis son uno, dos y tres, la suma de los cuales es seis. Los números perfectos son bastante escasos. El siguiente número perfecto es el veintiocho. Los divisores de veintiocho son uno, dos, cuatro, siete y catorce: si los sumamos, da veintiocho.

Ya no vuelve a aparecer otro número perfecto hasta el 496, y a éste le sigue el 8.128.

UNA BREVE HISTORIA DE PI

Pi (π) es como una estrella del rock. Unas Navidades mi esposa me regaló una camiseta con un número π estampado. Cuando me la pongo, muchos extraños se acercan y me dicen: «¡Bonita camiseta!». Y es que a la gente le gusta π, la idea de π; la relaciona con las matemáticas fuera del contexto aritmético de la vida cotidiana. Para muchos es su primer contacto con el infinito. A continuación, pues, una breve historia de π, su uso y significado.

¿Qué es pi?

Pi, o π, se define como la relacióm entre el perímetro de la circunferencia y su diametro:

$$\pi = \frac{\textit{circunferencia}}{\textit{diámetro}} = \frac{c}{d}$$

Esto induce con frecuencia a confusión ya que se ha dicho que π es un número irracional (*véase* página 15), lo que quiere decir que no se puede expresar en forma de fracción. Hay que recordar que una fracción es $\frac{a}{b}$ donde a y b son números enteros. Pero, en el caso de π, o la circunferencia o el diámetro son números irracionales. Esto es interesante y extraño, pues significa que si es posible escribir el valor del diámetro, no se podrá determinar con exactitud la longitud de la circunferencia en forma decimal, o viceversa.

La idea de que π era una constante se ha intuido desde hace milenios. Los egipcios

PI A TRAVÉS DE LOS TIEMPOS

Fuente	Año	Estimación
Papiro de Rhind	hacia1650 A. C.	3,16045
Arquímedes (media de los extremos)	250 A. C.	3,1418
Tolomeo	150 D. C.	3,14166
Brahmagupta	640 D. C.	3,1622 ($\sqrt{10}$)
Al-Juarismi	800 D. C.	3,1416
Fibonacci	1220 D. C.	3,141818

• El método de Arquímedes para estimar π consistió en dibujar polígonos regulares inscritos y circunscritos a la circunferencia, medirlos y promediar los «extremos».

la estimaban en $\frac{25}{8}$ (3,125) en tanto que los mesopotámicos le daban el valor de $\sqrt{10}$ (o 3,162).

Arquímedes fue el primero en analizar π a fondo. Dibujando polígonos inscritos y circunscritos a la circunferencia y calculando sus perímetros, llegó a deducir que π estaba comprendido ente $\frac{223}{71}$ y $\frac{22}{7}$, (entre 3,140845... y 3,142857...). Desde entonces ha ido aumentando la precisión del valor de π, aunque algunas estimaciones fueron menos precisas que las precedentes (*véase* la tabla de la página anterior). Actualmente, gracias a la introducción de los ordenadores, se conoce el valor de π con miles de millones de decimales.

JOHN WALLIS

John Wallis, tercero de los cinco hijos del reverendo John Wallis y Joanna Chapman, nació en Ashford, Inglaterra, en 1616. En 1631, su hermano lo introdujo en el mundo de la aritmética y en 1632 acudió al Emmanuel College de Cambridge, donde se graduó y obtuvo la maestría en 1640. Durante la guerra civil inglesa hizo uso de sus conocimientos matemáticos para decodificar los mensajes de los realistas a los parlamentaristas (de la criptografía hablaremos en el último capítulo).

En 1649 fue propuesto para la cátedra Savilian de geometría en la universidad de Oxford, cargo que ocupó hasta su muerte, en 1703. Wallis contribuyó al desarrollo del cálculo, siendo el primero en utilizar el símbolo ∞ para representar infinito.

Fórmulas de pi

El símbolo π (en su sentido matemático) fue introducido por William Jones en 1706, en su libro *Synopsis palmariorum mathesios*. Sin embargo, π se puede representar mediante series infinitas de números. El matemático y astrónomo indio del siglo XIV Madhava introdujo la serie:

$$\frac{\pi}{4} = 1 - \frac{1}{3} + \frac{1}{5} - \frac{1}{7} + \frac{1}{9} \ldots$$

Se puede emplear para estimar π, pero es muy lento. El matemático suizo del siglo XVIII Leonhard Euler (*véanse* páginas 140-141) utilizó la serie:

$$\frac{\pi^2}{6} = 1 + \frac{1}{2^2} + \frac{1}{3^2} + \frac{1}{4^2} \cdots$$

Otra serie interesante para el cálculo fue la propuesta por John Wallis (*véase* recuadro superior), que publicó en 1656 y que empieza como sigue:

$$\frac{\pi}{2} = \frac{2}{1} \cdot \frac{2}{3} \cdot \frac{4}{3} \cdot \frac{4}{5} \cdot \frac{6}{5} \ldots$$

Sin entrar demasiado a fondo en las matemáticas, estas series muestran algunas de las propiedades especiales de π, que quizá sean la causa de su permanente atractivo. Y es más: desde el velocímetro y el odómetro del automóvil hasta el cálculo del volumen de cualquier lata, el impacto de π en la vida cotidiana está presente en todas partes.

EL ORDEN EN LAS OPERACIONES

Imagínese vivir en un lugar en el que las personas ignoraran las leyes del tráfico: podría intentar describir la pesadilla de estar atascado en un cruce de calles en mi propia ciudad, pero no hay páginas suficientes en este libro. El problema es que, sin reglas, unos circularían por la derecha, otros por la izquierda, algunos se pararían con la luz verde y otros con la roja: en resumen, la anarquía total.

Esto es igualmente válido para las matemáticas. Por tanto, antes de que nos quedemos parados en algunas ecuaciones es necesario establecer las reglas básicas. Sin éstas, diferentes personas darían respuestas distintas a la misma cuestión. Por ejemplo, veamos cómo Luis y Maite resuelven el problema: $3 + 4 \cdot 5$.

Luis arranca por el principio, por lo que suma tres y cuatro, lo que da siete, y luego multiplica éste por cinco, lo que da treinta y cinco. Por su parte, Maite lo hace de otro modo: cuatro por cinco es veinte, lo que sumado a tres da veintitrés. Obtienen resultados diferentes y surge el debate.

¿Quién tiene razón? Maite, y ahora veremos por qué.

En matemáticas existe un orden determinado en el que se deben realizar las operaciones matemáticas.

Una regla mnemotécnica pare recordar siempre el orden de las operaciones sería recordar la palabra PEMA:

Paréntesis (o **c**orchetes)
Exponentes y raíces
Multiplicación y **d**ivisión
Adición y **s**ustracción

P. Resolver en primer lugar los paréntesis, corchetes o símbolos semejantes (), [], {}.
E. Resolver **e**xponentes o raíces.
M. Multiplicación y división de izquierda a derecha.
A. Adición y sustracción de izquierda a derecha.

Otras funciones de nivel superior como son los logaritmos y las funciones trigonométricas se realizan al nivel de los exponentes y raíces.

El tema de los niveles tiene sentido si se piensa en las operaciones que se llevan a cabo. La adición es la operación más básica, la primera que aprendemos. De hecho, la multiplicación es una sucesión de sumas, es decir, cuando decimos «dos por cinco» lo que hacemos es sumar el dos cinco veces:

$$2 \cdot 5 = 2 + 2 + 2 + 2 + 2$$

Por su parte, los exponentes representan multiplicaciones sucesivas como, por ejemplo:

$$2^5 = 2 \cdot 2 \cdot 2 \cdot 2 \cdot 2$$

Es decir, como se puede ver, en el orden de las operaciones nos movemos hacia las operaciones más simples.

Paréntesis entre paréntesis

En el caso de las combinaciones de varios paréntesis (en general se usan correlativamente paréntesis, corchetes y llaves), podrían surgir problemas al seguir las reglas anteriores. Veámoslo con un ejemplo:

$$9 + 3[8 - 2(6 - 5)]$$

En estos casos se resuelve siempre de dentro a afuera. Por ello, restamos en primer lugar (6-5) para obtener 1. Ahora, la expresión queda así:

$$9 + 3[8 - 2(1)]$$

Como 2(1) es igual a 2 tendremos:

$$9 + 3(8 - 2)$$

Se resuelve ahora la expresión entre paréntesis para obtener 6 y la expresión se convierte en:

$$9 + 3(6)$$

RECORDAR QUE EN PEMA SE ESCONDE EL ORDENOPERA

que pasa a ser 9 + 18, con lo que el resultado es 27.

Agrupaciones

Otro problema que puede surgir son las agrupaciones, que con frecuencia son implícitas y pueden llevar a confusión. Por ejemplo, $x \cdot x - 3$ no es lo mismo que $x \cdot (x - 3)$. La primera es $x^2 - 3$, en tanto que la segunda es $x^2 - 3x$. También, cuando alguien escribe ½ x, ¿quiere decir «una mitad multiplicada por x» o «uno dividido por $2x$»? Si el valor de x fuera 10, el primer resultado sería 5, mientras que el segundo sería 0,05, lo que es muy diferente. Aquí es donde son útiles las agrupaciones: si lo que se quiere decir es «un medio por x», se podría escribir $(\frac{1}{2})x$ para evitar confusiones.

Por último, para la división se ha adoptado una regla: todo lo que está encima de la línea de división y todo lo que está por debajo de ella se supone entre paréntesis. Así, la expresión $\frac{x+1}{x-3}$ se podría escribir explícitamente como $\frac{(x+1)}{(x-3)}$.

Todo lo expuesto no es, en modo alguno, una lista completa del orden de las operaciones. En la ciencia de la computación la lista de operaciones y del orden en que deben realizarse es mucho más larga. En las matemáticas, hay también muchas más operaciones realizables, como por ejemplo los factoriales (*véanse* páginas 124-125).

Véanse páginas 124-125 para saber más sobre los factoriales.

Cuidado con el orden (PEMA)

EL PROBLEMA:

Alberto y Fernando participaron en un concurso cuyo premio era una nueva transmisión con *overdrive* para su deportivo clásico Camaro de 1969. Cuando se realizó el sorteo resultaron elegidos, siendo la única condición para recoger el premio que obtuvieran el resultado correcto de dos expresiones aritméticas algo complicadas. Éstas eran:

a) $3 \cdot 6\,(5 - 2^2)$

b) $5\,[(3^4 - 6 \cdot 7) \div 13 - 8] - 4 \cdot 9$

EL MÉTODO:

Se podría empezar por el principio de las expresiones resolviendo lo primero que aparece de izquierda a derecha, pero no daría los resultados correctos. Tanto Fernando como Alberto están mejor preparados. Aplican las reglas PEMA.

LA SOLUCIÓN:

Fernando se hace cargo de la primera expresión. De acuerdo con las reglas PEMA, debe efectuar, en primer lugar, la operación que está entre paréntesis. Ésta contiene dos operaciones: una sustracción y una potenciación. De nuevo, de acuerdo con las reglas, la potenciación tiene un mayor nivel, por lo que se debe efectuar en primer lugar: $2^2 = 4$, con lo que la expresión se convierte en $3 \cdot 6\,(5 - 4)$.

Ahora hay que realizar la resta que está entre paréntesis, $5 - 4 = 1$, y queda $3 \cdot 6\,(1)$.

La única operación que ahora queda por efectuar es la multiplicación. Se debe observar que aunque no hay ningún signo de multiplicación, 6 (1) es otra manera de representarla. Realizamos pues la operación de izquierda a derecha y el resultado es 18.

Alberto se ocupa de la segunda expresión, que es más complicada que la primera, ya que tiene paréntesis entre paréntesis (corchetes). Para hacer el cálculo hay que partir de dentro hacia fuera.

Para ello empezamos con los paréntesis: $(3^4 - 6 \cdot 7)$. La potenciación es la operación de mayor nivel, por lo que se hace en primer lugar: $3^4 = 81$, de modo que queda $(81 - 6 \cdot 7)$.

A continuación hacemos la multiplicación $6 \cdot 7 = 42$ lo que nos deja (81 – 42), seguida de la sustracción (81 – 42), lo que da (39).

Resuelto el paréntesis, ponemos el resultado en la expresión original, que queda así:

$$5\,[(39) \div 13 - 8] - 4 \cdot 9$$

En el interior de los corchetes, lo primero que hay que calcular es lo de mayor nivel: la división $39 \div 13 = 3$, de modo que queda:

$$5\,(3 - 8) - 4 \cdot 9$$

La primera operación a realizar ahora es la que está entre corchetes: $3 - 8 = -5$, con lo que resulta:

$$5\,(-5) - 4 \cdot 9$$

Haciendo ahora las multiplicaciones de izquierda a derecha nos da:

$$-25 - 36$$

Realizando por último la sustracción obtenemos el resultado de −61.

Así ganaron Alberto y Fernando su transmisión con *overdrive*, ya que recordaron las reglas PEMA.

EXPRESIONES, IGUALDADES Y DESIGUALDADES

Antes de entrar en el tema de las igualdades y desigualdades, es necesario dejar clara la terminología. Una expresión es una serie de números y variables que a veces se puede simplificar y que no contiene ningún signo de igualdad o desigualdad. Una ecuación contiene siempre un signo de igualdad, en tanto que una inecuación contiene siempre un signo de desigualdad.

Un ejemplo de expresión es el siguiente:

$$\frac{(3x - 4) + 5}{5x}$$

Por su parte, un ejemplo de ecuación es:

$$3x - 5 = 13$$

Y un ejemplo de inecuación es:

$$3(x + 2) \leq 2x + 5$$

En las desigualdades, $>$ quiere decir «mayor que»; $<$ significa «menor que»; $\leq$ significa «menor o igual que», y $\geq$, «mayor o igual que».

Las desigualdades pueden parecer raras, pero nos las encontramos a menudo en la vida cotidiana cuando, por ejemplo, hablamos de máximos y mínimos.

Inecuaciones en la recta numérica

Como las inecuaciones tienen un número infinito de soluciones, las representamos a menudo gráficamente sobre una recta. Por ejemplo, si representamos $x \leq 3$, habrá un punto en el tres de esa recta y ésta estará sombreada a la izquierda del mismo (*véase* ilustración inferior). Esto representa todos los valores que hacen que se cumpla la inecuación. Si ponemos $x > -2$, tendríamos un punto vacío en el menos dos, y a la derecha la recta estaría sombreada. Se utiliza un punto en negrita cuando el número forma parte de la solución, es decir, cuando se trata de inecuaciones con $\leq$ o $\geq$; el punto vacío se utiliza cuando el número no forma parte de la solución o, dicho de otro modo, cuando utilizamos $<$ o $>$.

Con la expresión $3x - 5$ podemos hacer muy poca cosa. Pero si ponemos un signo de igual con algo más en el otro lado,

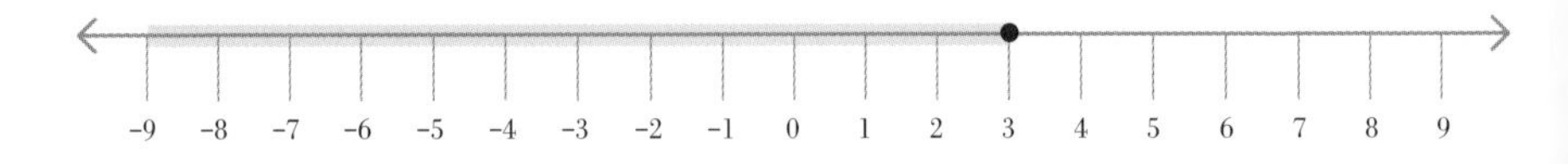

$-9\quad -8\quad -7\quad -6\quad -5\quad -4\quad -3\quad -2\quad -1\quad 0\quad 1\quad 2\quad 3\quad 4\quad 5\quad 6\quad 7\quad 8\quad 9$

se convierte en una ecuación. Utilizando el ejemplo anterior, $3x - 5 = 13$ es una ecuación, que podemos resolver, y la solución es $x = 6$. Por su parte, $3x - 5 > 13$ es una inecuación que también se puede resolver, y el resultado es $x > 6$.

La igualdad genera una solución discreta: x es igual a seis y nada más. Por su parte, la desigualdad da un sinnúmero de soluciones: x puede ser seis o siete o 6,000001, es decir, cualquier valor mayor que seis. Para las inecuaciones hay un número infinito de soluciones, y esto se puede reflejar en la recta numérica sombreando la derecha del seis (*véase* ilustración superior). Nótese que el seis tiene un circulito encima, ya que un punto vacío significa que no forma parte de la solución.

Cambio de dirección

Existe una traba frecuente en las inecuaciones que se demuestra en el ejemplo siguiente. Supongamos que Samuel y David hacen un pacto con el diablo: a cambio de la fama, uno de ellos deberá venderle su alma. El diablo les da una tarea para resolver, y aquel que lo logre salvará su alma. La tarea consiste en resolver la inecuación $-3x > 15$.

Samuel y David la resuelven, pero de distintas maneras. Samuel divide los dos miembros de la inecuación por -3 y obtiene $x > -5$. Por su parte, David cambia de lado los miembros de la inecuación, que queda en la forma $-15 > 3x$; después divide ambos miembros por 3, lo que da $-5 > x$. El resultado de Samuel son los números mayores a -5, en tanto que el de David son los menores a -5. ¿Quién tiene razón? Para comprobarlo, pongamos algunos números en la inecuación. Si Samuel tiene razón, -4 debería satisfacerla, pero no lo hace ya que lo que se obtiene es $12 > 15$. Para David, el valor -6 debería funcionar y lo hace, ya que obtenemos $18 > 15$, lo que es cierto. David gana y conserva su alma.

Importante: cuando los miembros de las inecuaciones se multiplican o dividen por un número negativo, cambia su dirección.

DANOS UN SIGNO

Aunque muchos de nuestros símbolos y notaciones matemáticas están normalizados en la actualidad, otros no lo están. En el pasado lo estaban aún menos. El signo = fue utilizado por primera vez en 1557 por Robert Recorde, un médico y matemático galés. Los símbolos > y < aparecieron por vez primera en un libro del matemático inglés Thomas Harriot en 1631, unos diez años después de su muerte, aunque el crédito de la notación se dio a su editor. Como dato curioso, Harriot estuvo implicado en el famoso complot para volar el parlamento británico: «Remember, remember the fifth of November…» («Recuerda, recuerda el 5 de noviembre…»). Más de cien años más tarde, en 1734, el matemático francés Pierre Bouguer introdujo los símbolos ≥ y ≤.

Lo básico de la resolución de ecuaciones

LOS PROBLEMAS:

Vamos a repasar los conceptos básicos resolviendo las siguientes ecuaciones:

a) $x + 3 = 5$

b) $2x = 8$

c) $3x - 5 = 7$

d) $\frac{2}{3}x = 8$

e) $\frac{2}{3}(x - 6) = 8$

f) $\frac{2}{3}(x - 6) = 8(x + 3)$

EL MÉTODO:

Para resolverlas realizamos las operaciones opuestas (o inversas) para despejar x. Hablando en términos generales, el enfoque que se sigue es casi siempre el mismo, pero a medida que las ecuaciones se van haciendo más complicadas los «caminos» van variando. Mostraré el enfoque que yo doy, si bien se pueden seguir caminos diferentes. Si se llega a la misma solución, ¡alegrémonos!

LAS SOLUCIONES:

a) En este problema, se suman 3 y x; por tanto, si restamos 3 en ambos miembros de la ecuación (operación opuesta) obtenemos:

$$x + 3 = 5$$
$$x + 3 - 3 = 5 - 3$$
$$x = 2$$

b) En este problema, x esta multiplicada por 2, por lo que dividimos ambos miembros por 2:

$$2x = 8$$
$$2x \div 2 = 8 \div 2$$
$$x = 4$$

c) Éste es más complicado; x está multiplicada por 3 y se le restan 5:

$$3x - 5 = 7$$

Por lo general, eliminamos primero los términos que están más lejos de la variable, por lo que sumaremos 5 a los dos miembros, obteniendo así:

$$3x - 5 + 5 = 7 + 5 \quad \text{o}$$
$$3x = 12$$

Ahora, como x está multiplicada por 3, dividiremos ambos miembros por 3:

$$3x \div 3 = 12 \div 3 \qquad \text{o}$$
$$x = 4$$

d) La fracción delante de la x puede considerarse como una operación compuesta; se multiplica x por 2 y se divide el resultado por 3.

$$\tfrac{2}{3}x = 8$$

Para eliminar «÷ 3», multiplicamos por 3:

$$\tfrac{2}{3}x \cdot 3 = 8 \cdot 3 \qquad \text{o}$$
$$2x = 8 \cdot 3 \qquad \text{o}$$
$$2x = 24$$

Para eliminar «• 2», dividimos por 2:

$$2x \div 2 = 24 \div 2 \qquad \text{o}$$
$$x = 12$$

e) Esta ecuación tiene paréntesis, por lo que es algo más complicada. Queremos deshacernos de los paréntesis lo antes posible, por lo que multiplicamos x y − 6 por $\tfrac{2}{3}$:

$$\tfrac{2}{3}(x - 6) = 8$$
$$\tfrac{2}{3}x - 4 = 8$$

Sumando 4 a ambos miembros eliminamos el «− 4»:

$$\tfrac{2}{3}x - 4 + 4 = 8 + 4 \qquad \text{o}$$
$$\tfrac{2}{3}x = 12$$

Siguiendo el ejemplo anterior llegamos a:

$$x = 18$$

f) En esta ecuación la variable está en los dos miembros y están los temidos paréntesis. Lo primero es hacerlos desaparecer haciendo las multiplicaciones:

$$\tfrac{2}{3}(x - 6) = 8(x + 3)$$
$$\tfrac{2}{3}x - 4 = 8x + 24$$

Aquí, difiero de lo que hacen otros, ya que me gusta hacer desaparecer las fracciones lo antes posible. No tengo nada contra ellas, pero algunos de mis alumnos sí. A éstos les hago notar que cuando hay un signo = estamos en una posición ventajosa. Se puede hacer lo que se quiera siempre que se haga en los dos miembros. En este caso, los multiplicaré por 3:

$$\tfrac{2}{3}x \cdot 3 - 4 \cdot 3 = 8x \cdot 3 + 24 \cdot 3 \qquad \text{o}$$
$$2x - 12 = 24x + 72$$

Pondremos ahora todas las x en uno de los miembros restando $2x$ de ambos:

$$2x - 2x - 12 = 24x - 2x + 72 \qquad \text{o}$$
$$-12 = 22x + 72$$

Restamos ahora 72 para despejar $22x$:

$$-12 - 72 = 22x + 72 - 72 \qquad \text{o}$$
$$-84 = 22x$$

Y ahora dividimos por 22 para despejar x:

$$-84 \div 22 = 22x \div 22 \qquad \text{o}$$

$$\frac{-84}{22} = x$$

Esto se puede simplificar a:

$$\frac{-42}{11} = x$$

Resolución de ecuaciones en orden

EL PROBLEMA:

Hay numerosas aplicaciones que hacen necesario el uso de raíces cuadradas: por ejemplo, los inspectores de accidentes utilizan una ecuación con raíces cuadradas para determinar la velocidad de un vehículo a partir de la longitud de las huellas de la frenada. Aquí estudiaremos una ecuación más sencilla para habituarnos al orden de operaciones en estas ecuaciones. Calculemos el valor de x en:

$4 = 3 \cdot \sqrt{x + 7} - 5$

EL MÉTODO:

Para resolver una ecuación se podría hacer una estimación, comprobar la solución, etcétera; pero, según la suerte que se tenga, este procedimiento podría ser muy largo. Es mucho mejor utilizar el álgebra.

Imagine que tiene que sacar algo que está en una caja cerrada en el ático de su casa. Delante de la caja hay una serie de trastos desechados hace tiempo. Después de éstos hay una vieja alfombra encima de la caja y, por último, dentro de ella hay también otros trastos que es necesario sacar antes de alcanzar lo que busca. Para llegar a la caja, lo primero que hay que hacer es quitar los trastos que están delante de ella. Después es necesario retirar la vieja alfombra, abrir la caja y, por último sacar los trastos sobrantes y lo que se buscaba. El problema de álgebra planteado antes es exactamente lo mismo. Se van eliminando obstáculos realizando una tras otra operaciones opuestas en ambos miembros de la ecuación hasta que queda despejada la variable x.

LA SOLUCIÓN:

$$4 = 3 \cdot \sqrt{x + 7} - 5$$

Debemos llegar a x, por lo que lo primero que hay que hacer es eliminar el «– 5» sumando 5 a ambos miembros. Esto equivale a quitar los trastos de delante de la caja:

$$9 = 3 \cdot \sqrt{x + 7}$$

El siguiente paso es librarnos del 3, para lo que dividimos ambos miembros por este número. Equivale a quitar la alfombra de encima de la caja, lo que lleva a:

$$3 = \sqrt{x + 7}$$

Eliminamos ahora la raíz cuadrada, elevando al cuadrado ambos miembros. Esto es como abrir la caja, lo que da:

$$9 = x + 7$$

Por último, eliminamos el «+ 7» restando 7 en ambos miembros. Hemos sacado los trastos de la caja, lo que da:

$$2 = x$$

Y ya está hecho. Hemos obtenido el valor de la variable x.

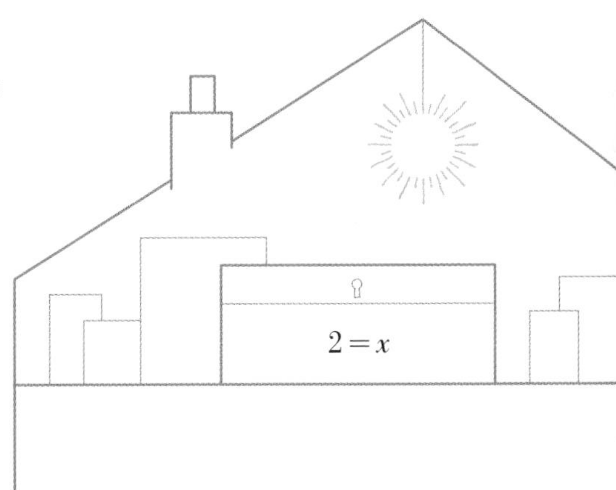

LOS OPUESTOS SE ATRAEN

Gran parte de las matemáticas trata de operaciones opuestas o inversas. Incluso en muchas calculadoras se hallan pares de operaciones opuestas. La suma y la resta están una junto a la otra, y también la multiplicación y la división. Otras funciones tienen sus inversas como segunda función de la tecla. Con frecuencia, la que calcula cuadrados tiene la raíz cuadrada como segunda función.

Si se realiza una operación, e inmediatamente después su inversa, se vuelve al número original. Por ejemplo, si se calcula sen (32°) se obtiene 0,5299192642; calculando el arcsen (0,5299192642) se obtiene 32°.

Descomposición en factores de números enteros

EL PROBLEMA:

Juan dispone de 504 baldosas para pavimentar un patio exterior. Las obtuvo baratas por ser un resto de serie y no podrá comprar más. Cada baldosa mide 30×30 cm y Juan quiere usarlas todas para su patio. ¿Qué dimensiones podrá tener este último?

EL MÉTODO:

Dado que Juan quiere utilizar todas las baldosas, las dimensiones posibles del patio corresponderán al número de pares de números cuya multiplicación sea 504: *longitud* • *anchura* = *área*. Las primeras combinaciones saltan a la vista: 1 • 504 y 2 • 252, pero es posible que se nos escape alguna y dudamos de que Juan quiera tener un patio en forma de pasillo. Un enfoque más metódico es encontrar, en primer lugar, los factores primos. Esto se puede llevar a cabo mediante un diagrama en árbol o de división invertida. Una vez realizado esto tenemos el número descompuesto en sus factores primos:

$$504 = 2 \cdot 2 \cdot 2 \cdot 3 \cdot 3 \cdot 7 \text{ o}$$
$$504 = 2^3 \cdot 3^2 \cdot 7$$

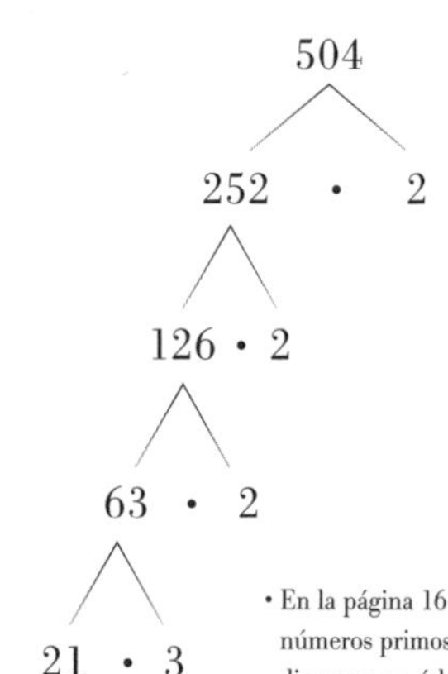

• En la página 16 hablamos sobre los números primos y compuestos. Un diagrama en árbol encuentra todos los números primos que forman un número compuesto. Para hallar los factores primos, se parte del primo más pequeño (dos) y se divide el número por él. Se continúa dividiendo por dos hasta que la división no dé un número entero. Se divide después por tres, cinco, siete, etcétera hasta que solo quedan números primos.

Esto sirve para calcular los posibles factores de 504.

Imagínese ahora que está en un puesto de helados. Ofrece cuatro sabores, tres tipos de conos y dos complementos de sabor. ¿Cuántas combinaciones diferentes de sabor, cono y complemento (solo una bola, para no ser glotón) se pueden hacer? La respuesta es :

$$4 \cdot 3 \cdot 2 = 24$$

El mismo cálculo es válido para determinar los factores de 504. De la descomposición en factores primos se dispone de cuatro opciones para el número 2 (ninguno, uno, dos y tres), tres para el número 3 y dos para el número 7. Así, incluidos el 1 y el 504 hay 24 posibles combinaciones de factores.

Por ejemplo, 18 es un factor de 504 que utiliza dos treses y un dos de los factores primos de 504 ($3 \cdot 3 \cdot 2 = 18$). El número complementario que multiplicado por él da 504 contiene lo que queda de los factores primos $2 \cdot 2 \cdot 2 \cdot 3 \cdot 3 \cdot 7$ o, dicho de otro modo, $2 \cdot 2 \cdot 7$, que es igual a 28. Por tanto,

$$18 \cdot 28 = 504$$

Todos los factores ordenados son: 1, 2, 3, 4, 6, 7, 8, 9, 12, 14, 18, 21, 24, 28, 36, 42, 56, 63, 72, 84, 126, 168, 252, 504.

Ahora debemos parearlos de tal modo que su multiplicación dé 504. Parece pesado pero no es ningún problema. Si están escritos en orden, lo que hay que hacer es combinar el primero con el último de la lista, el segundo con el penúltimo y así sucesivamente hasta llegar a la mitad de la misma.

LA SOLUCIÓN:

Los pares posibles son:

$1 \cdot 504$	$6 \cdot 84$	$12 \cdot 42$
$2 \cdot 252$	$7 \cdot 72$	$14 \cdot 36$
$3 \cdot 168$	$8 \cdot 63$	$18 \cdot 28$
$4 \cdot 126$	$9 \cdot 56$	$21 \cdot 24$

Por tanto, Juan dispone de las doce alternativas diferentes representadas por los doce pares anteriores para las dimensiones de su patio.

EL PODER DE LOS POLINOMIOS

Los polinomios son muy importantes porque se utilizan para hacer modelos de los problemas del mundo real. Por ejemplo, los polinomios de primer grado (líneas rectas) se utilizan en los negocios en los problemas de optimización (*véanse* páginas 120-121), en tanto que los de segundo grado (cuadráticos) se usan en modelos de problemas como los que involucran la fuerza de la gravedad. Los polinomios de grado superior se utilizan a menudo en modelos de sistemas complejos, como la economía.

¿Qué es un polinomio?

En primer lugar es necesario a fijar la terminología: un polinomio es una serie de términos. En matemática elemental, un «término» es una colección de variables elevadas a exponentes y multiplicadas por coeficientes. Un ejemplo de término es $3x^2$, en el que 3 es el coeficiente, x es la variable y ^{2} es el exponente. Otro ejemplo de término sería $5xy^3$, donde 5 es el coeficiente, x e y son las variables, y ^{1} y ^{3} son los exponentes. Nótese que aunque la x no lleva ningún exponente explícito, se presupone que lleva un ^{1}.

Sin embargo, hay una restricción en los términos que pueden formar parte de un polinomio: los exponentes deben ser números naturales. El conjunto de estos últimos es [0, 1, 2, 3, ...], y en él no hay ni fracciones, ni números negativos, ni irracionales. Esto quiere decir que términos como $4x^{\frac{1}{2}}$, $2\sqrt{x}$ y $\frac{5}{x^2}$ no pueden formar parte de un polinomio, ya que los exponentes de x no son números naturales: el primero es una fracción, el segundo, una raíz cuadrada, que es de hecho un exponente fraccionario, y el tercero es un exponente negativo.

Denominación de los polinomios

Los polinomios pueden definirse por su número de términos: al de un término se le llama «monomio»; al de dos, «binomio» y al de tres, «trinomio». Al aumentar el número de términos se llaman simplemente «polinomios» («poli» significa «muchos»).

Por su parte, el «grado» de un polinomio lo define el término que tiene el mayor valor de la suma de sus exponentes. Por ejemplo, la expresión $3x^2 - 4x + 5$ es un trinomio de segundo grado, ya que el mayor exponente es un ^{2}. Del mismo modo, $3x^2y^2 - 4xy + 5$ es un trinomio de cuarto grado por tener tres términos (trinomio), el primero de los cuales tiene dos cuadrados, con lo que la suma de los exponentes es cuatro (cuarto grado).

Los polinomios son muy importantes en el álgebra. En primer lugar, los polinomios de grado cero son los números y no llegaríamos muy lejos sin ellos. Los polinomios de primer grado (o funciones lineales) se han utilizado para resolver problemas desde hace siglos (las ecuaciones resueltas en las páginas 28-29 eran ecuaciones lineales). Los de segundo grado (o funciones cuadráticas) fueron estudiados por los antiguos matemáticos babilonios, griegos, indios y árabes, y se utilizan en casi todas las ramas de la ciencia, la ingeniería, las matemáticas y la economía. Los babilonios se servían de tablas de cuadrados para resolver problemas de multiplicación. Con este objeto tilizaban la fórmula:

$$ab = \frac{(a+b)^2 - (a-b)^2}{4}$$

Esto les permitía ver los valores de los cuadrados de las sumas y las diferencias en las tablas, restarlas y dividir el resultado por cuatro. Por ejemplo, 12 • 8 sería:

$$\frac{20^2 - 4^2}{4}$$

Los valores de 20^2 y 4^2 se encontrarían en una tabla, con lo que tendrían:

$$\frac{400 - 16}{4}$$

O lo que es lo mismo,

$$\frac{384}{4}$$

Lo que da el valor de 96.

Breve historia de los polinomios

Los polinomios llevan estudiándose desde hace mucho tiempo; como ya dijimos antes, las soluciones de las ecuaciones cuadráticas vienen ya de los antiguos babilonios.

El matemático griego Euclides (*véanse* páginas 54-55) resolvió la ecuación cuadrática por un método puramente geométrico hacia el 300 a. C.; unos mil años más tarde el matemático indio Brahmagupta (*véanse* páginas 78-79) propuso una solución casi moderna para la resolución de las ecuaciones de segundo grado.

En la Italia del siglo XVI, las ecuaciones de tercero y cuarto grado fueron objeto de algunos serios avances matemáticos. En 1824, Niels Abel (*véase* recuadro), demostró que no hay una solución general para las ecuaciones polinómicas de quinto grado.

NIELS ABEL

Nacido en Noruega en 1802, Niels Abel pasó la primera parte de su vida en la pobreza. Por fortuna para él, su profesor de matemáticas reconoció su talento y lo ayudó durante su educación superior. Se graduó en la universidad en 1822 y dos años más tarde publicó su obra más notable, en la que probó que no existe una solución general a la ecuación polinómica de quinto grado.

En reconocimiento a su obra, el gobierno noruego otorga anualmente el premio Abel, conocido como «premio Nobel de matemáticas» (no existe un premio Nobel en ese campo).

La multiplicación de polinomios

LOS PROBLEMAS:

a) Multiplicar un monomio por un binomio: $2x(3x - 4)$

b) Multiplicar dos binomios: $(2x - 3)(4x + 5)$

c) Multiplicar dos polinomios: $(x^2 - 3x + 4)(x^2 + 2x + 1)$

EL MÉTODO:

Cuando se multiplican polinomios debemos asegurarnos de que todos los términos de un polinomio se multipliquen por todos los términos del otro. En el problema a) tenemos un monomio (que tiene un solo término) multiplicado por un binomio (que tiene dos términos). Esto es como una persona que se presenta a una pareja: le dará la mano a sus dos componentes. Hay, por ello, dos multiplicaciones. Dos binomios, como en el problema b), son como dos parejas. La primera persona de una de las parejas estrecha la mano de los dos miembros de la segunda pareja, lo que nos da dos multiplicaciones. Después, la segunda persona de la primera pareja estrecha la mano de los dos miembros de la segunda pareja, lo que nos da dos multiplicaciones más. Nos da un total de cuatro saludos o multiplicaciones. En el caso de tres trinomios, como en el problema c), es como dos matrimonios con un hijo cada uno: cuando todos se hayan estrechado las manos, tendremos un total de nueve apretones o multiplicaciones.

a) Para este problema basta multiplicar los dos términos del binomio por el término único del monomio:

$$2x(3x - 4) = 6x^2 - 8x$$

b) En este caso es necesario asegurar que se realizan las cuatro multiplicaciones que hay que hacer, para lo que se suele seguir una secuencia sencilla: primero por primero, primero por segundo, segundo por primero y segundo por segundo.

$$(2x - 3)(4x + 5) = 8x^2 + 10x - 12x - 15$$

Reducimos ahora los «términos semejantes» (*véase* recuadro), $10x$ y $-12x$, para llegar a:

$$= 8x^2 - 2x - 15$$

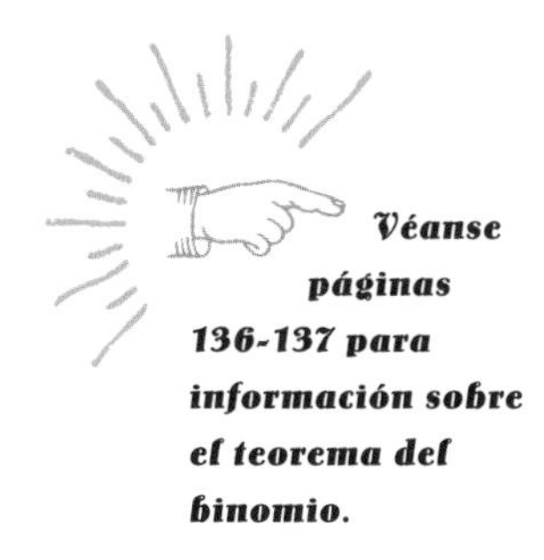

Véanse páginas 136-137 para información sobre el teorema del binomio.

c) Para el problema final, y en general para todos los polinomios, se siguen las siguientes reglas:

$$(x^2 - 3x + 4)(x^2 + 2x + 1) = x^4 + 2x^3 + 1x^2 - 3x^3 - 6x^2 - 3x + 4x^2 + 8x + 4$$

Se multiplica el primer término del primer polinomio por todos los términos del segundo polinomio. Se continúa multiplicando el segundo término del primer polinomio por todos los términos del segundo polinomio, y así sucesivamente.

Se reducen ahora todos los términos semejantes obtenidos en las multiplicaciones sucesivas: $-3x$ y $8x$; $1x^2$, $-6x^2$, y $4x^2$; y $2x^3$ y $-3x^3$ (no hay términos semejantes para x^4 ni para 4), lo que da:

$$x^4 - x^3 - x^2 + 5x + 4$$

TÉRMINOS SEMEJANTES

Términos semejantes son aquellos que tienen el mismo tipo y número de variables. Por ejemplo, $6x^2$ y $8x^2$ son términos semejantes ya que ambos tienen dos variables x.

Sin embargo, $6x^2$ y $8x$ no son semejantes: ambos tienen variables x, pero el primero tiene dos y el segundo solo una.

Por su parte , $6y^2$ y $8x^2$ son ambas cuadrados, pero no son semejantes por tener variables diferentes: x e y.

Por último, $6xy^2$ y $8x^2y$, aunque contienen las mismas variables, no tienen el mismo número de cada una de ellas: el primero tiene una variable x y dos y, mientras que el segundo tiene dos variables x y una variable y.

LAS SOLUCIONES:

a) $2x(3x - 4) = 6x^2 - 8x$

b) $(2x - 3)(4x + 5) = 8x^2 - 2x - 15$

c) $(x^2 - 3x + 4)(x^2 + 2x + 1)$
$= x^4 - x^3 - x^2 + 5x + 4$

SOBRE TRIGONOMETRÍA

La palabra «trigonometría» tiene su origen en dos palabras griegas: *trigõnon* (triángulo) y *metron* (medida) y significa «medir los triángulos». Su desarrollo abarca todas las culturas, debido sobre todo a la interrelación entre la trigonometría, la astronomía y la navegación, y tiene muchos usos prácticos en la actualidad, como por ejemplo en la topografía y la cartografía.

Los babilonios

Hace unos tres mil años, los antiguos babilonios tenían ya una forma de trigonometría, y de ella procede la división de la circunferencia en 360°. También dividieron el grado en sesenta minutos y estos en sesenta segundos. Esto quiere decir que es equivalente escribir 7,5° o 7° 30', lo que se lee «siete grados y treinta minutos». También por esta misma razón la hora tiene sesenta minutos, y un minuto sesenta segundos. Y todo ello debido a que los babilonios utilizaban un sistema de numeración de base sesenta (sexagesimal) y seis veces sesenta era un círculo completo.

Los griegos

Los griegos estaban muy adelantados en trigonometría. Euclides (*véanse* páginas 54-55) y Arquímedes (*véanse* páginas 58-59) desarrollaron teoremas trigonométricos a través de la geometría. Hay que tener en cuenta que la trigonometría de la antigua Grecia era diferente a la trigonometría actual, pues aquélla se basaba en «cuerdas», segmentos entre dos puntos de un arco de círculo.

Se cree que la primera de las tablas trigonométricas fue obra de Hiparco de Nicea, matemático y astrónomo del siglo II a. C., al que algunos llaman «padre

TRIÁNGULOS SEMEJANTES

Se llaman triángulos «semejantes» aquellos que tienen los tres ángulos iguales. Aunque pueden tener diferentes tamaños, la relación entre sus lados permanece constante. Por ejemplo, si sabemos que *A* es el doble de *a*, el valor de *B* será el doble de *b*, y el de *C* el doble de *c*.

$C = 12$
$A = 8$
$B = 6$
$c = 6$
$a = 4$
$b = 3$

de la trigonometría». Dicha tabla fue desarrollada para ayudar en la resolución de triángulos, y también se atribuye a Hiparco la introducción en Grecia de la idea de los 360° de la circunferencia.

Algo más tarde, Menelao de Alejandría (h. 70-130 d. C.) estudió la trigonometría esférica, y el astrónomo y geógrafo Tolomeo (h. 85-165 d. C.) amplió la obra de Hiparco en su gran obra *Almagesto*, integrada por trece volúmenes.

Indios y persas

El matemático indio Aryabhata (476-550 d. C.) desarrolló las relaciones de seno y coseno (*véase* recuadro) más aproximadas a su forma actual. Su obra contiene las tablas de senos más antiguas que se han conservado. En el siglo VII, el también matemático indio Bhaskara desarrolló una fórmula bastante precisa (utilizando radianes en lugar de grados) para calcular el seno de x sin tablas:

$$\text{sen } x \approx \frac{16x\,(\pi - x)}{5\pi^2 - 4x(\pi - x)},\quad (0 \leq x \leq \tfrac{\pi}{2})$$

Estas ideas llegaron hasta Occidente a través de Persia. Al-Juarismi (*véanse* páginas 86-87) preparó unas tablas trigonométricas de senos, cosenos y tangentes en el siglo IX. Un siglo más tarde, los matemáticos islámicos utilizaban las seis relaciones y disponían de tablas de cuarto en cuarto de grado con una precisión de ocho decimales. En el siglo XI, Al-Jayyani, nacido en Córdoba, España, publicó obras que contenían varias fórmulas para los triángulos rectángulos y que tuvieron gran influencia en las matemáticas europeas.

SEIS RAZONES

Las seis razones trigonométricas relacionan los tres lados del triángulo rectángulo. Esto significa que si se conocen algunos ángulos y las longitudes de algunos lados, se pueden utilizar para determinar los valores no conocidos. Todo lo que se necesita es saber qué razón usar:

seno θ = cateto opuesto ÷ hipotenusa
coseno θ = cateto adyacente÷ hipotenusa
tangente θ = cateto opuesto ÷ c. adyacente
cosecante θ = hipotenusa ÷ c. opuesto
(nota: es la recíproca del seno)
secante θ = hipotenusa ÷ c. adyacente
(nota: es la recíproca del coseno)
cotangente θ = c. adyacente ÷ c. opuesto
(nota: es la recíproca de la tangente)

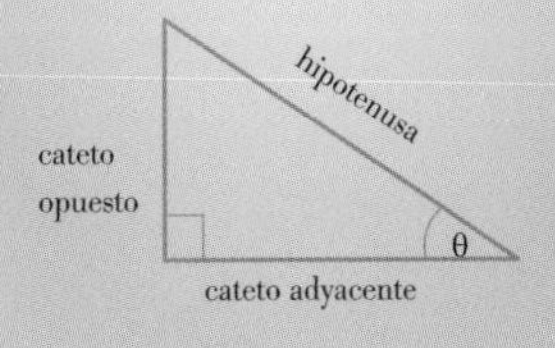

La trigonometría actual

En la actualidad, existe una gran cantidad de aplicaciones prácticas de la trigonometría. Aparte de la topografía y la cartografía ya mencionadas, se utiliza en la navegación. Por ejemplo, tanto el sextante tradicional que los navegantes utilizaban para determinar su posición en los océanos como la invención más moderna de la navegación por satélite utilizan la trigonometría. De un modo más teórico, se utiliza también en modelos de los mercados financieros, entre muchas otras aplicaciones.

Trigonometría: la tala de un árbol

EL PROBLEMA:

Un hombre debe talar un árbol de su propiedad, pero está cerca de dos vallas que quiere evitar. ¿En qué dirección o direcciones podrá caer el árbol sin riesgo de dañar las vallas? ¡Atención! Hacer caer el árbol hacia atrás no es una opción válida.

EL MÉTODO:

Éste es un problema real al que me enfrenté un verano. Quería echar abajo un árbol muerto antes de que lo hicieran las tormentas del invierno, pero debía controlar dónde iba a caer.

Mi primera tarea fue calcular la altura del árbol. Una opción era trepar a él con una cinta métrica, pero no soy ni tan valiente ni tan tonto. La segunda opción, más segura, era hacer un clinómetro y utilizar la trigonometría. La palabra «clinómetro» es impresionante, pero en realidad tan solo es un aparato para medir inclinaciones. Es muy fácil de hacer: solo se requiere de un transportador, una cuerda y un peso para atarlo a la cuerda. Mediante un nivel láser, para estar perfectamente horizontal, me desplacé a la valla trasera y miré por el transportador a la parte alta del árbol. Comprobé que el ángulo estaba entre 50° y 55°. Sabiendo el ángulo y la longitud de la base (la distancia del árbol a la valla era de 16 m), utilicé la razón tangente (*véase* recuadro de la derecha):

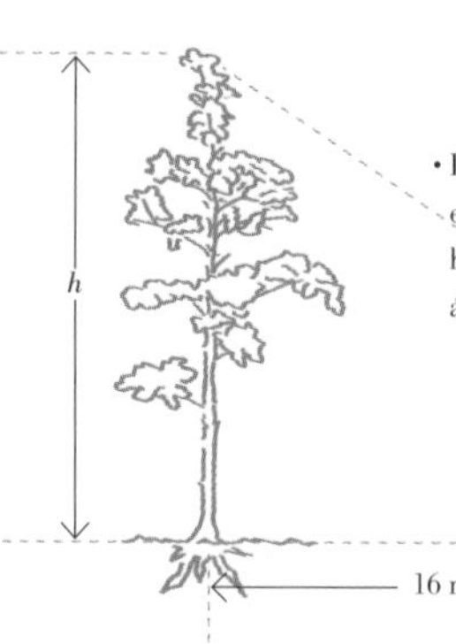

• Dado un ángulo de elevación entre 50° y 55° y una distancia horizontal de 16 m, la altura del árbol, *h*, está entre 19 m y 23 m.

$$\text{tg } \theta = \frac{\textit{cateto opuesto}}{\textit{cateto adyacnte}}$$

o

$$\text{tg } 50 = \frac{\textit{altura}}{16}$$

O lo que es lo mismo:

$$altura = 16 \cdot \text{tg } 50 = 19 \text{ m}$$

Volviendo a hacer el cálculo para 55°, el valor resultó de 23 m. Calculé el valor medio, lo que dio una altura de 21 m. Primera tarea terminada.

La segunda tarea fue determinar el margen de error para hacer caer el árbol. Ahora que sabía su altura, ésta representaría la hipotenusa de tres triángulos en el suelo. Utilizando la razón inversa del coseno (*véase* recuadro derecho), podía calcular θ_1:

$$\text{arccos } \frac{16}{21} = \theta_1$$

o $\theta_1 = 40°$. Este ángulo será el mismo para el triángulo dos, ya que son congruentes (iguales). Utilizando el mismo procedimiento, el valor de $\theta_3 = 36°$.

SOH CAH TOA

¿Cómo se sabe qué razón utilizar y cuándo? Depende de los lados de los que se conocen los valores, y hay una regla mnemotécnica para recordar la razón a utilizar:

$$\textbf{s}\text{en } \theta = \frac{\text{(cateto) opuesto}}{\text{hipotenusa}}$$

$$\textbf{c}\text{os } \theta = \frac{\text{(cateto) adyacente}}{\text{hipotenusa}}$$

$$\textbf{t}\text{g } \theta = \frac{\text{(cateto) opuesto}}{\text{(cateto) adyacente}}$$

Recordemos SOH, CAH, TOA. Asimismo recordemos que utilizar las funciones trigonométricas inversas significa que los valores desconocidos son los ángulos. Normalmente, sus valores suelen estar en la segunda función de los botones de la calculadora correspondientes a las funciones directas.

LA SOLUCIÓN:

Ahora que ya sabía los ángulos, fue fácil determinar las direcciones en las que podía talar el árbol. Hacia el poste de la esquina tenía un ángulo para trabajar de 14°, bastante estrecho, pero que podía ser mayor en caso de haber sobreestimado la altura. Nota: el árbol cayó sin ocasionar ningún daño.

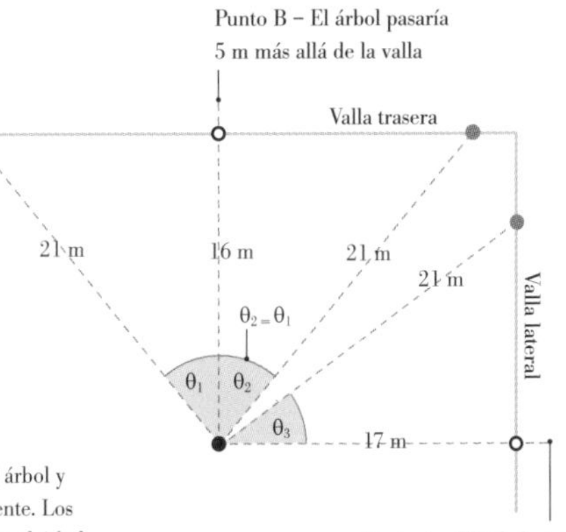

• Los puntos A y B representan las distancias más cortas entre el árbol y las vallas, y el árbol las sobrepasaría en 4 m y 5 m respectivamente. Los puntos en los que la distancia es 21 m serían aquellos en los que el árbol solo rozaría las vallas. Esto deja un ángulo en el que la caída del mismo sería relativamente segura.

Capítulo

La antigua Grecia

Cuando se piensa en la historia de las matemáticas se tiende a recordar a los antiguos griegos. Después de todo, tomamos muchos de nuestros símbolos matemáticos del alfabeto griego. Ya nos hemos encontrado con π. Si se pregunta a cualquiera el nombre de un matemático famoso, es muy probable que la respuesta sea Pitágoras, Arquímedes u otro ilustre griego que desapareció hace muchos siglos. Es posible que esto sea una muestra más de un cierto egocentrismo occidental, pero hace de Grecia un buen lugar para iniciar nuestro viaje por el álgebra.

Perfil

Pitágoras

Es posible que el primer matemático histórico que la gente conoce sea Pitágoras. Hasta él, las matemáticas carecen prácticamente de nombres. A pesar de que durante nuestros primeros años aprendemos aritmética, hasta que llegamos al teorema de Pitágoras no empezamos a relacionar un personaje con los números. Y la verdad es que Pitágoras es un buen personaje con el que empezar, ya que tuvo una gran influencia en las matemáticas.

Pitágoras de Samos nació hacia el 570 a. C. en la isla griega de ese nombre, en el mar Egeo, cerca de Turquía. A veces se le califica como el primer matemático puro, que estudiaba las matemáticas solo desde el punto de vista teórico, no como una disciplina práctica aplicada. Este hecho es muy importante ya que el salto intelectual que representa pasar de cinco manzanas, cinco personas, cinco barcos, etcétera, al número abstracto cinco fue un acontecimiento significativo, por más que hoy lo utilicemos normalmente en nuestra vida cotidiana.

A diferencia de otras figuras históricas, no hay fuentes originales de Pitágoras. O sus escritos fueron destruidos o no escribió, y fueron sus alumnos quienes registraron su pensamiento. La naturaleza secreta de su grupo pudo también contribuir a la escasez de material escrito. Por tanto, todo lo que se cuenta de Pitágoras procede de otras fuentes, de las que unas parecen razonables y otras fantásticas.

PITAGORA

Biografía de Pitágoras

Lo que conocemos sobre su vida es bastante detallado, sobre todo si tenemos en cuenta que ocurrió hace dos milenios y medio. Pasó su juventud en Samos, pero viajó bastante con su padre, Mnesarco, un mercader de Tiro. En Mileto, visitó a Tales, un griego filósofo, científico, matemático e ingeniero de profesión, y asistió a las clases de Anaximandro, discípulo de Tales.

También viajó a Egipto y durante una de las guerras entre este país y Persia fue capturado y llevado a Babilonia. Hacia el 520 a. C., regresó a Samos. Poco después se trasladó al sur de Italia y fundó su escuela pitagórica en Crotona.

Los pitagóricos, la comunidad de Pitágoras, crearon una especie de culto, en el que se mezclaban la religión y las matemáticas. En cierto modo, el grupo de Crotona fue una escuela, un monasterio y una hermandad, en la que se permitía el acceso de las mujeres, por lo que quizá fue más una comuna que una hermandad. Los pitagóricos constaban de dos grupos: el primero, denominado los *mathematikoi*, vivían con Pitágoras y él les enseñaba. A este grupo se le exigía llevar una vida ética, practicar el pacifismo y estudiar la «verdadera naturaleza de la realidad», esto es, los números y las matemáticas; el segundo grupo era el de los *okousmatikoi*, que vivían en sus casas y solamente iban a su escuela durante el día.

Sin embargo, no todo eran matemáticas; los pitagóricos creían también en la trasmigración de las almas así como en la reencarnación, y una de las extrañas reglas seguidas por los miembros de este grupo era no comer judías. ¿Era, quizá, para no molestar a quienes los rodeaban?

PITÁGORAS Y LA MÚSICA

Pitágoras y los pitagóricos se interesaron mucho por la música, y eran músicos al mismo tiempo que matemáticos. Una leyenda cuenta que al pasar Pitágoras por delante de una herrería escuchó unos sonidos armónicos que salían del taller: después de inspeccionarlo, se dio cuenta de que las notas dependían del tamaño de la herramienta. Utilizando sencillas fracciones, creó las notas tal como las conocemos en la actualidad. Si pulsa una cuerda para dar el «do» y después reduce la longitud de la cuerda a la mitad, al pulsarla escuchará otra vez el «do», pero una octava más alta. Si una cuerda tiene la mitad de la longitud de la original, vibrará al doble de frecuencia o, en otras palabras, en una octava más alta.

Nota	Longitud de la cuerda
do	1
re	$\frac{8}{9}$
mi	$\frac{4}{5}$
fa	$\frac{3}{4}$
sol	$\frac{2}{3}$
la	$\frac{3}{5}$
si	$\frac{8}{15}$
do	$\frac{1}{2}$

Pitágoras y las matemáticas

Desde el punto de vista matemático, los pitagóricos son conocidos por muchas cosas: el teorema de Pitágoras, las matemáticas de la música y el descubrimiento de la raíz cuadrada de dos. Hay que hacer notar que es posible que Pitágoras no fuera directamente responsable del desarrollo de estas ideas, sino que lo fueran los miembros del grupo. Dado el secretismo que rodeó a los pitagóricos y la naturaleza comunal del grupo, es difícil saber qué se debió realmente a Pitágoras. El teorema de Pitágoras se tratará en detalle en las páginas siguientes, y la raíz cuadrada de dos se menciona en la sección relativa a los números irracionales.

En 508 a. C., la sociedad pitagórica fue atacada por Cilón, un noble de Crotona. Pitágoras escapó a Metaponto y murió unos ocho años después. Tras su muerte se formaron dos grupos pitagóricos, uno matemático y el otro religioso.

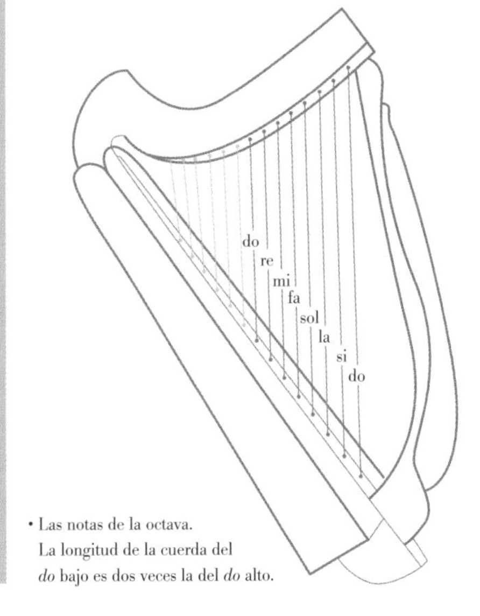

• Las notas de la octava. La longitud de la cuerda del *do* bajo es dos veces la del *do* alto.

EL TEOREMA DE PITÁGORAS

El teorema de Pitágoras es uno de los temas más conocidos de las matemáticas, hasta el punto de que es una de las pocas cosas que la gente recuerda de su época escolar. Además, tiene muchas aplicaciones cotidianas.

El teorema de Pitágoras afirma que en todo triángulo rectángulo (*inferior*) la suma de los cuadrados de los dos lados más cortos (catetos) es igual al cuadrado del más largo (hipotenusa), según la fórmula : $a^2 + b^2 = c^2$.

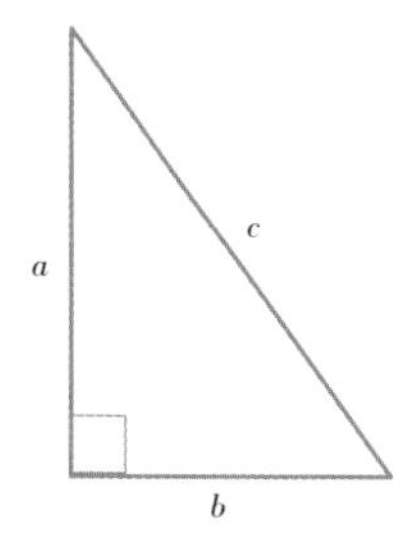

Una demostración simple

Aunque la fórmula toma el nombre de Pitágoras, el teorema era ya conocido mucho antes por los babilonios y los indios. Sin embargo, se cree que Pitágoras, o uno de sus discípulos, fue el primero en hallar una demostración a este teorema. Veamos aquí una de las muchas maneras de demostrarlo. El área del cuadrado grande es:

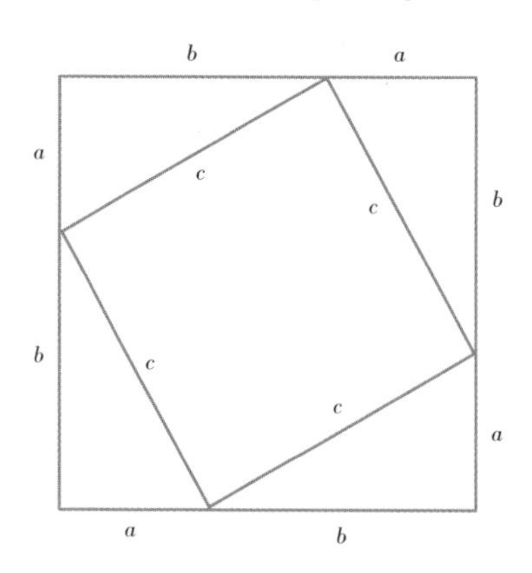

$$(a + b)^2 \text{ o } (a + b)(a + b)$$

Desarrollando esta expresión (*véase* página 34), y reduciendo los términos semejantes, tenemos:

$$a^2 + 2ab + b^2$$

El área del cuadrado grande se puede determinar también sumando las áreas de los cuatro triángulos más la del cuadrado pequeño, cuyo lado es c. El área del cuadrado inclinado es c^2, y la de cada uno de los triángulos es $\frac{1}{2}ab$. Por consiguiente, la suma de los cuatro triángulos y del cuadrado inclinado es:

$$4 \cdot \frac{1}{2}ab + c^2$$

y haciendo las operaciones resulta $2ab + c^2$.

Como hablamos del mismo cuadrado grande, las áreas calculadas de las dos maneras deben ser iguales, es decir:

$$a^2 + 2ab + b^2 = 2ab + c^2$$

El término $2ab$ que aparece en ambos miembros de la ecuación desaparece y queda:

$$a^2+b^2=c^2$$

Un uso común del teorema

En la construcción, el teorema de Pitágoras se utiliza para comprobar si una esquina es rectangular, aunque dudo mucho que los albañiles digan: «Espera un momento mientras aplico el teorema de Pitágoras para determinar el ángulo de la esquina». Sin embargo, es lo que hacen, ya que una manera rápida para ver si la esquina tiene 90° es medir tres metros desde la misma en una de las paredes y cuatro metros en la otra: si la diagonal entre esos dos puntos no mide cinco metros, el ángulo no es recto. Se puede hacer de un modo más preciso, utilizando múltiplos de tres y cuatro en ambas paredes.

Ternas pitagóricas

A los números tres, cuatro y cinco como lados de un triángulo rectángulo utilizados en este ejemplo se les denomina «terna pitagórica». Hay muchas ternas pitagóricas, entre ellas todos los múltiplos con el mismo factor de tres, cuatro y cinco; de hecho, las relaciones de aspecto (relación entre el ancho y el alto) de las pantallas de televisión tanto normal (4:3) como de pantalla ancha (16:9) son pares de ternas pitagóricas. Para determinarlas existe la fórmula:

$$a = n^2 - m^2$$
$$b = 2nm$$
$$c = n^2 + m^2$$

donde n y m son enteros y n mayor que m.

Si $n = 2$ y $m = 1$ tenemos:

$$a = 2^2 - 1^2 = 4 - 1 = 3$$
$$b = 2 \cdot 2 \cdot 1 = 4$$
$$c = 2^2 + 1^2 = 4 + 1 = 5$$

Utilizando distintos valores de n y m se pueden crear tantas ternas pitagóricas como se desee.

La experiencia en 3D

Otro aspecto interesante del teorema de Pitágoras es que se puede generalizar a más dimensiones. Para nosotros, en el mundo real esto significa tres dimensiones.

Por ejemplo, supongamos que Patricia está coleccionando pequeñas baratijas y planea guardarlas en una caja de zapatos. Ve un lápiz nuevo en una tienda pero necesita saber si le cabrá en la caja antes de comprarlo. Lo más probable es que una persona normal simplemente lo comprara, pero Patricia es muy meticulosa.

Por suerte para nosotros, sabe las medidas de la caja: 18 cm de ancho, 28 cm de largo y 11 cm de alto. Entonces, lo que debe hacer es aplicar el teorema a tres dimensiones, o sea, $a^2 + b^2 + c^2 = d^2$, donde a, b, y c son el ancho, el largo y el alto, y d es la diagonal. Aplicándolo, tendrá:

$$18^2 + 28^2 + 11^2 = d^2$$

o sea:

$$324 + 784 + 121 = d^2 \text{ o } 1229 = d^2$$

Extrayendo la raíz cuadrada de ambos miembros encontramos que un lápiz de 35 cm sí cabe en la caja.

MATEMÁTICA DE LAS RAÍCES

Las «raíces», y en particular las raíces cuadradas, se conocen desde hace siglos. El papiro de Rhind hace referencia a las raíces cuadradas ya en el 1650 a. C., pero esto no es sorprendente, dado que están relacionadas con las áreas y las diagonales de cuadrados y rectángulos, y la construcción de templos hacía necesario su conocimiento. En los tiempos modernos existen numerosos y diversos usos como, por ejemplo, el que hacen los ingenieros para calcular la disipación media de potencia en un circuito.

La raíz cuadrada de dos

La raíz cuadrada de 2 ($\sqrt{2}$) fue un tema recurrente para los pitagóricos (*véanse* páginas 44-45). Definitivamente, el descubrimiento de que la raíz de dos era irracional los irritó en extremo. Para los pitagóricos, el mundo eran todo números, y solo números racionales. Era inconcebible que un número no se pudiera expresar mediante una fracción exacta.

Dice la leyenda que Hipaso de Metaponto, un discípulo de Pitágoras, desarrolló una demostración de la irracionalidad de la raíz cuadrada de dos. Como Pitágoras no podía aceptarlo, Hipaso fue condenado a morir ahogado. Otra leyenda sobre este tema cuenta que este descubrimiento se realizó en un viaje por mar y que Hipaso fue, simplemente, arrojado por la borda. ¡Quién sabe! Quizá simplemente lo expulsaron del grupo, pero es una buena leyenda y muestra cuán irracionales pueden ser las personas cuando se trata de números.

Otro griego famoso

Arquímedes (*véanse* páginas 58-59) había conseguido una muy buena aproximación de la raíz cuadrada de tres ($\sqrt{3}$), que utilizó en *Sobre la medida de un círculo*, el mismo texto en el que bosquejó su estimación de π.

El valor estimado por Arquímedes para $\sqrt{3}$ fue $\frac{265}{153} < \sqrt{3} < \frac{1351}{780}$ o, expresado en forma decimal, $1{,}7320261 < \sqrt{3} < 1{,}7320512$. Vale la pena hacer notar que el segundo valor difiere en solamente 0,0000004 del real, lo que resulta muy preciso, teniendo en cuenta que Arquímedes no tenía ni calculadoras ni un sistema decimal para trabajar, y que la multiplicación y la división con números griegos era muy difícil. Algunos matemáticos sugieren que Arquímedes utilizó el método babilónico.

El método babilónico, o método de Herón, es una elegante fórmula iterativa (repetitiva): dado $x_0 \approx \sqrt{S}$, la raíz cuadrada estimada se halla utilizando:

$$x_{n+1} = \frac{1}{2}\left(x_n + \frac{S}{x_n}\right)$$

Como ejemplo, estimaremos la raíz cuadrada de tres ($\sqrt{3}$). Nótese que $\sqrt{3}$ en la calculadora es 1,732050808.

En primer lugar necesitamos un valor estimado de partida: x_0. Como sabemos que la raíz cuadrada de cuatro es dos, partiremos de ahí. Es un proceso largo, pero la fórmula nos ayudará a llegar al valor correcto. Sustituyendo x_n por x_0, x_{n+1} será x_1.

$$x_1 = \frac{1}{2}\left(x_0 + \frac{S}{x_0}\right)$$

y si $x_0 = 2$ y $S = 3$ (para calcular $\sqrt{3}$)

$$x_1 = \frac{1}{2}\left(2 + \frac{3}{2}\right) = 1{,}75$$

Ya tenemos los dos primeros dígitos correctos y un valor para x_1, como mejor estimación de $\sqrt{3}$. Usando $x_1 = 1{,}75$ podemos aplicar de nuevo la fórmula para mejorar la estimación:

$$x_2 = \frac{1}{2}\left(x_1 + \frac{S}{x_1}\right)$$

donde $x_1 = 1{,}75$ y $S = 3$ (para $\sqrt{3}$)

$$x_2 = \frac{1}{2}\left(1{,}75 + \frac{3}{1{,}75}\right) = 1{,}7321$$

Hemos encontrado así los primeros cuatro dígitos de $\sqrt{3}$, y siguiendo el mismo procedimiento iríamos obteniendo estimaciones cada vez más precisas de la raíz cuadrada de tres.

HERÓN DE ALEJANDRÍA

Además de su método para determinar las raíces cuadradas, Herón de Alejandría (h. 10-70 d. C.) descubrió un ingenioso método para calcular el área de los triángulos irregulares mediante la fórmula:

$$\text{área} = \sqrt{s(s-a)(s-b)(s-c)}$$

en la que $s = \dfrac{a+b+c}{2}$

o, expresado de otro modo:

$$\text{área} = \frac{\sqrt{(a+b+c)(a+b-c)(b+c-a)(c+a-b)}}{4}$$

En ella, *a*, *b* y *c* son los lados del triángulo y *s* es el semiperímetro (la mitad del perímetro). Aunque la fórmula no es muy elegante, es agradable. Teniendo en cuenta las dificultades que tenían los antiguos griegos para hacer operaciones, la fórmula de Herón ofrecía una solución mucho más fácil.

A c B
b a
C

Simplificación de radicales

EL PROBLEMA:

En la actualidad, con el uso de las calculadoras, es muy fácil hallar los valores de las raíces cuadradas. Esta operación era más complicada en el pasado, y solamente se conocían algunas raíces cuadradas con un alto grado de aproximación. Por suerte, muchas raíces cuadradas son múltiplos de raíces básicas como $\sqrt{2}$, $\sqrt{3}$ y $\sqrt{5}$. Teo debe calcular el valor de $\sqrt{180}$, pero no tiene calculadora. Sin embargo, tiene una tabla con los valores de las raíces cuadradas de algunos números primos. Para hallar el valor de $\sqrt{180}$ deberá expresar el radical de una forma más simple.

EL MÉTODO:

En primer lugar, ¿cuál es la «forma más simple» del radical? Por ejemplo, $2\sqrt{3}$ es igual a $\sqrt{12}$, pero $2\sqrt{3}$ es la manera más simple de escribir este radical ya que $\sqrt{12}$ se puede escribir $\sqrt{4} \cdot \sqrt{3}$, y $\sqrt{4}$ se puede cambiar por 2, lo que nos da $2\sqrt{3}$.

Esto puede parecer difícil, pero hay una serie de trucos. El procedimiento normal para simplificar radicales es encontrar cuadrados perfectos en el radicando. Los cuadrados perfectos son números como 1, 4, 9, 16, 25, 36, etcétera. Queremos hallar los cuadrados perfectos ya que sus raíces cuadradas nos dan números naturales. Por ejemplo:

$$\sqrt{4} = 2 \text{ y } \sqrt{25} = 5$$

A este resultado se puede llegar por descomposición del radicando en divisores (*véanse* páginas 30 y 31). Para este problema tenemos que 4 y 9 son divisores de 180, por lo que se puede escribir:

$$\sqrt{4 \cdot 9 \cdot 5}$$

que, a su vez, se puede reescribir como $\sqrt{4} \cdot \sqrt{9} \cdot \sqrt{5}$, y como $\sqrt{4} = 2$ y $\sqrt{9} = 3$, se puede reducir aún más a $2 \cdot 3 \cdot \sqrt{5}$ o $6\sqrt{5}$.

Otro enfoque, que creo que es aún mejor, es descomponer el radicando en sus factores primos (véanse páginas 30 y 31). Con ello $180 = 2 \cdot 2 \cdot 3 \cdot 3 \cdot 5$, con lo que el radical tendría la forma:

$$\sqrt{2 \cdot 2 \cdot 3 \cdot 3 \cdot 5}$$

Y podríamos eliminar parejas de primos, ya que eso es precisamente obtener la raíz cuadrada. Si se tratara de una raíz cúbica, sacaríamos grupos de tres. A este método se le podría llamar «escapar de la cárcel».

Éste es precisamente el que suelo utilizar para recordar cómo simplificar radicales. ¿Qué hacemos con los radicandos? Los metemos en una cárcel. ¿Y qué es lo que ellos quieren hacer? Salir de la misma. El primer paso para salir de la cárcel es dividir su población en camarillas (factores primos), ya que los presos solo confían en los de su misma clase. Si quieren escapar de la cárcel (la prisión de la raíz cuadrada), deben trabajar en parejas: mientras uno de ellos se asoma a la valla, distrae a los guardias y le disparan, el otro entre tanto escapa libre por debajo.

En nuestro ejemplo, un 2 y un 3 mueren al intentar saltar, pero sus compañeros salen al exterior. Al 5 no le queda más remedio que quedarse tras las rejas, ya que no tiene un compañero que distraiga a los guardias.

LA SOLUCIÓN:

Esto nos da la solución de $(3 \cdot 2)\sqrt{5}$ o $6\sqrt{5}$. Ahora que Teo ha simplificado el radical, todo lo que tiene que hacer es multiplicar la $\sqrt{5}$ que tiene en las tablas por 6, es decir $(2{,}236) \cdot (6) = 13{,}416$.

• Estos números suben a la valla, pero son abatidos.

$$3 \cdot 2\sqrt{2 \cdot 2 \cdot 3 \cdot 3 \cdot 5}$$

• Estos números salen libres por debajo de la raíz cuadrada.

• El 5 no tiene compañero, por lo que se queda dentro.

$$6\sqrt{5}$$

• El 3 y el 2 se multiplican para dar 6.

Perfil

Platón

Aunque muchos desconocen lo que hizo, el nombre de Platón es familiar para casi todos en el mundo occidental. Fue una de las figuras más notables de la filosofía, pero fue también un matemático de renombre, no tanto por lo que consiguió en ese campo como por su actitud al respecto. Platón fue un portavoz de las matemáticas y pasó los conocimientos matemáticos de Pitágoras y sus seguidores a Euclides (*véanse* páginas 54-55) y a Arquímedes (*véanse* páginas 58-59).

Platón nació en Atenas hacia 427 a. C. en el seno de una acaudalada familia y, en su primera juventud, recibió una esmerada educación. Sin embargo, se vio envuelto en los altibajos de la guerra del Peloponeso, en la que Atenas y su imperio se enfrentaron por la supremacía a Esparta y sus aliados de la liga del Peloponeso. Platón inició su servicio militar en 409 a. C. (a los 18 años) y lo acabó en 404 a. C.

Durante esos años, es casi seguro que fuera uno de los seguidores de Sócrates, ya que lo menciona en sus *Diálogos*; además, el gran filósofo era amigo de su tío Charmides. De hecho, el arresto, juicio y ejecución de su maestro tuvo un gran impacto sobre él y después de su ejecución, en 399 a. C., abandonó Grecia y fue a Egipto, Sicilia e Italia.

Platón y Pitágoras

Una vez en Italia, Platón tuvo conocimiento de la obra de Pitágoras, y de ella sacó sus ideas sobre la realidad. Se considera que los pitagóricos fueron los primeros en estudiar las matemáticas como ejercicio intelectual, contribuyendo a separar el mundo de la matemática del mundo real, lo que influyó enormemente en Platón.

Éste consideraba los objetos matemáticos como formas perfectas que no pueden crearse en el mundo real. En *Fedón*, Platón afirma que los objetos del mundo real intentan ser como sus formas perfectas. Como ejemplo, una recta en matemáticas solamente tiene longitud, pero no anchura, por lo que no es posible trazarla en la realidad, ya que la recta, sobre un papel, tiene que tener una cierta anchura para poder ser vista. Del mismo modo, una recta perfecta no tiene ni principio ni fin, lo que es imposible de dibujar. Desde luego, se puede trazar una recta con una flecha en su extremo como método gráfico para indicar su infinitud, pero eso es sólo una representación.

Estas ideas nos pueden parecer un poco irreales, pero debemos recordar que en aquella época los griegos no tenían el concepto de un signo matemático para el cero.

Platón y la Academia

Platón volvió a Atenas en 387 a. C. y fundó la Academia, en la que trabajó hasta su muerte,

«La aritmética eleva a gran altura, obligando al alma a razonar sobre los números en abstracto, y se rebela contra la introducción de objetos visibles o tangibles en la argumentación.» ***La República***

en 347 a. C. Estaba dedicada a las investigaciones filosóficas, científicas y matemáticas.

Aunque muy interesado en las matemáticas, Platón no realizó avances en el pensamiento matemático, si bien transmitió las ideas de Pitágoras y su respeto por las matemáticas a sus discípulos. Este hecho lo convierte en un eslabón importante en la cadena de los matemáticos griegos. Platón consideraba que las matemáticas eran tan importantes que sobre la entrada a la Academia estaba escrito lo siguiente: «No ha de entrar aquí quien no sea versado en la geometría» o «Que no entre nadie si no sabe matemáticas» (según las traducciones). En *La República*, afirma que se deben estudiar las cinco disciplinas matemáticas: aritmética, geometría plana, geometría del espacio, astronomía y música antes de pasar al estudio de la filosofía. En realidad, hay algo en las matemáticas que está directamente relacionado con Platón: los sólidos platónicos. Aunque se nombren así, estos cinco cuerpos de características particulares, el tetraedro, el cubo, el octaedro, el dodecaedro y el icosaedro, ya eran conocidos antes de su época. (Se tratan con más detalle en las páginas 52-53.)

La Academia de Platón sobrevivió hasta 529 d. C., año en que fue clausurada por el emperador romano Justiniano.

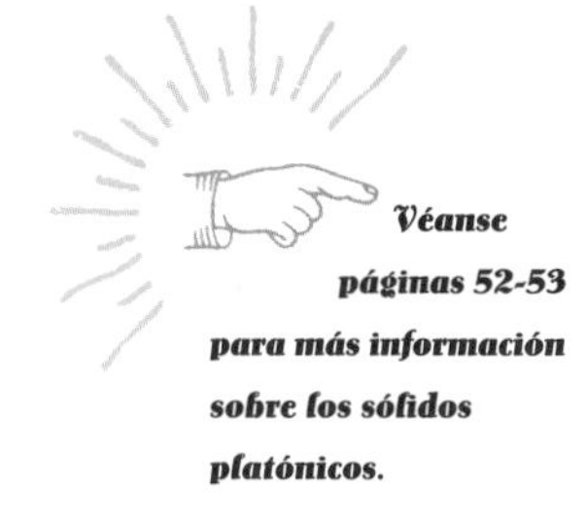

Véanse páginas 52-53 para más información sobre los sólidos platónicos.

«Los que tienen un talento natural para el cálculo son por lo general personas capaces en cualquier otro tipo de conocimiento; incluso los poco dotados, si han recibido un entrenamiento matemático, aunque no hayan obtenido ningún beneficio de él, se vuelven más sagaces de lo que hubieran sido sin él.» ***La República***

Obras principales

- **La República**
  La obra más conocida de Platón trata de la sociedad ideal, de formas de gobierno y gobernantes ideales. Se refiere también a las representaciones imperfectas de los objetos matemáticos perfectos.

- **Fedón**
  Describe la muerte de Sócrates y debate sobre la vida del más allá, dando cuatro argumentos a favor de la inmortalidad del alma. Trata también de las formas perfectas y de sus representaciones imperfectas.

- **Timeo**
  Argumenta las razones que dan a los sólidos platónicos las características de los cuatro elementos y del universo (véanse páginas 52-53).

LOS SÓLIDOS PLATÓNICOS

Los sólidos platónicos, como los sólidos arquimedianos, de los que se trata en las páginas 60-61, son casos muy curiosos de la geometría tridimensional. Se pueden ver en todo tipo de lugares interesantes, desde objetos de uso cotidiano como los dados, hasta la estructura de las moléculas (la del metano es un tetraedro) e incluso en la de los virus (la del herpes es un icosaedro).

Los cinco sólidos platónicos (poliedros regulares) son el tetraedro, el hexaedro (cubo), el octaedro, el dodecaedro y el icosaedro. Todos estos conocidos poliedros reciben su nombre de Platón (*véanse* páginas 50-51), aunque no los descubriera.

Hay fuentes que sugieren que los pitagóricos (*véanse* páginas 42-43) conocían el tetraedro, el hexaedro y el dodecaedro regulares. Sin embargo, el descubrimiento del octaedro regular y del icosaedro regular se debe a Teeteto (417-369 a. C.),

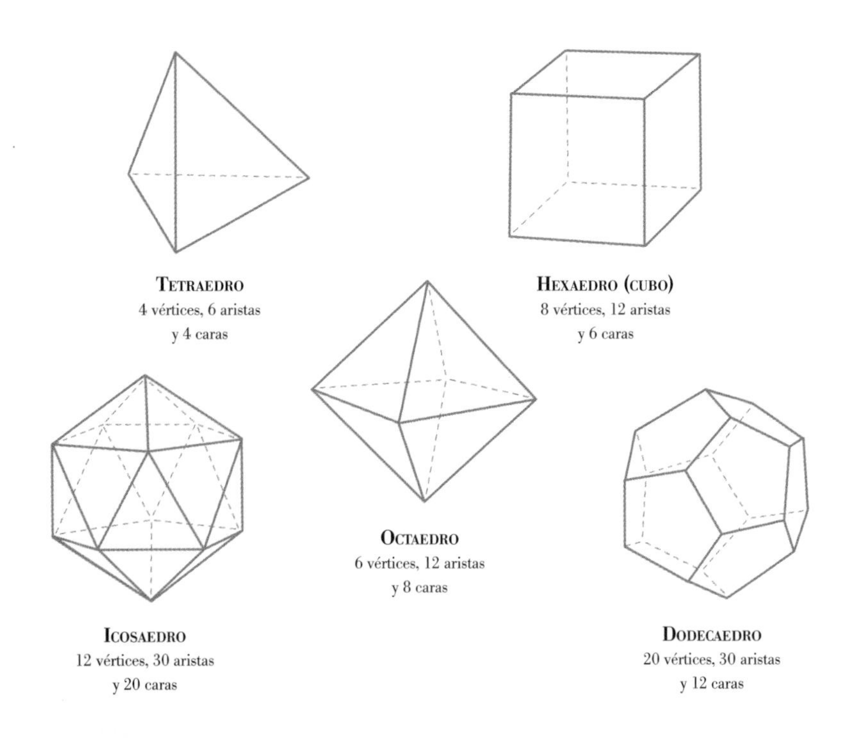

Tetraedro
4 vértices, 6 aristas y 4 caras

Hexaedro (cubo)
8 vértices, 12 aristas y 6 caras

Octaedro
6 vértices, 12 aristas y 8 caras

Icosaedro
12 vértices, 30 aristas y 20 caras

Dodecaedro
20 vértices, 30 aristas y 12 caras

SOBRE LAS CARAS

En los sólidos platónicos existe también una relación entre las caras, las aristas y los vértices. El tetraedro tiene cuatro caras, cuatro vértices (el punto en el que coinciden las caras) y seis aristas. El cubo tiene seis caras, ocho vértices y doce aristas. En la última columna de la tabla se constata una característica común que relaciona las caras, los vértices y las aristas de los sólidos platónicos.

Poliedro	Caras (C)	Vértices (V)	Aristas (A)	C + V – A
Tetraedro	4	4	6	4 + 4 – 6 = 2
Hexaedro	6	8	12	6 + 8 – 12 = 2
Octaedro	8	6	12	8 + 6 – 12 = 2
Dodecaedro	12	20	30	12 + 20 – 30 = 2
Icosaedro	20	12	30	20 + 12 – 30 = 2

matemático griego que estudió con Platón y que protagoniza dos de sus *Diálogos*. Esta idea es compartida también en el libro décimo tercero de los *Elementos* de Euclides.

Se cree que Teeteto fue el primero en demostrar que solo existen cinco poliedros de este tipo, por lo menos en el caso de objetos tridimensionales.

Propiedades de los sólidos platónicos

Definamos, en primer lugar, en qué consiste un sólido platónico. Para serlo, el objeto o poliedro debe tener las caras congruentes (iguales); éstas solo se cortan en las aristas, y en cada vértice concurre el mismo número de aristas. Esto significa que, con independencia de la cara en que se apoyen, se ven siempre del mismo modo. Esta es la característica básica de los sólidos platónicos y la razón de que se usen como dados. El hexaedro regular (cubo) es el dado común de seis caras, en tanto que los demás se utilizan en otros juegos de mesa. En la tabla superior se recogen algunas de las relaciones entre caras, aristas y vértices,

Además, Platón atribuyó algunas propiedades menos matemáticas pero más fascinantes a los sólidos platónicos. Los emparejó con los elementos clásicos del mundo antiguo: el tetraedro con el fuego, el hexaedro con la tierra, el octaedro con el aire y el icosaedro con el agua. Al quinto sólido platónico le dio el papel correspondiente a la disposición de las constelaciones.

Perfil

Euclides

Euclides de Alejandría está considerado universalmente como el padre de la geometría. Su libro, o colección de libros, *Elementos* fue el texto de referencia de la geometría durante más de dos mil años, hasta el punto de ser el libro de texto de mayor éxito en la historia de las matemáticas. La geometría que se estudia en la escuela es la geometría euclidiana. De hecho, hasta inicios del siglo XIX fue la única geometría. La geometría euclidiana es una de las ramas de las matemáticas con la que más se disfruta al estudiarla y al enseñarla.

«No hay un camino real a la geometría.»

Biografía de Euclides

Es sorprendente que se conozca tan poco de la vida de Euclides siendo autor de uno de los libros de mayor influencia en las matemáticas. Nació hacia 325 a. C., pero no se sabe dónde. Hay quien opina que asistió a la Academia de Platón (*véanse* páginas 50 y 51), pero lo más probable es que lo hiciera después de la muerte de éste. También se dice que se dedicó a la enseñanza en Alejandría durante el reinado de Tolomeo I, uno de los generales de Alejandro Magno, que reinó en Egipto de 323 a. C. a 283 a. C.

Se sabe tan poco acerca de él que incluso se ha llegado a poner en duda su existencia. Se han propuesto tres opciones: que Euclides existió y escribió los libros en persona; que el fue el líder de un grupo de matemáticos que escribieron de forma colectiva y firmaban Euclides (como Pitágoras y los pitagóricos), o que no existió y que fue un grupo de matemáticos

Otras obras

- **Datos**
  Trata de las propiedades de las figuras que se pueden deducir conociendo otras.
- **De la división de las figuras**
  Ve la manera de dividir las figuras en dos o más partes iguales.
- **Catóptrica**
  Sobre la teoría matemática de los espejos.
- **Fenómenos**
  De la astronomía esférica.
- **Óptica**
  La teoría matemática de la perspectiva.
- **Cónica (*perdida*)**
  *Obra sobre las secciones cónicas (*véase *página 91**).*
- **Pseudaria *o* Libro de las falacias (*perdida*)**
  Libro sobre los errores en la lógica.

quienes los escribieron, que firmaban como Euclides. Aceptando que existió, y yo soy de esta opinión, se cree que murió hacia 265 a. C.

Elementos de geometría

Elementos es la obra magna de Euclides, una colección de trece volúmenes que tratan de geometría y teoría de números. Existe la creencia errónea de que *Elementos* es el libro que contiene los descubrimientos propios de Euclides, lo que no es cierto, ya que la mayor parte de las matemáticas que expone ya se conocía antes de su época. Su logro fundamental fue recopilar y organizar la información, así como aportar demostraciones de muchas de las ideas, lo que dotó a las matemáticas de un rigor desconocido hasta entonces.

Los libros I a IV se ocupan de la geometría plana, la que se aprende en la escuela. Los libros I y II tratan de los triángulos, cuadrados, rectángulos, paralelogramos y paralelas. En el libro I se halla el teorema de Pitágoras (*véanse* páginas 44 y 45). El libro III describe las propiedades de los círculos, en tanto que el IV trata de los problemas en los que intervienen círculos. En el libro V estudia las magnitudes conmensurables e inconmensurables; básicamente líneas rectas (una magnitud «conmensurable» es aquella dada por dos longitudes que tienen una razón racional, y es «inconmensurable» cuando la razón es irracional). El libro VI contiene aplicaciones de los resultados obtenidos en el libro V.

El tema de los libros VII a IX es la teoría de los números. En el VII se incluyen los algoritmos euclidianos para encontrar el máximo común divisor de dos números (*véanse* páginas 56-57). Habla también sobre los números primos y la divisibilidad. El libro VIII trata de las progresiones geométricas (el ejercicio de las páginas 148-149 es una). Entre otras cosas, en el libro IX se estudian las sumas de las series geométricas y los números perfectos (*véase* página 17), en tanto que el libro X vuelve a tocar el tema de los números irracionales, lo que ocasionó verdaderos quebraderos de cabeza a los pitagóricos, y que trataremos de nuevo en las páginas 104-105.

Los libros XI a XIII tratan de la geometría del espacio, con el XII que se ocupa de las áreas y volúmenes de la esfera, el cono, el cilindro y la pirámide. El tema del libro XIII y último son las propiedades de los poliedros regulares (los sólidos platónicos tratados en las páginas 52-53) e incluye una demostración de que solo hay cinco. También trata el tema de la razón áurea, que ya hemos visto y que hallaremos de nuevo en las páginas 100-101.

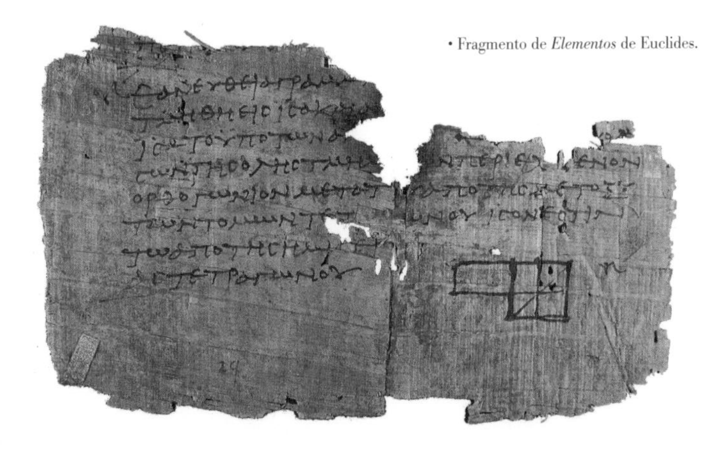

• Fragmento de *Elementos* de Euclides.

El algoritmo de Euclides

EL PROBLEMA:

Un ayuntamiento ha comenzado la remodelación de la plaza del pueblo. Ésta tiene un área libre de 602 por 322 pies y el alcalde quiere utilizar bloques cuadrados de hormigón para pavimentarla. Quiere que estos bloques sean lo más grandes posible ya que utilizar 193.844 bloques de 1 pie de lado está fuera de consideración. ¿Puede calcular la medida máxima posible de los bloques que se puede utilizar de modo que no se tenga que cortar ninguno? Dicho de otro modo, tiene que tener números enteros de bloques en ambas direcciones; un solo bloque gigante no vale: ¡es trampa!

EL MÉTODO:

Lo que tenemos que hacer es determinar el máximo común divisor de la longitud y la anchura. Se puede hacer de distintas maneras. La primera es seguir el proceso del árbol (*véase* página 30) para ambos números y ver cuáles son los primos que tienen en común.

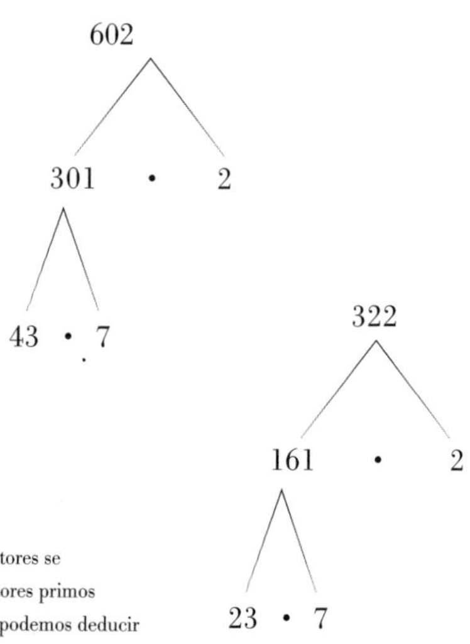

• Con el árbol de factores se encuentran los factores primos comunes. De ellos podemos deducir el máximo común divisor.

Los factores primos de 602 son 2, 7 y 43. Esto quiere decir que $602 = 2 \cdot 7 \cdot 43$.

Los factores primos de 322 son 2, 7 y 23, o lo que es lo mismo, $322 = 2 \cdot 7 \cdot 23$.

Los números primos que estos dos números tienen en común son 2 y 7, por lo que el máximo factor común es 14 ($2 \cdot 7$).

Este método es hábil, pero requiere saber muchos números primos. ¿Cuántos de nosotros sabemos de memoria que 43 y 23 son primos? Si las dimensiones de la plaza fueran ligeramente diferentes, por ejemplo 610 pies por 317 pies, estaríamos en graves problemas, ya que 601 y 317 son primos. Este método nos diría que el ayuntamiento debe usar solo bloques de 1 pie cuadrado.

Otro método posible se encuentra en *Elementos* de Euclides (*véanse* páginas 54-55), quien en el libro VII, demuestra un algoritmo para hallar el máximo común divisor que requiere únicamente saber dividir. Es como sigue:

Se divide el número mayor por el número menor (602 por 322):

$$\begin{array}{r} 1 \\ 322\overline{)602} \\ \underline{322} \\ 280 \end{array} \quad \textit{resto}$$

El cociente es 1 y el resto 280. Dividamos ahora 322 por 280:

$$\begin{array}{r} 1 \\ 280\overline{)322} \\ \underline{280} \\ 42 \end{array} \quad \textit{resto}$$

El cociente es 1 y el resto 42. Dividamos ahora 280 por 42:

$$\begin{array}{r} 6 \\ 42\overline{)280} \\ \underline{252} \\ 28 \end{array} \quad \textit{resto}$$

El cociente es 6 y el resto 28. Dividamos ahora 42 por 28:

$$\begin{array}{r} 1 \\ 28\overline{)42} \\ \underline{28} \\ 14 \end{array} \quad \textit{resto}$$

El cociente es 1 y el resto 14. Dividamos ahora 28 por 14:

$$\begin{array}{r} 2 \\ 14\overline{)28} \\ \underline{28} \\ 0 \end{array} \quad \textit{resto}$$

LA SOLUCIÓN:

El cociente es 2 y el resto cero, con lo que se ha encontrado el máximo común divisor, 14. Por tanto, el ayuntamiento deberá hacer los bloques cuadrados de 14 pies de lado.

Perfil

Arquímedes

En la evaluación de los más destacados, los matemáticos consideran a Euclides como el gran personaje de la geometría y a Arquímedes el de la polivalencia. En ese aspecto, Arquímedes está al nivel de Newton y Gauss (*véanse* páginas 144-145). Sin embargo, se sabe poco acerca de su vida personal. Nació en Siracusa, Sicilia, en 287 a. C., donde pasó la mayor parte de su vida, aunque se cree que viajó a Alejandría y que pasó algún tiempo en su famosa biblioteca. Es posible que, durante su estancia en Egipto, estudiara con los discípulos de Euclides y en el prefacio de *Sobre las espirales* hace referencia a sus amigos de Alejandría, entre los que probablemente estuvo Eratóstenes (*véanse* páginas 62-63).

• Un antiguo mosaico muestra la muerte de Arquímedes a manos de un soldado romano. Se dice que Arquímedes le gritó: «¡No me pises los círculos!».

¡Eureka!

Aunque es poco lo que se sabe con certeza de la vida de Arquímedes, tiene algunos momentos históricos destacados. Uno de ellos, quizá el más famoso, trata sobre una corona de oro que había recibido como regalo el rey Hierón II de Sicilia (270-215 a. C.), posiblemente pariente de Arquímedes.

Hierón quería saber si la corona era de oro puro o de una aleación. En el caso de que la corona hubiera tenido forma de cubo u otra forma regular Arquímedes no habría tenido ningún problema para determinarlo, pero para su pesar tenía una forma irregular como suelen tener las coronas. Sabiendo que los metales tienen densidades diferentes, es decir, diferentes pesos para el mismo volumen, todo lo que Arquímedes tenía que hacer era comparar el peso de la corona con el del volumen equivalente de oro. Para él, el problema era: ¿cómo calcularé el volumen de un cuerpo irregular?

Acalorado quizá por la magnitud del problema, Arquímedes decidió darse el baño más famoso de la historia. Al entrar en la bañera notó que el agua empezaba a subir: dedujo que el nivel subía en un volumen equivalente al desplazado por su cuerpo y se dio cuenta de que había hallado la solución al problema de la corona.

Estaba tan emocionado que salió corriendo a la calle gritando: «¡Eureka, eureka!», que quiere decir «¡Lo encontré, lo encontré!» Podemos imaginar lo que pensaron sus vecinos al verlo salir corriendo desnudo.

«Dadme un punto de apoyo y levantaré la Tierra.»

El rayo de la muerte

Otra intrigante historia relativa a Arquímedes, ésta de ecos futuristas, es la del «rayo de la muerte». Cuando Siracusa estaba amenazada por los romanos, dice la leyenda que Arquímedes colocó a soldados que llevaban escudos de cobre pulido alrededor de la bahía formando una parábola (*véanse* páginas 96-97). Cuando se acercó la flota romana, los soldados enfocaron los rayos del Sol sobre los buques y éstos se incendiaron.

A lo largo de los años, esta historia se ha intentado probar sin éxito en muchas ocasiones, incluso en un programa de televisión. De hecho, el principio es el mismo que se utiliza para la recepción de señales de televisión: la antena parabólica refleja las señales recibidas en la parábola sobre el receptor, que está situado en el extremo del brazo de la antena.

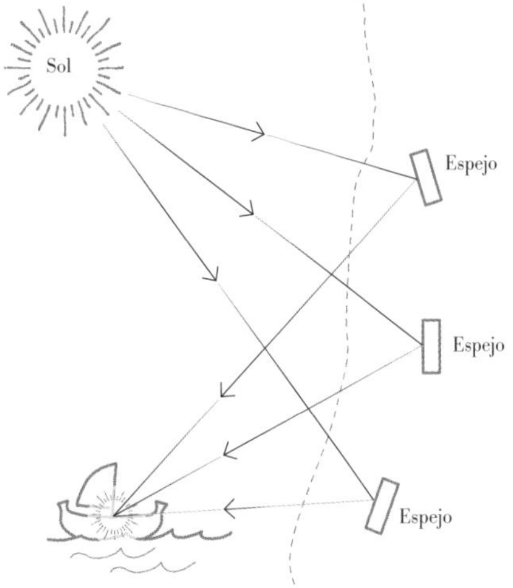

Sol
Espejo
Espejo
Espejo
Orilla

• El rayo de calor de Arquímedes
Se dice que el rayo de calor de Arquímedes operaba concentrando la luz del Sol en un solo punto, lo que recuerda lo que han hecho algunos escolares con una lupa.

No me molestes, estoy trabajando

La última historia trata de la muerte de Arquímedes. Durante el sitio de Siracusa, el general romano Marcelo dio instrucciones precisas de que no se le causara ningún daño. Absorto en un problema matemático, Arquímedes no se dio cuenta de que la ciudad había caído, y, cuando un legionario romano le ordenó que lo siguiera a presencia de Marcelo, se negó. El soldado lo hirió de muerte mientras Arquímedes le decía: «¡No me pises los círculos!».

Obras principales

• **Sobre el equilibrio de los planos**
Obra en dos volúmenes sobre los centros de gravedad y las palancas.

• **Sobre la medida de un círculo**
Parte de una obra más amplia que contiene, entre otros temas, el enfoque de Arquímedes del valor de π (véanse páginas 18-19).

• **Sobre las espirales**
En él se define lo que se conoce como «espiral de Arquímedes».

• **Sobre la esfera y el cilindro**
Contiene la demostración de que el volumen de la esfera inscrita en un cilindro tiene un volumen de dos tercios del de aquél. Sobre la tumba de Arquímedes se colocaron las esculturas de estos dos cuerpos.

• **Sobre los cuerpos flotantes**
Aunque no hace mención al «¡Eureka!, Arquímedes explica en ella el principio de flotabilidad.

• **El contador de arena**
Arquímedes estima el número de granos de arena del universo, y tuvo que crear un sistema de grandes números para hacerlo.

SÓLIDOS ARQUIMEDIANOS

Los sólidos platónicos, de los que ya hemos tratado, eran regulares, es decir, tenían las caras idénticas. En cambio, los sólidos arquimedianos, así nombrados en honor a Arquímedes (*véanse* páginas 58-59), son poliedros cuyas caras son polígonos regulares de dos o más tipos. Como casos límite, el cuboctaedro y el icosidodecaedro se denominan «sólidos semirregulares».

1

2

3

4

5

Aunque los sólidos arquimedianos tienen caras diferentes, sus vértices son regulares, es decir, son todos iguales. Sus formas son extrañas, menos frecuentes en la vida cotidiana que los sólidos platónicos. Sin embargo, la relación entre caras, vértices y aristas de estos últimos, $C + V - A = 2$, se mantiene en los sólidos arquimedianos.

6

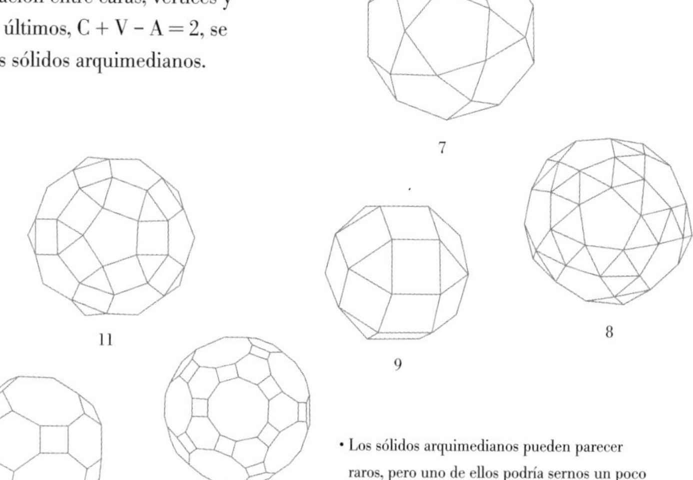

• Los sólidos arquimedianos pueden parecer raros, pero uno de ellos podría sernos un poco más familiar. La forma 5 es prácticamente la de un balón de fútbol. ¿Sabía alguien que se juega con un icosaedro truncado?

LOS SÓLIDOS ARQUIMEDIANOS

Nombre	Caras	Vértices	Aristas
1. Tetraedro truncado	8 (4 triángulos, 4 hexágonos)	12	18
2. Cubo truncado	14 (8 triángulos, 6 octágonos)	24	36
3. Octaedro truncado	14 (6 cuadrados, 8 hexágonos)	24	36
4. Dodecaedro truncado	32 (20 triángulos, 12 decágonos)	60	90
5. Icosaedro truncado	32 (12 pentágonos, 20 hexágonos)	60	90
6. Cuboctaedro	14 (8 triángulos, 6 cuadrados)	12	24
7. Icosidodecaedro	32 (20 triángulos, 12 decágonos)	30	60
8. Dodecaedro romo	92 (80 triángulos, 12 pentágonos)	60	150
9. Rombicuboctaedro menor	26 (8 triángulos, 18 cuadrados)	24	48
10. Rombicosidodecaedro mayor	62 (30 cuadrados, 20 hexágonos, 12 decágonos)	120	180
11. Rombicosidodecaedro menor	62 (20 triángulos, 30 cuadrados, 12 pentágonos)	60	120
12. Rombicuboctaedro mayor	26 (12 cuadrados, 8 hexágons, 6 octágonos)	48	72
13. Cubo romo	38 (32 triángulos, 6 cuadrados)	24	60

Perfil

Eratóstenes

La llegada del hombre a la Luna fue una falsificación, hubo dos tiradores en Dallas y la Tierra es plana. Parece increíble que la idea de una Tierra plana sobreviviera tanto tiempo en la Europa medieval, cuando había tantas pruebas de lo contrario. En primer lugar, la desaparición progresiva de los barcos en el horizonte. En segundo, el Sol, la Luna y, hasta cierto punto, las estrellas se ven redondas. Por último, durante los eclipses las sombras son redondas. Visto que los científicos del mundo antiguo ya lo habían imaginado, es extraño que esta idea se perdiera.

Biografía de Eratóstenes

Eratóstenes fue un matemático, geógrafo y astrónomo griego nacido en Cirene, que hoy forma parte de la Libia actual, en 276 a. C. Muchos descubrimientos llevan su nombre. Como astrónomo, calculó la circunferencia de la Tierra, la distancia entre ésta y la Luna, y la de la Tierra al Sol. Fue alumno de Aristón de Quíos, discípulo a su vez de Zenón, y tuvo como alumno a Tolomeo IV Filopátor, hijo de Tolomeo III, cuyo abuelo fue Tolomeo I, uno de los generales de Alejandro Magno.

Como matemático es conocido por su método para determinar los números primos, conocido como la «criba de Eratóstenes.» Como geógrafo dibujó el primer mapa del mundo conocido y cartografió el Nilo. También le debemos un calendario con años bisiestos. Con tantos logros, parece injusto que se le diera el apodo de «beta» o «segundo» debido a que era bueno en muchas cosas, pero nunca el mejor. Se dice que, tras perder la vista, se dejó morir de hambre a la edad de ochenta años, en 195 a. C.

Alrededor del mundo

El cálculo de Eratóstenes de la circunferencia de la Tierra es asombroso, aunque haya algunas dudas sobre su validez debido a las numerosas variables y errores posibles. Sin embargo, es un ejercicio matemático excepcional.

Eratóstenes se dio cuenta de que al mediodía del solsticio de verano no había sombras en el pueblo de Siena, hoy Asuán, en Egipto (en realidad, debería haber alguna pequeña sombra, ya que Asuán está ligeramente al norte del trópico de Cáncer).

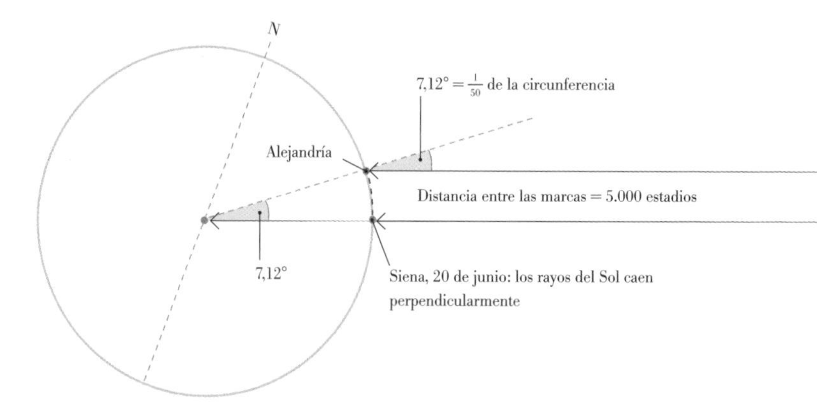

Obras principales

• **Platonicus (*perdida*)**
Obra que trata de las matemáticas de la filosofía de Platón. Aunque perdida, sabemos de ella a través de Teón de Esmirna (h. 70-135 d. C.), que estudió los números primos y geométricos, así como la música.

• **Sobre los medios (*perdida*)**
Otra obra perdida de geometría. Mencionada por el geómetra Pappus (290-350 d. C.), quien afirmó que era uno de los más grandes libros de geometría.

• **Sobre la medición de la Tierra (*perdida*)**
En esta obra, que también se ha perdido, Eratóstenes calculó la circunferencia de la Tierra. La conocemos a través del astrónomo griego Cleomedes (h. 10-70 d. C.) y de Teón de Esmirna.

Después, midió el ángulo de la sombra durante el solsticio de verano en Alejandría, que era de 7° 12' o 7,12°, que es una medida muy precisa. Esto representaba $\frac{7.2°}{360°}$ o $\frac{1}{50}$ de la circunferencia de la Tierra. Hasta aquí lo fácil.

Ahora, sabía que la distancia de Siena a Alejandría era $\frac{1}{50}$ de la circunferencia de la Tierra, pero ¿cuál era la distancia entre Siena y Alejandría? Eratóstenes decidió que era de 5.000 estadios, pero ¿cuánto es un estadio? Diversas estimaciones establecen el valor entre 157 y 185 m. Al ser la distancia entre Alejandría y Asuán de 843 km, y al dividir este valor entre 5.000, nos da una longitud del estadio de 169 m, suponiendo que quien hiciera la medición se desplazara en línea recta de un lugar al otro. Esto en sí es ya bastante improbable, ya que Eratóstenes situó Alejandría al norte de Siena, cuando, en realidad, está hacia el noroeste. También hay que tener en cuenta que viajar en línea recta sin ninguno de los modernos instrumentos debía de ser muy difícil, con el desierto y el Nilo en el camino.

Aceptemos, pues, los posibles errores, éstos y algunos otros, y calculemos los valores extremos de la circunferencia de la Tierra. Si 5.000 estadios son 1/50 de su circunferencia, el total sería de 250.000 estadios. A 157 m por estadio, esto nos da una circunferencia de la Tierra de 39.250 km; con 185 m por estadio, el valor es de 46.250 m. Dado que el valor real es de 40.000 km, el primer resultado es aproximadamente un 2% bajo, en tanto que el segundo es un16% alto. Con todo, un resultado notablemente preciso.

El Sol

• Ingenioso método de Eratóstenes para calcular la circunferencia de la Tierra basado en las sombras que se proyectan en el solsticio de verano.

Perfil

Diofanto

Diofanto constituye otro de los enigmas del mundo antiguo. Algunos matemáticos lo denominan el «padre del álgebra» debido a su obra *Aritmética*, en tanto que otros reservan este honor a Al-Juarismi (*véanse* páginas 86-87). La reivindicación de Diofanto a este título se basa en el hecho de que en sus obras se pasa de las matemáticas basadas en el lenguaje a las basadas en los símbolos que conocemos y con los que trabajamos en la actualidad.

La adivinanza de Diofanto

Para ser un matemático cuya influencia se deja notar todavía, se sabe muy poco de Diofanto de Alejandría. Determinar cuándo vivió ya es difícil de por sí, y lo que sabemos de él procede de fuentes secundarias o de lo que queda de sus escritos.

Diofanto vivió en Alejandría en el siglo III. Muchos creen que nació hacia el siglo II d. C. y que murió unos ochenta y cuatro años más tarde, tal como se desprende de una cita de Diofanto mencionada por Hipsicles (190-120 a. C.), matemático griego que trabajó con los poliedros regulares (véanse páginas 52-53 y 60-61), lo que le sitúa algo después de 150 a. C.; sin embargo, Teón de Alejandría (335-405 d. C.), otro matemático griego y padre de Hipatia, la primera matemática conocida, hace referencia a Diofanto y señala su muerte antes de 350 d. C.

Su edad de ochenta y cuatro años procede de «la adivinanza de Diofanto», tomada de una antología griega de juegos numéricos del siglo XV:

«Ésta es la tumba de Diofanto:

es él quien con el álgebra te dice cuánto vivió.

Su niñez ocupó la sexta parte de su vida;

durante la doceava parte su mejilla se cubrió con el primer bozo.

Pasó aún una séptima parte de su vida antes de tomar esposa

Cinco años después, tuvo un precioso niño,

que una vez alcanzada la mitad de la edad de su padre,

pereció de una muerte desgraciada.

Durante cuatro años consoló su desgracia con los números,

y después murió. De todo esto se deduce su edad.»

Véanse páginas 66-67 para saber más sobre las ecuaciones diofánticas.

La adivinanza nos dice que Diofanto vivió ochenta y cuatro años, pero ya se puede imaginar que un juego de palabras no es la fuente más fiable desde el punto de vista histórico. Sin embargo, lo que hay es lo que hay, y ahí reside la incertidumbre sobre su vida. De todos modos, vale la pena resolver la adivinanza. Si x es la edad de Diofanto a su muerte, la ecuación para deducir x será:

$$x = \frac{x}{6} + \frac{x}{12} + \frac{x}{7} + 5 + \frac{x}{2} + 4$$

Pasamos todas las x a un miembro:

$$x - \frac{x}{6} - \frac{x}{12} - \frac{x}{7} - \frac{x}{2} = 9$$

El denominador común de estas fracciones es 84, por lo que podemos escribir la ecuación como sigue:

$$\frac{84x}{84} - \frac{14x}{84} - \frac{7x}{84} - \frac{12x}{84} - \frac{42x}{84} = 9$$

Haciendo las operaciones llegamos a

$$\frac{9x}{84} = 9$$

Multiplicando ambos miembros por 84 y dividiéndolos por 9 llegamos a:

$$x = 84$$

Obras principales

• ARITHMETICA

Arithmetica *es una colección de problemas (unos dicen que eran 130 y otros que eran 180) que dan soluciones numéricas a ecuaciones determinadas (un límite definido a la solución de una variable) y ecuaciones indeterminadas (un número infinito de soluciones con dos o más variables). La obra constaba de trece libros, de los que se han coservado nueve. Hay también cuatro libros árabes que se cree son traducciones de la obra original. Los libros resuelven problemas con ecuaciones lineales y cuadráticas, pero Diofanto tomaba solo en consideración las soluciones racionales positivas, es decir, que ignoraban el cero y los números negativos. (Si pudiéramos ignorar los números negativos en nuestras cuentas bancarias, la vida sería mucho más fácil.) Los libros fueron traducidos al latín por Bombelli* (véase *página 111) en 1570, y su influencia perduró en las matemáticas europeas hasta los tiempos modernos. De hecho, una traducción de Claude Bouchet, un matemático francés que escribió libros sobre rompecabezas matemáticos, llevó a Pierre de Fermat (h. 1610-1665) a escribir al margen: «He descubierto una demostración verdaderamente maravillosa, pero el margen es demasiado estrecho para contenerla». Los matemáticos necesitaron trescientos años para resolver el «Último teorema de Fermat».*

• LOS PORISMAS (*PERDIDA*)

En Arithmetica, *Diofanto hace referencia a* Los porismas, *tambien perdida, aunque existen partes de otra:* Sobre los números poligonales.

Ecuaciones diofánticas

EL PROBLEMA:

El tío Gilito quiere comprar huevos de pascua para su familia: Juanito, Jaimito y Jorgito en una casa, y Donald, Daisy y Pluto en la otra. Ambas casas deben recibir el mismo número de huevos. Juanito, Jaimito y Jorgito deben recibir la misma cantidad, y también Donald y Daisy (pero que puede ser diferente a la de los sobrinos). Pluto debe recibir exactamente seis. ¿Cuántos huevos puede recibir cada uno de los patos?

EL MÉTODO:

El primer paso para resolver este problema es darse cuenta de que no hay una solución única al problema, sino muchas. También hay que tener en cuenta que las soluciones al problema deben ser números naturales (*véase* página 14). A no ser que sea increíblemente tacaño, no va a dar un número negativo de huevos, ni regalará medio huevo ni $\sqrt{2}$ de uno. Las ecuaciones de este tipo reciben el nombre de «diofánticas», en alusión a Diofanto, al que acabamos de conocer.

Una ecuación diofántica es una ecuación indeterminada (una que posee infinitas soluciones) en la que las variables solo pueden ser números enteros. Para nuestro problema debemos volver a sus orígenes. Aunque en la actualidad las ecuaciones diofánticas pueden tener soluciones enteras, Diofanto no aceptaba el cero como solución y consideraba absurdos los números negativos.

Un ejemplo de ecuación diofántica es el teorema de Pitágoras, que tiene un número infinito de soluciones (enteras), por lo que es indeterminado. Posibles ejemplos de solución son: (3, 4, 5), (5, 12, 13) y los múltiplos de estos, como (6, 8, 10) y muchos más (*véase* en la página 45 la fórmula para generar ternas pitagóricas).

Otro tipo de ecuación diofántica es la ecuación lineal $ax + by = c$. Un ejemplo sería $3x - 2y = 6$.

Para nuestro ejemplo, podemos plantear la ecuación que se deberá resolver.

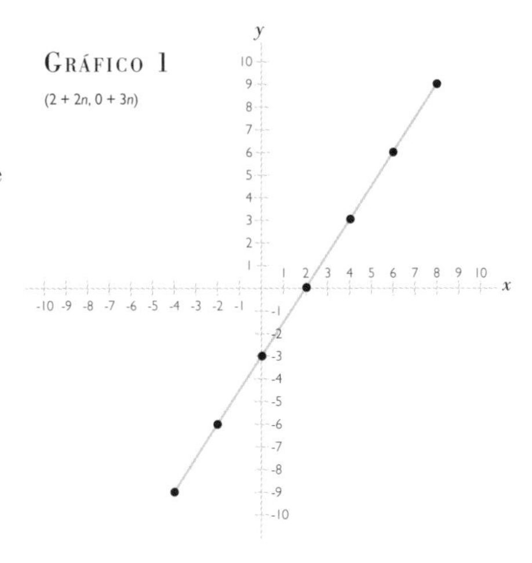

• Las ecuaciones diofánticas tratan con números naturales, por lo que, aunque es posible trazar una recta, solo son soluciones los puntos con coordenadas naturales.

Si llamamos x a los huevos que recibirán Juanito, Jaimito y Jorgito, en su casa se recibirán $3x$. Si y es el número de huevos que recibirán Donald y Daisy, el número de huevos que corresponderá a su casa serán $2y + 6$ (no hay que olvidar a Pluto). Si ambos hogares deben recibir el mismo número de huevos,
$3x = 2y + 6$ o $3x - 2y = 6$.

Ésta es la ecuación de una recta en su forma normal. Para trazarla, calculamos los puntos donde intercepta a los ejes. Para hallar el punto de intersección con el eje de las x, eliminamos el término con y (hacemos $y = 0$) y obtenemos $3x = 6$, por lo que el punto de intercesión es en $x = 2$. Del mismo modo, para determinar el punto de intersección con el eje de las y, eliminamos el término con y (hacemos $x = 0$) y obtenemos $-2y = 6$, es decir, el punto de intersección es en $y = -3$. Éstos son los puntos en que la recta corta a los ejes x e y.

Arriba a la derecha está el trazado de la recta, y se puede ver que pasa por «soluciones enteras» (puntos que son enteros en la gráfica). En ella se puede ver también que pasa por los puntos (2, 0) y (4, 3). Pasa además por muchos otros puntos; de hecho, por un número infinito de ellos, ya que la recta se extiende indefinidamente en ambas direcciones.

Las ecuaciones diofánticas no aceptan soluciones racionales o irracionales: solo soluciones enteras. También hay un número infinito de soluciones enteras; por suerte, una vez se conoce un punto, los demás son muy fáciles de hallar. Para pasar del punto (2, 0) al punto (4, 3) solamente hay que moverse tres hacia arriba y dos a la derecha. La siguiente solución diofántica (a la derecha) estará otra vez tres arriba y dos a la derecha, en (6, 6). Esto continúa así infinitamente en ambas direcciones. Como no podemos escribir el número infinito de soluciones, las expresamos mediante $(2 + 2n, 0 + 3n)$, en la que n es un número entero. Por ello, si $n = 1$, una solución es (4, 3); si $n = 2$, otra solución es (6, 6); si $n = 3$, una tercera es (8, 9), y así sucesivamente.

LA SOLUCIÓN:

Juanito; Jaimito y Jorgito recibirán $2 + 2n$ huevos, Donald y Daisy $0 + 3n$, y Pluto recibirá 6. (Téngase en cuenta que n debe ser un número natural.)

Capítulo

Egipto, India y Persia

Como ya mencionamos al principio del capítulo anterior, es posible que nuestro entusiasmo por los antiguos griegos nos oculte los avances matemáticos realizados en otras partes. Sin embargo, el hecho es que figuras clave como Brahmagupta, Al-Juarismi y Omar Jayyam, junto con muchos otros matemáticos orientales, hicieron aportaciones tan importantes a nuestra moderna concepción de las matemáticas que se podría afirmar que fueron más relevantes incluso que las de los antiguos griegos.

LAS MATEMÁTICAS EGIPCIAS

Las matemáticas egipcias antiguas eran muy avanzadas. Como nosotros, los antiguos egipcios poseían un sistema de numeración de base diez, pero, a diferencia del nuestro, no era un sistema posicional. En su lugar, tenían símbolos diferentes para representar uno, diez, cien, mil, diez mil y un millón. Me gusta el símbolo del hombre arrodillado que representa el millón; me imagino a algún antiguo egipcio postrado gritando: «¡Sí, he ganado un millón… soy rico!».

La antigua aritmética egipcia

Los jeroglíficos egipcios reproducían los números como se muestra abajo, y era fácil utilizarlos para representar otros números. Por ejemplo, uno se representa con la figura I, por lo que cualquier número hasta el nueve se puede representar con varios I; por ejemplo,tres sería III.

También se pueden escribir fácilmente números más grandes. Cuando se llega al valor del jeroglífico siguiente, se emplea éste desde el principio; por ejemplo, 123 se escribiría 𓍢∩∩III.

La adición y la sustracción es también fácil, con el principio de dar o tomar como hacemos actualmente: A modo de ejemplo, sumemos los números 28 y 103 o, en notación egipcia ∩∩IIIIIIII (28) y 𓍢III (103).

Sumamos primero las unidades y tenemos once, lo que es un uno y un diez. Esto es como decir IIIIIIIIII = ∩I, lo que es lo mismo que llevarse uno en nuestro sistema de base diez. Después hacemos lo mismo con las decenas y las centenas:

28 + 103 = 131 o ∩∩IIIIIIII + 𓍢III = 𓍢∩∩∩I

1	10	100	1.000	10.000	100.000	1.000.000

• **Jeroglíficos numéricos egipcios** Es interesante el hecho de que los egipcios utilizaran un sistema de numeración de base diez pero que, más tarde, griegos y romanos no lo hicieran. Estos últimos incluyeron símbolos para otros valores cono cinco, cincuenta, etcétera. El sistema de base diez solo reapareció cuando llegó de Oriente muchos siglos más tarde.

La multiplicación y la división son un poco más complicadas, pero el método utilizado es bastante interesante. Lo que hacían los egipcios era doblar sucesivamente uno de los números. Intentemos 11 • 26.

∩∩|||||| = un 26
∩∩∩∩∩|| = dos 26
@|||| = cuatro 26
@@|||||||| = ocho 26

Ahora, para llegar a once 26 hay que sumar a ocho 26, un 26 y dos 26 como hicimos antes. Tenemos un total de dieciséis unidades, por lo que podemos llevarnos diez al siguiente símbolo y dejar seis unidades. Tenemos ahora ocho decenas y dos cientos, lo que se puede escribir como:

@@∩∩∩∩∩∩∩∩|||||| = 286

Antiguas fracciones egipcias

Los antiguos egipcios tenían también un método para trabajar con fracciones. Para escribir una fracción, ponían un símbolo «boca» sobre el número que representaba el divisor; así, $\frac{1}{2}$ se vería como $\overset{\frown}{\text{II}}$ y $\frac{1}{10}$ sería $\overset{\frown}{\cap}$.

Con esto los egipcios podían utilizar únicamente fracciones unitarias (fracciones de numerador uno). Para hacer otras fracciones sumaban fracciones unitarias; por ejemplo, $\frac{5}{6}$ sería $\frac{1}{2} + \frac{1}{3}$ o $\overset{\frown}{\text{II}} + \overset{\frown}{\text{III}}$.

Algunos opinan que el uso de las fracciones unitarias en Grecia procede de los antiguos egipcios.

LOS PAPIROS DE RHIND Y DE MOSCÚ

El papiro de Rhind se llama así en alusión al egiptólogo escocés A. Henry Rhind, quien lo compró en Egipto en 1858. Se trata de un rollo de unos 6 m de longitud y unos 30 cm de ancho. Fue escrito hacia 1650 a. C. por Ahmes, un escriba que indica que está copiando un texto unos doscientos años más antiguo. Por tanto, el contenido del papiro es de 1850 a. C.

En dicho papiro se exponen ochenta y siete problemas, que tratan desde aritmética básica (aunque con los números egipcios la multiplicación y la división no fueran tan sencillas), hasta geometría y resolución de ecuaciones. Aunque en el papiro se plantean problemas que implicarían ecuaciones, éstas no son como las que conocemos en la actualidad (los inicios del álgebra tal como la entendemos hoy tardaría siglos en aparecer).

El papiro de Moscú, o papiro Golenishchev, tiene unos 4,5 m de longitud y 8 cm de ancho y consiste en veinticinco problemas, casi todos ellos de geometría.

Este último se conserva en el Museo de Bellas Artes de Moscú, mientras que el papiro de Rhind se halla en el British Museum de Londres.

Completar el cuadrado

EL PROBLEMA:

Las ecuaciones cuadráticas (en las que x^2 es el término más importante) tienen aplicación en la vida real, y aquí veremos una relativa a la gravedad, aunque de un modo rudimentario. En nuestro primer problema, Pedro y Pablo están jugando a tirarse globos llenos de agua por encima de una valla. Pedro tira el globo que sigue una parábola (*véanse* páginas 96-97), que puede representarse con la ecuación $h = -x^2 - 6x + 40$, en la que h es la altura y x la distancia en metros a la izquierda y a la derecha de la valla. ¿A qué distancia estaba Pedro de la valla cuando tiró el globo y a qué distancia de ella cayó?

EL MÉTODO:

Hay diversas maneras de resolver las ecuaciones cuadráticas. Completar el cuadrado es una de ellas y vamos a plantearlo desde un punto de vista geométrico. Lo primero que hay que tener en cuenta es que queremos saber en qué punto cayó el globo al suelo. Éste representa la altura cero, por lo que $h = 0$. La ecuación será, pues, en ese caso:

$$0 = -x^2 - 6x + 40$$

Para simplificar, sumaremos x^2 y $6x$ a los dos miembros para obtener la ecuación:

$$x^2 + 6x = 40$$

Esto nos ayuda, ya que los números positivos nos permiten buscar una solución geométrica. Ahora, x^2 puede representarse por un cuadrado cuyos lados tienen una

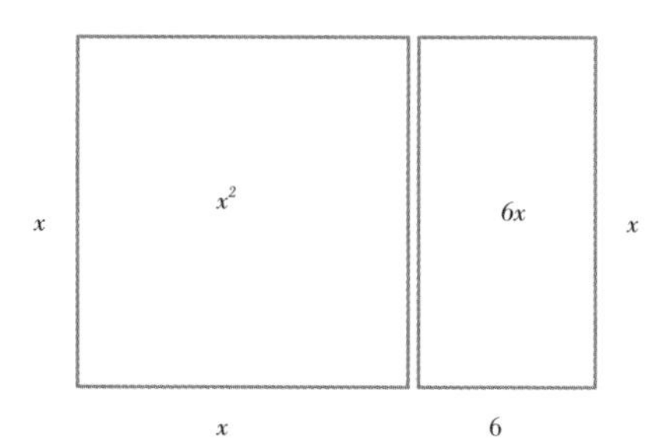

longitud de x, y $6x$ por un rectángulo cuyos lados tienen unas longitudes de x y 6.

Sumando estas dos formas geométricas, que son el miembro de la izquierda de la ecuación ($x^2 + 6x$), tenemos un rectángulo, uno de cuyos lados mide x y el otro $x + 6$, y su área es $x \cdot (x + 6)$. En este momento, podríamos hacer una estimación de x y tener la suerte de que un número entero estimado fuera correcto. Pero si el valor real es racional o irracional, la cosa ya no es tan fácil.

Vamos a «completar el cuadrado», es decir, no vamos a hacer un rectángulo, sino que vamos a dividir el rectángulo $6x$ en otros dos rectángulos iguales, ambos de área $3x$ y colocarlos en dos lados del cuadrado de lado x.

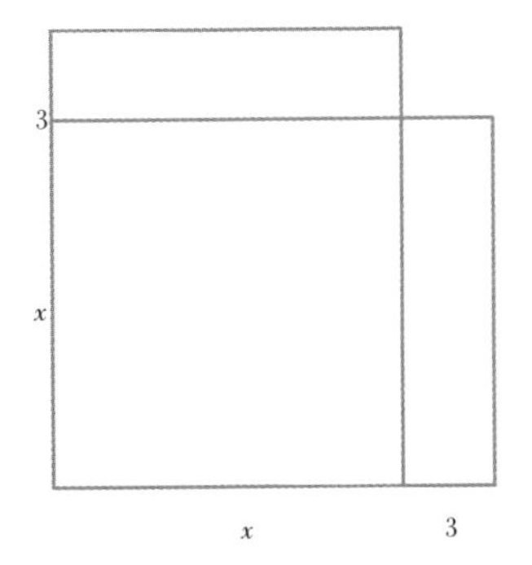

Completemos ahora el cuadrado llenando la esquina superior derecha. El pequeño cuadrado mide 3 por 3, por lo que solo hay que hacer la sencilla multiplicación $3 \cdot 3 = 9$ y sumar esta cantidad en ambos lados de la ecuación. Esto nos da:

$$(x + 3)^2 = 49$$

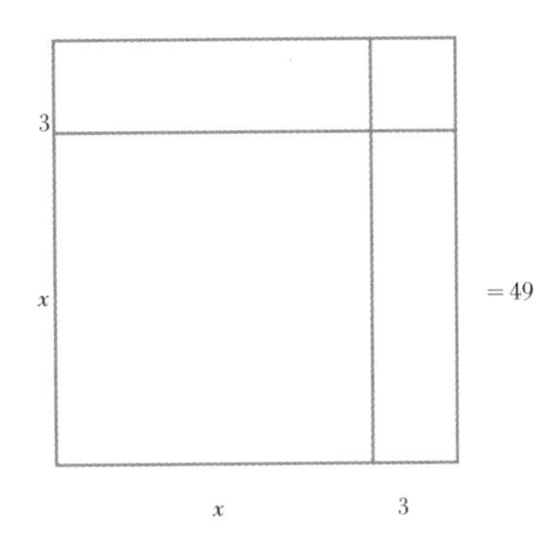

Nos preguntaremos ahora qué número elevado al cuadrado da 49. Es 7, por lo que $x + 3$ debe ser igual a 7 y esto quiere decir que $x = 4$.

Esta solución tiene sentido, pero hay otro valor de x que no resulta tan obvio desde este enfoque geométrico. Diofanto (*véanse* páginas 64-65) consideraba absurdas las soluciones negativas, pero en las matemáticas teóricas no lo son. Esto tiene que tenerse en cuenta al resolver el problema. En este caso, $(-7)^2$ es también igual a 49, por lo que $x + 3$ puede ser también igual a −7, y esto daría $x = -10$. La realidad es que se hace difícil dibujar un cuadrado que mida −10, de ahí la aversión a los números negativos cuando se ve el problema desde el punto de vista geométrico.

LA SOLUCIÓN:

Estos valores de −10 y 4 significan que Pedro estaba a 10 metros a la izquierda de la valla cuando tiró el globo y que éste cayó a 4 metros a la derecha de la misma. Lo que no se sabe es si le cayó encima a Pablo.

LAS MATEMÁTICAS INDIAS

Todos utilizamos los números en nuestra vida cotidiana, pero casi todos lo hacemos sin pensar de dónde proceden. Estamos mucho más familiarizados con la etimología de las palabras y el desarrollo de nuestro lenguaje. Sin embargo, los números desempeñan un importante papel en nuestra vida, por lo que no está de más preguntarse de dónde proceden.

Los *sulbasutras* de India

Los *sulbasutras* son apéndices a textos religiosos indios. No son textos teóricos, sino más bien matemáticas aplicadas relativas a la construcción de obras religiosas.

El *sulbasutra* de Baudhayana (h. 800-740 a. C.) trata del teorema de Pitágoras o, por lo menos, de un caso especial: el del triángulo rectángulo isósceles. Aquí hacemos de nuevo referencia al teorema de Pitágoras, aunque éste no nacería hasta doscientos años más tarde, lo que revela el carácter eurocentrista del mundo matemático. En el *sulbasutra* de Katyayana (h. 200-150 a. C.) se hace referencia a este teorema sin restricciones, aunque en una época ya posterior a Pitágoras.

Algo antes, dos *sulbasutras* de Apastamba, que vivió en el siglo VI a. C. y Katyayana (siglo III a. C.) daban un valor de la raíz cuadrada de dos (*véase* página 32) de $\frac{577}{408}$, que es exacto hasta el quinto decimal.

Dado que estos textos tratan de la construcción, también interviene el círculo. Es interesante el hecho de que el valor de π varía según la naturaleza del cálculo. Parece que la naturaleza aplicada de los *sulbasutras* no hacía necesario un valor muy exacto, pues los valores utilizados de π iban de 3 a 3,2.

La numeración india

La verdadera importancia de la aportación india a las matemáticas fue comentada por el matemático francés Pierre-Simon Laplace (1749-1827):

«India fue quien nos dio el ingenioso método de expresar todos los números a través de diez símbolos, cada uno de los cuales recibía un valor absoluto y otro dependiente de su posición; una idea importante y profunda que nos parece tan sencilla en la actualidad que ignoramos su verdadero mérito. Pero fue su gran simplicidad y fácil uso lo que ha hecho de nuestro cálculo aritmético una herramienta de primera clase; y apreciaríamos más el valor de este invento si consideramos que no se le ocurrió ni al genio de Arquímedes ni al de Apolonio, dos de las mentes más preclaras de la antigüedad». (Citado en la obra *Return to mathematical circles*, de H. Eves, 1988.)

Laplace tiene razón: ¿qué sucedería si tuviéramos que trabajar con números romanos? No hay duda de que muchos desarrollos se habrían retrasado. Solo hay que pensar en la dificultad de multiplicar con números egipcios, que ya tenían, por lo menos, la base decimal. Sin duda, con los números romanos habría sido aún peor.

La numeración *brahmi*, que empezó a usarse hacia 250 a. C., era ya en parte una numeración decimal. Tenía símbolos distintos para los primeros nueve números y símbolos diferentes para los múltiplos de diez y de cien. Es decir, había un símbolo para veinte, treinta, cuatrocientos, quinientos, etcétera. En el siglo VII d. C., hacia la época de Brahmagupta (*véanse* páginas 78-79), se empezó a utilizar un sistema posicional de base diez. Resulta interesante observar que los egipcios tenían un sistema de base diez, pero no posicional, en tanto que los babilonios tenían un sistema posicional que era de base sesenta en lugar de base diez.

Las matemáticas indias

Antes hemos hablado de los *sulbasutras*, que contienen un amplio conocimiento matemático pero enfocado únicamente a las aplicaciones, como los egipcios. Pasemos ahora al 476 d. C. y al nacimiento de Aryabhata.

Aryabhata escribió el *Aryabhatiya*, en el que recopiló todos los conocimientos matemáticos de India hasta aquel momento, de un modo semejante a lo que hizo Euclides con las leyes de la geometría (*véanse* páginas 54-55). El *Aryabhatiya* contiene aritmética, álgebra, trigonometría y ecuaciones cuadráticas, así como un valor muy preciso de π (3,1416). La diferencia reside en que Euclides aportó rigurosas demostraciones de sus reglas.

Después, en el siglo VI, Varahamihira recopiló las obras astronómicas y estudió el triángulo de Pascal (*véanse* páginas 130-135) y los cuadrados mágicos (*véase* recuadro inferior).

A continuación, vino Brahmagupta (*véanse* páginas 78-79), que vivió en el siglo VII y cuya obra fue ampliada por Mahavira en el siglo IX. Una generación más tarde, Prthudakasvami continuó la obra con el álgebra de las ecuaciones cuadráticas, y Sridhara (870-930 d. C.) fue uno de los primeros es dar una fórmula general para resolverlas (*véanse* páginas 88-89), aunque para una sola raíz.

Los avances en las matemáticas indias continuaron hasta el siglo XIII y con la introducción por parte de Fibonacci de la numeración arábiga comenzó el desplazamiento hacia occidente.

EL CUADRADO MÁGICO

Un cuadrado mágico es aquel en el que las filas, las columnas y las diagonales suman la misma cantidad, que en este caso es quince, sin que haya ningún número repetido.

8	1	6
3	5	7
4	9	2

Completar el cuadrado, otra vez

EL PROBLEMA:

César y Ángel están librando una batalla de globos de agua. Entre ellos hay una gran valla por encima de la cual deben tirar los globos. César tira un globo que sigue la trayectoria de una parábola. La ecuación de dicha parábola es $h = -x^2 - 6x + 40$, en la que h es la altura sobre el suelo, y x la distancia en metros a la izquierda y a la derecha de la valla. ¿A qué distancia estaba César de la valla cuando tiró el globo y a que distancia de ella cayó? Suponemos que la valla es el punto cero.

EL MÉTODO:

Este problema nos resulta familiar. Sin embargo, hay muchos métodos para resolver las ecuaciones cuadráticas, y la mejor manera de mostrar los diferentes métodos es utilizar el mismo ejemplo, confiando en llegar a la misma solución. Aquí vamos a intentar completar el cuadrado desde un punto de vista algebraico.

Lo primero que hay que tener en cuenta es que queremos saber en qué punto cayó el globo al suelo. Éste representa la altura cero, por lo que $h = 0$. La ecuación será, pues, en ese caso, $0 = -x^2 - 6x + 40$. Para simplificar, sumaremos x^2 y $6x$ a los dos miembros para obtener la ecuación:

$$x^2 + 6x = 40$$

Completar el cuadrado utilizando el álgebra es semejante al uso de la técnica geométrica de las páginas 72-73, pero sin figuras.

Tenemos, en primer lugar, el coeficiente del término lineal (el 6), que dividimos por dos, lo que nos da 3. Para comparar esto con la solución geométrica de las páginas 72-73, es como dividir el rectángulo $6x$ en dos.

Después. elevamos el número 3 al cuadrado para obtener 9, y lo sumamos a ambos lados de la ecuación, con lo que tenemos:

$$x^2 + 6x + 9 = 40 + 9$$

Convertimos ahora los términos de la izquierda en la expresión: $(x + 3)(x + 3)$ o $(x + 3)^2$, lo que da:

$$(x + 3)^2 = 49$$

La raíz cuadrada de los dos miembros da:

$$\sqrt{(x + 3)^2} = \pm\sqrt{49}$$

Ponemos un signo más/menos delante de $\sqrt{49}$, ya que tanto 7^2 como $(-7)^2$ son iguales a 49. Como la raíz cuadrada de un número al cuadrado es ese mismo número, tenemos $(x + 3)$ a la izquierda de la ecuación y la raíz cuadrada de 49 se convierte en ±7, para tener:

$$(x + 3) = \pm7$$

Restando 3 de ambos miembros de la ecuación nos da:

$$x = \pm7 - 3$$

Calculamos por último las soluciones positivas y las negativas:

$$x = -7 - 3 = -10$$
$$x = +7 - 3 = 4$$

LA SOLUCIÓN:

César estaba a 10 metros a la izquierda de la valla (el número negativo) cuando tiró el globo y éste cayó a 4 metros a la derecha de ella (un número positivo).

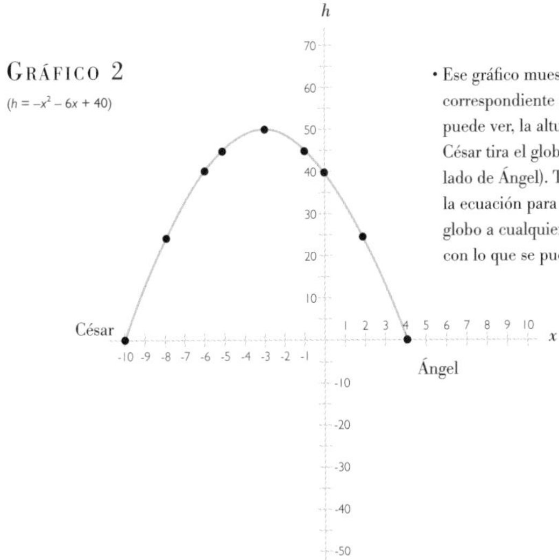

• Ese gráfico muestra la parábola correspondiente a la ecuación. Como se puede ver, la altura es cero a −10 (donde César tira el globo) y a 4 (donde cae en el lado de Ángel). También se puede utilizar la ecuación para determinar la altura del globo a cualquier distancia intermedia, con lo que se puede trazar la trayectoria.

Perfil

Brahmagupta

A veces, las cosas más pequeñas son las más importantes y, al mismo tiempo, las que más se pasan por alto. Para mucha gente, esta pequeña cosa es tan pequeña que no es nada, es decir, equivale a cero. Brahmagupta nos dio una nueva manera de ver el cero. Hasta entonces, las matemáticas habían padecido el problema de los sistemas de numeración que hacían muy difíciles las operaciones que hoy hacemos con toda facilidad. Los antiguos egipcios tenían un sistema de numeración de base diez y los babilonios, uno posicional, pero fueron los indios los que aportaron el sistema de base diez con valor posicional que conocemos en la actualidad. Además, Brahmagupta fue el primero en investigar el cero no como algo que ocupaba un lugar, sino como número.

Brahmagupta nació en 598 d. C. en la ciudad de Bhinmal, en el noroeste de India, cerca del actual Pakistán. Fue nombrado director del observatorio de Ujjain, una ciudad al este de Bhinmal, por aquel entonces un importante centro de astronomía y matemática.s Durante su estancia en Ujjain escribió varios textos de entre los que destaca el *Brahmasphutasiddhanta*, la más famosa de sus obras de la que se trata a continuación. Escribió también el *Cadamekela*, el *Khandakhadyak* y el *Durkeamynarda*, pero hay poca información sobre estos textos. Murió en 670 d. C.

El *Brahmasphutasiddhanta*

En 628, a la edad de treinta años, Brahmagupta escribió el *Brahmasphutasiddhanta* (un bonito trabalenguas), un texto que tuvo una profunda influencia en las matemáticas de Occidente. Está dividido en veinticinco capítulos. Los diez primeros están considerados como la obra primera de Brahmagupta, en tanto que los siguientes quince

LAS LEYES DE BRAHMAGUPTA

La importancia de las leyes de Brahmagupta reside en que trata el cero como un número, no como algo que solo ocupa una posición, y que los números negativos se tratan como números, no como marginados que hay que ignorar.

1) Un número más cero es el mismo número.
2) Un número menos cero es el mismo número.
3) El producto de un número por cero es cero.
4) Un negativo menos cero es negativo.
5) Un positivo menos cero es positivo.
6) Cero menos cero es cero.
7) Un negativo restado de cero es positivo.
8) Un positivo restado de cero es negativo.
9) El producto de cero por un número positivo o negativo es cero.
10) El producto de cero por cero es cero.
11) El producto o cociente de dos positivos es positivo.
12) El producto o cociente de dos negativos es positivo.
13) El producto o cociente de un negativo por un positivo es negativo.
14) El producto o cociente de un positivo por un negativo es negativo.

son mejoras o adiciones a los diez primeros. En el *Brahmasphutasiddhanta* se tratan diversos temas. El análisis diofántico se aborda en el capítulo doce, donde Brahmagupta estudia las ternas pitagóricas (*véase* página 45) y una familia de ecuaciones conocidas hoy como «ecuaciones de Pell» (*véase* recuadro de la derecha). Brahmagupta desarrolló también una ecuación para determinar el área del «cuadrilátero cíclico» (un polígono cuadrangular que tiene sus vértices sobre un círculo; *véase* figura inferior), lo que es una curiosidad matemática.

Sin embargo, la sección más importante del *Brahmasphutasiddhanta* trata del cero y de los números negativos. Contiene las reglas sobre los enteros que aprendemos a los doce años (*véase* el recuadro de la página anterior).

Brahmagupta consideraba el cero y los números negativos como posibles soluciones que hasta entonces, con el enfoque geométrico, se habían ignorado al ser considerados absurdos, ya que en el mundo real el cero o las longitudes o superficies negativas simplemente no existen. Sin embargo, como sabemos hoy, esos números tienen numerosas aplicaciones prácticas (no podemos tener en la mano un euro negativo, pero sí en cambio en la cuenta bancaria).

ECUACIONES DE PELL

Las ecuaciones de Pell son de la forma $x^2 - ny^2 = 1$. Reciben su nombre de John Pell, un matemático inglés (1611-1685) que, en realidad, tuvo poco que ver con su desarrollo. De hecho, fue Brahmagupta el primero en estudiar realmente estas ecuaciones, si bien Diofanto había realizado un trabajo parecido (*véanse* páginas 64-65).

Lo que es interesante de estas ecuaciones es que sus soluciones enteras dan aproximaciones de la raíz cuadrada de *n*, es decir, que las de $x^2 - 2y^2 = (1)$, (3, 2), (17, 12), (577, 408), etcétera, dan aproximaciones cada vez más precisas de la raíz cuadrada de dos. Veamos:

$$\frac{3}{2} = 1{,}5$$

$$\frac{17}{12} = 1{,}416$$

$$\frac{577}{408} = 1{,}414215686$$

siendo $\sqrt{2} = 1{,}414213563$

Brahmagupta se encontró con algunos obstáculos, en especial cuando llegó al caso de la división por cero. Pero esto da también problemas a muchos: pregúntele a cualquiera que utilice el cálculo en la ciencia, la ingeniería, los negocios o la medicina.

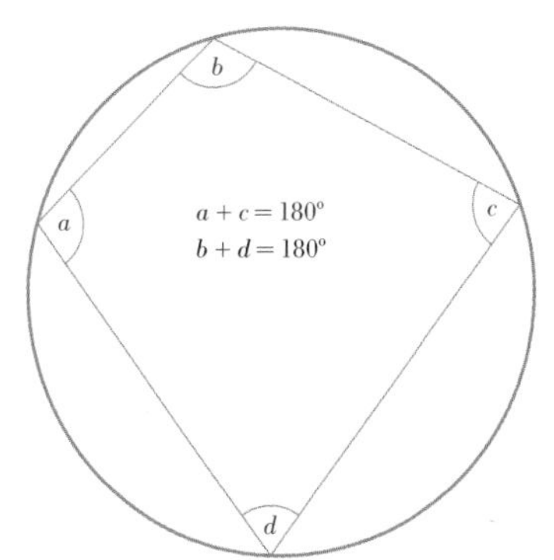

• *Un cuadrilátero cíclico es un polígono cuadrangular en el que los vértices (esquinas) están sobre un círculo. Tienen propiedades particulares, como la de que los ángulos opuestos suman 180°.*

Resolución de cuadráticas por descomposición

EL PROBLEMA:

Andrés y Luis comparten una piscina parabólica en sus respectivos patios. La ecuación de la piscina es $6x^2 + 5x - 21 = d$, en la que d es la distancia del nivel del suelo al fondo de la piscina y x es el número de metros en cada lado de la divisoria de las propiedades. ¿Hasta dónde llega la piscina en cada una de ellas?

EL MÉTODO:

Lo primero que debemos hacer es saber exactamente lo que queremos determinar. Esto es, a veces, lo más difícil. La piscina se ha excavado en el suelo, por lo que para saber hasta dónde llega en cada patio debemos conocer cuáles son los valores de x cuando la profundidad d es cero, o resolver la ecuación:

$$6x^2 + 5x - 21 = 0$$

Una aproximación es estimar, escogiendo valores de x y aplicarlos a la ecuación para ver si da cero, pero es muy poco práctico. No es posible despejar la x ya que está en $6x^2$ y en $5x$. Hay distintos enfoques para resolver la ecuación.

Como vimos en las páginas 34-35, el producto de dos binomios puede darnos una expresión cuadrática. Por ello, el enfoque que vamos a dar será en otra dirección, decomponiendo la expresión cuadrática en el producto de dos binomios y ver qué valores de x hacen igual a cero a cada uno de los dos binomios.

Para recapitular, un producto de binomios tendría la forma $(ax + b)(cx + d)$, donde a, b, c y d son números. (*Véanse* las páginas 32 -35 para refrescar las ideas sobre binomios).

Para encontrar los valores de a, b, c y d, podríamos también tantear, pero se necesitaría bastante suerte o mucho tiempo para encontrar los valores correctos, y si las soluciones son fraccionarias o irracionales, estimar es poco menos que inútil.

Otra opción es hallar los factores, que es lo contrario a desarrollar. Al desarrollar, se multiplican dos binomios para crear un trinomio, mientras que hallar los factores supone tomar el trinomio y volver a crear los dos binomios. Este procedimiento es bueno cuando las soluciones son números racionales, pero no tanto cuando son irracionales. Presentaremos un método aquí y dos más en las páginas 84-85.

Descomposición

Paso 1 Multiplicar el primero y el último número del primer miembro de la ecuación:

$$6x^2 + 5x - 21$$

$$-126$$

Paso 2. Encontrar un par de números que multiplicados den −126 y mayores que el coeficiente central, que es 5:

$$-126$$

$$14 \quad -9$$

Paso 3. Descomponer el término central en estos dos números:

$$6x^2 + 14x - 9x - 21$$

Paso 4. Encontrar los factores comunes en el primero y en el segundo par de términos: $6x^2$ y $14x$ se pueden dividir ambos por 2 y por x; y $-9x$ y -21 pueden se divididos ambos por −3. Estos términos comunes se llevan a un paréntesis que contiene lo que queda, o sea, $3x + 7$ para ambos casos:

$$2x(3x + 7) - 3(3x + 7)$$

Paso 5. Se reúnen ahora en un nuevo paréntesis los factores comunes a los que están entre paréntesis, lo que da:

$$(2x - 3)(3x + 7)$$

Resolución de los binomios

Una vez la hemos convertido en factores, volvamos de nuevo a la ecuación para poder resolver el problema de cuánto entra la piscina en cada propiedad:

$$(3x + 7)(2x - 3) = 0$$

Para que el primer miembro de la ecuación sea cero, que es lo que debe suceder para que se cumpla la ecuación, uno de los dos binomios deberá ser cero. Veamos, pues, cuáles son los valores de x que satisfacen esta condición:

$$3x + 7 = 0 \qquad 2x - 3 = 0$$

$$3x = -7 \qquad 2x = 3$$

$$x = \frac{-7}{3} \qquad x = \frac{3}{2}$$

LA SOLUCIÓN:

La solución es $x = \frac{3}{2}$ y $x = \frac{-7}{3}$, lo que quiere decir que la piscina entra $\frac{7}{3}$ de metro (2,33 m) en el patio de Luis (suponemos que su casa está a la izquierda del origen de la recta) y $\frac{3}{2}$ de metro (1,5 m) en el patio de Andrés.

ÁLGEBRA ÁRABE

Recuerdo que, en la escuela, estudiamos un año la historia y la cultura de los egipcios, los griegos y los romanos. Al empezar el año siguiente el profesor hizo una mención somera de la «época oscura» que supuso la Edad Media y saltamos de pronto al Renacimiento. Era como pasar de la caída del Imperio romano de Occidente (a finales del siglo V d. C.) a los inicios del Renacimiento, casi un milenio más tarde, sin nada en medio. Pero la realidad es que sí ocurrieron muchas cosas, solo que en ese período el centro del saber se desplazó al Oriente, a Bagdad.

La Casa de la sabiduría

Se podría considerar que la clausura de la Academia de Platón en 529 d. C. constituyó el último aliento de las matemáticas griegas. Desde ese momento hasta el siglo XIII, el centro matemático del mundo estuvo en Oriente.

La Casa de la sabiduría en Bagdad fue fundada por Harún al-Rashid (763-809), el quinto califa de la dinastía abasí y su hijo Al-Ma'mun. Harún al-Rashid reinó de 786 a 809, y Al-Ma'mun de 813 a 833. Durante este tiempo el imperio islámico se extendió desde España en Occidente hasta las fronteras con India en el este. Esta conexión con India es precisamente lo que aquí nos interesa.

En sus orígenes, la Casa de la sabiduría se consagró a traducir y conservar las obras persas, después las griegas y, por último, las indias. Con el tiempo se convirtió en un centro de estudios de humanidades y ciencias, hasta que fue destruida durante la invasión de los mongoles en 1258.

Aunque se habla poco de los matemáticos persas, hubo algunos muy importantes. Del tiempo de la creación de la Casa de la sabiduría tenemos a Al-Juarismi (*véanse* páginas 86-87). Posteriormente está Al-Kindi, que vivió entre 801 y 873 y escribió sobre los sistemas de numeración indios. Hacia el mismo tiempo, los tres hermanos Banu Musa se ocuparon de la geometría, la astronomía y la mecánica.

Abu Kamil, que nació en 850 y murió en 930, amplió la obra sobre el álgebra de Al-Juarismi. Más tarde, Ibrahim ibn Sina (Avicena), nacido en 908 y que vivió solo treinta y ocho años, amplió la teoría de la integración, completando más el método exhaustivo de Arquímedes. Por último, Al-Karaji (953-1029) realizó importantes avances en el álgebra, haciéndola mucho más parecida a la que conocemos en la actualidad y menos geométrica.

Muchos otros matemáticos tradujeron textos, hicieron comentarios sobre ellos o realizaron avances matemáticos en la geometría, la trigonometría, la teoría de los números y otros campos.

Los números arábigos

Uno de los avances más importantes de esa época fue la adopción para los números del sistema posicional de base diez. Dicho de otro modo, un sistema que tiene diez símbolos en el que la posición de cada uno de ellos determina su valor.

¿Suena conocido? El sistema que utilizamos hoy es un sistema posicional de base diez; esto quiere decir que cuando escribimos 535, sabemos que las cifras tienen un valor diferente en función del lugar que ocupan, que el primer cinco se refiere a centenas y el último a unidades.

Ya vimos que los antiguos egipcios tenían un sistema de base diez, pero no era posicional. Tenían un símbolo diferente para cada potencia de diez, lo que hacía muy difíciles algunas cosas, como la multiplicación (*véanse* páginas 70-71). Todavía era más difícil operar con los números romanos.

El sistema posicional de base diez permite métodos sencillos de cálculo y el desarrollo de los decimales. Esto es importante ya que simplifica la aritmética y libera a los matemáticos para que piensen en otras cosas de más calado. Baste pensar cómo la impresionante capacidad de manejo de los números en los ordenadores ha permitido a los científicos actuales dedicar su tiempo a pensar en temas más profundos.

Los números arábigos tuvieron su origen en los números indios. Un obispo cristiano que vivía cerca del río Éufrates dejó constancia de su uso en 662, pero el texto más antiguo conocido en el que se hallan es del siglo X. Se dice que un texto latino del siglo XII, *Algoritmi de numero indorum* (traducción de un texto de Al-Juarismi), fue el primer texto árabe sobre los números indios y sitúa su adopción entre 790 y 840. Es interesante hacer notar que la palabra «algoritmo» procede del título de este texto. En 1202, Fibonacci introdujo los números arábigos en Europa.

• La evolución de los números (cifras) indoarábigos hacia los que utilizamos habitualmente.

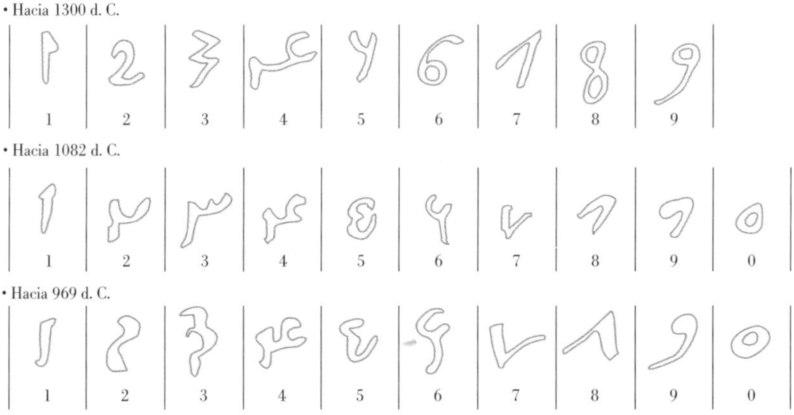

• Hacia 1300 d. C.

1 2 3 4 5 6 7 8 9

• Hacia 1082 d. C.

1 2 3 4 5 6 7 8 9 0

• Hacia 969 d. C.

1 2 3 4 5 6 7 8 9 0

Otros métodos en la resolución de cuadráticas

EL PROBLEMA:

Manuel y Ramón comparten una piscina de forma parabólica en sus respectivos patios. La ecuación de la piscina es $6x^2 + 5x - 21 = d$, en la que d es la profundidad bajo el nivel del suelo y x es el número de metros en cada lado de la divisoria de las propiedades. ¿Hasta dónde llega la piscina en cada una de ellas?

EL MÉTODO:

Ya sé que el planteamiento dado a este problema deja una sensación de *déjà-vu*, pero es diferente al de las páginas 80-81. ¿Ha observado que he cambiado los nombres por Manuel y Ramón? Esto da un sabor diferente al problema…

Desde luego, el problema es el mismo. Sin embargo, las ecuaciones cuadráticas y las parábolas (las curvas que representan a esas ecuaciones) son importantes, y se pueden encontrar, por ejemplo, en el cálculo de ciertas órbitas, en los cables de un puente colgante o incluso en el reflector de una linterna.

Se pueden resolver las ecuaciones cuadráticas de muchas maneras. Como expliqué un poco antes, la mejor manera de mostrar las técnicas es aplicarlas en el mismo ejemplo, e intentaremos algún método nuevo.

Hacia abajo

Paso 1. Multiplicar el primer número y el último del primer miembro de la ecuación:

$$6x^2 + 5x - 21 = d$$
$$\searrow \quad \swarrow$$
$$-126$$

Paso 2. Encontrar un par de números que multiplicados den -126, mayores que el coeficiente central, que es 5:

$$-126$$
$$\swarrow \quad \searrow$$
$$14 \quad -9$$

Paso 3. Escribir dos binomios utilizando el coeficiente (en este caso 6) para los primeros términos y el denominador, y el par de números anteriores para los segundos:

$$\frac{(6x + 14)(6x - 9)}{6}$$

Paso 4. Sacar los factores comunes de los binomios. El 2 es común en el primer paréntesis y el 3 en el segundo; el denominador es común a ambos:

$$\left(\frac{2 \cdot 3}{6}\right)(3x + 7)(2x - 3)$$

Paso 5. Eliminar el primer paréntesis:

$$(3x + 7)(2x - 3)$$

Otro camino

Paso 1. Multiplicar el primero y el último número del primer miembro de la ecuación:

$$6x^2 + 5x - 21 = d$$

$$\searrow \quad \swarrow$$

$$-126$$

Paso 2. Encontrar un par de números que multiplicados den −126 que sean mayores que el coeficiente central, que es 5:

$$-126$$

$$\swarrow \quad \searrow$$

$$14 \quad -9$$

Paso 3. Escribir dos binomios utilizando este par de números, sin el coeficiente 6, por ahora:

$$(x + 14)(x - 9)$$

Paso 4 (a). Añadir el término a (*véase* página 80; en este caso, es el coeficiente de x^2, que es 6) en el denominador:

$$\left(x + \frac{14}{6}\right)\left(x - \frac{9}{6}\right)$$

Paso 5 Simplificar las fracciones:

$$\left(x + \frac{7}{3}\right)\left(x - \frac{3}{2}\right)$$

Paso 6. Llevar el denominador al total de cada binomio:

$$(3x + 7)(2x - 3)$$

Resolución de los binomios

Una vez hemos probado un par de métodos para convertir el trinomio en producto de factores, volvamos de nuevo a la ecuación para poder resolverla:

$$(3x + 7)(2x - 3) = 0$$

Para que el primer miembro de la ecuación sea cero, uno de los dos binomios deberá ser cero. Veamos, pues, qué valores de x satisfacen esta condición:

$$3x + 7 = 0 \qquad 2x - 3 = 0$$

$$3x = -7 \qquad 2x = 3$$

$$x = \frac{-7}{3} \qquad x = \frac{3}{2}$$

LA SOLUCIÓN:

La solución es $x = \frac{3}{2}$ y $x = \frac{-7}{3}$, lo que quiere decir que la piscina entra $\frac{7}{3}$ de metro (2,33 m) en el patio de Manuel (suponemos que su casa está a la izquierda del origen de la recta) y $\frac{3}{2}$ de metro (1,5 m) en el patio de Ramón.

Perfil

Al-Juarismi

Del mismo modo que ocurre con Euclides, el «padre de la geometría» griego y autor de *Elementos,* uno de los libros más grandes de todos los tiempos, se sabe muy poco de Al-Juarismi. A muchos les sorprenderá esto, ya que nunca habrán oído hablar de él, pero lo cierto es que debemos a Al-Juarismi dos palabras de uso común, al menos para los que viven en mi casa: «álgebra» y «algoritmo».

Al-Juarismi o Abu Ja'far Muhammad ibn Musa Al-Khwarizmi, nació hacia 780 d. C., si bien se desconoce el lugar exacto de su nacimiento. Algunos opinan que era de Jorasmia, en el actual Uzbekistán, al sur del mar de Aral y al este del mar Caspio, y otros creen que nació en Bagdad.

Lo que se sabe con seguridad es que trabajó en la Casa de la sabiduría (*véanse* páginas 82-83). donde coincidió con los hermanos Banu Musa como traductor de textos griegos, indios y otros. También amplió el contenido de estas traducciones escribiendo textos propios sobre álgebra, geometría, astronomía y geografía.

• **Al-Juarismi** Todos los que estudian matemáticas o su historia deberían conocer el nombre de Al-Juarismi, una de las figuras clave en el desarrollo del álgebra.

De hecho, completó varios textos capitales. Una de sus obras principales fue *Kitab surat al-ard,* escrita en 833, en la que revisa la *Geografía* de Tolomeo, incluyendo las coordenadas de más de 2.400 ciudades y accidentes geográficos. En *Kitab surat al-ard* corrigió el valor sobreestimado de Tolomeo de la longitud del mar Mediterráneo y añadió detalles relativos a las tierras de Oriente, que la dinastía abasí conocía mejor que los griegos. Al-Juarismi escribió otras obras de menor calado sobre los astrolabios (instrumento utilizado por los astrónomos, astrólogos y navegantes), los relojes de sol y el calendario judío. Sin embargo, sus dos obras más importantes estaban por llegar.

Los orígenes de «algoritmo»

La segunda obra más importante de Al-Juarismi fue *Algoritmi de numero indorum*, título de la traducción latina del original árabe, que se ha perdido.

En esta obra, Al-Juarismi introduce el sistema de numeración posicional hindú. Se cree que ésta fue la primera vez que se usó el cero para ocupar un lugar. Durante gran parte de mi vida no me importó de donde procedían los números o, simplemente, asumí que eran europeos; más tarde creí que eran árabes, y mucho más tarde supe que venían de Extremo Oriente, de India. Es interesante ver cuán erróneas pueden ser nuestras convicciones sobre el mundo. En este texto, Al-Juarismi da diversos métodos de cálculo y uno para determinar las raíces cuadradas.

Los orígenes de «álgebra»

Hisab al-jabr ua al-muqabala es la obra más importante de Al-Juarismi y de la parte «Al-Jabr» del título tenemos la palabra «álgebra». Aunque algunos eruditos consideran a Diofanto (*véanse* páginas 64-65) como el «padre del álgebra», otros opinan que tal título pertenece a Al-Juarismi, gracias precisamente a esta obra.

El método de Al-Juarismi para resolver ecuaciones lineales o cuadráticas consistía en reducirlas a una de seis formas. Esto quiere decir que pudo evitar los problemas planteados por los números negativos. En este punto es necesario definir las partes de una ecuación cuadrática según Al-Juarismi. Dada $ax^2 + bx + c = 0$, en la que a, b, y c son números, ax^2 representa los cuadrados, bx las raíces y c las unidades. Las seis formas propuestas por Al-Juarismi son:

1) Cuadrados igual a raíces, o $ax^2 = bx$

Una ecuación de este tipo sería $x^2 = 4x$, cuya solución es 4, y $3x^2 = 7x$, cuya solución es $\frac{7}{3}$. Estas soluciones son bastante elementales estudiadas más de cerca. Si tomamos la segunda y dividimos los dos miembros entre 3, obtenemos $x^2 = \frac{7}{3}x$, y como x^2 o $x \cdot x$ está a la izquierda y $\frac{7}{3}x$ o $\frac{7}{3} \cdot x$ está a la derecha, tenemos:

$$x \cdot x = \frac{7}{3} \cdot x$$

y la primera x de la izquierda debe ser $\frac{7}{3}$. Es interesante observar que no se considera la primera solución obvia de x, es decir, $x = 0$.

2) Cuadrados iguales a números, o $ax^2 = c$

Aunque no he encontrado ninguna referencia del método de Al-Juarismi, un enfoque simple

sería despejar la x dividiendo ambos miembros por a y determinar la raíz cuadrada por algún método, posiblemente semejante al de Arquímedes.

3) Raíces iguales a números, o $bx = c$

(*Véanse* páginas 26-27 para la resolución de ecuaciones lineales.)

4) Cuadrados y raíces igual a números, o $ax^2 + bx = c$

5) Cuadrados y números igual a raíces, o $ax^2 + c = bx$

6) Raíces y números igual a cuadrados, o $bx + c = ax^2$

Según el historiador estadounidense de las matemáticas Carl Boyer (1906-1976), en su *Historia de las matemáticas* (1968), para estos tres últimos ejemplos dice: «Las soluciones son "recetas de cocina" para "completar el cuadrado" aplicadas a casos particulares». Ya hemos resuelto ecuaciones cuadráticas al completar el cuadrado en las páginas 72-73 y 76-77.

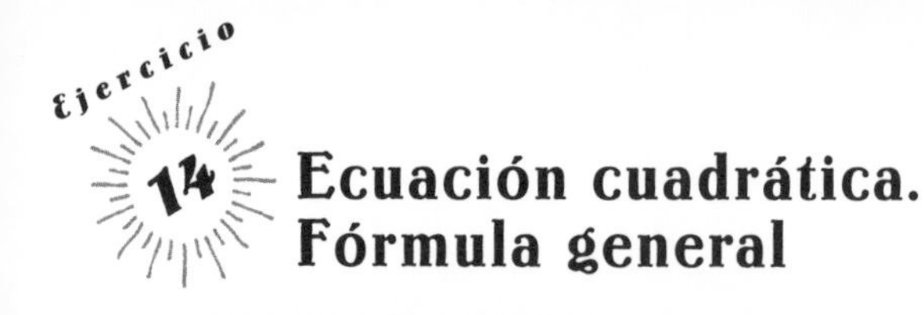

Ecuación cuadrática. Fórmula general

EL PROBLEMA:

León y Jesús comparten una piscina de forma parabólica en sus respectivos patios. La ecuación de la piscina es $6x^2 + 5x - 21 = d$, en la que d es la profundidad bajo el nivel del suelo y x es el número de metros en cada lado de la divisoria de las propiedades. ¿Hasta dónde llega la piscina en cada una de ellas?

EL MÉTODO:

Resolveremos ahora este problema utilizando la llamada fórmula general de resolución. Desde los tiempos de los egipcios, ha sido necesario resolver problemas relativos a áreas, y las ecuaciones cuadráticas se conocen desde entonces.

Sin embargo, con las matemáticas procedentes de Oriente empezaron a adoptar una forma más moderna. Ya hemos visto que Al-Juarismi proponía seis métodos para resolver diferentes tipos de estas ecuaciones, pero Sridhara fue uno de los primeros en proponer una fórmula general para resolverlas. Sin embargo, aunque este método llegó a Europa, no era del todo igual al que conocemos en la actualidad. Debieron pasar siglos hasta que los matemáticos europeos, encabezados por Girolamo Cardano (que encontraremos más tarde en las páginas 104-113) empezaran a trabajar con una gama completa de soluciones que incluían números complejos e imaginarios (*véanse* páginas 104-113). En 1637, cuando Descartes publicó *Géométrie*, la fórmula general de resolución había adoptado la forma que conocemos actualmente.

Esta fórmula tiene un carácter general para todo tipo de ecuación cuadrática. Es bastante fácil de usar y los mayores errores que se cometen suelen darse en las operaciones, no atribuibles a no entender bien la aplicación.

De nuevo, he cambiado astutamente la naturaleza del problema. En realidad, éste es el mismo y lo vamos a resolver de un modo diferente; pero la pregunta es: ¿quiénes son León y Jesús?

Véanse páginas 86–87 para más información sobre Al-Juarismi

La fórmula general de la ecuación de segundo grado o cuadrática es:

$$x = \frac{-b \pm \sqrt{b^2 - 4ac}}{2a}$$

donde a, b y c son los coeficientes de la ecuación $ax^2 + bx + c = 0$.

Para nuestro problema, $a = 6$, $b = 5$ y $c = -21$ (no olvidar el signo −). Sustituyendo estos valores en la fórmula tenemos:

$$x = \frac{-(5) \pm \sqrt{(5)^2 - 4(6)(-21)}}{2(6)}$$

$$x = \frac{-5 \pm \sqrt{25 + 504}}{12}$$

$$x = \frac{-5 \pm \sqrt{529}}{12}$$

$$x = \frac{-5 \pm 23}{12}$$

Ahora calculamos las dos opciones:

$$x = \frac{-5 + 23}{12} \qquad x = \frac{-5 - 23}{12}$$

$$x = \frac{18}{12} \qquad x = \frac{-28}{12}$$

$$x = \frac{3}{2} \qquad x = \frac{-7}{3}$$

LA SOLUCIÓN:

La solución es $x = \frac{3}{2}$ y $x = \frac{-7}{3}$, lo que quiere decir que la piscina entra $\frac{-7}{3}$ de metro (2,33 m) en el patio de León (suponemos que su casa está a la izquierda del origen de la recta) y $\frac{3}{2}$ de metro (1,5 m) en el patio de Jesús.

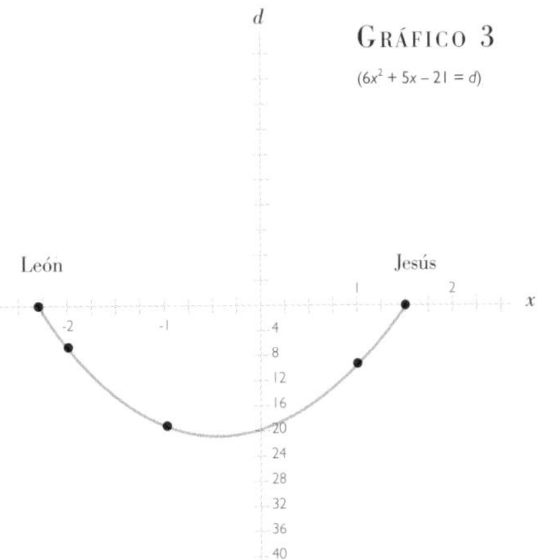

• Aquí se puede ver la curva de la parábola que describe la piscina de León y Jesús. Observará que hemos hecho positivos los valores del eje d, ya que trabajamos con valores positivos de la profundidad en lugar de utilizar «alturas negativas». Esto es solo para que el gráfico resulte más fácil de entender.

Perfil

Omar Jayyam

Omar Jayyam fue el primer matemático no europeo del que tuve conocimiento. A partir de ese momento empezaron a cambiar mis prejuicios eurocéntricos, aunque por el contenido de este libro se hace evidente que aún puedo mejorar.

• OMAR JAYYAM El matemático persa que desempeñó un papel clave en el desarrollo del álgebra.

Omar Jayyam nació el 18 de mayo de 1048 en Nishapur, Persia. Ya antes de cumplir los veinticinco años había escrito varias obras matemáticas importantes. En 1070 se trasladó a Samarcanda, en el actual Uzbekistán, donde el patrocinio del prominente jurista Abu Taher le permitió completar su obra más importante, *Tratado sobre demostraciones de álgebra y comparación*. En 1073, Malik Shah, sultán de la dinastía selyúcida, lo invitó a su capital, la ciudad de Isfahán, para instalar un observatorio. Allí permaneció durante dieciocho años. A la muerte de Malik Shah, en 1092, siguió un período de tensiones políticas que duró hasta 1118, en que su tercer hijo, Sanjar, asumió el control de la dinastía selyúcida y trasladó la capital a Merv. Jayyam se trasladó allí poco después de 1118. En aquella ciudad se creó otro centro intelectual donde Jayyan continuó trabajando hasta su muerte, el 4 de diciembre de 1122.

Obras principales

• RUBAIYAT

Es posible que Jayyam sea más conocido por su Rubaiyat*, una colección de 600 poemas (cuartetas).*

• PROBLEMAS DE ARITMÉTICA

Libro de álgebra y música. Siguiendo las instrucciones de Malik Shah, Jayyam instaló un observatorio en Isfahán. Calculó la duración del año en 365,24219858156 días, lo que es extraordinariamente preciso. También creó el nuevo calendario jaladí.

• COMENTARIOS SOBRE EL DIFÍCIL POSTULADO DE EUCLIDES

Al analizar el postulado de Euclides sobre las paralelas, Jayyam entró en el campo de la geometría no euclidiana, si bien hay quienes son de la opinión de que lo hizo de forma involuntaria.

• PROBLEMAS DE ÁLGEBRA (PERDIDA)

En sus otras obras, Jayyam hace referencia a una obra perdida en la que escribe sobre lo que más tarde se conocería como «triángulo de Pascal» (véanse páginas *130-131* y *134-135*).

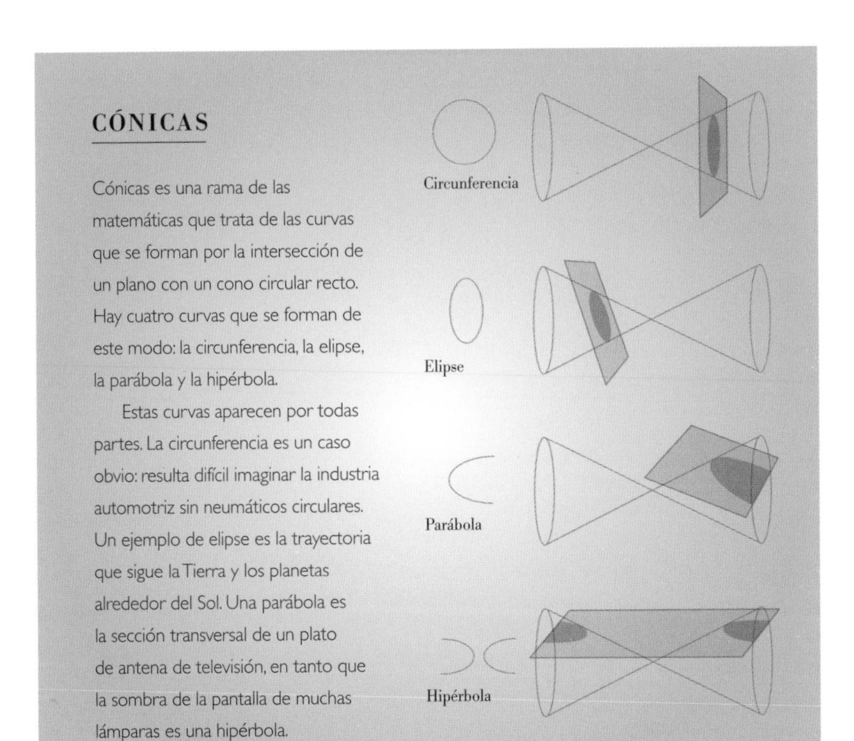

CÓNICAS

Cónicas es una rama de las matemáticas que trata de las curvas que se forman por la intersección de un plano con un cono circular recto. Hay cuatro curvas que se forman de este modo: la circunferencia, la elipse, la parábola y la hipérbola.

Estas curvas aparecen por todas partes. La circunferencia es un caso obvio: resulta difícil imaginar la industria automotriz sin neumáticos circulares. Un ejemplo de elipse es la trayectoria que sigue la Tierra y los planetas alrededor del Sol. Una parábola es la sección transversal de un plato de antena de televisión, en tanto que la sombra de la pantalla de muchas lámparas es una hipérbola.

Los problemas del álgebra

Tratado sobre demostraciones de álgebra y comparación es la obra matemática más importante de Omar Jayyam. En este libro, escrito en 1070, bosqueja una clasificación completa de las ecuaciones cúbicas con soluciones obtenidas mediante el uso de cónicas (*véase* recuadro superior). Encontró la manera de resolver las ecuaciones cúbicas hallando la intersección de dos cónicas por métodos geométricos. Sin embargo, es interesante hacer notar que solo encontró una o quizá dos de las tres soluciones posibles, todas ellas de naturaleza geométrica, si bien manifestó la esperanza de que algún día se desarrollara una solución aritmética. Este paso lo dieron matemáticos italianos muchos siglos más tarde.

«La mayoría de las personas que imitan a los filósofos confunden lo verdadero con lo falso, no hacen más que engañar y presumir de sabiduría y no hacen uso de lo que saben de las ciencias excepto con objetivos bajos y materiales.»

Tratado sobre demostraciones de álgebra y comparación

Capítulo

La conexión italiana

Cuando el centro de las matemáticas se trasladó hacia Occidente, los matemáticos italianos desempeñaron un papel decisivo, no solo por introducir su estudio en Europa, sino también por sus aportaciones durante el Renacimiento. En el presente capítulo conoceremos conceptos matemáticos tan bellos y creativos como la sucesión de Fibonacci, volveremos a abordar la razón áurea y entraremos en el extraño mundo de los números imaginarios y complejos.

Perfil

Fibonacci Parte I

Aunque se considera a Arquímedes, Gauss y Newton los «tres grandes» de las matemáticas, hay otros dos matemáticos que son, al menos en mi opinión, más divertidos y accesibles. Me refiero a Pascal, al que conoceremos en el siguiente capítulo, y a Fibonacci, cuya famosa secuencia tenemos presente en todas partes.

Primeros años

Fibonacci, nombre por el que se conoce a Leonardo de Pisa, nació en esa ciudad italiana en 1170, si bien creció y fue educado en el norte de África. Su padre era un diplomático de la república de Pisa que desarrolló su actividad representando a los mercaderes pisanos que comerciaban en un puerto de la actual Argelia.

Al haber sido educado en un lugar que formaba parte del imperio islámico, Fibonacci conoció un sistema de numeración que era muy superior al utilizado en Europa en aquella época. En su vida fue testigo de la caída de la dinastía abasí. An-Nasir, trigésimo cuarto califa abasí, reinó de 1180 a 1225 y se le considera el último califa abasí poderoso. Por aquel entonces, la mayor parte de España y Portugal fueron reconquistadas por los cristianos. La dinastía abasí terminó con el saqueo de Bagdad en 1258. Fibonacci viajó por varios países mediterráneos hasta que en 1200 regresó a Pisa, donde escribió diversos textos como *Liber abaci* (1202), *Practica geometriae* (1220), *Flos* (1225) y *Liber quadratorum* (1225), además de otros textos que se han perdido. Falleció en Pisa en 1250. En la actualidad, hay una estatua suya en el cementerio junto a la célebre torre inclinada.

Practica geometriae y Flos

Practica geometriae son ocho capítulos de problemas geométricos basados en *Elementos* y *De la división de figuras* de Euclides. Incluye también un capítulo en el que se detalla la manera de hallar la altura de objetos muy altos utilizando triángulos semejantes (*véase* página 38). En *Flos*, resuelve una ecuación cúbica previamente tratada por Omar Jayyam (*véanse* páginas 90-91), y, aunque la solución es irracional, Fibonacci obtuvo la solución correcta hasta la novena cifra decimal.

Liber quadratorum

Liber quadratorum (*El libro de los cuadrados*) está considerada por muchos como la mejor obra de Fibonacci, aunque no sea tan famosa como *Liber abaci*. Es un texto sobre teoría de números, por lo que sus aplicaciones prácticas no resultan tan obvias, pero sus matemáticas son fascinantes.

En *Liber quadratorum* trata, entre otros temas, de los números cuadrados (*véase* página 16) y señala que son sumas de los números impares, es decir:

$1 = 1$ (uno es un número cuadrado)
$1 + 3 = 4$ (cuatro es un número cuadrado)
$1 + 3 + 5 = 9$ (nueve es un número cuadrado) y así sucesivamente.

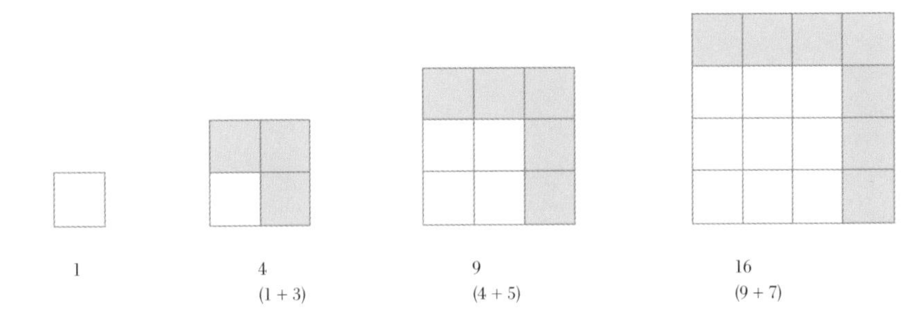

• Los primeros cuatro números cuadrados. Por simple observación vemos que la idea de Fibonacci de que los cuadrados son sumas de los números impares es cierta.

El diagrama superior demuestra que esto es válido para los primeros números cuadrados, pero sería conveniente que pudiéramos demostrar que lo es para todos ellos. Si tenemos un gran cuadrado que mide n por n y añadimos en dos lados y en la esquina cuadrados de uno por uno, obtenemos un cuadrado que mide $(n + 1)$ por $(n + 1)$. El número de cuadrados añadidos es $2n + 1$, que es un número impar.

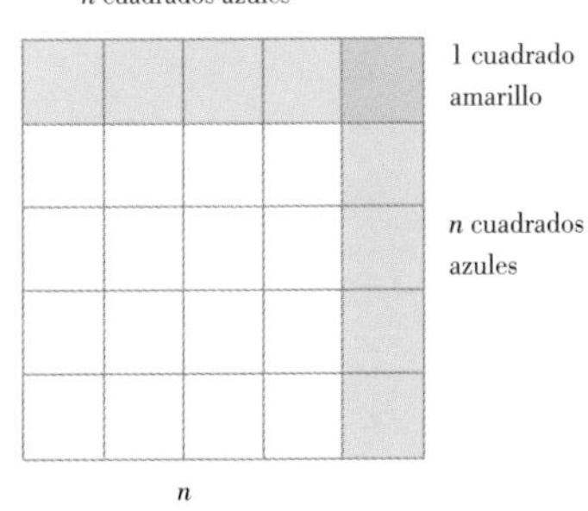

• Demostración de una idea que siempre funciona. Aunque n cuadrados están representados por cuatro, n puede ser cualquier número natural. El uso de una variable, en este caso n, generaliza la solución.

Por tanto, para pasar de cualquier número cuadrado n^2 al siguiente número cuadrado $(n + 1)^2$ se deben añadir $n + n + 1$, o $2n + 1$. Por tanto:

$$n^2 + 2n + 1 = (n + 1)^2$$

Esto se obtiene también desarrollando $(n + 1)^2$ (*véanse* páginas 34-35). Lo importante, sin embargo, es la adición de $2n + 1$ a n^2. Dado que n puede ser cualquier número natural, $2n$ es siempre un número par por ser múltiplo de dos. Esto significa que $2n + 1$ debe ser impar. Si empezamos con $n = 1$, que es el primer número cuadrado, vemos que, por la fórmula, obtendremos los sucesivos números impares al ir aumentando n.

Fibonacci presenta también una manera de hallar ternas pitagóricas, de las que ya hemos hablado con anterioridad (*véase* página 45). El primer paso consiste en tomar cualquier número cuadrado impar como cateto de un triángulo rectángulo. El otro cateto será la suma de todos los números impares hasta el escogido como valor del primer cateto. La suma de esos dos números completa una terna pitagórica.

Por ejemplo, tomemos 25 como primer cateto. La suma de todos los impares menores de 25 es 144. Sumando 25 y 144 se obtiene 169, que es también un número cuadrado.

$$25 + 144 = 169 \text{ o } 5^2 + 12^2 = 13^2$$

TRAZADO DE PARÁBOLAS

Para continuar con las ecuaciones cuadráticas tratadas en el capítulo anterior, veremos ahora la representación gráfica de la ecuación cuadrática: la parábola. La parábola está presente en muchos lugares del mundo real; por ejemplo, la trayectoria seguida por un proyectil es una parábola, si no consideramos la resistencia del aire, y un plato de antena constituye la parábola más cercana en nuestro entorno.

Trazado de la parábola

La ecuación cuadrática básica es $y = x^2$. Se puede trazar la gráfica de esta ecuación dando valores a x y calculando el valor correspondiente de y. Por ejemplo, cuando $x = -2$, el valor correspondiente de y es 4, ya que $(-2)^2 = -2 \cdot -2$. Esto nos da el gráfico 4 (inferior izquierda).

Desde el punto inferior (vértice) de la parábola aumentamos x en una unidad a derecha e izquierda para obtener dos puntos más de la curva. Partiendo otra vez del vértice, nos movemos dos unidades a derecha e izquierda para obtener otros dos puntos. Esta operación puede continuar indefinidamente. En todos estos gráficos lo representamos marcando los distintos valores de la tabla como puntos del gráfico y vemos que la línea es siempre la misma.

Mover una parábola en el papel es relativamente fácil. Veamos los gráficos de la parábola básica, $y = x^2$, y otras dos: $y = x^2 + 3$ e $y = x^2 - 3$. Si calculamos las tablas de los valores de estas tres funciones, notaremos que el + 3 y el −3 solamente incrementan o disminuyen el valor de y, con lo que la parábola se mueve hacia arriba o hacia abajo. Esto quiere decir que si tenemos una gráfica $y = x^2 \pm q$, el valor q mueve simplemente la parábola hacia arriba o hacia abajo (gráfico 5).

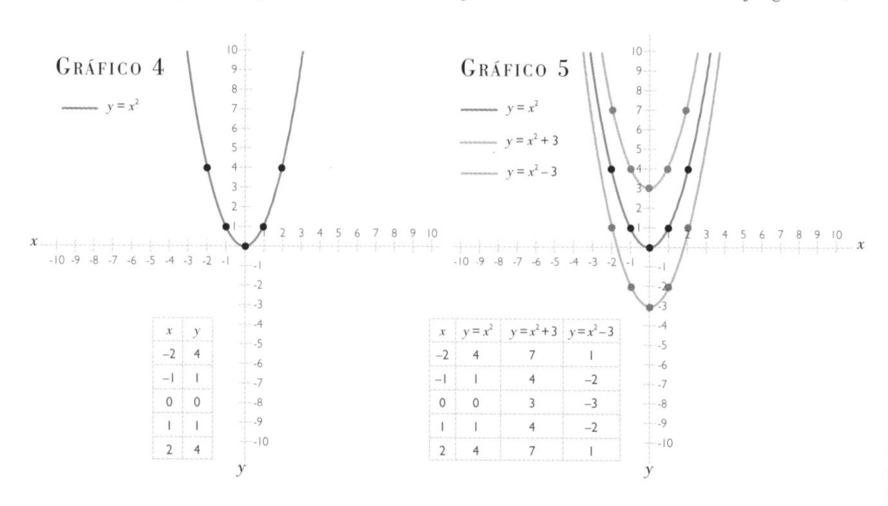

x	y
−2	4
−1	1
0	0
1	1
2	4

x	$y = x^2$	$y = x^2 + 3$	$y = x^2 - 3$
−2	4	7	1
−1	1	4	−2
0	0	3	−3
1	1	4	−2
2	4	7	1

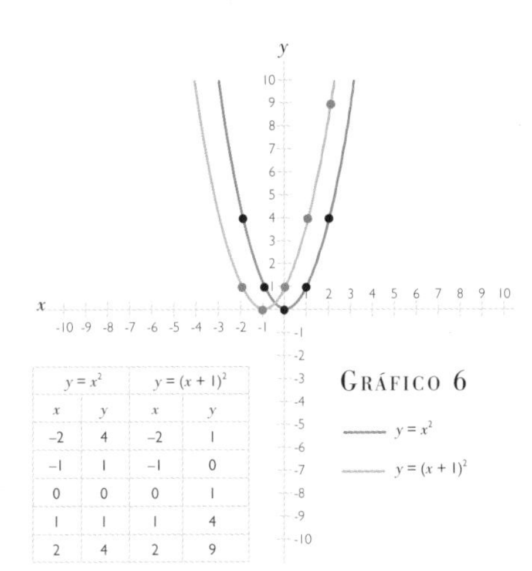

$y = x^2$		$y = (x + 1)^2$	
x	y	x	y
−2	4	−2	1
−1	1	−1	0
0	0	0	1
1	1	1	4
2	4	2	9

Mover la curva a derecha o izquierda es algo más complicado. Si partimos de la parábola básica $y = x^2$, mover la curva a derecha o izquierda significa añadir o restar números en el término cuadrado; por ejemplo, el gráfico 6 (superior) muestra la parábola básica y también la curva correspondiente a $y = (x + 1)^2$, que está desplazada hacia la izquierda. Lo contrario ocurre si restamos valores en el paréntesis, como por ejemplo $y = (x - 1)^2$ del gráfico 7 (inferior), que desplaza la curva hacia la derecha.

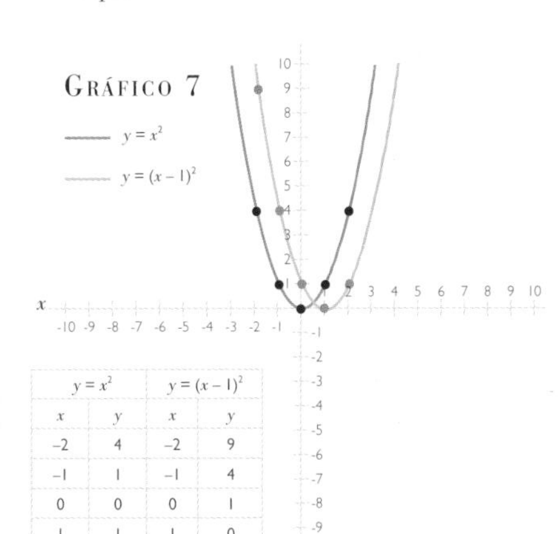

$y = x^2$		$y = (x - 1)^2$	
x	y	x	y
−2	4	−2	9
−1	1	−1	4
0	0	0	1
1	1	1	0
2	4	2	1

Por tanto, si tenemos una ecuación de la forma $y = (x \mp p)^2$, sabemos que el valor de p mueve la parábola a la izquierda o a la derecha.

En este punto es normal que surja una cuestión: ¿por qué la variable q hace lo que dice, en tanto que la variable p hace lo contrario? O lo que es lo mismo: ¿por qué una q positiva mueve la curva en una dirección positiva (hacia arriba), mientras que una p positiva mueve la curva en dirección negativa (izquierda) y viceversa?

La respuesta es sorprendentemente sencilla. Tiene que ver con la manera en que solemos escribir las ecuaciones. En realidad, una ecuación de la forma $y = x^2 - q$ se debería escribir $y + q = x^2$, pero tendemos a escribir las ecuaciones en la forma «$y = \ldots$».

Dicho esto, la cuestión resulta menos importante: es solo cuestión de adaptación mental. Una vez entendido esto, es muy sencillo empezar a dibujar gráficos de ecuaciones que se presentan en la forma $y = (x \mp p)^2 \pm q$. Se hace aún más fácil porque las variables p y q no interfieren entre ellas: $-q$ importa únicamente para ir arriba o abajo, y p solo a izquierda o derecha. Recuerde solo que la q positiva hace subir y la p positiva desplaza a la izquierda.

Bien, ¿para qué sirve esta nueva técnica para el trazado de parábolas? Como mencionamos en la página 84, se pueden utilizar en un gran número de aplicaciones del mundo real, y como gráficos son muy útiles para hacer modelos de movimientos, en los negocios y la economía, y en la demografía. Además, sirven para hacer reflectores y se usan en los faros de los automóviles: es la parábola la que enfoca hacia adelante el rayo de luz.

Perfil

Fibonacci Parte 2

Liber abaci es la obra más famosa de Fibonacci. Escrita en 1202, las matemáticas occidentales le deben su renacimiento. Con esta obra, Fibonacci introdujo el sistema de numeración indoarábigo en Europa, lo que hizo la aritmética mucho más sencilla.

El sistema de numeración moderno

El sistema de numeración indoarábigo tiene un largo pasado histórico. Su belleza reside en que se trata de un sistema posicional de base diez que hace fácil la aritmética. Se inició en India y, en el siglo VII, Brahmagupta formuló los primeros conceptos matemáticos que trataban el cero como número, no como algo que solo ocupaba un lugar.

Estas ideas fluyeron hacia Occidente a través del imperio islámico. Su introductor fue Al-Juarismi a inicios del siglo IX y más tarde lo hizo Fibonacci. Aunque *Liber abaci* no fue el primer texto que introducía el sistema indoarábigo de numeración, fue el primero que la popularizó gracias a la naturaleza práctica de su presentación y a las ventajas que Fibonacci supo ver en este singular sistema. La primera sección del libro trata de la aritmética con el sistema indoarábigo y la segunda, de los problemas que tenían que resolver los mercaderes.

La secuencia de Fibonacci

En la tercera sección del libro, un problema relativo a los conejos introdujo lo que se dado en conocer como la secuencia de Fibonacci. El problema es, más o menos, como sigue:

Un hombre empieza la cría de conejos con una pareja (macho y hembra). Esta pareja tarda un mes en estar en condiciones de procrear. El proceso de fecundación, preñez y nacimiento dura un mes, y en cada parto nacen un macho y una hembra. ¿Cuántos pares de conejos habrá al final de cada mes?

Al principio, el hombre tiene una pareja. Al inicio del siguiente mes, tendrá todavía una pareja, pero que ya ha madurado. Al principio del tercer mes, tendrá dos parejas: la original y la recién nacida. Nótese que la pareja original volverá a criar de nuevo, en tanto que la pareja recién nacida necesita de un mes para madurar. Al empezar el cuarto mes, tendrá tres parejas: la original, la primera generación, lista

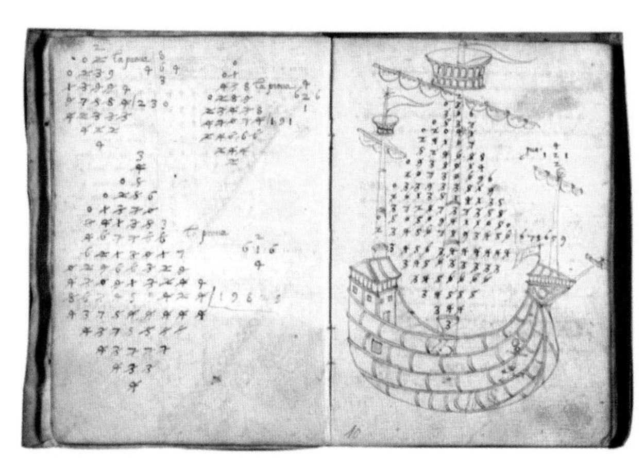

• Aunque *Liber Abaci* es conocido por introducir el sistema de numeración indoarábigo y la secuencia de Fibonacci, estaba también dirigido a los mercaderes y a las finanzas comerciales.

para reproducirse, y una pareja recién nacida. Cuando empieza el quinto mes, tenemos cinco parejas de conejos, ya que nacen dos nuevas.

Matemáticamente, la fórmula para encontrar los números en una secuencia de Fibonacci es $f_{n+2} = f_{n+1} + f_n$ que parece algo misteriosa, pero que simplemente significa que el nuevo número de Fibonacci (f_{n+2}) es la suma de los dos números de Fibonacci precedentes $f_{n+1} + f_n$. Los primeros términos de la secuencia son: 1, 2, 3, 5, 8, 13, 21, 34, 55, 89, etcétera.

• La secuencia de Fibonacci se presenta en numerosos lugares de la naturaleza. En este caso, el número de pétalos de la margarita es veintiuno.

LA SECUENCIA DE FIBONACCI EN LA NATURALEZA

Los números de Fibonacci se encuentran por doquier en la naturaleza. Hay numerosas flores cuyo número de pétalos coincide con números de la secuencia. He aquí una breve lista::

3 pétalos: azucena, lirio

5 pétalos: ranunculáceas, rosa silvestre, aguileña

8 pétalos: espuela de caballero

13 pétalos: margarita, hierba cana, caléndula del maíz, cineraria

21 pétalos: margarita, áster, aurora, achicoria

34 pétalos: margarita, plátano, crisantemo

55 u 89 pétalos: margarita de otoño, asteráceas

LA RAZÓN ÁUREA

Algunos números son simplemente apasionantes. En un capítulo anterior hablé sobre mi camiseta con π, pero existen muchos otros números geniales. Vamos ahora a hablar de fi (φ), que es uno de los números más bellos y fascinantes.

La razón áurea

El valor de fi (φ), que recibe el nombre de «razón áurea» o «número áureo», es $\frac{1+\sqrt{5}}{2}$. Este valor puede parecer extraño, pero como los otros números apasionantes tiende a aparecer en muchos lugares. Algunas veces se encuentra por casualidad, pero si se busca, se está seguro de encontrarlo. Quien no lo hace se pierde alguna de las alegrías que puede dar la vida.

Como π, φ es un número irracional, lo que quiere decir que si se intenta escribir en forma decimal uno puede pasarse toda la vida para hacerlo y aun así no bastaría. Sin embargo, con solo unos pocos decimales, la razón áurea vale 1,618033989.

Aquí aparece algo muy interesante: si tomamos la lista de los números de Fibonacci y dividimos cada uno de ellos por el que le precede, los resultados se van aproximando a la razón áurea.

f_n	$f_n \div f_{n-1}$
1	No aplicable
1	1
2	2
3	1,5
5	1,666667
8	1,6
13	1,625
…	…

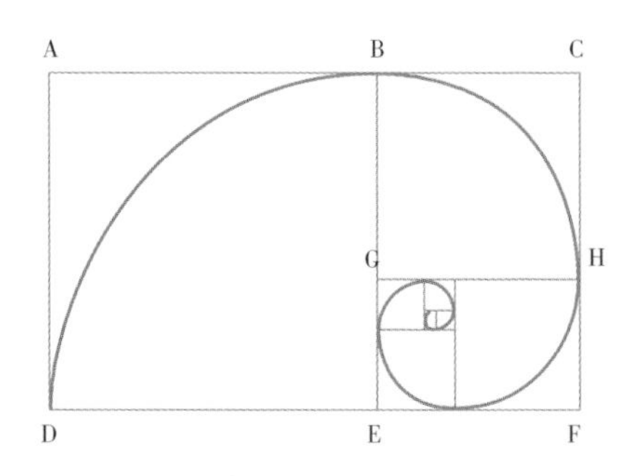

• El rectángulo superior (ACFD) es un rectángulo áureo; la relación de sus lados AC/CF es la razón áurea. Si eliminamos el rectángulo ABED, queda un nuevo rectángulo (BCFE), que también es áureo. Si eliminamos el rectángulo BCHG, encontramos otro rectángulo áureo (GHFE), y así sucesivamente. La curva que va de cada esquina a la opuesta de cada cuadro sucesivo se llama «espiral áurea».

Determinación de la razón áurea

El uso de la secuencia de Fibonacci es solo una manera de hallar el valor de φ. La razón áurea es $\frac{1+\sqrt{5}}{2}$, pero se puede escribir como una fracción continua (los tres puntos indican que continúa indefinidamente).

$$1+\cfrac{1}{1+\cfrac{1}{1+\cfrac{1}{1+\cfrac{1}{\ddots}}}}$$

Podemos ver la convergencia hacia φ utilizando tan solo algunas de las partes iniciales:

Primer término = 1

Segundo término = 1 + 1 = 2

$$\text{Tercer término} = 1 + \frac{1}{1+1} = 1 + \frac{1}{2} = 1{,}5$$

Esto se va haciendo cada vez más complicado de escribir, pero basta ver que el denominador es exactamente el término anterior, o sea, que el cuarto será:

$$1 + \frac{1}{\text{tercer término}} = 1 + \frac{1}{1{,}5} = 1{,}6$$

Si continuamos, veremos que vamos convergiendo hacia la razón áurea. Lo mismo ocurre cuando se expresa φ en forma de raíz cuadrada repetitiva:

$$\varphi = \sqrt{1 + \sqrt{1 + \sqrt{1 + \sqrt{1 + \ldots}}}}$$

Otra interesante propiedad de φ es que su valor recíproco $(\frac{1}{\varphi})$ es igual a φ menos 1, es decir, $\frac{1}{\varphi} = \varphi - 1$.

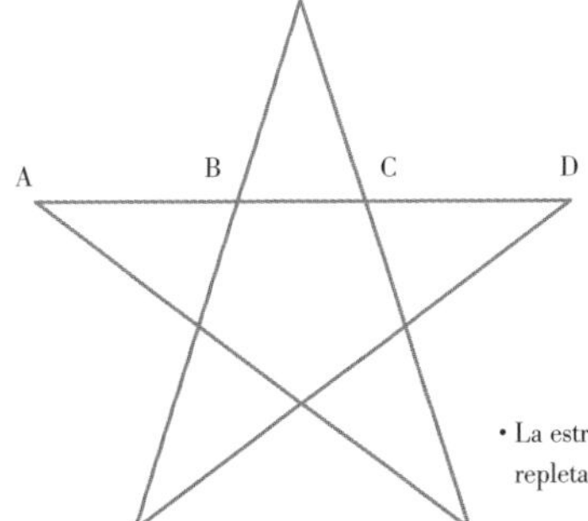

• La estrella pitagórica está repleta de razones áureas.

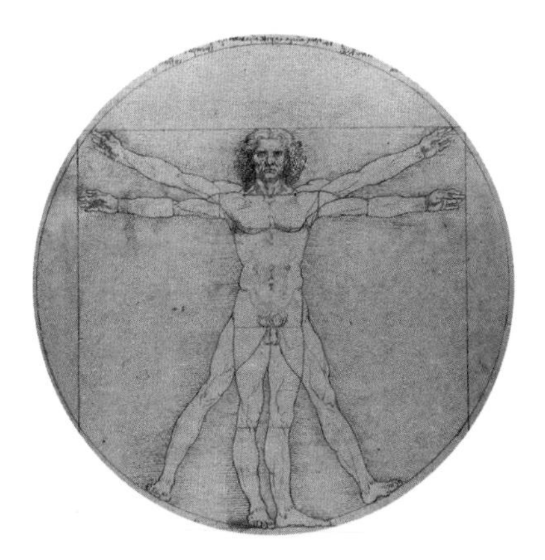

• Aunque no soy el hombre de Vitruvio, la altura de mi ombligo es de 1,12 m y mido 1,83 m. La relación es de 1,636, bastante aproximada a la razón áurea.

La razón áurea en la naturaleza

La razón áurea se encuentra con frecuencia en la naturaleza. En el cuerpo humano, y suponiendo que se tenga un cuerpo perfecto, la razón áurea es: la altura dividida por la altura del ombligo; la relación entre los huesos en los dedos; la relación entre la longitud del antebrazo del codo a la muñeca y la longitud de la mano.

De hecho, φ nos muestra hasta dónde puede llegar la secuencia de Fibonacci. Hay muchos ejemplos de ella en la naturaleza, así como en el arte y la arquitectura, como, por ejemplo, en la *Mona Lisa* o en el *Partenón* de Atenas.

Como ejemplo final, la razón áurea se encuentra en las líneas de la estrella pitagórica. En la figura de la izquierda, las relaciones entre diversas longitudes, como, por ejemplo, $\frac{AD}{AC}$, $\frac{AC}{AB}$, y $\frac{AB}{BC}$, son todas razones áureas.

Perfiles

Tartaglia y Cardano

Si avanzamos unos dos siglos y medio, constatamos que la ecuación cuadrática había dejado ya de estar de moda. Los matemáticos habían dejado de ocuparse de ella y la ciencia matemática había realizado considerables avances. En Italia, en el siglo XVI, estaban en boga las ecuaciones cúbicas, que en la actualidad, intervienen en muchas aplicaciones, sobre todo en las relativas a los volúmenes.

Niccolò Tartaglia

Niccolò Fontana Tartaglia nació en 1499 o 1500 en Brescia, Italia, que formaba parte en aquella época de la República de Venecia. Su padre era el equivalente del siglo XVI a un empleado de correos, que cabalgaba de pueblo en pueblo. Esta ocupación representaba ya una existencia bastante precaria, pero cuando Tartaglia tenía seis años su progenitor fue asesinado, lo que llevó a la familia a la miseria.

•Niccolò Tartaglia

Las cosas fueron de mal en peor, pues en 1512 los franceses invadieron la ciudad y masacraron a la población. Tartaglia fue herido por un soldado francés en la mandíbula y el paladar, de ahí que llevara siempre una poblada barba y que tuviera problemas para hablar. Tuvo una niñez terrible.

Sin embargo, gracias a sus extraordinarias dotes para las matemáticas, su madre le encontró un patrón y fue a estudiar a Padua, Italia, de donde regresó por un corto tiempo a Brescia antes de trasladarse a Verona en 1516 para enseñar Matemáticas. Más tarde, en 1534, se instaló en Venecia como profesor donde vivió hasta su muerte en 1557. En el transcurso de su vida, Tartaglia mantuvo numerosas discusiones con otros matemáticos italianos.

Girolamo Cardano

Girolamo Cardano nació en Pavía, en el norte de Italia, en 1501. Era hijo ilegítimo de Fazio Cardano y Chiara Micheria. Su padre era abogado pero gracias su talento con las matemáticas enseñó Geometría en la Universidad de Pavía y en la Fundación Piatti de Milán. También abordó con Leonardo da Vinci algunos problemas geométricos.

El primer trabajo de Cardano fue el de ayudante de su padre. Sin embargo, aspiraba a algo más y se peleó con él. Entró en la Escuela de Medicina de Pavía y tuvo un gran éxito, aunque se creó muchos enemigos por su polémico comportamiento. Se doctoró en medicina en 1525, pero debido a su carácter tuvo muchas dificultades para ser admitido en el Colegio de Médicos de Milán, lo que logró catorce años más tarde.

Se casó en 1531 y, durante los años que transcurrieron entre su graduación y su admisión en el Colegio de Médicos de Milán, se ganó la vida como médico en una pequeña ciudad, con el juego (dados, cartas y ajedrez) y enseñando Matemáticas en la Fundación Piatti, como lo había hecho su padre. En 1539 inició su correspondencia con Tartaglia y el resto de su vida estuvo sumido en controversias.

No fueron solamente los problemas matemáticos los que acosaron a Cardano.: su hijo mayor fue acusado del asesinato de su mujer y ejecutado, y su hijo menor era jugador, y no bueno: perdió todo lo que poseía y gran parte del dinero de su padre. Después, en 1570, Cardano fue acusado de herejía por haber publicado el horóscopo de Jesús diez años antes; fue encarcelado durante varios meses por las pruebas presentadas, incluso por su propio hijo. Se trasladó a Roma donde murió en 1576.

Tartaglia se enfrenta al mundo

A Scipione del Ferro, matemático italiano nacido en Bolonia en 1465, se concede el crédito de ser el primero en resolver ecuaciones cúbicas. Mantuvo en secreto el procedimiento o fórmula para hacerlo hasta 1526 cuando, en el lecho de muerte, lo reveló a su alumno Antonio Fior.

Éste presumió de que podía resolver las ecuaciones cúbicas y, después de algunas escaramuzas matemáticas, Tartaglia y él decidieron enfrentarse en lo que se podría llamar un duelo matemático. Cada uno propondría al otro treinta problemas a resolver en un tiempo determinado. Para empezar, Fior propuso a Tartaglia treinta problemas de la forma $x^3 + ax = b$. Sin embargo, Tartaglia solo sabía cómo resolver las ecuaciones de la forma $x^3 + ax^2 = b$, por lo que al principio se vio incapaz de resolver los problemas de Fior, pero una mañana dio un gran paso y los resolvió en menos de dos horas. Ahora era capaz de resolver las ecuaciones cúbicas de los dos tipos. Los problemas que propuso Tartaglia fueron más variados y al final Fior acabó perdiendo la contienda.

Por esa misma época, Cardano se interesó por las ecuaciones cúbicas y escribió a Tartaglia para pedirle su método, a lo que éste se negó, pero eso no fue suficiente para Cardano, que continuó insistiendo. Tras varias cartas, convenció a Tartaglia de que le revelara el método con la promesa de que nunca lo revelaría a nadie y mantendría la información codificada.

Partiendo de esta base, Cardano y su ayudante Ferrari continuaron trabajando en las ecuaciones cúbicas y cuárticas. Sin embargo, en 1543 Cardano descubrió que del Ferro había sido en realidad el primero en resolver ecuaciones cúbicas, por lo que ya no se sintió obligado a cumplir su promesa a Tartaglia. En consecuencia, publicó *Ars magna* en 1545, en la que se incluían métodos para resolver ecuaciones cúbicas tanto los de del Ferro como los de Tartaglia, al mismo tiempo que los avances conseguidos por Cardano y Ferrari.

Tartaglia quedó muy afectado y publicó su punto de vista sobre la historia, llegando incluso a algunos ataques personales. Sin embargo, no consiguió su propósito y la reputación de Cardano como mejor matemático permaneció intacta.

El enfrentamiento llegó a su punto álgido cuando Ferrari, el ayudante de Cardano, desafió a Tartaglia a un debate público. En un primer momento, éste se mostró reacio ya que derrotar a un contrincante relativamente desconocido no mejoraría su prestgio, pero perder lo deterioraría sensiblemente Sin embargo, después de intercambiar insultos con Ferrari durante un año, aceptó. Tartaglia era claro favorito, pero después del primer día pareció que Ferrari ganaba. Sin ánimo para pelear, Tartaglia se fue aquella noche y su ausencia al día siguiente dio la victoria a Ferrari.

NÚMEROS IMAGINARIOS Y COMPLEJOS

La aparición de nuevos tipos de números ha sido causa de controversias en todos los tiempos (*véanse* páginas 14-17 para ver nuevos tipos de números). La aparición de nuevos problemas requiere, con frecuencia, la creación de nuevas matemáticas, y con éstas aparecen nuevos tipos de números. Los números imaginarios y los números complejos constituyen un buen ejemplo de este hecho; pero antes de analizarlos en detalle, revisemos la evolución de nuestro sistema de numeración.

Los números imaginarios y, por extensión, los números complejos, tienen numerosas aplicaciones. Los números complejos son necesarios para trabajar con los campos electromagnéticos y con los circuitos de corriente alterna. La mecánica cuántica e incluso los interesantes carteles fractales requieren de los números complejos, tal como lo hace el análisis de señales.

La controversia en el pasado

En tiempos de Pitágoras teníamos los enteros positivos (1, 2, 3, etcétera), así como fracciones positivas o números racionales. Entonces, cuando Pitágoras descubrió los números irracionales se sintió trastornado: la simple idea de un número que no pudiera representarse en forma de fracción le parecía demasiado peligrosa.

Hoy, sin embargo, vemos a los números irracionales como parte importante de las matemáticas: si no existieran, ¿de qué modo resolveríamos $x^2 = 2$? Al final, los griegos se acostumbraron a esta idea.

A lo largo del tiempo, el cero ha causado numerosos problemas. Hay que señalar que nos referimos al cero como número, no como algo que ocupa un lugar, lo que es muy diferente. Y es que durante muchos años existió el cero como indicador de lugar, pero no como número.

A los griegos, que veían las matemáticas desde un punto de vista geométrico, el cero les parecía absurdo e innecesario. Si los números o las incógnitas representaban longitudes y los cuadrados áreas, el cero no tenía lugar. ¿Para qué resolver un problema que no existe? Si una longitud es cero, la recta no existe; si un área es cero, no hay objeto. Fue Brahmagupta (*véanse* páginas 78-79) quien intentó adaptar el cero a las reglas de la aritmética.

Los números negativos sufrieron la misma suerte que el cero. De hecho, la aceptación de los números negativos requirió de más tiempo. El cero tenía la ventaja de partir desde la posición de algo que ocupaba un lugar, pero los números negativos no tenían ningún sentido. Brahmagupta intentó también incorporarlos a la familia. Aunque la aceptación de los números negativos se fue imponiendo en Oriente, los matemáticos europeos continuaban teniendo problemas con ellos, incluso en el siglo XVI, cuando los matemáticos italianos empezaban a considerar la existencia de los números imaginarios.

• El conjunto de Mandelbrot es un fractal generado por una cuadrática compleja. ¡Lo que más importa es lo bello que es!

Los números imaginarios y complejos

Empecemos por decir que «imaginarios» es un mal calificativo para estos números. Implica que no existen, cuando sí lo hacen. De hecho, son muy reales y necesarios en las matemáticas.

Un número imaginario es, de un modo simple, $\sqrt{-1}$ y se representa por la letra *i* o *j* (los matemáticos utilizan la *i*, mientas que los ingenieros tienden a usar la *j*).

El uso de los números imaginarios permite resolver muchas ecuaciones aparentemente sencillas. Cuando teníamos $x^2 - 1 = 0$, lo podíamos resolver despejando x^2, es decir, $x^2 = 1$ y $x = \pm 1$. Pero si cambiamos algo los signos y tenemos $x^2 + 1 = 0$, llegamos a $x^2 = -1$. Esto nos pone en dificultades ya que, ¿qué número, al elevarlo al cuadrado, da un resultado negativo? Ninguno, a no ser que descubramos un nuevo tipo de número. Así es como nacieron los números imaginarios.

Si hacemos $i = \sqrt{-1}$, $i^2 = -1$, entonces la solución del problema $x^2 + 1 = 0$ es $x = \pm i$. No importa si ahora no lo entiende del todo: la aritmética compleja la veremos en las páginas 106-107.

Por su parte, los números complejos son números que tienen un componente real y uno imaginario. Por ejemplo, $3 + 4i$ es un número complejo, en que 3 es un «tres real» y 4, un número imaginario.

UN POCO DE HISTORIA

Como los números irracionales, el cero y los números negativos, los números imaginarios y complejos han sido objeto de no pocas controversias a lo largo del tiempo. La primera mención de los números complejos aparece en *Ars magna* de Cardano (*véase* página 103). Al resolver las ecuaciones cúbicas y cuárticas, este matemático italiano se encontró en medio del cálculo con la raíz cuadrada de un número negativo. Ignorando que este hecho pudiera ser «imaginario» o «imposible», continuó el cálculo para obtener un resultado «real».

Rafael Bombelli (*véase* página 111) fue el primero en trabajar específicamente con números complejos y escribió ecuaciones con ellos en 1572. A veces se atribuye a René Descartes (*véanse* paginas 116-117) el hecho de dar nombre a los números imaginarios en el siglo XVII. Dos siglos más tarde, Carl Gauss (*véanse* páginas 144-145) introdujo el término «número complejo».

ARITMÉTICA COMPLEJA

En realidad, la aritmética compleja no es tan compleja. De hecho, todo lo que requiere es entender el sistema de coordenadas cartesianas (papel milimetrado), y un poco de trigonometría. También es necesario aceptar la existencia de los números imaginarios: si puede separar mentalmente los números y el mundo físico, habrá ganado mucho. Desde luego, hay una gran cantidad de aplicaciones prácticas para los números complejos, como por ejemplo en los circuitos de corriente alterna.

La recta de los números reales

Empecemos por la recta de los números reales, que conocemos ya desde que empezamos a aprender a contar y a hacer adiciones y sustracciones básicas. Una ranita puede saltar atrás y adelante de dicha recta. Si la ponemos en el 4 de la misma, y multiplicamos por -1, la ranita saltará de 4 a -4. Vemos que en el salto, recorre un ángulo de 180°. Si volvemos a multiplicar por -1, regresamos a 4. Otra vez un salto de 180°, lo que da un total de 360°. En ambos casos, la multiplicación por -1 se traduce en un salto de 180°.

Vamos ahora a añadir otro eje a la recta de los números. El eje horizontal representa los números reales y el eje vertical los números imaginarios (*véase* ilustración de la página siguiente).

Como $i = \sqrt{-1}$, podríamos pensar en ella como un medio signo negativo. Si nuestra ranita está en el 4 y multiplicamos por i, saltará en la gráfica hasta $4i$ con un salto de 90°, la mitad de lo que saltó al multiplicar por -1. Desde esta posición, si multiplicamos de nuevo por i, tendremos $4i^2$. Como $i = \sqrt{-1}$, $i^2 = -1$, por lo que $4i^2$ es igual a -4. Esto significa un nuevo salto de 90°. En resumen, si multiplicamos por -1, el salto es de 180° y si multiplicamos por i, el salto es de 90°. Si la ranita partiera de 4 en el eje horizontal y multiplicáramos tres veces por i es decir por i^3, el salto sería de 270° y acabaría en $-4i$. Esto se debe a que $i^3 = i^2 (i)$, es decir, $(-1)i$, o sea, $-i$

Los números complejos

Los números complejos son aquellos que tienen un componente real y uno imaginario.

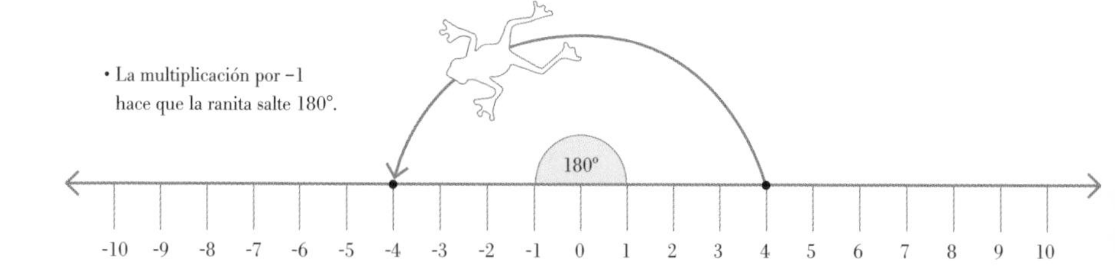

• La multiplicación por -1 hace que la ranita salte 180°.

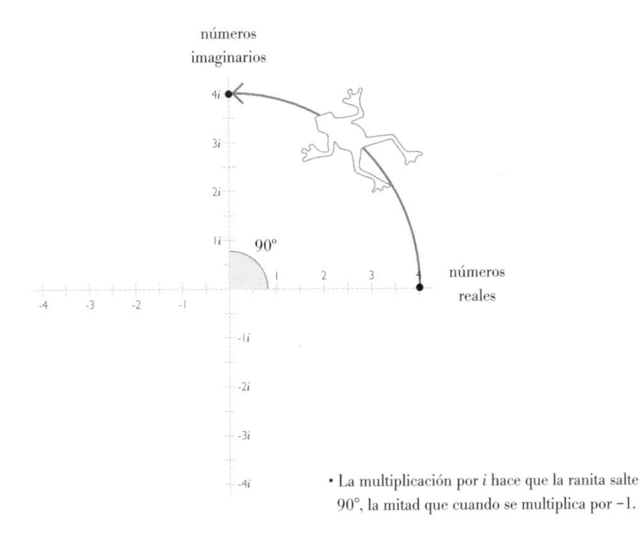

• La multiplicación por i hace que la ranita salte 90°, la mitad que cuando se multiplica por −1.

Para representar estos números debemos colocarlos en un plano (por ejemplo, en un papel cuadriculado o milimetrado en el que están dibujados el eje real y el imaginario). Si tenemos un número como $(3 + 4i)$, éste representaría un punto situado tres a la derecha y cuatro hacia arriba. Trazando una recta desde el origen (donde se cruzan los dos ejes, horizontal y vertical) a ese punto, podemos determinar la longitud del segmento que los une usando el teorema de Pitágoras (*véanse* páginas 44-45), y el ángulo que forma esa recta con el eje real positivo, utilizando la trigonometría (*véanse* páginas 38-39). Con el teorema de Pitágoras $a^2 + b^2 = c^2$, donde a y b son 3 y 4, obtenemos $3^2 + 4^2 = c^2$, o sea, $9 + 16 = c^2$ y $25 = c^2$, es decir, $c = 5$. Este valor es el valor absoluto o «módulo» del número complejo. Para calcular el ángulo («argumento»), utilizamos la función inversa: $\theta = \text{arctg}\,\frac{4}{3}$ o $\text{arctg}\,(\frac{4}{3}) \approx 53°$.

Multiplicación de un número complejo por *i*

Antes dijimos que multiplicar por i causaba una rotación (o salto) de 90°. Para demostrarlo, multipliquemos $(3 + 4i)$ por i. Al operar $i\,(3 + 4i)$, obtenemos $3i + 4i^2$. Como $4i^2$ es -4, el nuevo número complejo es $-4 + 3i$. Este número se halla ahora en el cuadrante superior izquierdo de la gráfica.

Usando de nuevo el teorema de Pitágoras, obtenemos que la longitud o módulo es cinco, y con la trigonometría calculamos el ángulo que forma con el eje negativo de los números reales. Aquí, $\theta = \text{arctg}\,\frac{3}{4} \approx 37°$. Si comprobamos el ángulo que forman por los números $(3 + 4i)$ y $(-4 + 3i)$, vemos que es 90°. De hecho, la multiplicación por i ha girado el segmento 90°, sin cambiar su longitud. En la sección siguiente se tratará la suma y multiplicación de números complejos.

ARITMÉTICA COMPLEJA **continuación**

Adición de números complejos

La adición de números complejos es bastante fácil: basta sumar las partes reales y después las partes imaginarias. Por ejemplo, $(3 + 4i) + (2 + 5i) = (5 + 9i)$.

Gráficamente lo podemos ver desde dos puntos de vista. Desde el primero, trazamos desde el origen el segmento correspondiente a cada uno de los dos complejos. El primero llega tres a la derecha y el segundo, dos a la derecha, de modo que el total es cinco. El primero sube cuatro y el segundo cinco, con lo que el total es nueve. El segundo enfoque es un método geométrico punta-cola (*véase* gráfico 8). Desde la punta del primer número, se coloca la cola del segundo, es decir, se va primero a tres a la derecha y cuatro arriba, y después otros dos a la derecha y cinco más hacia arriba, lo que da el cinco a la derecha y nueve arriba.

Multiplicación de números complejos

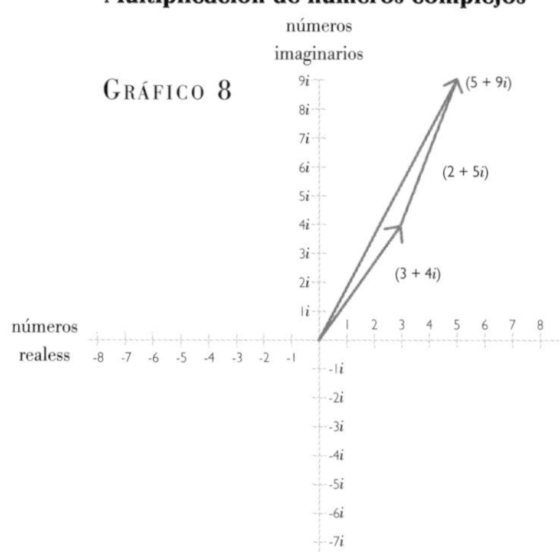

La multiplicación de los números complejos es igual a la de binomios (*véanse* páginas 34-35): los números complejos no son más que binomios con una parte real y otra imaginaria. Como ejemplo, multipliquemos $(3 + 4i)(2 + 5i)$. Como en la multiplicación de binomios, desarrollamos:

$$(3 + 4i)(2 + 5i) = 6 + 15i + 8i + 20i^2$$
$$= 6 + 23i - 20 = -14 + 23i$$

Hay que recordar que $i^2 = -1$, por lo que $20i^2$ es igual a $20(-1)$ o -20.

Esto se puede demostrar gráficamente (combinando la geometría con el álgebra) representando los dos binomios y el binomio resultante. Hagámoslo paso a paso.

Representación de (3 + 4*i*)

Si trazamos $(3 + 4i)$, tendremos un punto situado tres a la derecha y cuatro arriba. Trazando el segmento que une el origen con este punto y usando el teorema de Pitágoras, podemos calcular la longitud de este segmento, que es cinco:

$$3^2 + 4^2 = c^2$$
$$9 + 16 = c^2$$
$$25 = c^2, \text{ o sea, } c = 5.$$

El ángulo se puede calcular mediante la trigonometría (*véase* página 39); tomamos el arco tangente de $\frac{4}{3}$:

$$\text{arctg}\left(\tfrac{4}{3}\right) = \theta \approx 53{,}13°$$

Representación de $(2 + 5i)$

Si trazamos $(2 + 5i)$, tendremos ahora un punto situado dos a la derecha y cinco arriba. Trazando el segmento que une el origen con este punto y usando el teorema de Pitágoras, podemos calcular su longitud que es $\sqrt{29}$, aproximadamente 5,3852:

$$2^2 + 5^2 = c^2$$
$$4 + 25 = c^2$$
$$29 = c^2 \text{ o sea}$$
$$c = \sqrt{29} \text{ o } c = 5{,}3852$$

El ángulo se puede calcular de nuevo por trigonometría; tomamos el arco tangente de $\frac{5}{2}$ o $\text{arctg}\left(\frac{5}{2}\right) = \theta \approx 68{,}20°$.

Representación de $(-14 + 23i)$

Si trazamos $(-14 + 23i)$, tendremos ahora un punto situado catorce a la izquierda y veintitrés arriba. Trazando el segmento que une el origen con este punto y usando el teorema de Pitágoras, calculamos la longitud de este segmento que es $\sqrt{725}$, aproximadamente 26,926:

$$(-14)^2 + 23^2 = c^2$$
$$196 + 529 = c^2$$
$$725 = c^2 \text{ o sea}$$
$$c = \sqrt{725} \text{ o } c = 26{,}926$$

El ángulo se puede calcular otra vez por trigonometría; tomamos el arco tangente de $\frac{23}{14}$ o $\text{arctg}\left(\frac{23}{14}\right) = \theta \approx 58{,}67°$.

Este ángulo es el formado por el segmento y el eje real negativo. Para hallar el ángulo que forma con el eje real positivo hay que restar este ángulo de 180°. Por tanto, el ángulo formado con el eje real positivo es 180° – 58,67° o 121,33°.

Resumen

El módulo del binomio resultante 29,926 es el resultado del producto de los módulos 5 y 5,3852 de los dos números complejos originales. El ángulo del binomio resultado del producto de los dos números complejos (121,33°) es la suma de los ángulos de los dos números complejos originales. Visto gráficamente (*véase* gráfico 9), cuando se multiplican dos números complejos se multiplican sus módulos y se suman sus argumentos.

Número complejo	Módulo	Argumento
$(3 + 4i)$	5	53,13°
$(2 + 5i)$	5,3852	68,20°
$(-14 + 23i)$	26,926	121,33°

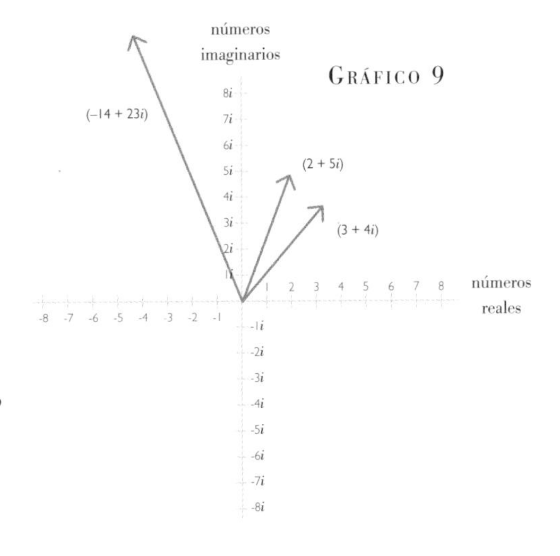

GRÁFICO 9

CONJUGADOS

Los conjugados constituyen un camino ingeniosos para obtener un número real a partir de dos números complejos. Los conjugados son números complejos que tienen la misma parte real, pero en el que las partes complejas son iguales pero de signo contrario. Por ejemplo, $(3 + 4i)$ y $(3 - 4i)$ son conjugados. Son útiles ya que cuando se multiplican entre sí la parte imaginaria desaparece.

Empecemos con la expresión siguiente:

$$(3 + 4i)(3 - 4i)$$

Si la desarrollamos, tenemos:

$$9 - 12i + 12i - 16i^2$$

Recordemos que $i^2 = -1$, por lo que $-16i^2$ es igual a $-16(-1)$, es decir, $+16$, y se cancelan entre sí $-12i$ y $12i$ para dar:

$$9 + 16 = 25$$

Cuando multiplicamos números complejos, multiplicamos los módulos y sumamos los argumentos (*véanse* páginas 108-109). En el gráfico 10 podemos ver que el ángulo del segmento del primer número complejo con el eje real positivo es 53,13°; el segundo número complejo forma el mismo ángulo de 53,13°, pero por debajo del mismo eje, por lo que la suma de los dos es 0° y tenemos un número real.

A veces, cuando se resuelven ecuaciones polinómicas con coeficientes reales, las soluciones son números complejos. Cuando esto sucede, las soluciones complejas vienen en pares: un número y su conjugado.

GRÁFICO 10

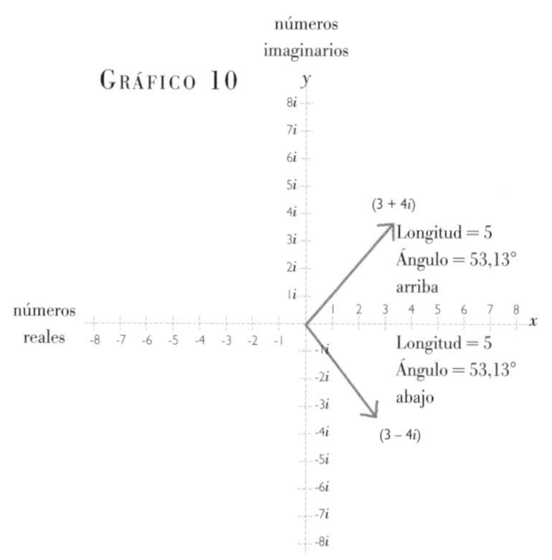

Utilización de los conjugados

La división de números complejos es un poco más complicada y hace necesario el uso de los conjugados. Como ejemplo, vamos a dividir $\frac{(-8 + 3i)}{(3 + 2i)}$. Multiplicamos, en primer lugar, el numerador y el denominador por el conjugado del denominador; después desarrollamos los productos y simplificamos, de modo que obtenemos lo siguiente:

$$\frac{(-8+3i)}{(3+2i)} = \frac{(-8+3i)}{(3+2i)} \cdot \frac{(3-2i)}{(3-2i)} = \frac{-24+16i+9i-6i^2}{9-6i+6i-4i^2} =$$

$$\frac{-24+25i+6}{9+4} = \frac{-18+25i}{13} = \frac{-18}{13} + \frac{25i}{13}$$

es decir, $\frac{(-8+3i)}{(3+2i)} = \frac{-18}{13} + \frac{25i}{13}$

La aplicación gráfica de la división es semejante a la de la multiplicación, pero cuando se dividen números complejos, se dividen los módulos y se restan los argumentos.

RAFAEL BOMBELLI

Rafael Bombelli nació en Bolonia, Italia, en 1526. Siguiendo el camino de Cardano y Tartaglia, él y Ludovico Ferrari, ayudante de Cardano, representaron la siguiente generación de grandes matemáticos del norte de Italia, el centro neurálgico de las matemáticas en aquella época.

El padre de Bombelli era comerciante de lana y, en consecuencia, Rafael no pudo recibir una educación universitaria. Aprendió matemáticas con el arquitecto e ingeniero Pier Francesco Clementi.

Bombelli siguió las huellas de su maestro en el campo de la ingeniería y empezó a trabajar en algunos proyectos de recuperación de suelos, pero en 1555, al suspenderse el proyecto en el que estaba trabajando, decidió escribir un compendio de álgebra con objeto de hacer el tema más accesible. Sin embargo, el trabajo normal de Bombelli se reinició en 1560, antes de que pudiera acabar el libro. Tuvo que pasar casi una década para verlo publicado. Sin embargo, la espera no resultó del todo desfavorable: fue invitado a Roma para trabajar en otros proyectos de ingeniería, y durante ese tiempo tuvo la oportunidad de conocer la obra del matemático griego Diofanto (*véanse* páginas 64-65). Bombelli emprendió la tarea de traducir la *Arithmetica* de Diofanto y, aunque la obra quedó inconclusa, influyó decisivamente en sus estudios sobre álgebra.

Cuando por fin se publicó el *Álgebra* de Bombelli, en tres partes, incluía una serie de problemas que había tomado de Diofanto. Intentó publicar dos partes más sobre geometría, pero no estaban acabadas cuando murió en 1572, y sus manuscritos fueron descubiertos más tarde.

La obra de Bombelli es importante por dos razones primordiales: por su natural habilidad para trabajar con números negativos y por haber sentado las reglas para la adición, sustracción y multiplicación de los números complejos.

CUADRÁTICAS, PARÁBOLAS Y NÚMEROS COMPLEJOS

Las ecuaciones cuadráticas son muy importantes. Aparte de expresar la fuerza que nos mantiene a bordo de nuestra gigantesca esfera rocosa (gravedad), son útiles en los sistemas de control en numerosas industrias, desde las de pulpa de papel a las químicas.

Donde todo se aúna

En el capítulo tercero estudiamos las cuadráticas y las resolvimos de muy distintas maneras: por descomposición, hacia abajo, completando el cuadrado, mediante la fórmula general, etcétera. Más tarde, ya en el presente capítulo, trazamos parábolas y nos enfrentamos por primera vez con la aritmética compleja. Aunemos ahora todas estas ideas.

Cuando se resuelve una ecuación polinómica, en este caso una cuadrática, buscamos los valores de x que hacen la ecuación igual a cero. Cuando trazamos las parábolas, introdujimos la variable y para construir el gráfico.

Una cuadrática con dos soluciones

Empecemos con una cuadrática que sería buena para las matemáticas de todos los tiempos: con soluciones enteras y positivas. Analicemos $0=x^2-6x+5$ de dos maneras diferentes: usando la forma gráfica y la fórmula general.

Si utilizamos esta última tenemos:

$$\frac{-b\pm\sqrt{b^2-4ac}}{2a}$$

$$\frac{-(-6)\pm\sqrt{(-6)^2-4(1)(5)}}{2(1)}$$

$$\frac{6\pm\sqrt{36-20}}{2}$$

$$\frac{6\pm\sqrt{16}}{2}$$

$$\frac{6\pm4}{2}$$

lo que da $\frac{(6+4)}{2}=\frac{10}{2}=5$ y $\frac{(6-4)}{2}=\frac{2}{2}=1$

La solución de la ecuación polinómica $0=x^2-6x+5$ puede hallarse mediante la fórmula general. Estas soluciones representan también los puntos donde la curva $y=x^2-6x+5$ corta al eje de las x

Cuadrática con una solución única

Analicemos ahora $0=x^2-6x+9$. Usando la fórmula general, tenemos:

$$\frac{-b\pm\sqrt{b^2-4ac}}{2a}$$

$$\frac{-(-6) \pm \sqrt{(6)^2 - 4(1)(9)}}{2(1)}$$

$$\frac{6 \pm \sqrt{36 - 36}}{2}$$

$$\frac{6 \pm \sqrt{0}}{2}$$

$$\frac{6 \pm 0}{2}$$

de lo que resulta $\frac{(6+0)}{2} = \frac{6}{2} = 3$ y $\frac{(6-0)}{2} = \frac{6}{2} = 3$.

Es decir, la solución a la ecuación polinómica $0 = x^2 - 6x + 9$ puede hallarse mediante la fórmula general. Estas soluciones indican dónde la curva $y = x^2 - 6x + 9$ coincide con el eje x. En este caso, las dos soluciones son iguales, por lo que la curva solo toca (es tangente) al eje x.

Una cuadrática con imaginación

Analicemos ahora $0 = x^2 - 6x + 13$. Si utilizamos la fórmula general, obtenemos:

$$\frac{-b \pm \sqrt{b^2 - 4ac}}{2a}$$

$$\frac{-(-6) \pm \sqrt{(-6)^2 - 4(1)(13)}}{2(1)}$$

$$\frac{6 \pm \sqrt{36 - 52}}{2}$$

$$\frac{6 \pm \sqrt{-16}}{2}$$

$$\frac{6 \pm 4i}{2}$$

de lo que resulta $\frac{(6 + 4i)}{2}$ o $(3 + 2i)$ y $\frac{(6 - 4i)}{2}$ o $(3 - 2i)$.

Esto quiere decir que la solución a esta ecuación cuadrática se puede hallar usando la fórmula general. Como la curva no corta el eje x, no hay soluciones reales. Las soluciones tienen un componente imaginario y son números complejos. Obsérvese que $(3 + 2i)$ y $(3 - 2i)$ son conjugados.

Resumen

Existe una relación entre la ecuación, sus soluciones y la curva, como se puede ver abajo. Cuando el valor bajo la raíz cuadrada (llamada «discriminante») es positivo, la ecuación tiene dos soluciones reales distintas, por lo que la parábola corta al eje x en dos puntos. Si el valor de la raíz cuadrada es cero, la parábola es tangente al eje x, y si la raíz cuadrada es de un número negativo, la solución es de números complejos y la parábola no toca al eje x.

GRÁFICO 11

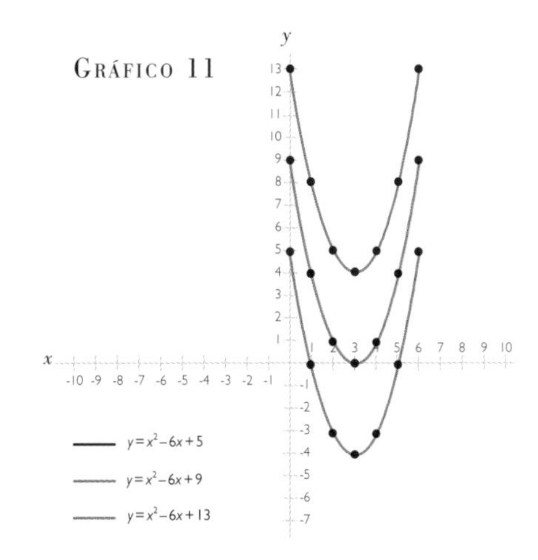

Capítulo

La Europa posrenacentista

Cuando el Renacimiento comenzó a extenderse desde Italia, Europa experimentó una gran creatividad matemática. Algunos de los más grandes matemáticos de todos los tiempos vivieron durante este período moderno temprano: Pascal, Descartes y Gauss. En este capítulo conoceremos a algunos de estos genios, y con ellos una de las construcciones matemáticas más bellas: el triángulo de Pascal.

Perfil

René Descartes

Si intenta encontrar en un mapa de Francia la ciudad de La Haye, no la encontrará. En su lugar hallará la ciudad de Descartes. En 1802, La Haye cambió su nombre por el de La Haye-Descartes en honor a René Descartes; más tarde, en el año 1967, descartó definitivamente el topónimo La Haye y la ciudad pasó a llamarse simplemente Descartes. Que una calle reciba el nombre de algún personaje ilustre es algo honroso que ocurre con cierta frecuencia, pero que una ciudad cambie su nombre por el de alguien nacido allí es un honor de lo más inusual. Es cierto que esto ha ocurrido con miembros de la realeza, como la reina Victoria, o con conquistadores como Alejandro Magno, pero es muy raro que ocurra con los matemáticos.

Descartes nació en La Haye (hoy Descartes), Francia, en 1596. Siendo un bebé, su madre murió de tuberculosis. A los ocho años ingresó en el colegio de los jesuitas en La Flèche, donde estudió hasta los dieciocho años. Durante ese tiempo, tuvo una salud precaria y se le dio permiso para quedarse en la cama hasta bastante tarde, costumbre que conservó casi toda la vida. De hecho, hay quien dice que dejarlo de hacer fue la causa de su prematura muerte. Se licenció en Derecho en la Universidad de Poitiers en 1616, y poco después se incorporó al Ejército.

Cuenta una historia que en 1619, paseando por la ciudad de Breda, en Holanda, encontró un cartel escrito en holandés y le pidió a un transeunte que pasaba por allí que se lo tradujera al latín. Dio la casualidad que el otro paseante era el holandés Isaac Beeckman, filósofo y científico por méritos propios y unos ocho años mayor que Descartes. Beeckman accedió a traducir el cartel, que era un problema geométrico, si Descartes se comprometía a resolverlo. Como era de esperar, lo resolvió en pocas horas y allí comenzó una larga amistad.

En la primavera de 1621, hacia su vigésimo quinto cumpleaños. se retiró del Ejército y desde entonces hasta 1628 viajó por Europa. Sus viajes lo llevaron a Bohemia, Hungría, Alemania, Holanda, Francia y, por último, de regreso a Holanda.

Descartes en Holanda

En tierras holandesas escribió las obras que lo hicieron famoso tanto entre los matemáticos como entre los filósofos. Poco después de su llegada empezó a escribir *Le monde* (*El mundo*), pero después de trabajar en él durante cuatro años decidió no publicarlo. ¿Por qué? Parece que fue un razonamiento muy sano dado que se enteró de que Galileo había sido condenado

«Entre todas las cosas, la cordura es la repartida más equitativamente: todos creen que la poseen, e incluso los más difíciles de satisfacer en todos los demás aspectos no desean tener más de la que tienen.»

Discurso del método

a arresto domiciliario por atreverse a desafiar el punto de vista de la Iglesia sobre el universo.

El siguiente libro de Descartes fue *Discours de la méthode. Pour bien conduire sa raison et chercher la vérité dans les Sciences (Discurso del método. Para dirigir bien la razón y hallar la verdad en las ciencias)*, más conocido como *Discurso del método*, que se publicó en 1637.

Discurso del método

El meollo del *Discurso del método* lo constituyen las ideas de Descartes sobre lo que es verdad. De hecho, encontramos en él la frase quizá más famosa de la filosofía: «Cogito, ergo sum» («Pienso, luego existo»), que en versión original decía: «Je pense donc je suis».

El *Discurso del método* tiene tres apéndices: «La dioptrique», sobre óptica; «Les météores», sobre meteorología, y «La géométrie», sobre geometría.

Esta última es una parte muy significativa del *Discurso del método*, ya que es en este apéndice donde Descartes establece la estructura de la geometría analítica. De este texto se extrae la base de nuestro estudio sobre el álgebra y a él se debe que nuestros estudiantes puedan leer un libro de álgebra sin problemas de notación. Y es que Descartes creó la conexión entre la geometría y el álgebra que hoy vemos como la cosa más natural. De este apéndice salió el sistema actual de coordenadas cartesianas (así llamadas por el nombre Cartesius con el que Descartes latinizó su nombre).

Levantarse temprano puede matar

En 1649, la reina Cristina de Suecia convenció a Descartes para que fuera a Estocolmo. La reina le pidió que le diera algunas lecciones a primeras horas de la mañana. Según parece, esto le obligó a levantarse temprano, cuando él estaba habituado a hacerlo hacia el mediodía, lo que afectó a su sistema inmunitario y enfermó de neumonía. Pocos meses después, murió en Estocolmo, el 11 de febrero de 1650.

Otras obras

- **MEDITACIONES METAFÍSICAS**
  Amplía la obra del Discurso del método *en los temas de cuerpo y mente, verdad y error, y la existencia.*
- **PRINCIPIOS DE FILOSOFÍA**
  En esta obra, Descartes intenta presentar el universo desde un punto de vista matemático.
- **PASIONES DEL ALMA**
  Esta obra, que fue dedicada a la princesa Isabel de Bohemia, trata de las emociones.

TRAZADO DE RECTAS

Los sistemas de coordenadas relacionan la geometría de una función con el álgebra que subyace en ella, y Descartes, a quien acabamos de conocer, fue el primero en establecer esta conexión. Dicho en pocas palabras, una curva es la imagen de una ecuación, una manera de ver lo que significan los números. Las relaciones matemáticas más sencillas son lineales; por ejemplo, el coste del teléfono y los minutos de las llamadas, o la distancia recorrida en un tiempo a velocidad constante. Con tantas aplicaciones, se da gran importancia a las funciones lineales, y estas pueden adoptar distintas formas: hay muchas ecuaciones diferentes de la línea recta. Presentamos ahora las tres más frecuentes.

Definida por un punto y la pendiente

Para este primer ejemplo daremos la información sobre la recta, escribiremos la ecuación y la dibujaremos. La ecuación escrita de este modo tiene la forma $y - y_1 = m(x - x_1)$, donde x_1 e y_1 representan un punto de la recta y m la pendiente de la misma.

Veamos un ejemplo. Una recta pasa por el punto (3, 4) y tiene una pendiente de $\frac{2}{3}$. Con estos datos, escriba la ecuación y trace la recta.

(3, 4) es el punto que en la fórmula está representado por x_1 e y_1, en tanto que m representa la pendiente de $\frac{2}{3}$. La ecuación será, pues, $y - 4 = \frac{2}{3}(x - 3)$.

Para trazar la recta marcamos el punto en el papel milimetrado. La pendiente $\frac{2}{3}$ nos indica que la recta sube dos unidades por cada tres que avanza: $\frac{2}{3} = \frac{\text{subida}}{\text{avance}}$. Desde el punto (3, 4) subimos dos unidades y avanzamos tres, y marcamos ese punto. Para trazar la recta, unimos estos dos puntos (gráfico 12).

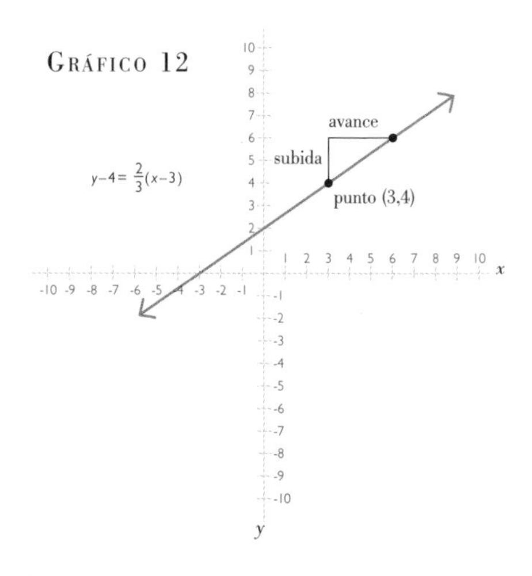

GRÁFICO 12

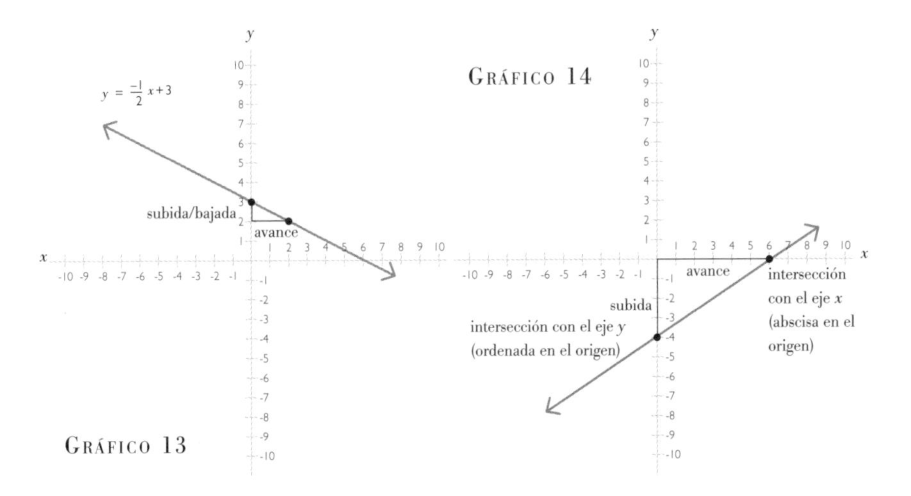

GRÁFICO 13

GRÁFICO 14

Definida por la pendiente y la ordenada en el origen

En este segundo ejemplo, tenemos la recta dibujada y debemos encontrar la ecuación y la información sobre ella. La forma definida por la pendiente y la ordenada en el origen es $y = mx + b$, donde m es la pendiente y b la ordenada del punto en que la recta corta al eje y. Calculemos la pendiente y la ordenada en el origen del gráfico 13 y escribamos la ecuación.

En el gráfico vemos que la recta corta al eje y en el punto 3. Éste es el valor de b de la ordenada en el origen. Desde ese punto vemos que, cuando la recta baja una unidad, avanza dos a la derecha. Esto representa una pendiente de $\frac{-1}{2}$, por lo que $m = \frac{-1}{2}$. Por ello, la ecuación será $y = \frac{-1}{2}x + 3$.

Forma general

En este ejemplo, tenemos la ecuación y, a partir de ella, queremos trazar la recta y obtener información sobre ella. La forma general de la ecuación de primer grado es $Ax + By = C$, donde A, B, y C son números enteros y A debe ser positivo (estas restricciones son convencionales). Como ejemplo, tracemos $2x - 3y = 12$.

Para trazar la recta, haremos las siguientes consideraciones. Es evidente que si la recta tiene un punto en el eje y (de ordenadas), sabemos el valor que tiene la x en ese punto, ya que en todo el eje de ordenadas la x es cero. Por ello, si hacemos $x = 0$ en la ecuación encontraremos el punto de intersección de la recta con el eje y (ordenada en el origen). Resolviendo la ecuación para ese valor tenemos $-3y = 12$, y de ella obtenemos $y = -4$.

Con el mismo razonamiento podemos «eliminar» el término con la y, y determinar el punto de intersección de la recta con el eje x (abscisa en el origen), con lo que tenemos $2x = 12$ o $x = 6$.

Tenemos ahora dos puntos de la recta (Gráfico 14) y la podemos trazar. Una vez dibujada podemos obtener información sobre ella. A partir de los dos puntos de intersección calculamos la pendiente, que será de $\frac{4}{6}$ o $\frac{2}{3}$.

Optimización del beneficio

EL PROBLEMA:

Wayne fabrica bastones de *hockey* y mazos de *croquet*. Los dos tienen un proceso de dos fases: mecanizado y acabado. El tiempo de mecanizado de un bastón de *hockey* es de cuarenta minutos y el de un mazo de *croquet* de veinte minutos. Por su parte, el tiempo de acabado de un bastón es quince minutos y el de un mazo, treinta. En la semana hay hasta cuarenta horas disponibles para el mecanizado y hasta treinta para el acabado. El beneficio de un bastón de *hockey* es de 50 € y el de un mazo de *croquet*, 35 €. ¿Cuántos bastones de *hockey* y cuántos mazos de *croquet* debería producir Wayne a la semana para maximizar el beneficio?

EL MÉTODO:

Para resolver un problema de optimización como este se utiliza el proceso denominado de «programación lineal». Llamemos H al número de bastones producidos y C al de mazos.

Paso 1. Representar en forma de ecuación cada uno de los aspectos del problema. Para el tiempo de mecanizado será $\frac{2}{3}H + \frac{1}{3}C \leq 40$. Esto representa que el tiempo de mecanizado de los bastones es $\frac{2}{3}$ de hora y el de los mazos de $\frac{1}{3}$ de hora, y que el total de tiempo empleado en mecanizarlos todos debe ser menor o igual a 40 horas.

Para el tiempo de acabado, la ecuación será $\frac{1}{4}H + \frac{1}{2}C \leq 30$. La lectura de la ecuación nos dice que empleamos $\frac{1}{4}$ de hora para acabar cada palo de *hockey* más $\frac{1}{2}$ hora para acabar un mazo de *croquet*; el número total de horas de acabado debe ser igual o menor que 30.

La ecuación del beneficio será: *beneficio* $= 50H + 35C$ (50 € por palo de *hockey* y 35 € por mazo de *croquet*).

Paso 2. Para dibujar las ecuaciones de mecanizado y acabado, las pondremos en la forma general. Casi lo están, pero tienen fracciones. Sin embargo, si multiplicamos por tres los dos miembros de la ecuación del mecanizado ($\frac{2}{3}H + \frac{1}{3}C \leq 40$) las podemos eliminar. No hay que olvidar que se tienen que multiplicar los dos miembros de la ecuación para que se mantenga la misma solución. Obtenemos así $2H + 1C \leq 120$.

Si multiplicamos ahora los dos miembros de la ecuación de acabado ($\frac{1}{4}H + \frac{1}{2}C \leq 30$) por cuatro tendremos $1H + 2C \leq 120$.

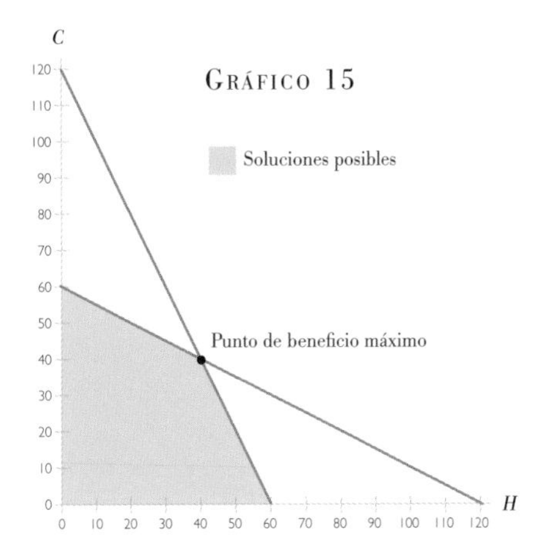

Paso 3. Dibujamos ahora las ecuaciones usando el método de determinar los puntos de intersección con los ejes de coordenadas.

$2H + 1C \leq 120$ intercepta al eje H en 60 (considero el eje x como el de bastones de *hockey*) y al eje C (el eje y) en 120. Los puntos de intersección de $1H + 2C \leq 120$ son $H = 120$ y $C = 60$.

Si dibujamos estas rectas, creamos un área de valores aceptables para H y C. Los únicos valores aceptables están debajo de estas dos líneas. Por tanto, los valores que hay que considerar serán los que están por encima del eje de abscisas y a la derecha del eje de ordenadas, ya que no vamos a producir números negativos de bastones o de mazos. Tenemos, pues, el cuadrilátero sombreado del gráfico 15, en el que están todos los valores aceptables.

Cualquier punto fuera de esa región dejará de cumplir una o las dos ecuaciones. Tomemos, por ejemplo, el punto (70, 10). Aplicando los valores a la ecuación de mecanizado ($2H + 1C \leq 120$) se convierte en $2(70) + 1(10) \leq 120$, es decir, $140 + 10 \leq 120$ y $150 \leq 120$, lo cual es falso, aunque sí se cumple la ecuación de acabado.

Comprobando cualquier punto interior del cuadrilátero se verá que la cumple. Como ejemplo, usaremos (20, 40). Para la primera ecuación encontramos $2(20) + 1(40) \leq 120$, es decir $80 \leq 120$, y para la segunda, $1(20) + 2(40) \leq 120$, lo que da $100 \leq 120$. Es válido en los dos casos.

Paso 4. Los puntos de beneficio mínimo y máximo se encuentran en los vértices del cuadrilátero. En el gráfico vemos que son (0, 0), (0, 60), (60, 0) y (40, 40). Aplicamos estos valores en la ecuación (*beneficio* $= 50H + 35C$) para ver cuál es el mayor.

LA SOLUCIÓN:

El mayor valor que se obtiene cuando se aplican estos cuatro valores a la ecuación es $50(40) + 35(40) = 3.400$ €. Por ello, Wayne debe producir cada semana cuarenta bastones de *hockey* y otros cuarenta mazos de *croquet* para maximizar el beneficio.

Perfil

Blaise Pascal

Pascal no tiene como Descartes una ciudad con su nombre, aunque sí tiene una calle en París, y estoy seguro de que hay muchas otras en otros lugares que lo honran con su nombre. Sin embargo, tiene al menos una unidad de medida llamada como él: el «pascal» (Pa), que es una unidad de presión.

Blaise Pascal, nacido en Clermont (hoy Clermont-Ferrand), Francia, en 1623, era hijo de Étienne Pascal, matemático y científico de renombre. Cuando solo tenía tres años, la tragedia se abatió sobre la familia con la muerte de su madre. Su padre no se volvió a casar. En 1632, la familia se trasladó a París.

Étienne se ocupó personalmente de la educación de sus hijos. Quería que Blaise adquiriera conocimientos sólidos de idiomas por lo que le prohibió estudiar matemáticas, pero esto solo sirvió para avivar la curiosidad del joven Pascal, por lo que se dedicó a estudiar matemáticas por su cuenta y a desarrollar el teorema de los ángulos de un triángulo. Cuando Étienne lo vio, cedió y le dio una copia de los *Elementos* de Euclides (*véanse* páginas 54-55).

Una vez en París, Étienne asistió a reuniones de las mentes matemáticas más preclaras de Francia. Estas reuniones estaban presididas por un monje, Marin Mersenne, que era también amigo de Descartes (*véanse* páginas 116-117).

En una de esas reuniones presididas por Mersenne, Blaise Pascal, todavía adolescente, presentó su primer trabajo matemático, *Sobre las secciones cónicas*, publicado en 1640.

Cuando contaba poco más de veinte años, desarrolló una máquina para ayudar a su padre en su trabajo. Étienne era recaudador de impuestos y debía hacer muchos cálculos, y la Pascalina (una calculadora mecánica) le ayudó a realizarlos.

Hacia esa época, Pascal realizó una serie de experimentos sobre la presión y utilizó sus resultados para reivindicar la existencia del vacío. Sin embargo, la publicación de su *Traité sur le vide* (*Tratado sobre el vacío*), en 1647, suscitó una gran controversia con otros científicos. Descartes, a quien hemos conocido antes, discrepó de sus teorías hasta el extremo de escribir sobre él que tenía «demasiado vacío en la cabeza».

En 1653, Pascal escribió su *Tratado sobre el equilibrio de los líquidos*, que se conoce desde entonces como «principio de Pascal». Esta ley afirma que la presión ejercida en cualquier parte de un fluido incompresible en un recipiente se transmite a todos los puntos del fluido y a su recipiente. Este principio es muy importante, tal como se evidencia, por ejemplo, cuando se aplica una presión al pedal del freno del automóvil que se transmite uniformemente a través del fluido hidráulico a las cuatro ruedas.

Pascal publicó ese mismo año el *Tratado sobre el triángulo aritmético* y, aunque no fue él el primero en estudiar este triángulo, se le conoce actualmente como el «triángulo de Pascal» (*véanse* páginas 130-131 y 134-135).

Pascal y la fe

En 1651, cuando Pascal tenía veintiocho años, su padre murió y él escribió una carta a su hermana en la que expresaba sus reflexiones sobre la muerte. Más tarde, en 1654, tuvo un accidente muy grave. Esta proximidad con la muerte constituyó un punto de inflexión en su vida, y se convirtió en un cristiano ferviente. Empezó a recopilar sus pensamientos sobre la fe cristiana en una obra titulada simplemente *Pensées* (*Pensamientos*). La obra quedó inconclusa a la muerte de Pascal en 1662, aunque fue publicada en 1670, y nos proporciona una de las confluencias más interesantes entre las matemáticas, la filosofía y la religión en la forma de la famosa «apuesta divina» de Pascal.

Más que discutir sobre la existencia de Dios, Pascal establece un argumento lógico. Afirma que hay cuatro posibilidades en la combinación de la existencia o la no existencia de Dios y la creencia o no creencia en Él, como se muestra en la siguiente tabla. En su opinión, es mejor creer, ya que las alternativas son ganarlo todo o perderlo todo.

Esto deja, sin embargo, muchas preguntas sin respuesta, entre ellas si es posible basar algo tan personal como la fe en esa forma de lógica.

PRIMOS DE MERSENNE

Marin Mersenne (1588-1648) da su nombre a un conjunto de números primos. Tienen la forma de $2^p - 1$, donde p es un número primo. Esta ecuación no es válida para todos los valores de p, es decir, que no todos los $2^p - 1$ son primos.

Aún se encuentran números primos de Mersenne. Cualquiera puede unirse a la GIMPS (Great Internet Mersenne Primes Search): basta descargar un sencillo *software* y la capacidad de cálculo de su ordenador se incorporará a la de otros muchos en todo el mundo. Los números primos son una curiosidad, pero los grandes números primos tienen algunas aplicaciones desde el punto de vista de la codificación. A continuación damos una lista de algunos números primos de Mersenne.

Primo	$2^p - 1$	Primo/ No primo
2	3	Primo
3	7	Primo
5	31	Primo
7	127	Primo
11	2.047	No primo
13	8.191	Primo
17	131.071	Primo
19	524.287	Primo

	Dios existe	Dios no existe
Usted cree	Lo gana todo	No gana nada
Usted no cree	No gana nada*	No gana nada

*Si Dios existe y es vengativo, esta opción podría ser peor.

LOS FACTORIALES

5! ¿Qué quiere decir 5!? ¿Que el número cinco es admirable? No. 5! es un factorial que quiere decir $5 \cdot 4 \cdot 3 \cdot 2 \cdot 1$. Aunque no lo crea, las matemáticas pretenden hacerle la vida más fácil. La multiplicación es una manera de hacer adiciones múltiples, y el factorial (representado por $n!$) es la manera rápida de representar la multiplicación de todos los números naturales de uno a n. Los factoriales son útiles en muchos tipos de problemas, como veremos más tarde.

¿Qué es un factorial?

La función factorial se define como $n! = n(n-1)(n-2) \ldots (3)(2)(1)$ o, dicho de otro modo, es la multiplicación de todos los números naturales hasta n. Por ejemplo, $5! = 5 \cdot 4 \cdot 3 \cdot 2 \cdot 1 = 120$. El único factorial raro es 0!, que es igual a 1. Trabajar con factoriales es bastante fácil, y casi todas las calculadoras baratas tienen la tecla «factorial».

Los factoriales se utilizan con mayor frecuencia en el cálculo de probabilidades. Por ejemplo, en una comisaría se hace una rueda de sospechosos con cinco individuos. ¿De cuántas maneras se pueden alinear estas personas? Una manera sería intentar escribir todas las posibilidades, pero esto es poco seguro y lleva mucho tiempo. ¡Con matemáticas esto es mucho más fácil!

El policía que lo debe hacer tiene cinco alternativas para el primer lugar (cada una de las personas). Para la segunda posición tiene ahora cuatro alternativas (una persona ya está escogida para el primer lugar). Para la tercera posición tiene tres alternativas, para la cuarta dos y por último una. Por tanto, el número de maneras en que se puede distribuir a los sospechosos en la rueda es 5!, es decir, $5 \cdot 4 \cdot 3 \cdot 2 \cdot 1 = 120$.

Operaciones con factoriales

Trabajar con factoriales es divertido y, además, uno tiene la impresión de ser muy listo. Se podría pensar, por ejemplo, que simplificar $\frac{10!}{9!}$ es complicado, pero la respuesta es, simplemente, 10. No necesito la calculadora para hacerlo, ya que la definición de factorial hace el problema sencillo. La expresión se podría escribir así:

$$\frac{10!}{9!} = \frac{10 \cdot 9 \cdot 8 \cdot 7 \cdot 6 \cdot 5 \cdot 4 \cdot 3 \cdot 2 \cdot 1}{9 \cdot 8 \cdot 7 \cdot 6 \cdot 5 \cdot 4 \cdot 3 \cdot 2 \cdot 1}$$

Esto parece complicado, pero vea que la mayoría de los números del numerador están en el denominador y se pueden eliminar:

$$\frac{10!}{9!} = \frac{10 \cdot \not{9} \cdot \not{8} \cdot \not{7} \cdot \not{6} \cdot \not{5} \cdot \not{4} \cdot \not{3} \cdot \not{2} \cdot \not{1}}{\not{9} \cdot \not{8} \cdot \not{7} \cdot \not{6} \cdot \not{5} \cdot \not{4} \cdot \not{3} \cdot \not{2} \cdot \not{1}} = 10$$

Este enfoque puede ser muy útil. Por ejemplo, si tenemos $\frac{8!}{6!}$, lo podemos escribir como $\frac{8 \cdot 7 \cdot 6!}{6!}$, de donde se puede eliminar el 6! del numerador y del denominador, lo que nos deja $8 \cdot 7 = 56$.

Me gusta llamar a este procedimiento el de «pelar la cebolla», y es una manera imaginativa para trabajar con factoriales. Si utilizamos el ejemplo anterior, el 8! es una cebolla con ocho capas, en tanto que la de 6! tiene seis capas. Para «eliminar», se deben tener cebollas del mismo formato.

Se pueden quitar dos capas a la cebolla de ocho: la octava y la séptima. Así, tenemos en el numerador las capas octava y séptima y una cebolla de seis capas. Esta cebolla del numerador se puede eliminar con la cebolla de seis capas del denominador.

Esto es más útil si nos enfrentamos con problemas del tipo 100!/98!, que no se pueden resolver con la calculadora. 100! es demasiado para cualquiera de ellas. Por suerte podemos utilizar el cerebro, que usaremos ahora para pelar la cebolla.

$$\frac{100!}{98!} = \frac{100 \cdot 99 \cdot 98!}{98!} = 100 \cdot 99 = 9\,900$$

¡Bonito y fácil!

Véanse páginas 136-137 para ver cómo se aplican los factoriales a los binomios.

Pongamos un último ejemplo del método de pelar la cebolla:

$$\frac{16!}{14! \cdot 5!}$$

Pelemos primero el 16! hasta que aparezca el 14!:

$$\frac{16 \cdot 15 \cdot 14!}{14! \cdot 5!}$$

Eliminemos ahora los 14! del numerador y del denominador:

$$\frac{16 \cdot 15}{5!}$$

Desarrollamos ahora el 5! en forma de multiplicación:

$$\frac{16 \cdot 15}{5 \cdot 4 \cdot 3 \cdot 2 \cdot 1}$$

De la aritmética básica sabemos que $5 \cdot 3$ da 15, con lo que lo podemos eliminar con el 15 del numeradorde forma que quede:

$$\frac{16}{4 \cdot 2 \cdot 1}$$

Multiplicando ahora los factores del denominador tendremos:

$$\frac{16}{8} \text{ o } 2$$

Y todo sin calculadora. ¡Sienta todo el poder de los factoriales!

PERMUTACIONES Y COMBINACIONES

En la escuela en la que doy clase, los alumnos regresan en enero después de dos semanas de vacaciones blancas. Cuando llegan al vestíbulo hay siempre unos cuantos que han olvidado la combinación del candado de sus casilleros. Pero lo interesante del caso es que lo que han olvidado no es una combinación: es una permutación, por lo que los candados deberían llamarse de hecho «candados de permutación». ¿Quiere saber por qué? Siga leyendo.

Permutaciones

Se definen las permutaciones como el número de maneras de obtener un subconjunto ordenado de *r* elementos de un conjunto de *n* elementos. Un ejemplo aclarará esta terminología.

En la final olímpica de los 100 m lisos participan ocho corredores. ¿De cuántas maneras pueden llegar a estar estos ocho atletas en el podio (primero, segundo y tercer lugar)?

Dado que únicamente queremos colocar tres atletas en el podio, estos tres formarán el subconjunto *r*, y los ocho representan el conjunto *n*. El hecho de que los coloquemos en primero, segundo y tercer lugar significa que debemos tener en cuenta el orden. Tenemos, por tanto, un subconjunto ordenado de tres corredores de un conjunto de ocho.

La notación de las permutaciones es P_r^n o $P(n, r)$, donde *n* es el número total de objetos y *r*, el de objetos ordenados. Muchas calculadoras científicas tienen el botón P_r^n.

La fórmula que se debe utilizar para obtener la respuesta es:

$$P_r^n = \frac{n!}{(n-r)!}$$

Para el caso concreto anterior tendremos:

$$\frac{8!}{(8-3)!} = \frac{8!}{5!} = \frac{8 \cdot 7 \cdot 6 \cdot 5!}{5!} = 8 \cdot 7 \cdot 6 = 336$$

La calculadora puede hacer esto por usted, pero yo encuentro una cierta satisfacción haciendo los cálculos por mí mismo.

Otra manera de afrontar este problema es razonar como en la rueda de presos de la página 124. ¿Qué posibilidades tenemos de acertar la combinación ganadora? Uno cualquiera puede ganar, con lo que tenemos ocho posibilidades. Para el segundo corredor tenemos siete (uno ya cruzó la meta) y para el tercero tenemos seis. Multiplicando estos números obtenemos la misma respuesta: 336.

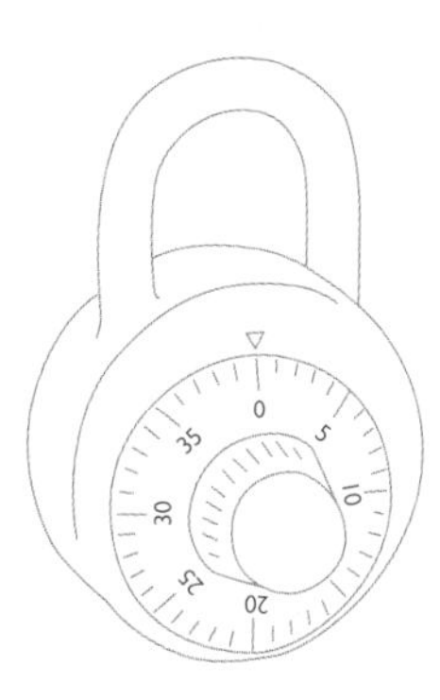

Combinaciones

Las combinaciones son semejantes a las permutaciones pero hay una diferencia básica: mientras que las permutaciones son las maneras de agrupar ordenadamente un subconjunto de r elementos de un conjunto de n, las combinaciones son la manera de agrupar desordenadamente un subconjunto de r elementos de un conjunto de n elementos. La notación es C_r^n o $\binom{n}{r}$, y la fórmula que se utiliza es:

$$C_r^n = \frac{n!}{(n-r)!\,r!}$$

Para explicar la diferencia existente entre las permutaciones y las combinaciones modifiquemos el problema anterior. En la calificación, los tres primeros atletas de la carrera pasan a la siguiente ronda.

De los ocho corredores, ¿de cuántas maneras pueden pasar tres a la eliminatoria siguiente? Lo único que interesa para pasar es estar entre los tres primeros, sin importar quién es primero, segundo o tercero. Esto hace del subconjunto r un subconjunto desordenado. El cálculo será:

Esto significa que mientras que hay 336 maneras diferentes de conseguir llegar a casa con las medallas, se necesitan únicamente 56 combinaciones para que los diferentes atletas logren pasar a la siguiente ronda en las eliminatorias.

Los lectores más avisados habrán notado que el número de las combinaciones es menor que el de las permutaciones. El número de combinaciones será siempre menor o igual al de las permutaciones; de hecho, hay una fórmula que las relaciona que es:

$$C_r^n = \frac{P_r^n}{r!}$$

¿Ordenar o no ordenar?

A menudo la gente se olvida qué función utilizar cuando el orden es importante y cuando no lo es. Lo ideal es crearse una regla mnemotécnica como: **p**ermutaciones **p**recisan **p**osición, y las **c**ombinaciones no **c**uentan **c**on ellas, o algo parecido, algo que ayude a nuestras viejas células grises.

Volvamos ahora a los candados de los casilleros de la escuela. ¿Por qué deberían llamarse «candados de permutación» o de «variación» y no de «combinación»?

El candado exige que los alumnos pongan algunos números en un orden determinado. Supongamos que sean tres. Si el candado está esta ajustado para 33, 21, 45, no se abrirá si se pone 21, 33, 45. Como el orden cuenta, se deberían llamar candados «de permutación».

$$C_r^n = \frac{8!}{(8-3)!3!} = \frac{8!}{5!\cdot 3!} = \frac{8\cdot 7\cdot 6\cdot 5!}{5!\cdot 3!} = \frac{8\cdot 7\cdot 6}{3\cdot 2\cdot 1} = 56$$

Dani, Edy, Gelo y Nico

EL PROBLEMA:

Dani, Edy, Gelo y Nico forman un grupo musical que va a salir de gira. En el pasado tuvieron algún problema de protagonismo y ahora quieren estar seguros de que cada uno de ellos tendrá el mismo reconocimiento cuando salgan al escenario. Para que sea justo, quieren asegurar que el orden en que saldrán en las próximas actuaciones cubra todas las opciones. ¿De cuántas maneras diferentes lo podrán hacer?

EL MÉTODO:

Una alternativa sería intentar escribir todas las configuraciones posibles:

Dani, Edy, Gelo, Nico

Dani, Edy, Nico, Gelo

Dani, Gelo, Edy, Nico

Dani, Gelo, Nico, Edy

Dani, Nico, Edy, Gelo

Dani, Nico, Gelo, Edy

… y así sucesivamente.

Sin embargo, el método parece algo anticuado, y no es seguro que no se deje de tener en cuenta alguna de las opciones. Hasta ahora, tenemos seis en las que Dani sale en primer lugar (de hecho hay otras seis para Edy, Gelo y Nico, lo que da un total de veinticuatro).

Un segundo enfoque es utilizar la «regla de recuento básica». Aunque tenga un nombre raro, es en realidad muy sencilla: si se tienen n maneras de escoger uno de los objetos y m maneras de escoger el otro, las posible maneras de escoger los dos será $n \cdot m$. Por ejemplo, si tiene cinco camisas y tres corbatas, podrá combinarlas de quince maneras diferentes ($5 \cdot 3 = 15$). Otra cosa es que todas combinen bien…

Podemos aplicar el mismo procedimiento con los cuatro componentes de la banda. Cada uno tiene cuatro oportunidades de salir el primero. Después, hay tres opciones para el que sale en segundo lugar (una menos que uno, ya está en el escenario). Para el tercero tenemos dos opciones y solo una para el último. El total es $4 \cdot 3 \cdot 2 \cdot 1 = 24$.

La última alternativa es utilizar la fórmula de las permutaciones (*véanse* páginas 126-127). En este caso, tenemos que ordenar cuatro personas de cuatro en cuatro, es decir:

$$P_4^4 = \frac{4!}{(4-4)!}$$

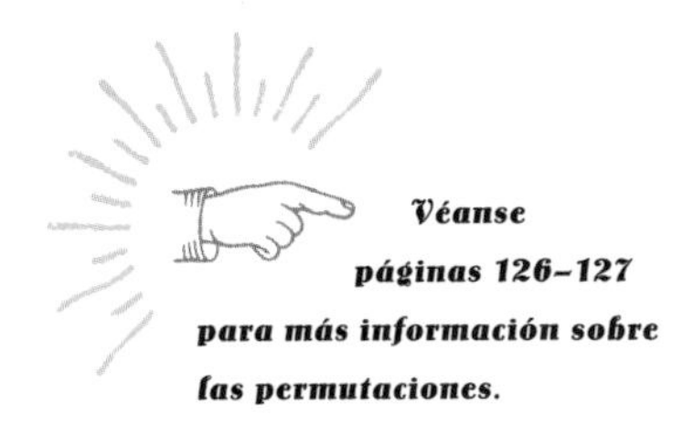

Véanse páginas 126–127 para más información sobre las permutaciones.

En el denominador tenemos (4-4)!, es decir, 0!, que ya sabemos que vale 1, por lo que tendremos:

$$P_4^4 = \frac{4 \cdot 3 \cdot 2 \cdot 1}{1} \text{ o } \frac{24}{1}$$

La respuesta es, simplemente, 24.

LA SOLUCIÓN:

Dani, Edy, Gelo y Nico pueden salir al escenario de veinticuatro maneras diferentes. Ojalá el número de actuaciones sea múltiplo de este valor.

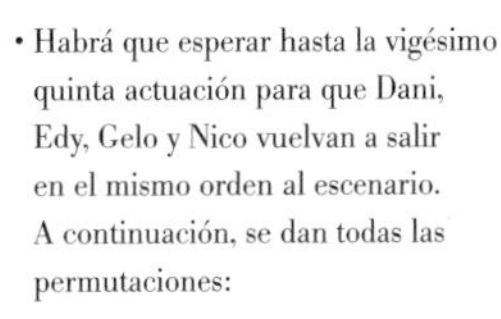

• Habrá que esperar hasta la vigésimo quinta actuación para que Dani, Edy, Gelo y Nico vuelvan a salir en el mismo orden al escenario. A continuación, se dan todas las permutaciones:

1,2,3,4	3,1,2,4
1,2,4,3	3,1,4,2
1,3,2,4	3,2,1,4
1,3,4,2	3,2,4,1
1,4,2,3	3,4,1,2
1,4,3,2	3,4,2,1
2,1,3,4	4,1,2,3
2,1,4,3	4,1,3,2
2,3,1,4	4,2,1,3
2,3,4,1	4,2,3,1
2,4,1,3	4,3,1,2
2,4,3,1	4,3,2,1

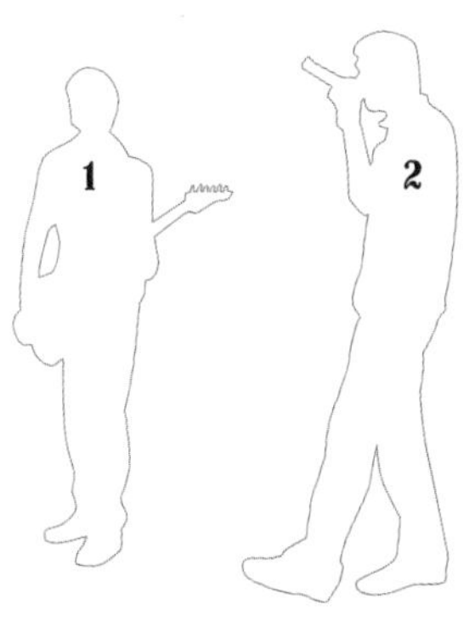

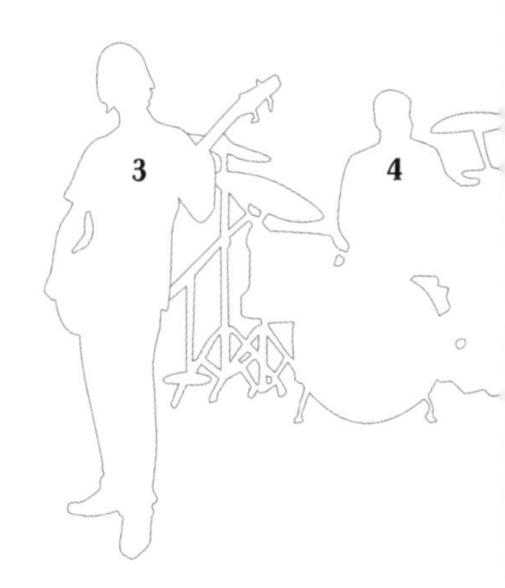

EL TRIÁNGULO DE PASCAL **Parte I**

El triángulo de Pascal encierra una serie de cálculos muy interesantes. Sin embargo, hay que señalar que él no fue el primer matemático en descubrirlo. De hecho, matemáticos chinos, indios y persas hacen ya referencia a lo que en la actualidad llamamos el «triángulo de Pascal» mucho antes del nacimiento de este último. Una vez más, la parcialidad occidental de la que hemos hablado con anterioridad es la que le ha dado este nombre.

Construcción del triángulo de Pascal

El triángulo de Pascal se remonta a tiempos remotos. Su interrelación con el desarrollo del binomio (*véanse* páginas 34-35) lo hicieron muy útil en las matemáticas antiguas y se encuentran referencias a algo casi exactamente igual en la obra de Varahamihira, matemático indio del siglo VI. Más tarde, en la Persia del siglo VIII, Al-Karaji trabajó con él. Los matemáticos chinos lo mencionan ya en el siglo XI, cuando Jia Xiang añadió la séptima fila al triángulo. Incluso en Europa, Petrus Apianus, un alemán del siglo XVI, lo utilizó en la portada de un libro de aritmética.

La construcción del triángulo de Pascal es sencilla. Se coloca un uno en el vértice y debajo, diagonalmente, a izquierda y derecha dos unos más. A medida que se baja, los extremos de las siguientes filas del triángulo están siempre ocupados por un uno, y los números intermedios son la suma de los dos que están diagonalmente encima de ellos a izquierda y derecha.

Estructuras en el triángulo de Pascal

Dentro del triángulo de Pascal existen varias maravillas matemáticas. Todos los elementos de las dos diagonales externas son el número uno. En las segundas diagonales está la serie de los números naturales, las terceras contienen números triangulares y, en ella, de forma alternativa, los números son hexagonales. Las cuartas diagonales constan de números tetraédricos. Existen otras estructuras de números de nombres exóticos, como los pentatópicos (un extraño tetraedro tetradimensional) y los números de Catalan, pero no disponemos de espacio para mostrarlos aquí.

• La construcción del triángulo de Pascal es bastante sencilla.

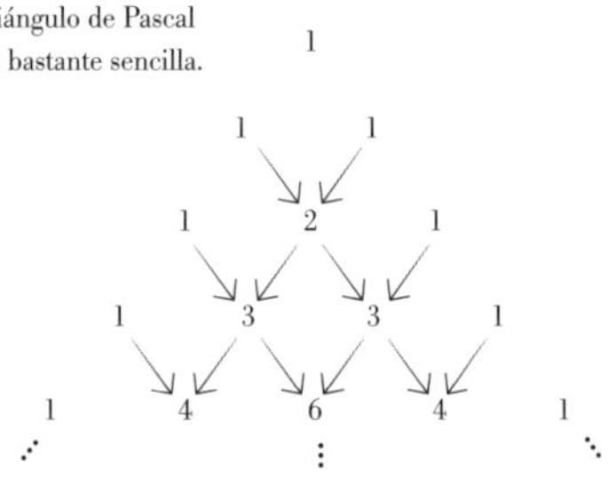

```
        1
      1   1
    1   2   1
  1   3   3   1
1   4   6   4   1
.       .       .
```

Potencias en el triángulo de Pascal

Otra característica matemática interesante que se oculta en el triángulo de Pascal se halla sumando los números de sus filas. La suma de los de la primera es uno, la segunda fila suma dos, la tercera cuatro, la cuarta ocho, la quinta dieciséis y así sucesivamente. Es muy posible que ya se haya dado cuenta de que estas sumas son las potencias de dos (*véase* recuadro de la derecha).

Fila en el triángulo de Pascal	Suma de sus números	Potencia de dos
1	1	2^0
2	2	2^1
3	4	2^2
4	8	2^3
5	16	2^4
6	32	2^5

Además de las potencias de dos, contiene también las potencias de once. La primera fila es 11^0 (todo número elevado a 0 es igual a la unidad). La segunda fila se puede leer 11, lo que corresponde a 11^1, y la tercera como 121, correspondiente a 11^2. Creo que es fácil imaginar el valor de 11^3, que es 1.331, y el de 11^4 que es 14.641.

En este punto surge una complicación: 11^5 es 161.051, y éstos no son los números que aparecen en la quinta fila del triángulo de Pascal. Esto se debe a que ahora encontramos en ella números de dos dígitos. Sin embargo, el esquema sí es válido en el caso de que los dígitos del triángulo representen potencias de diez. Partiendo de la derecha tenemos las unidades, las decenas, las centenas, los millares y así sucesivamente. En la quinta fila las posiciones de las centenas y los millares están ocupadas por un 10. Esto quiere decir que nos tenemos que llevar las centenas a la columna de los millares, y éstos a su vez a la columna de las decenas de millar.

Veámoslo. Los números de la quinta fila, en la que deberíamos hallar 11^5, son 1, 5, 10, 10, 5, 1. El 1 de la derecha representa las unidades, el 5 está en la columna de las decenas, etcétera. Se puede mostrar así:

quinta fila:	1	5	10	10	5	1
unidades						1
decenas					5	0
centenas				10	0	0
unidades de millar			10	0	0	0
decenas de millar		5	0	0	0	0
centenas de millar	1	0	0	0	0	0

Llevándonos los números 10 de las columnas de las centenas y los millares, queda un 0 en la columna de las centenas, un 1 en la de los millares y un 6 en la de las decenas de millar. De este modo:

$11^5 =$ 1 6 1 0 5 1

Es decir, siguiendo este proceso se encuentran las potencias de once, y esto es solo el comienzo de la magia matemática del triángulo de Pascal. Hay muchas cosas interesantes más que veremos en las páginas 134-135.

El problema de los saludos

EL PROBLEMA:

Borja y Bruno planean celebrar una gran fiesta. Piensan invitar a veinte personas, además de ellos dos. Quieren estar seguros de que todos los invitados tengan la ocasión de conocerse entre ellos, ya que todos conocen a Borja y Bruno, pero nadie conoce a ninguno de los demás invitados, por lo que contratan a un profesional para hacer las presentaciones. Éste cobra 2 € por presentación y dedica un minuto y quince segundos a cada una de ellas antes de pasar a la siguiente pareja. ¿Cuántas presentaciones hará? ¿Cuánto cobrará en total? Y ¿cuánto gana por hora?

EL MÉTODO:

Una manera de resolver el problema sería hacer una lista sistemática de todas las presentaciones. Para veinte personas sería muy larga, pero con un número menor podemos mostrar su estructura. Hagámoslo con seis personas:

A es presentado a B; B es presentado a C; C es presentado a D; D es presentado a E; E es presentado a F

A es presentado a C; B es presentado a D; C es presentado a E; D es presentado a F

A es presentado a D; B es presentado a E; C es presentado a F

A es presentado a E; B es presentado a F

A es presentado a F

El número de presentaciones decrece a cada paso, pues no hay que repetir una presentación ya hecha (una vez que Álex ha sido presentado a Boris, no es necesario volver a presentar éste a Álex). Con seis personas, tendremos pues;
$1 + 2 + 3 + 4 + 5 = 15$
presentaciones. (A propósito, quince es el quinto número triangular; *véanse* páginas 16-17.)

Para veinte invitados, Álex sería presentado a diecinueve invitados, Boris tendría después dieciocho presentaciones. El número total de presentaciones sería pues $19 + 18 + 17 + 16 + 15 + 14 + 13 + 12 + 11 + 10 + 9 + 8 + 7 + 6 + 5 + 4 + 3 + 2 + 1 = 190$.
Ésta es una suma larga, pero resulta ser también el decimonoveno número triangular. Tenemos una fórmula que nos permite calcular los números triangulares:

$$\frac{(n)(n-1)}{2}$$

o, para este ejemplo:

$$\frac{(20)(19)}{2} = 190$$

Véase página 137 para resolver binomios utilizando combinaciones.

Otro método posible sería calcular las combinaciones, que ya hemos tratado en la página 127. Dado que es lo mismo que Álex sea presentado a Boris o que Boris sea presentado a Álex, no importa el orden, por lo que se trata de combinaciones, no de permutaciones. Como vimos antes, una combinación es la manera de agrupar *r* elementos de un conjunto de *n* elementos. En nuestro caso, es el número de maneras de seleccionar dos personas de un grupo de veinte, o sea:

$$C_2^{20} = \frac{20!}{18! \cdot 2!} = \frac{20 \cdot 19 \cdot 18!}{18! \cdot 2!} = \frac{20 \cdot 19}{2} = 190$$

Éste es el número de apretones de manos. Si el presentador profesional cobra 2 € por presentación, obtendrá 380 €, y si emplea un minuto y quince segundos, es decir, 1,25 minutos para cada presentación, trabajará durante $190 \cdot 1{,}25 = 237{,}5$ minutos, o 3, 9583 horas, lo que, en números redondos, serán 4 horas. Esto significa que obtiene $380 \div 4 = 95$ € por hora.

LA SOLUCIÓN:

El presentador hace 190 presentaciones. Cobra 380 € a 95 € por hora.

Si estas cosas nos parecen conocidas, es porque las respuestas a los problemas de combinatoria se encuentran en el triángulo de Pascal. En este caso, ocurre que C_2^{20} es el tercer término de la vigésimo primera fila.

EL TRIÁNGULO DE PASCAL **Parte 2**

Ya hemos descubierto que en el triángulo de Pascal hay una extraordinaria sensación de belleza y simetría, y, como en la secuencia de Fibonacci y en la razón áurea, es una belleza que no requiere ni de grandes conocimientos ni de matemáticas avanzadas.

La belleza del triángulo de Pascal
Todo lo que se necesita para descubrir la belleza del triángulo de Pascal es un juego de lápices y sentido de la aventura. Escoja un conjunto de números que tengan algo especial en común, múltiplos de cinco por ejemplo, y coloréelos. O escoja un número y divida por él los números del triángulo de Pascal, pero sin decimales, dejando los restos. Éstos irán desde cero hasta el número escogido menos uno; asigne un color distinto a cada uno de los diferentes restos y coloree sus posiciones en el triángulo. Haciendo cualquiera de estas dos cosas verá aparecer estructuras sorprendentes; use su imaginación y empiece a buscar otras.

Utilizando el ejemplo de los restos de dividir por dos, coloreando los de resto uno y dejando en blanco los de resto cero, se formará el llamado «triángulo de Sierpinski», que recibe su nombre del matemático polaco Waclaw Sierpinski (1882-1969), quien lo describió en 1915. Esto nos muestra que, incluso en la época contemporánea, todavía establecemos nuevas conexiones con las matemáticas conocidas desde hace siglos.

De hecho, constituye un ejemplo de la interrelación del triángulo con la geometría fractal (esa cosa que aparece en los carteles de raras espirales y diseños repetidos). Se trata de una rama relativamente nueva de las matemáticas, hasta el punto de que el término «fractal» fue acuñado en 1975 por el matemático francés Benoît Mandelbrot.

• El triángulo de Sierpinski, una estructura fractal que se puede encontrar en el triángulo de Pascal.

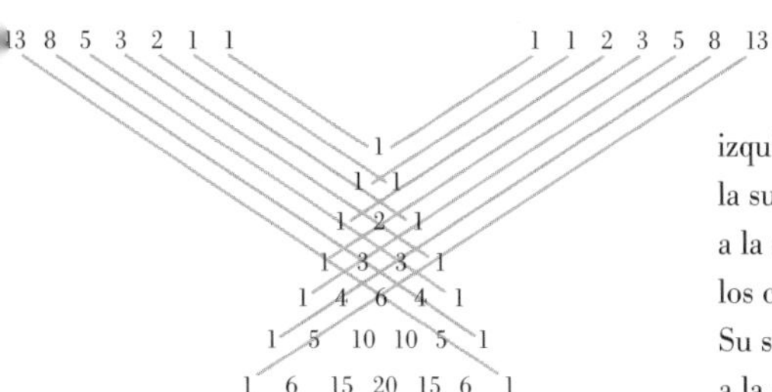

El triángulo de Pascal y Fibonacci

Otro curioso artificio es sumar los términos de las diagonales poco inclinadas del triángulo (superior): se obtiene así la secuencia de Fibonacci. Esto interrelaciona tres de las cosas más sorprendentes de las matemáticas: el triángulo de Pascal, la secuencia de Fibonacci y la razón áurea.

Los bastones de *hockey* de Pascal

Me parece muy interesante ver el deporte nacional canadiense reflejado en el triángulo de Pascal. Sumando los números de cualquier diagonal, en la fila siguiente se encuentra dicha suma. Por ejemplo, sumemos los términos de la quinta diagonal de la izquierda. En dicha diagonal, los números son 1, 5, 15, 35, 70 etcétera. Si los sumamos obtenemos 126, número que está una fila abajo y un lugar a la izquierda. Los números forman el mango y la suma, la hoja del bastón. Veamos ahora, a la derecha, la tercera diagonal y sumemos los cuatro primeros números: 1, 3, 6, 10. Su suma está en la siguiente fila y un lugar a la derecha. El mango del bastón debe empezar siempre en un 1; su hoja estará siempre en la fila de abajo, a la derecha o a la izquierda, según donde empiece.

El triángulo de Pascal y las flores

Una última propiedad característica del triángulo de Pascal son los llamados «pétalos de Pascal». Cualquier término, con la excepción de los de los bordes, está rodeado de seis, como los pétalos de una flor. Si se multiplican tres términos opuestos, se encuentra que el valor es el mismo que el que se obtiene al multiplicar los otros tres. Por ejemplo, veamos lo que ocurre con el tercer término de la sexta fila. Su valor es 10 y lo rodean los números 4, 6, 10, 20, 15 y 5. Multiplicando los números no adyacentes 4, 10 y 15 se obtiene 600. Si multiplicamos los otros tres no adyacentes, 6, 20 y 5, nos da 600. ¡Interesante!

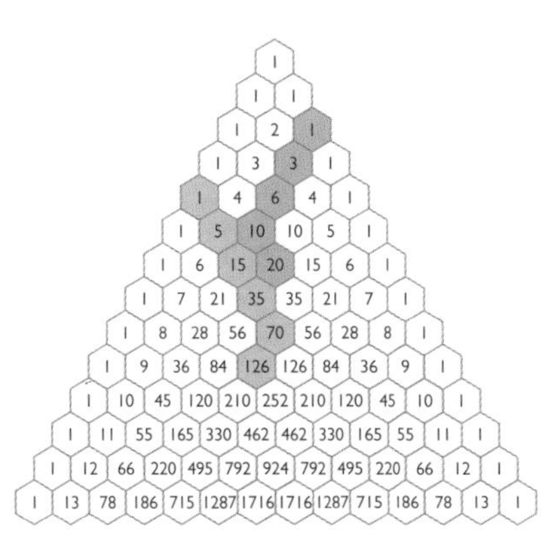

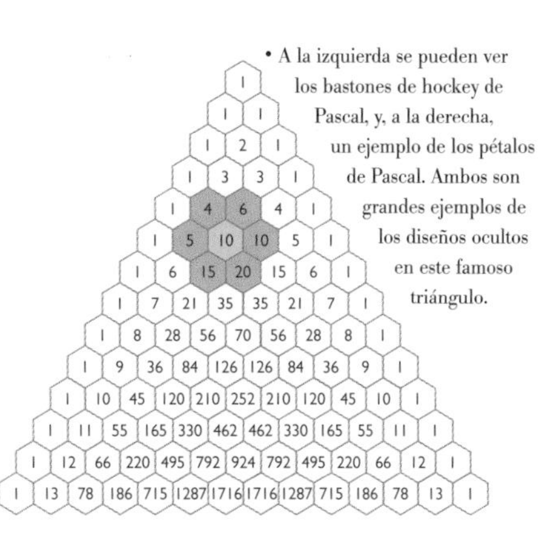

• A la izquierda se pueden ver los bastones de hockey de Pascal, y, a la derecha, un ejemplo de los pétalos de Pascal. Ambos son grandes ejemplos de los diseños ocultos en este famoso triángulo.

EL TEOREMA DEL BINOMIO

El teorema del binomio es una elegante y sencilla manera de obtener el desarrollo de la potencia de una suma. Su aplicación más importante se encuentra en los problemas de probabilidades en los que solo hay dos resultados alternativos, algo así como lanzar una moneda al aire. Esto parece limitado, pero en la vida real es muy fácil y útil dividir las cosas en dos grupos.

Las potencias de algunos binomios

Si desarrollamos $(x + y)^0$ obtenemos uno, ya que cualquier cosa elevada a la potencia cero es la unidad. Desarrollando $(x + y)^1$ obtenemos $1x + 1y$.

Si desarrollamos $(x + y)^2$, debemos escribir $(x + y)(x + y)$ y realizar las operaciones del producto de binomios como vimos en las páginas 34-35. Esto nos da $1x^2 + 1xy + 1xy + 1y^2$ o, sumando los términos semejantes, $1x^2 + 2xy + 1y^2$.

Cuando desarrollamos $(x + y)^3$, lo podemos expresar como:

$$(x + y)(x + y)(x + y)$$

Multiplicamos los dos primeros binomios y simplificamos, lo que da:

$$(x^2 + 2xy + 1y^2)(x + y)$$

Multiplicando las dos expresiones ordenadamente tenemos:

$$1x^3 + 1x^2y + 2x^2y + 2xy^2 + 1xy^2 + 1y^3$$

Y sumando los términos semejantes:

$$1x^3 + 3x^2y + 3xy^2 + 1y^3$$

Como se puede imaginar, esto empieza a ser aburrido. Me gusta el álgebra, pero no tengo ganas de hacer el siguiente desarrollo, y no lo voy a hacer. Por suerte, hay una manera más agradable de tratar las potencias del binomio. Veamos lo que tenemos hasta ahora:

$$(x + y)^0 = 1$$
$$(x + y)^1 = 1x + 1y$$
$$(x + y)^2 = 1x^2 + 2xy + 1y^2$$
$$(x + y)^3 = 1x^3 + 3x^2y + 3xy^2 + 1y^3$$

Si observamos los coeficientes de estas expresiones, vemos que se trata de los números de las filas del triángulo de Pascal. Si quisiéramos desarrollar la potencia $(x + y)^4$, lo podríamos hacer sin las complicaciones anteriores, como sigue:

$$(x + y)^4 = 1x^4 + 4x^3y + 6x^2y^2 + 4xy^3 + 1y^4$$

Los coeficientes son una parte del desarrollo; la otra son las variables. Observando la última expresión, vemos que la variable x empieza con el exponente cuatro y va decreciendo hasta que desaparece en el último término (de hecho, sí está pero en la forma x^0, que como sabemos es igual a la unidad).

Los exponentes de x son, pues, cuatro, tres, dos, uno y cero. La variable y empieza con un exponente de cero y va aumentando hasta el cuatro. Es decir, en esta expresión la suma de los exponentes de cada término es cuatro. Este valor se debe a que el exponente de la potencia del binomio original $(x + y)^4$ era cuatro. Por tanto, si quisiéramos desarrollar $(x + y)^5$, podríamos seguir el triángulo de Pascal y añadir las variables:

Véanse páginas 126-127 para más información sobre las combinaciones.

$$(x + y)^5 = 1x^5 + 5x^4y + 10x^3y^2 + 10x^2y^3 + 5xy^4 + 1y^5$$

El desarrollo con factoriales

¿Qué ocurriría ahora si le piden que desarrolle $(x + y)^{13}$? ¿Quiere escribir el triángulo de Pascal hasta llegar a donde están los coeficientes del desarrollo? ¡Evidentemente, no! Por suerte, disponemos de los factoriales para hallar dichos coeficientes. Veamos el último ejemplo:

$$1x^5 + 5x^4y + 10x^3y^2 + 10x^2y^3 + 5xy^4 + 1y^5$$

El coeficiente del segundo término es cinco. Este número se puede obtener de una expresión factorial. La suma de los exponentes de x e y es cinco, ya que el exponente de x es cuatro y el de y es uno. Lo podemos escribir del modo $\frac{5!}{4!\cdot 1!}$, cuyo valor es cinco. En el siguiente término, el exponente de x es tres y el de y, dos. Podemos escribir $\frac{5!}{3!\cdot 2!}$, lo que da diez, que es el coeficiente de ese término. Los coeficientes son, pues:

$$\frac{(\text{suma de los exponentes})!}{(\text{primer exponente})!(\text{segundo exponente})!}$$

Si queremos desarrollar $(x + y)^{13}$ podemos escribir primero las variables y poner después los exponentes. Los primeros tres términos sin coeficientes serían:

$$x^{13} + x^{12}y + x^{11}y^2 + \ldots$$

Y añadiendo los coeficientes:

$$\tfrac{13!}{13!0!}x^{13} + \tfrac{13!}{12!1!}x^{12}y + \tfrac{13!}{11!2!}x^{11}y^2 + \ \ldots$$

Operando los factoriales, tendremos:

$$1x^{13} + 13x^{12}y + 78x^{11}y^2 + \ \ldots$$

Otra forma de desarrollo

Otra manera de determinar los coeficientes de la potencia del binomio es usar la combinatoria. En el ejemplo anterior de $(x + y)^{13}$ podríamos escribir los primeros términos en la forma:

$$C_0^{13}x^{13} + C_1^{13}x^{12}y + C_2^{13}x^{11}y^2 + \ldots$$

Los tres métodos son prácticamente el mismo. Utilice el que más le guste.

Cara o cruz

EL PROBLEMA:

Lucas le propone una apuesta a Martín. Lanzará al aire una moneda diez veces. Si sale cara cero, una, dos, tres, siete, ocho, nueve o diez veces, le pagará un euro. Si, por el contrario, sale cara cuatro, cinco o seis veces, es Martín quien le deberá pagar un euro a él. ¿Debe éste aceptar la apuesta?

EL MÉTODO:

Muchas personas creen tener un sentido intuitivo para las «probabilidades» o los «riesgos», pero la realidad es que la mayoría se equivoca terriblemente al estimarlas. La prueba es la cantidad de gente que compra lotería o creen que pueden «hacer saltar la banca» en un casino.

Debo confesar, sin embargo, que compro billetes de lotería, para mi vergüenza matemática, pero lo hago para disfrutar pensando qué haría con un millón. Hay también una manera de ganar a la casa en el blackjack, pero eso requiere de la capacidad para contar las cartas, con lo que lo echarán del casino y, si hay que creer lo que se ve en las películas, con unos cuantos dedos rotos. Volviendo al problema, mucha gente aceptaría la apuesta ya que, aparentemente, hay ocho posibilidades de ganar contra tres de perder… pero, se equivocarían.

Una manera de demostrarlo sería repetir la operación muchas veces para darse cuenta de lo que sucede con más frecuencia. Si repite el hecho de lanzar la moneda diez veces y cuenta las veces en que sale cara, obtendrá un gráfico de barras que sigue una curva en forma de campana (*véase* página siguiente), con su punto más alto en cinco caras, que es el resultado más frecuente.

Un método más preciso es utilizando el teorema del binomio (*véanse* páginas 136-137). Al tirar una moneda solo hay dos resultados posibles: cara o cruz, y se puede representar como un binomio $(c + d)$. Si lanzamos la moneda diez veces tendremos $(c + d)^{10}$, un paréntesis para cada uno de los lanzamientos. Desarrollando la potencia del binomio tendremos:

$$c^{10} + 10c^9d + 45c^8d^2 + 120c^7d^3 + 210c^6d^4 + 252c^5d^5$$

$$+ 210c^4d^6 + 120c^3d^7 + 45c^2d^8 + 10cd^9 + d^{10}$$

La probabilidad al lanzar una moneda de que salga cara es $\frac{1}{2}$ y la de que salga cruz es $\frac{1}{2}$. Lucas espera que salgan cuatro, cinco o seis caras. La probabilidad de que salgan seis caras y cuatro cruces es el término del binomio con seis c y cuatro d, es decir, $210c^4d^6$. Como las probabilidades de cara y de cruz son iguales a $\frac{1}{2}$, podemos sustituir este valor en la expresión:

$$210\left(\frac{1}{2}\right)^4\left(\frac{1}{2}\right)^6 \text{ o } 0.205078125$$

Para cinco caras y cinco cruces tenemos $252c^5d^5$, que con los valores de c y d nos da:

$$252\left(\frac{1}{2}\right)^5\left(\frac{1}{2}\right)^5 \text{ o } 0{,}24609375$$

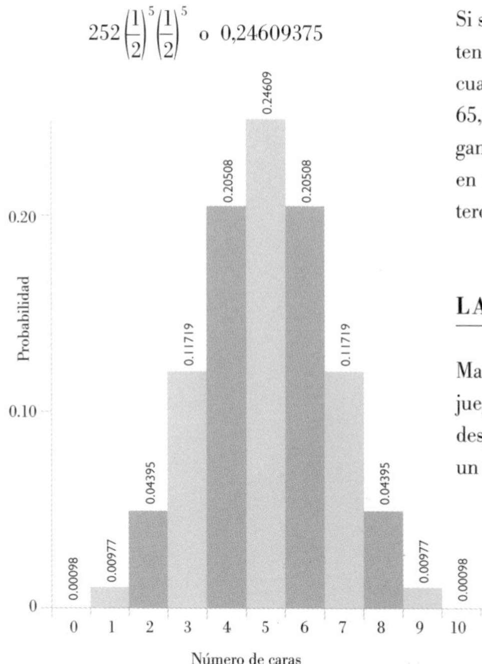

Del mismo modo, para seis caras y cuatro cruces tendremos $210c^6d^4$, lo que da:

$$210\left(\frac{1}{2}\right)^6\left(\frac{1}{2}\right)^4 \text{ o } 0{,}205078125$$

Si sumamos estas tres últimas cantidades, tendremos que la probabilidad de sacar cuatro, cinco o seis caras es 0,65625 o 65,625 %. La probabilidad de Lucas de ganar es de aproximadamente dos tercios, en tanto que la de Martín es solo de un tercio.

LA SOLUCIÓN:

Martín debe decir no. Las leyes del azar juegan en su contra. Por término medio, después de jugar tres veces ya le debería un euro a Lucas.

Perfil

Leonhard Euler

Leonhard Euler, uno de los matemáticos más prolíficos que haya existido jamás, nació en Basilea, Suiza, el 5 de abril de 1707. Paul, su padre, amigo del famoso Johann Bernoulli, tenía conocimientos de matemáticas y le enseñó sus principios básicos. Leonhard ingresó en la universidad en 1720 y rápidamente se reveló su potencial. Durante los fines de semana Bernoulli respondía las preguntas de Leonhard y le sugería nuevas lecturas. En 1723 recibió el título de maestro en filosofía. Aunque su padre quería que estudiara teología, Bernoulli ayudó a Leonhard a convencer a su padre para que le permitiera seguir con las matemáticas.

San Petersburgo, Berlín y regreso

En 1726, cuando murió Nicolaus Bernoulli, el hijo mayor de Johann Bernoulli, Euler lo reemplazó en la Academia imperial rusa de ciencias de San Petersburgo, donde vivió y trabajó con Daniel, el segundogénito de su mentor. Sin embargo, Daniel perdió el interés en la Academia y la abandonó en 1733, lo que dejó a Euler como primer catedrático de matemáticas. En 1734 se casó y tuvo trece hijos, de los cuales solo cinco sobrevivieron a la infancia.

Un cambio en la monarquía fue causa de un incremento de las tensiones en San Petersburgo, por lo que, en 1741, Euler aceptó un cargo en Berlín, donde pasó los siguientes veinticinco años. Durante ese tiempo escribió innumerables artículos y, en 1759, se hizo cargo de la dirección de la Academia de Berlín.

En 1766, regresó a la Academia imperial rusa, pero poco después perdió la vista. A pesar de ello, continuó trabajando con la ayuda de sus hijos Johann y Christoph. De hecho, continuó publicando hasta su muerte en San Petersburgo, el 18 de septiembre de 1783.

Los puentes de Königsberg

Los «puentes de Königsberg» es un problema clásico. Esta ciudad, que formaba parte de Prusia oriental, pero que ahora es Kaliningrado, en el pequeño territorio ruso entre Lituania y Polonia, está situada sobre dos islas en el río Pregel. Hay siete puentes que conectan las islas entre sí y con las orillas del río. El problema consistía en ver si era posible seguir una ruta que cruzase todos los puentes una sola vez y que finalizase en el mismo punto de partida. No la hay, y Euler lo demostró. La razón se basa en el número de puentes que hay en cada una de las masas de tierra.

A aquellas de donde no se parte ni se llega es necesario entrar y salir, por lo que son necesarios dos puentes, lo que quiere decir que toda masa de tierra que no sea punto de partida o llegada debe tener un número par de puentes. Este no es el caso de Königsberg, donde todas las masas de tierra tienen un número impar de puentes. Esto nos lleva al denominado «ciclo euleriano», que nos permite cruzar una sola vez cada puente (o arista) si, y solo si, dos de las masas de

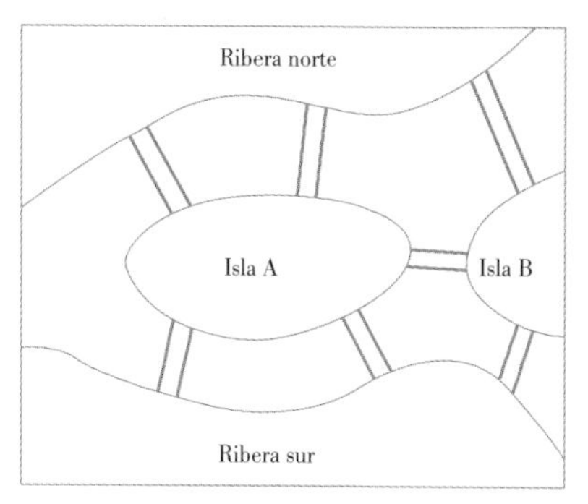

• El tema de los puentes de Königsberg se puede reducir a nodos (masas de tierra) y líneas (puentes). Muchos mapas tienen este formato; por ejemplo, un mapa de trenes muestra a menudo las estaciones como nodos y las vías como líneas. El ciclo de Euler tiene también aplicaciones prácticas; por ejemplo, las compañías de transporte intentan reducir los costos de combustible y de viaje y procuran planear rutas que eviten recorridos dobles.

tierra (o nodos) tienen un número impar de puentes. Esto sería posible si se eliminara el puente que une las dos islas. Un ciclo euleriano requiere volver al punto de partida, y también que todas las masas de tierra (nodos) estén unidas por un número par de puentes (aristas).

En cierto modo relacionada con el problema de los «puentes de Königsberg», Euler nos dio la fórmula $C + V = A + 2$, que establece la relación existente entre el número de caras C, el número de vértices V y el de aristas A de un poliedro (*véase* página 53).

SOBRE LAS NOTACIONES

También debemos a Euler algunas de las notaciones que utilizamos en la actualidad. Fue el primero en escribir $f(x)$ para hacer referencia a la función x, la letra griega Σ (sigma) como sumatorio, o símbolo de la suma, la letra i para hacer referencia a la unidad imaginaria, y la letra e para el valor 2,71828... La primera referencia a e procede de una obra publicada por John Napier (*véase* página 160), pero el crédito del descubrimiento de la constante corresponde a Jacob Bernoulli, hijo del mentor de Euler. Éste empezó a utilizar la letra e para esta constante y se aceptó su uso. El número e es otro número fabuloso, como π y φ (*véanse* páginas 18-19 y 100-101). Se puede calcular a partir de la serie infinita siguiente:

$$e = \frac{1}{0!} + \frac{1}{1!} + \frac{1}{2!} + \frac{1}{3!} + \frac{1}{4!} \ldots$$

Ésta lleva a una de las ecuaciones más bellas de las matemáticas: $e^{i\pi} + 1 = 0$. Pensé ponerla en una camiseta, pero no creo que a la gente le gustara tanto como la de π.

Los circuitos de Pongasenforma

EL PROBLEMA:

Un hombre de mediana edad se mira al espejo. Recién cumplidos los cuarenta y dos años ve cómo su estómago ha aumentado de volumen, por lo que decide empezar a hacer ejercicio. Pero, por desgracia, ya no tiene veinte años. ¡Ah!, a esa edad se corre para ponerse en forma; cuando se llega a los treinta, se hace para mantenerse en forma, y a los cuarenta se corre para hacer más lento el inexorable declive. ¿Se siente deprimido? Miguel se ha propuesto correr de una forma sistemática. Hay un camping cercano que está cerrado durante el invierno y sería un lugar tranquilo ideal para empezar. Aquí se puede ver el plano del camping. En concreto, se propone empezar a correr desde el estacionamiento, correr por todas las calles y regresar a él. ¿Lo puede hacer? Si no es así, ¿qué puede cambiar para lograrlo?

EL MÉTODO:

Este es un clásico problema de ciclos de Euler. En el mapa se ven siete «nodos» o, dicho de una forma más sencilla, siete lugares donde se encuentran las calles. Solo hay dos que salen del estacionamiento, por lo que éste es un nodo par. Sin embargo, los otros seis nodos son todos impares. La configuración no conforma, pues, un ciclo de Euler.

Esto implica un compromiso para Miguel: debido a que la administración local se molestaría si abriera una nueva calle sin permiso, todo lo que puede hacer es eliminar tramos en su recorrido o, quizá, correr por algún tramo dos veces. Vemos que hay diez tramos y los identificamos. Para tener un ciclo de Euler, es preciso que el número de tramos que llegan a cada nodo sea par. Recorrer un tramo dos veces es como añadir un nuevo tramo. Miguel está muy interesado en su programa de entrenamiento, por lo que querría eliminar los tramos cortos y hacer dos veces los largos.

Si corre de *A* a *B* y después a *C*, puede eliminar la calle 2, con lo que *C* sería par. Después puede correr de *C* a *D* y a continuación a *E* y eliminar la calle 6, con lo que *D* y *G* se hacen pares. Puede seguir de *E* a *F* y *G* y volver a *F*. Si recorre otra vez la calle 9, es como añadir otro tramo y logra que *F* y *E* sean pares. Ahora puede correr de *E* a *B* y, repitiendo el tramo 1, hará pares a *B* y *A*.

De este modo habremos conseguido tener un ciclo de Euler. A propósito, la ruta tendrá así 2,5 km.

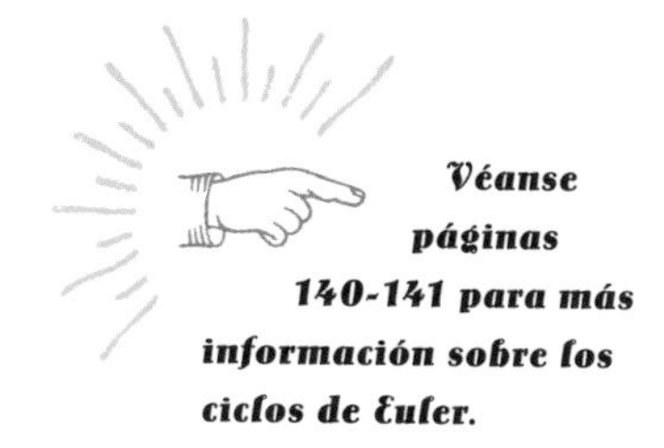

Véanse páginas 140-141 para más información sobre los ciclos de Euler.

LA SOLUCIÓN:

Eliminando los dos tramos cortos y repitiendo dos tramos largos se puede conseguir un ciclo de Euler. La ruta seguiría los tramos 1 → 3 → 4 → 5 → 9 → 7 → 8 → 9 → 10 → 1.

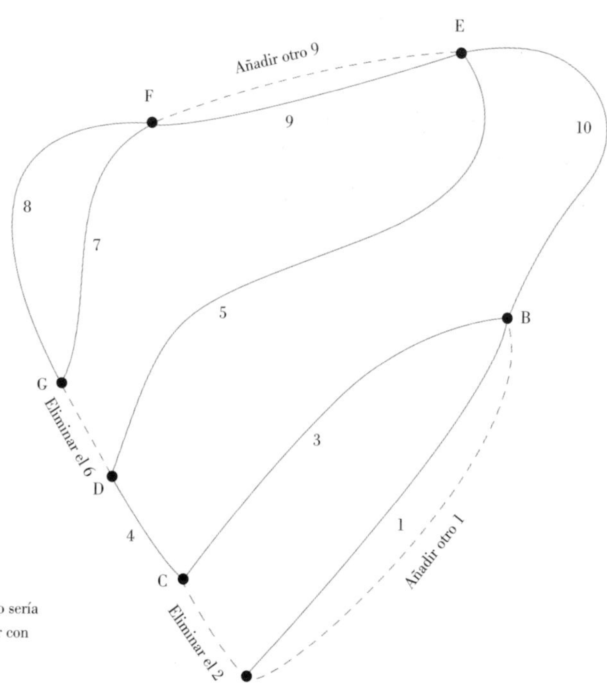

• Sin añadir o eliminar tramos no sería posible lograr un ciclo de Euler con estos caminos.

Perfil

Carl Friedrich Gauss

¿Ha conocido usted a alguien que sea realmente un sabelotodo? ¿Cuando usted le cuenta algo que acaba de saber, ese otro le contesta: «Ya lo sabía»? A veces le cree, pero casi siempre le queda una gran duda. Pues bien, Carl Friedrich Gauss era uno de estos tipos, pero con la diferencia de que él sí lo sabía todo. Cuando hablamos de grandes genios, Carl Friedrich Gauss puede ser el mejor ejemplo.

Sus primeros años

Gauss nació en Braunschweig, Alemania, en 1777. A la edad de siete años ya sorprendía a sus maestros por su inteligencia. A los once años pasó a la escuela secundaria para aprender idiomas. En 1792, con quince años de edad, ingresó en el Colegio Carolino de Braunschweig, donde descubrió por su cuenta el teorema del binomio (*véanse* páginas 136-137), entre otros conceptos matemáticos. Tres años más tarde pasó a la Universidad de Gotinga. Sin embargo, dejó esta universidad sin haber recibido ningún título y regresó a Gotinga, donde se graduó en 1799. Gauss había ido recibiendo un estipendio del duque de Braunschweig y, a petición de éste, presentó su tesis doctoral en la Universidad de Helmstedt. La tesis de Gauss versaba sobre el teorema fundamental del álgebra.

Unos pocos años muy intensos

Cuando se casó, en 1805, no podía imaginar lo que le depararían los cinco años siguientes. El duque de Braunschweig, el protector de Gauss,

Obras

• DISQUISITIONES ARITHMETICAE
Aparte de su tesis, Disquisitiones arithmeticae *fue la primera obra de Gauss, publicada en 1801. Trata básicamente de la teoría de los números, lo que incluye el estudio de los números primos* (véanse *páginas 16-17*) *y las ecuaciones diofánticas* (véanse *páginas 66-67*).

• THEORIA MOTUS CORPORUM COELESTIUM
En 1809, Gauss publicó su segunda obra. En ella aparecen sus predicciones sobre las trayectorias de Ceres y Palas, un planeta enano y un asteroide que, en su tiempo, se pensó que eran nuevos planetas.

• *ARTÍCULOS*
Gauss publicó numerosos artículos en los que se trataba, entre otros temas, de las series, la integración, la estadística y la geometría.

LAS BASES DEL ÁLGEBRA

Una de las aportaciones más importantes de Gauss a las matemáticas fue su obra sobre el «teorema fundamental del álgebra». Éste afirma que todo polinomio con coeficientes reales o complejos tendrá raíces en el plano complejo. En otras palabras: si se tiene un polinomio de grado *n* y los coeficientes son números reales o complejos, tendrá *n* raíces o soluciones. Por ejemplo, en la página 112 vimos las ecuaciones cuadráticas (parábolas), que son de segundo grado y que en los tres casos tenían dos soluciones posibles: dos reales diferentes, dos reales iguales o dos complejas. Gauss dio una demostración geométrica del teorema en 1799, dos demostraciones más en 1816 y una revisión de su primera demostración en 1849.

murió en la guerra contra los prusianos y en 1807, Gauss fue nombrado director del observatorio de Braunschweig. Anteriormente, ya había predicho la posición de dos nuevos cuerpos celestes: Ceres (hoy clasificado como planeta enano) y Palas (clasificado en la actualidad como asteroide). El 1808 murió el padre de Gauss. Después, en 1809, su esposa Johanna murió al dar a luz a su segundo hijo, Louis, que solo sobrevivió hasta 1810. Un año más tarde, Gauss se casó con Minna, la mejor amiga de Johanna. De 1805 a 1811, se casó dos veces (Johanna y Minna), fue padre cuatro veces (Joseph, Wilhelmina y Louis de Johanna, y Eugene de Minna) y sufrió cuatro sensibles pérdidas (su padre, el duque, su esposa Johanna y su hijo Louis). Desde luego, unos años de gran intensidad.

Sus últimos años

En 1831, empezó a trabajar con Wilhelm Weber (1804-1891), un físico alemán que fue a Gotinga a petición de Gauss.

Con él redactó numerosos artículos hasta que Weber debió dejar Gotinga en 1837 debido a sus divergencias políticas con el gobierno de Hannover.

Gauss murió el 23 de febrero de 1855 pero su obra ha perdurado de muchas maneras. La unidad de flujo magnético, en el SI, lleva el nombre de Weber y, en inglés, el proceso de desmagnetización recibe el nombre de «degaussing» en honor a Gauss. Este proceso produce el sonido característico que se oye al conectar un aparato de televisión o la pantalla de un ordenador.

«Puede ser cierto que los matemáticos tengan ciertos defectos específicos, pero eso no es un fallo de las matemáticas, ya que también ocurre en cualquier otra ocupación exclusiva.»

Progresiones (series) aritméticas

EL PROBLEMA

Nos encontramos en la Alemania de finales del siglo XVIII. Un maestro cansado y con demasiado trabajo quiere disponer de tiempo, por lo que da como tarea a sus alumnos que sumen todos los números del uno al cien; esto los mantendrá ocupados. Sin embargo, un mocoso de menos de diez años que se llama Carl acaba la tarea en menos de cinco minutos y empieza a darle la lata. Aunque fastidiado, el maestro reconoce el talento de este «príncipe de las matemáticas». ¿Se ve usted capaz de emular a Carl?

EL MÉTODO:

Carl es muy listo: mientras los demás niños se ponen a trabajar sumando los números del uno al cien, el prefiere pensar primero.

Podría sumar los números del uno al cien, pero si lo hiciera del cien al uno obtendría el mismo resultado:

$1 + 2 + 3 \ldots + 98 + 99 + 100 = suma$

o

$100 + 99 + 98 + \ldots. + 3 + 2 + 1 = suma$

Una vez escritas las dos listas, se da cuenta de que la suma de las columnas es la misma, y que sumando las series superior e inferior obtendrá el doble de dicha suma:

$$1 + 2 + 3 \ldots + 98 + 99 + 100 = suma$$

$$100 + 99 + 98 + \ldots + 3 + 2 + 1 = suma$$

$$101 + 101 + 101 \ldots + 101 + 101 + 101 = 2 \cdot suma$$

Ve que tiene cien términos de valor 101, por lo que puede reescribir la serie de la izquierda en forma de multiplicación:

$$100(101) = 2 \cdot suma$$

Dividiendo ambos miembros por dos para calcular la suma, tiene:

$$\frac{100(101)}{2} = suma$$

$$5.050 = suma$$

LA SOLUCIÓN:

La suma de los números del uno al cien es 5.050.

PROGRESIONES ARITMÉTICAS

La secuencia de pensamiento seguida por Gauss conduce a una fórmula general para la suma de los términos de una progresión aritmética.

En primer lugar, una progresión aritmética es una serie de números tales que la diferencia de dos términos sucesivos cualesquiera de la secuencia es una constante (cantidad llamada «diferencia de la progresión» o simplemente «diferencia»). Un ejemplo lo constituye la serie 3, 7, 11, 15, 19, 23. En ella el primer término es el tres, la diferencia es cuatro y el número de términos, seis. La fórmula de la suma de los términos de una progresión aritmética es:

$$s = \frac{n}{2}[2a + (n - 1)d]$$

donde a es el primer término, d es la diferencia y n es el número de términos. Aplicando estos números a la fórmula tenemos:

$$s = \frac{6}{2}[2 \cdot 3 + (6 - 1)4]$$

que, simplificado, queda $3[6 + (5)4]$, lo que da un resultado final de $s = 78$.

Progresiones (series) geométricas

EL PROBLEMA:

Carlota se enfrenta a una decisión nada fácil: ha ganado la lotería y debe escoger entre dos opciones. La primera es recibir 10.000.000 € de inmediato. La segunda es recibir 1 céntimo el primer día de un mes, 2 céntimos el segundo día, 4 el tercer día y continuar doblando de esta manera en los días sucesivos hasta final del mes. ¿Qué opción debe elegir?

EL MÉTODO:

Ambas opciones parecen muy buenas. Quiero decir que ¿quién, en su sano juicio, se quejaría de recibir 10.000.000 €? El problema reside en que la segunda opción puede darle más que esa cantidad. Carlota, aunque no es muy aficionada a las matemáticas, prefiere dedicar un tiempo para determinar cuál es la mejor opción.

Primera opción = 10.000.000 €

Segunda opción = un poco de trabajo

Digamos, para empezar, que ese mes en particular tiene treinta días. Carlota puede hacer ahora la tabla de lo que recibiría cada día. Observará que podemos escribir esto de varias maneras distintas:

Día	Dinero	Dinero (de otro modo)	Dinero (un tercer modo)
1	0,01 €	0,01 €	$0{,}01 \cdot 2^0$ €
2	0,02 €	$0{,}01 \cdot 2$ €	$0{,}01 \cdot 2^1$ €
3	0,04 €	$0{,}01 \cdot 2 \cdot 2$ €	$0{,}01 \cdot 2^2$ €
4	0,08 €	$0{,}01 \cdot 2 \cdot 2 \cdot 2$ €	$0{,}01 \cdot 2^3$ €
5	0,16 €	$0{,}01 \cdot 2 \cdot 2 \cdot 2 \cdot 2$ €	$0{,}01 \cdot 2^4$ €

Escribiendo el total en forma de suma tendremos:

$$suma = 0{,}01 \cdot 2^0 + 0{,}01 \cdot 2^1 + 0{,}01 \cdot 2^2 + 0{,}01 \cdot 2^3 + \ldots + 0{,}01 \cdot 2^{28} + 0{,}01 \cdot 2^{29}$$

Esto requiere todavía sumar treinta números diferentes. Otro enfoque es hacer algo parecido a lo que hizo Carl con las progresiones aritméticas (véanse páginas 146-147). Así, Carlota multiplica por dos los dos miembros de la expresión anterior, lo que le da:

$$2 \cdot suma = 0{,}01 \cdot 2^1 + 0{,}01 \cdot 2^2 + 0{,}01 \cdot 2^3 + 0{,}01 \cdot 2^4 + \ldots + 0{,}01 \cdot 2^{29} + 0{,}01 \cdot 2^{30}$$

Nótese que para multiplicar por dos el segundo miembro solo ha tenido que aumentar en uno cada exponente (Carlota escogió el dos por ser el factor entre los términos, lo que hace la operación más fácil de escribir.) Ahora restamos la primera de las expresiones de la segunda:

$$\begin{aligned} 2 \cdot suma &= 0{,}01 \cdot 2^1 + 0{,}01 \cdot 2^2 + 0{,}01 \cdot 2^3 + \ldots + 0{,}01 \cdot 2^{28} + 0{,}01 \cdot 2^{29} + 0{,}01 \cdot 2^{30} \\ suma &= 0{,}01 \cdot 2^0 + 0{,}01 \cdot 2^1 + 0{,}01 \cdot 2^2 + 0{,}01 \cdot 2^3 + \ldots + 0{,}01 \cdot 2^{28} + 0{,}01 \cdot 2^{29} \end{aligned}$$

Como se puede ver, la mayoría de los términos son iguales y la resta nos queda así:

$$suma = -0{,}01 \cdot 2^0 + 0{,}01 \cdot 2^{30}$$

o lo que es lo mismo

$$\begin{aligned} suma &= 0{,}01 \cdot 2^{30} - 0{,}01 \cdot 2^0 \\ &= 10.737.418{,}25 \end{aligned}$$

LA SOLUCIÓN:

En once meses del año, la mejor opción es la segunda. Si rehacemos los cálculos, veremos que la primera opción supera a la segunda en casi 5.000.000 € en el mes de febrero.

PROGRESIONES GEOMÉTRICAS

Esto lleva a una fórmula general de la suma de los elementos de una progresión geométrica:

$$s = \frac{a(r^n - 1)}{(r - 1)}$$

donde a es el primer término, r es la razón (el factor entre los términos sucesivos) y n es el número de términos.

Capítulo

Dinero y privacidad

A medida que hemos seguido la historia del álgebra, hemos encontrado numerosos casos en los que se hace un buen uso de ella. Ahora vamos a entrar en dos ámbitos en los que el álgebra está presente en nuestra vida de un modo más evidente: el dinero y la privacidad. No disponemos del espacio suficiente para analizar a fondo lo intrincado de las finanzas contemporáneas o las laberínticas codificaciones de los ordenadores actuales, por lo que trataremos los temas del interés y de los códigos básicos.

LEYES DE LOS EXPONENTES

Antes de entrar en el tema del dinero y, en particular, en el de las tasas de interés, vamos a dar un breve repaso a los exponentes. Un exponente es, simplemente, la representación de multiplicaciones sucesivas; por ejemplo, 2^5 (el ^{5} es el exponente) es lo mismo que $2 \cdot 2 \cdot 2 \cdot 2 \cdot 2$.

Una potencia consta de tres partes: un coeficiente, una base y un exponente. Por ejemplo, en $3x^5$, 3 es el coeficiente, x es la base y ^{5} es el exponente. Veamos ahora las leyes que rigen respecto a los exponentes.

1) $$x^n \cdot x^m = x^{n+m}$$

Cuando se multiplican potencias que tienen la misma base, se suman los exponentes. Por ejemplo:

$$x^2 \cdot x^3 = x^5 \text{ o } (x \cdot x) \cdot (x \cdot x \cdot x) = (x \cdot x \cdot x \cdot x \cdot x)$$

2) $$x^n \div x^m = x^{n-m}$$

Cuando se dividen potencias que tienen la misma base, se restan los exponentes. Por ejemplo:

$$x^7 \div x^4 = x^3 \text{ o}$$

$$\frac{(x \cdot x \cdot x \cdot x \cdot x \cdot x \cdot x)}{(x \cdot x \cdot x \cdot x)} = \frac{(x \cdot x \cdot x \cancel{\cdot x \cdot x \cdot x \cdot x})}{\cancel{(x \cdot x \cdot x \cdot x)}} = (x \cdot x \cdot x) = x^3$$

3) $$(x^n)^m = x^{n \cdot m}$$

Cuando se eleva una potencia a un exponente, se multiplican los exponentes. Por ejemplo:

$$(x^3)^2 = x^6 \text{ ya que}$$
$$(x^3) \cdot (x^3) = x^6 \text{ (según la primera ley)}$$

4) $$(xy)^m = x^m y^m$$

Dicho de otro modo, cuando el producto de dos o más bases se eleva a un exponente es lo mismo que elevar a dicho exponente cada una de las bases. Por ejemplo:

$$(xy)^3 = (xy)(xy)(xy) = (x \cdot x \cdot x)(y \cdot y \cdot y)$$
$$= x^3 y^3$$

5) $$\left(\frac{x}{y}\right)^m = \frac{x^m}{y^m}$$

Es decir, cuando una fracción se eleva a un exponente, se elevan el numerador y el denominador a dicho exponente. Por ejemplo:

$$\left(\tfrac{x}{y}\right)^3 = \left(\tfrac{x}{y}\right)\left(\tfrac{x}{y}\right)\left(\tfrac{x}{y}\right) = \tfrac{(x \cdot x \cdot x)}{(y \cdot y \cdot y)} = \tfrac{x^3}{y^3}$$

6) $$x^0 = 1 \text{ donde } x \neq 0$$

Se puede ver en la expresión:

$$\tfrac{x^3}{x^3} = \tfrac{(x \cdot x \cdot x)}{(x \cdot x \cdot x)} = \tfrac{\cancel{(x \cdot x \cdot x)}}{\cancel{(x \cdot x \cdot x)}} = 1$$

Usando la segunda ley $\frac{x^3}{x^3} = x^{3-3} = x^0$, y como en matemáticas se debe mantener la consistencia $x^0 = 1$, ya que toda potencia de exponente cero es igual a uno, excepto 0^0.

7) $x^{-m} = \frac{1}{x^m}$

Esto nos lleva a la sexta ley y al inverso de la segunda, como en el siguiente ejemplo:

$$x^{-4} = \frac{1}{x^4}\text{, ya que}$$

$$x^{-4} = x^{0-4} = \frac{x^0}{x^4} = \frac{1}{x^4}$$

8) $\frac{1}{x^{-m}} = x^m$

Volvamos a las leyes segunda y sexta en este ejemplo:

$$\frac{1}{x^{-4}} = x^4\text{, ya que}$$

$$\frac{1}{x^{-4}} = \frac{x^0}{x^{-4}} = x^{0-(-4)} = x^{0+4} = x^4$$

Téngase en cuenta que para las leyes séptima y octava es más fácil recordar que en una fracción se pueden intercambiar el numerador y el denominador cambiando el signo de los exponentes; por ejemplo:

$$\frac{2^{-3}}{3^{-2}} = \frac{3^2}{2^3} = \frac{9}{8} = 1{,}125$$

Habrá notado que estas leyes siguen el orden de los conjuntos de números que vimos en las páginas 14-15. Las primeras cinco tratan de números enteros positivos; la sexta introduce el cero como exponente, por lo que llegamos a los números naturales; las séptima y octava nos llevan a los números enteros como exponentes. Añadiremos ahora dos nuevas (en realidad, dos partes de una ley, pero es más sencillo si la convertimos en dos) que amplían su campo a los números racionales, o fracciones.

9) $\sqrt[n]{x} = x^{\frac{1}{n}}$

Calculemos, por ejemplo, la raíz cuadrada de x. En primer lugar, deberíamos escribirla en la forma $\sqrt[2]{x}$. En la raíz cuadrada no se suele poner el índice, pero es imprescindible a partir de las raíces cúbicas. Multiplicando la raíz cuadrada de x por sí misma tendremos:

$$\sqrt{x} \cdot \sqrt{x} = \sqrt{x \cdot x} = \sqrt{x^2} = x$$

Multiplicado los exponentes fraccionales por sí mismos habríamos obtenido el mismo resultado (hay algunas restricciones; *véase* el recuadro). De este modo, $\sqrt[3]{x}$ sería igual a $x^{\frac{1}{3}}$, y así sucesivamente. La última ley es una simple ampliación de la novena.

10) $\sqrt[n]{x^m} = x^{\frac{m}{n}}$ o $(\sqrt[n]{x})^m = x^{\frac{m}{n}}$

Por ejemplo, $\sqrt[3]{x^2} = x^{\frac{2}{3}}$ o $(\sqrt[3]{x})^2 = x^{\frac{2}{3}}$

¡ATENCIÓN!

Cuando se trabaja con exponentes se debe ser muy cuidadoso, pues se pueden obtener resultados falsos. Por ejemplo, tomemos la raíz cuadrada del cuadrado de menos dos: $\sqrt{-2^2}$. Siguiendo las reglas PEMA, lo primero es elevar –2 al cuadrado, lo que nos da 4, y después, la raíz cuadrada de 4 es 2. Pero si escribimos $(\sqrt{(-2)})^2$, se hace en primer lugar la raíz cuadrada de –2, lo que da $\sqrt{2} \cdot i$, que si elevamos al cuadrado nos da $2 \cdot i^2$, con lo que el resultado es –2. Como puede ver, el orden tiene una gran influencia en el resultado.

Dos problemas con interés

PROBLEMA N.º 1: REEMBOLSO CON INTERESES

Pepe necesita algo de dinero para financiar su proyecto de grabación como solista, así que decide pedirle un préstamo a Paco. Le dice que si le presta 450 € se los devolverá con intereses en tres años. Acuerdan entonces una tasa de interés del cinco por ciento. Si consideramos el interés simple, ¿cuánto recibirá Paco?

EL MÉTODO:

En primer lugar, aunque en el problema ya se parte de que se trata de interés simple, se habría tenido que considerar así ya que no se habla de ningún período de capitalización (*véanse* páginas 158-159).

La fórmula para calcular el interés simple es sumamente sencilla. Es $I = Crt$, donde C es el capital (cantidad recibida en préstamo o inversión, según desde que punto de vista), r es el rédito (tasa de interés) expresado en tanto por uno, y t es el tiempo. En nuestro problema tenemos:

$$I = Crt$$
$$I = (450)(0{,}05)(3)$$
$$I = 67.5$$

LA SOLUCIÓN:

El interés es 67,50 € y el capital inicial que Paco prestó a Pepe fue de 450 €. Por tanto, Paco recibirá 517,50 € a los tres años.

PROBLEMA N.º 2: EL REY MIDAS AL REVÉS

José está convencido de que su nueva canción será un gran éxito. Le dice a Francisco que, si le presta hoy 780 €, se los devolverá (intereses incluidos) con diez billetes nuevos de 100 €, es decir, 1.000 €. Suponiendo que se trata de interés simple, ¿qué tasa de interés obtendrá Francisco?

EL MÉTODO:

Utilizaremos de nuevo la fórmula del interés simple: $I = Crt$. Esta vez conocemos C (el capital inicial), que es de 780 €; t (el tiempo), que es tres años, e I (el interés ganado), que se puede calcular como 1.000 € − 780 € = 220 €. Sustituyendo estos valores en la fórmula obtenemos la ecuación:

$$220 = (780)(r)(3)$$

Una de las cosas más atractivas de la multiplicación es que el orden de los factores no altera el producto. A esta característica se denomina «ley conmutativa de la multiplicación», y es más sencilla que lo que sugiere el propio enunciado. Quiere decir que 2 • 3 es lo mismo que 3 • 2 lo que aplicado a nuestro ejemplo significa que podemos multiplicar primero 3 por 780 y obtener así:

$$220 = 2\,340(r)$$

Para obtener r basta dividir los dos miembros por 2340:

$$\frac{220}{2\,340} = \frac{2\,340(r)}{2\,340} \text{ o } 0{,}094 = r$$

LA SOLUCIÓN:

Si convertimos el tanto por uno en porcentaje (multiplicándolo por 100), encontramos que Francisco obtiene una tasa de interés simple del 9,4%, en los tres años.

ECUACIONES EXPONENCIALES

Los exponentes se utilizan en las finanzas (interés compuesto), la biología (crecimiento y deterioro), la física (radioactividad), la química (velocidades de reacción), la economía (curvas de oferta y demanda) y en muchos otros ámbitos. En mi provincia natal, la Columbia Británica (Canadá), la velocidad a la que están muriendo los bosques de pinos debido al escarabajo del pino de montaña es exponencial.

Una ecuación exponencial es aquella en la que la variable está en el exponente, y no debe confundirse con cualquier ecuación que tenga exponentes. Así, por ejemplo, la expresión $2^x = 8$ es una ecuación exponencial, mientras que $x^2 = 9$ no lo es.

Sin embargo, antes de que veamos algunos ejemplos más de ecuaciones exponenciales de la vida real, vamos a aprender cómo resolverlas.

Resolución de ecuaciones exponenciales

La resolución de ecuaciones exponenciales puede ser muy directa. Por ejemplo, si encontramos $2^x = 8$, muchos dirán inmediatamente que $x = 3$, lo que es del todo correcto. Este tipo de visión intuitiva no es fácil de explicar, y la verdad es que impresiona a veces.

Lo que ocurre es que se cambia el 8 en una potencia de 2 de modo que $2^x = 2^3$ y, como las bases son la misma, se pueden comparar los exponentes y se ve que $x = 3$.

El siguiente ejemplo, $3^{2x-1} = 27$, se puede resolver de la misma manera. Como 27 es igual a 3^3 podemos escribir la ecuación de la forma $3^{2x-1} = 3^3$. Ahora, como las bases son iguales, comparando los exponentes obtenemos $2x - 1 = 3$. Para resolverla, sumamos 1 a ambos miembros y obtenemos $2x = 4$. Dividiendo los dos miembros por 2, llegamos a $x = 2$.

En este nuevo ejemplo, $2 \cdot 3^x = 162$, tendemos instintivamente a multiplicar al principio el 2 y el 3. Pero ¡cuidado!, la x potencia solo al 3, no al 2. Por tanto, el primer paso es aislar el exponencial 3^x dividiendo ambos miembros por 2, lo que da $3^x = 81$. Como $81 = 3^4$, $3^x = 3^4$ y $x = 4$.

Todo esto es muy sencillo, pero hay expresiones aparentemente sencillas, como $2^x = 12$, que no se pueden resolver así. Solo podemos decir que la solución está entre 3 y 4 ($2^3 = 8$ y $2^4 = 16$). Para hallar la solución más exacta hay que recurrir a los logaritmos (*véanse* páginas 160-161).

El escarabajo del pino de montaña

El escarabajo del pino de montaña es un pequeño insecto que causa serios problemas en la Columbia Británica. Desde finales de la década de 1990, y debido a una serie de inviernos anormalmente cálidos, estos animalitos se han venido extendiendo por los bosques del interior de la provincia. El crecimiento del área infectada es una ecuación exponencial.

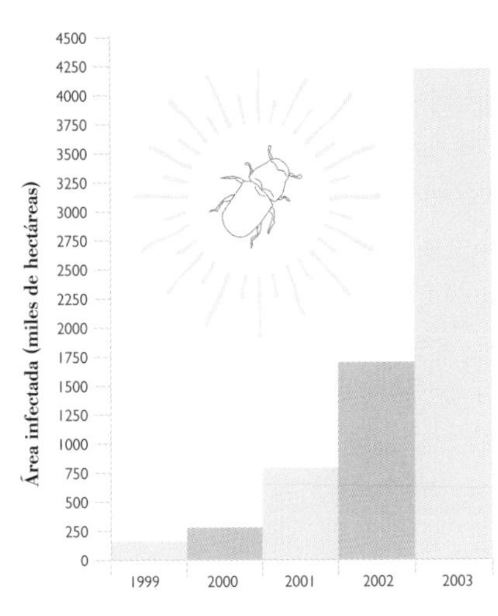

Año	Área infectada (miles de hectáreas)	
1999	164,6	
2000	284,0	
2001	785,5	*Datos del Ministerio*
2002	1.968,6	*de Montes y Bosques de*
2003	*4.200,0*	*la Columbia Británica*

Utilizando una técnica denominada «regresión», en la que no vamos a entrar, se puede determinar una ecuación que se adapte lo mejor posible a los datos de la tabla superior (la vida real casi nunca actúa de un modo perfecto).

La ecuación que se obtiene es $A = 63(2{,}32)^t$, donde A es el área infectada y t es el número de años desde 1998 (para 1999, $t = 1$); esto permite a los expertos predecir el nivel de devastación. En la práctica, la ecuación empieza a fallar al disminuir el alimento disponible. El escarabajo del pino de montaña continúa su expansión hasta que no hay árboles que comer, y entonces empiezan a morir.

Desintegración radiactiva

Otro ejemplo de la importancia de las ecuaciones exponenciales se puede encontrar también en Canadá. Parece ser que Canadá produce entre la mitad y los dos tercios de todos los isótopos de uso médico del mundo. En diciembre de 2007, uno de los reactores de producción de los isótopos se tuvo que detener, lo que produjo una situación de escasez a nivel mundial. Muchos acusaron a Chalk River Laboratories, donde se producen estos isótopos, de no disponer de suficientes reservas. En realidad, todo se reduce a un malentendido. Cuando se habla de radiactividad, casi siempre se piensa en la radiactividad a largo plazo, pero muchos de los elementos radiactivos tienen un período de semidesintegración (el tiempo que tarda en desintegrarse la mitad de la masa) muy corta; por ejemplo, el yodo 131 que se utiliza en el tratamiento del cáncer de tiroides tiene un período de semidesintegración de ocho días.

Para crear reservas de yodo 131, la planta tendría que prever la desintegración y producir más de lo necesario. Supongamos, por ejemplo, que se necesitará disponer de 100 kg al final de un período de paro que durara treinta y dos días. La ecuación del período de semidesintegración de un producto químico es $F = I(\frac{1}{2})^{\frac{d}{8}}$, donde F es la cantidad final, I es la cantidad inicial y d, el número de días. Como $F = 100$ y $d = 32$, podemos calcular I.

$$\begin{aligned} 100 &= I(\tfrac{1}{2})^{\frac{32}{8}} \\ 100 &= I(\tfrac{1}{2})^{4} \\ 100 &= I(\tfrac{1}{16}) \\ 1600 &= I \end{aligned}$$

Por consiguiente, Chalk River Laboratories debería producir dieciséis veces la cantidad requerida antes de detener el reactor para tener disponible la cantidad requerida al final del mes.

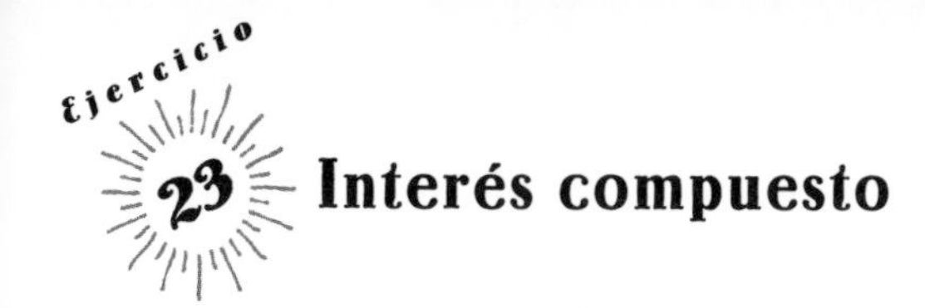

Interés compuesto

EL PROBLEMA:

Rafael ha conseguido ahorrar algo de dinero: 2.000 € para ser precisos. Decide invertirlo en un Certificado de Inversión Garantizado que tiene un plazo de quince años y un seis por ciento de interés compuesto anual. ¿Cuánto recibirá al final de los quince años?

EL MÉTODO:

Interés compuesto quiere decir que el interés obtenido por el capital invertido se añade a este y se obtienen intereses de los intereses. Como esta inversión es a quince años, este proceso tiene lugar quince veces. Una manera de resolver el problema es calcular el interés después de un año y sumarlo al principal. A continuación, calcular el interés del año siguiente y sumarlo al principal anterior. Se podría construir una tabla como esta:

Año	Capital invertido	Interés ($I = Crt$)	Nuevo capital
1	2.000	120	2.120
2	2.120	127,2	2.247,2
3	2.247,2	134,832	2.382,032
...	...	...	...

Se continuaría así hasta el decimoquinto año, ¡pero esto es mucho trabajo! Es más fácil utilizar la fórmula $C_F = C(1+r)^n$, en la que C_F es el capital final que se recibe, C es el capital inicial (lo que se invierte), r es la tasa de interés expresada en tanto por uno, y n es el número de años. Por tanto, tendremos:

$$C_F = 2000\,(1 + 0{,}06)^{15}$$
$$C_F = 2000\,(1{,}06)^{15}$$
$$C_F = 2000\,(2{,}396558193)$$
$$C_F = 4.793{,}11$$

LA SOLUCIÓN:

Tras quince años, Rafael dispondrá de 4.793,11 €. Esto demuestra la importancia del interés compuesto, en el que los intereses empiezan a generar nuevos intereses. Si Rafael hubiera contratado un producto a interés simple, dispondría solo de 3.800 €, lo que sin duda hubiera sido una gran pérdida.

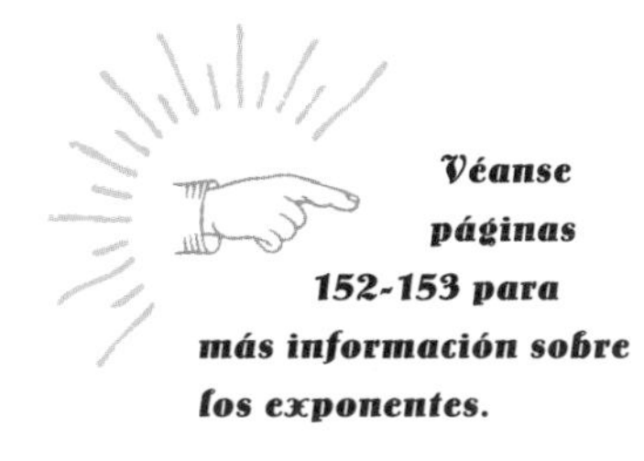

Véanse páginas 152-153 para más información sobre los exponentes.

FÓRMULA DEL INTERÉS COMPUESTO

La determinación de la fórmula del interés compuesto sigue el proceso que hemos descrito cuando utilizamos una tabla para calcular el dinero obtenido.

Si vemos el primer año, la cantidad en nuestra cuenta será el capital inicial más los intereses generados, es decir, $C + I$. Ahora bien, $I = Crt$, por lo que podemos reemplazar I por Crt y, al final del primer año, tendremos $C + Crt$. Como se trata de un solo año ($t = 1$),), este valor será $C + Cr$, lo que podemos escribir como $1C + rC$, y *dado que* C es un factor común, la fórmula puede escribirse $C(1 + r)$, que representa el capital cuando empieza el segundo año.

Al final del segundo año tendremos el capital inicial al principio de ese año más los intereses generados durante ese tiempo. El capital inicial de ese año es $C(1 + r)$, con lo que tendremos $C(1 + r) + I$, donde $I = C(1 + r)\bullet r$ (recuerde que $t = 1$). Esto nos da una fórmula más complicada para la cantidad al final del segundo año: $C(1 + r) + C(1 + r)\bullet r$.

$C(1 + r)$ es un factor común, por lo que podemos escribir $C(1 + r)(1 + r)$ o $C(1 + r)^2$.

Si esto es difícil de seguir, cambiemos los factores complicados por algo más simple, como un copo de nieve. Hagamos $C(1 + r)$ = ❆. Esto convierte $C(1 + r) + C(1 + r)\bullet r$ en ❆ + ❆r, que podemos escribir como 1❆ + r❆, y sacando ❆ factor común tenemos ❆$(1 + r)$. Si ponemos ahora en lugar del copo de nieve su valor inicial, $C(1 + r)$, tendremos $C(1 + r)(1 + r)$.

Después de tres años, tendremos $C(1 + r)(1 + r)(1 + r)$ y, al final de cuatro años, $C(1 + r)(1 + r)(1 + r)(1 + r)$. Se ve así la pauta seguida y, como un exponencial es una sucesión de multiplicaciones, se puede expresar así: $C_F = C(1 + r)^n$.

LOGARITMOS

Ahora que ya conocemos los exponentes, conozcamos sus inversos: los logaritmos. En matemáticas se trata básicamente de llegar hasta algún lugar determinado y después regresar. Aprendemos a hacer algo y la manera de invertirlo. Aprendemos primero a sumar y acto seguido a restar. Aprendemos a multiplicar y después a dividir. Aprendemos a elevar al cuadrado y de inmediato a extraer la raíz cuadrada. Los exponentes y los logaritmos son exactamente lo mismo: la logaritmación es el inverso de la potenciación.

Los logaritmos: los nuevos del pueblo

Los logaritmos son una aportación relativamente nueva a las matemáticas. La primera vez que se mencionan es en el libro del matemático escocés John Napier (1550-1617), publicado en 1614, *Mirifici logarithmorum canonis descriptio*. Hacia la misma época, el suizo Joost Bürgi descubrió los logaritmos de manera independiente, pero no publicó sus descubrimientos hasta cuatro años después de Napier.

Los logaritmos se desarrollaron en un principio como ayuda para resolver problemas difíciles de multiplicación y división, pero desde la introducción de las calculadoras y los ordenadores, esta aplicación se ha hecho superflua. Los logaritmos eran la base de las reglas de cálculo, algo que siempre llevaban encima científicos, matemáticos e ingenieros en las décadas de 1950 y 1960. Sin embargo, en la década de 1980 casi todos la habían cambiado por una calculadora, por más que muchos, entre ellos yo, todavía la añoren.

No obstante, los logaritmos tienen todavía aplicaciones en la actualidad, sobre todo para comparar magnitudes numéricas. Los de uso más frecuente tienen el diez como base.

La función logaritmo o «log» de un número consiste en asignar el exponente a una base (en nuestro caso, diez) para que dé ese número. Por ejemplo, log(10) es igual a 1 pues $10 = 10^1$; el $\log(100) = 2$, ya que $100 = 10^2$; el $\log(1000) = 3$, el $\log(10\,000) = 4$, y así sucesivamente. El $\log(250) \approx 2{,}4$, pues $250 \approx 10^{2{,}4}$.

Esto tiene el poder de convertir una gama muy amplia de números y reducirla a otra de números más pequeños y manejables. De hecho, todos los números de uno a mil millones se pueden convertir en números entre el 0 y el 9.

Los logaritmos se utilizan en la escala de Richter para los terremotos, la escala del pH para los ácidos y las bases, y la escala de los dB (decibelios) para medir la intensidad del sonido.

Usos prácticos de los logaritmos

Uno de los usos prácticos de los logaritmos lo encontramos en la escala de Richter, que mide la magnitud de los terremotos. Dado que es una escala logarítmica, un cambio de una unidad en dicha escala corresponde a un incremento de diez veces en la magnitud del terremoto. Así pues, si uno es de grado cuatro y otro es de grado siete, la diferencia en magnitud no es tres sino mil $(7 - 4) = 3$; $10^3 = 1.000$). Esta es la razón por la que un terremoto de grado cuatro apenas se nota, en tanto que uno de grado siete es muy importante.

La medida del pH, es decir, cuán ácido o alcalino es un medio, se comporta de un modo semejante, ya que el pH es el logaritmo negativo de la concentración de iones hidrógeno, por lo que los medios más ácidos tienen un pH más bajo. La escala del pH va de 1 a 14, siendo 1 el correspondiente a la acidez máxima y 14 el de acidez mínima (máxima alcalinidad o basicidad). Por ejemplo, supongamos que la leche tiene un pH de 6,5 y el agua carbonatada uno de 2,5. Esto querría decir que el agua carbonatada es 10.000 veces más ácida $(6{,}5 - 2{,}5 = 4$; $10^4 = 10.000)$, o sea, que la leche sería 10.000 veces más alcalina.

La escala de decibelios (dB) es muy semejante a la escala de Richter, con un elemento adicional para el cálculo: por cada diez puntos de la escala de decibelios hay un aumento de diez veces en la intensidad del sonido. La manera más sencilla de trabajar con los decibelios es dividir los números por diez y tratarlos como la escala de Richter.

La diferencia de intensidad entre la música muy alta a 100 dB y una conversación normal a 60 dB es de 10.000. Para calcularlo, divida las medidas de los dB por diez, reste las cantidades y hallará una diferencia de cuatro. La diferencia es 10^4 o 10.000.

Los daños auditivos por la exposición a ruidos de corta duración empiezan a partir de 120 dB, mientras que los debidos a una exposición prolongada (más de ocho horas) empiezan con 85 dB. Por cada 5 dB de aumento de la intensidad, el tiempo se reduce a la mitad. Por consiguiente, si lo castigan con música a 90 dB, resistirá cuatro horas hasta que se produzcan daños a largo plazo. A 95 dB serán dos horas y a 100 dB será una hora. A un nivel de 120 dB se producen daños a largo plazo tras pocos minutos.

• Escala de decibelios

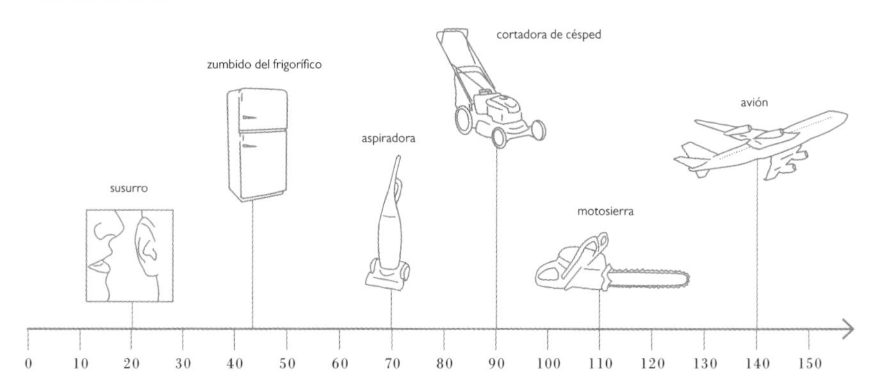

LA REGLA DEL 72

La «regla del 72» es un modo sencillo y rápido para determinar cuánto tiempo tarda en duplicarse una inversión con una determinada tasa de interés. La fórmula es muy simple: $tiempo = \frac{72}{tasa}$. Por ejemplo, el tiempo necesario para que una inversión al seis por ciento se duplique es $\frac{72}{6}$, es decir, doce años. Este cálculo es muy sencillo, ya que solo requiere pensar o, como máximo, un papel y un lápiz. Es una regla muy simple, pero no es exacta.

Un análisis más profundo

Esta regla es solo una aproximación a la solución exacta. Para obtener la respuesta precisa deberíamos calcular el valor de n en la ecuación $2 = 1(1{,}06)^n$. (Esta es la fórmula del interés compuesto que vimos en la página 158). Aquí invertimos 1 € y el resultado final son 2 €. La variable n está en el exponente, por lo que hay que utilizar los logaritmos de las páginas 160-161. El cálculo de la solución se da a continuación.

La fórmula del interés compuesto es:

$$C_F = C(1 + i)^n$$

Ponga los valores inicial (1 €) y final (2 €) y el 6% de tasa de interés. Se podrían utilizar otros números, pero 1 y 2 son los más sencillos: $2 = 1(1 + 0{,}06)^n$

Simplificando el paréntesis sería:
$2 = 1(1{,}06)^n$

Dividiendo por 1 ambos miembros:
$2 = 1.06^n$

Aplicando logaritmos a los dos miembros:
$\log(2) = \log(1{,}06)^n$

Una de las reglas de los logaritmos permite expresarlo como sigue: $\log(2) = n\log(1{,}06)$.

Dividiendo ambos miembros por log(1,06) tendremos: $\frac{\log(2)}{\log(1{,}06)} = n$ lo que nos da:

$$11{,}9 = n$$

Resulta, pues, que 12 se aproxima bastante y más fácil de calcular; de ahí que la «regla del 72» sea tan popular. Sin embargo, hay un grado de error y es bueno saberlo.
En este caso, la respuesta aproximada es 12 años, en tanto que la solución exacta es once años y 327 días, es decir, algo más de un mes antes, pero hablar de 143 meses o de 144 no parece demasiado grave.

¿Cuál es su precisión?

La aproximación y el cálculo exacto coinciden exactamente con el 7,85% de interés. La aproximación es precisa con un margen de un mes para las tasas de interés

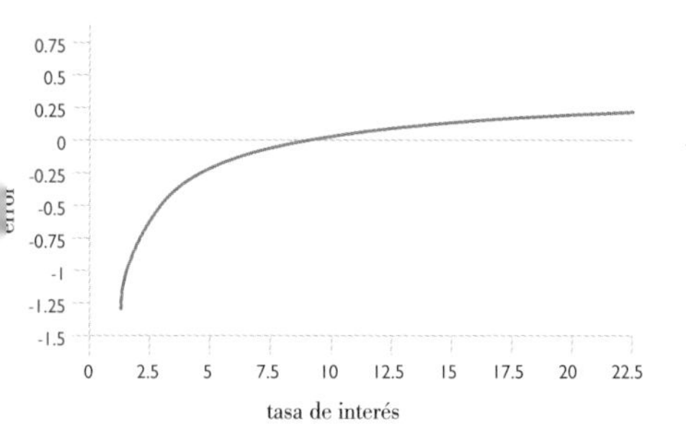

entre 6,30 % y 10,43 %, y con un margen de dos meses para tasas entre 5,26 % y 15,66 %. La regla sobrestima el tiempo requerido para tasas de interés inferiores a 7,85 %, lo que quiere decir que a medida que las tasas se vayan haciendo sensiblemente más bajas, me encontraré con la grata sorpresa de que mi inversión se dobla más rápido de lo que indica la regla.

Otros dos ejemplos

Determine el tiempo aproximado requerido para doblar una inversión si la tasa es del 8 % y del 4 % anual, así como el tiempo real exacto requerido en ambos casos.

Las soluciones aproximadas serían:

Al 8 %, $tiempo = \frac{72}{8} = 9$ años

Al 4 %, $tiempo = \frac{72}{4} = 18$ años

Las soluciones exactas serían:

Al 8 %

$$2 = 1(1{,}08)^n$$
$$2 = 1{,}08^n$$
$$\log 2 = \log 1{,}08^n$$
$$\log 2 = n \log 1{,}08$$
$$\frac{\log 2}{\log 1{,}08} = n$$
$$9{,}01 = n$$

Al 4 %

$$2 = 1\ (1{,}04)^n$$
$$2 = 1{,}04^n$$
$$\log 2 = \log 1{,}04^n$$
$$\log 2 = n \log 1{,}04$$
$$\frac{\log 2}{\log 1{,}04} = n$$
$$17{,}67 = n$$

En resumen, al 8 % la «regla del 72» subestima el tiempo en dos o tres días. Sobre nueve años no es importante. En cambio, al 4 % la «regla del 72» sobrestima el tiempo necesario en unos 120 días, o cuatro meses, lo que resulta bastante menos preciso, pero, por lo menos, nos sorprenderá gratamente. Habrá notado que la solución consiste siempre en dividir el log(2) por el log(uno más la tasa de interés).

Cálculo inverso

Compré mi primera casa en la primavera de 1998. En la primavera de 2008, estaba valorada en dos veces lo que había pagado por ella diez años antes. En ese momento, antes de la crisis inmobiliaria, el crac del mercado financiero, el bajón de los automóviles y todo lo malo que ha ocurrido, yo me sentía feliz y quise saber qué tasa de interés había obtenido. Utilicé para ello la «regla del 72». de modo que cambié las variables, es decir, $tasa = \frac{72}{tiempo}$. Este cálculo rápido me dijo que había obtenido un interés del 7,2 %.

La realidad es que prefiero no saber lo que vale mi casa en la actualidad.

¿Libertad a los 65? ¡Confiemos!

EL PROBLEMA:

Roger y Jaime son dos jóvenes modernos que saben todo lo relativo a su generación. A menudo, Roger dice que espera morir antes de hacerse viejo pero, en el fondo, está pensando en su retiro. Planea invertir 1.000 € en cada uno de sus cumpleaños, del vigésimo al vigésimo noveno, y no invertir más. Jaime quiere disfrutar un poco de la vida y se ha propuesto empezar a ahorrar 1.000 € al año cuando cumpla treinta y seguir haciéndolo hasta los sesenta y cuatro. Suponiendo un interés compuesto anual del 6,6%, cuando ambos cumplan sesenta y cinco, ¿quién habrá ahorrado más?

EL MÉTODO:

Veamos primero el caso de Roger.
La inversión que hizo a los veinte años la mantiene durante cuarenta y cinco, la siguiente por cuarenta y cuatro y así hasta la última, que mantiene por treinta y seis años. Viendo cada una de las inversiones por separado tenemos la siguiente tabla:

Ahora se deben sumar los valores de la columna «Valor a los 65» para saber el total ahorrado para su retiro, por lo que obtenemos:

$$\text{Ahorro} = 1000(1{,}066)^{36} + 1000(1{,}066)^{37} + \ldots + 1000(1{,}066)^{44} + 1000(1{,}066)^{45}$$

Edad al invertir	Valor a los 65	Edad al invertir	Valor a los 65
20	$1000(1{,}066)^{45}$	25	$1000(1{,}066)^{40}$
21	$1000(1{,}066)^{44}$	26	$1000(1{,}066)^{39}$
22	$1000(1{,}066)^{43}$	27	$1000(1{,}066)^{38}$
23	$1000(1{,}066)^{42}$	28	$1000(1{,}066)^{37}$
24	$1000(1{,}066)^{41}$	29	$1000(1{,}066)^{36}$

Tenemos aquí una progresión geométrica de diez términos en la que el primero, a, es $1000(1{,}066)^{36}$ y la razón r es 1,066. Utilizando la fórmula de la suma de los términos de una progresión geométrica,

$$S_n = \frac{a(r^n - 1)}{r - 1}$$

podemos calcular:

$$S_n = \frac{a(r^n - 1)}{r - 1}$$

$$S_n = \frac{1000(1{,}066)^{36}(1{,}066^{10} - 1)}{1{,}066 - 1}$$

Operando como se indica en las páginas 152-153, tendremos:

$$S_n = \frac{1000(1{,}066^{46} - 1{,}066^{36})}{0{,}066}$$

$$S_n = 135.350{,}47 \text{ €}$$

Veamos el caso de Jaime. La inversión realizada a sus treinta años permanece durante treinta y cinco años, la siguiente treinta y cuatro y así hasta la última aportación a los sesenta y cuatro años. Tratando cada una de las inversiones por separado, tendremos la siguiente tabla (nótese que no están todos los términos):

$$\text{Ahorro} = 1000(1{,}066)^1 + 1000(1{,}066)^2 + \ldots + 1000(1{,}066)^{34} + 1000(1{,}066)^{35}$$

Tenemos aquí una progresión geométrica de treinta y cinco términos en la que el primero es $1000(1{,}066)^1$ y la razón 1,066. Utilizando la fórmula de la suma de los términos de una progresión geométrica, $s = \frac{a(r^n - 1)}{(r - 1)}$, podemos calcular la suma:

$$S_n = \frac{1000(1{,}066)^1(1{,}066^{35} - 1)}{1{,}066 - 1}$$

Operando como se indica en las páginas 152-153, tendremos :

$$S_n = \frac{1000(1{,}066^{36} - 1{,}066^1)}{0{,}066}$$

$$S_n = 135.105{,}47 \text{ €}$$

LA SOLUCIÓN:

Aunque Roger solo invirtió 10.000 €, el valor acumulado resultó 245 € superior al de Jaime, aunque éste invirtió 35.000 €.

Es interesante observar que cuando menos se piensa en el retiro es justamente el mejor momento para invertir. Después de todo, el tiempo cura todas las heridas y corrige todos los cracs financieros, o eso espero…

Edad al invertir	Valor a los 65	Edad al invertir	Valor a los 65
30	$1000(1{,}066)^{35}$	62	$1000(1{,}066)^{3}$
31	$1000(1{,}066)^{34}$	63	$1000(1{,}066)^{2}$
32	$1000(1{,}066)^{33}$	64	$1000(1{,}066)^{1}$

Libertad a los 55: un sueño

EL PROBLEMA:

Miguel quiere retirarse cuando cumpla cincuenta y cinco años. Para ello ha decidido realizar una aportación mensual en un fondo de pensiones. La cuestión es: ¿cuánto deberá depositar cada mes?

EL MÉTODO:

Hay una serie de detalles que hay que definir antes de abordar el problema. En primer lugar, la edad: si Miguel tuviera cincuenta y cuatro años la cosa sería muy diferente que si tuviera veinte. Dejémoslo en veinte.

Después hay que considerar el estilo de vida. Cualquiera puede retirarse a los cincuenta y cinco pero el problema está en disponer de un retiro confortable. Miguel gasta hoy 2.250 € al mes. Su asesor le sugiere que debería disponer a su retiro de un 60 % de esta cantidad, teniendo en cuenta que los gastos se reducen. Esto sería unos 1.350 € al mes.

Otro tema a tener en cuenta es cuánto tiempo durará su jubilación. Muchos jubilados temen agotar sus recursos si su vida se prolonga más allá de lo previsto. Ésta es una situación sorprendente: por un lado están contentos de vivir más, pero por el otro el tiempo les preocupa. Dejando aparte estas consideraciones existenciales, Miguel cree que vivirá hasta los ochenta y cinco.

El cuarto punto es el tipo de inversión que puede contratar. En este caso Miguel invierte una cantidad mensual al 6 % anual, lo que equivale al 0,5 % mensual $(\frac{6\%}{12})$. El término interés compuesto mensual implica que los intereses empiezan a generar intereses cada mes.

El quinto aspecto a considerar es la inflación. En este caso, asumiremos una inflación constante del 2,5 %.

Una vez que hemos definido los parámetros del problema, podemos empezar a buscar la solución.

¿Cuánto necesita?

Podría pensar: «Ya lo hemos dicho: 1.350 € mensuales y, en cierto sentido esto es correcto. Sin embargo, esos 1.350 € son euros actuales, y todos sabemos que los precios van aumentando. En realidad, Miguel debe planear poder disponer del equivalente a esos 1.350 € en lugar de esa cantidad. Dado que cree que estará jubilado durante treinta años, utilizaremos el punto medio de ese período para realizar el cálculo de los euros equivalentes. Esto quiere decir que tendrá un mejor nivel de vida (más poder adquisitivo) al principio y que irá disminuyendo (menos poder adquisitivo) hacia el final. A los quince años de estar retirado, tendrá setenta, es decir, dentro de cincuenta años. La fórmula para calcular el valor en euros equivalentes es la del interés compuesto, utilizando el índice de inflación en lugar de la tasa de interés. El valor será, pues, 0,025.

$$FD = PD(1 + \textit{índice de inflación})^{\textit{número de años}}$$
$$FD = 1\,350(1 + 0{,}025)^{50}$$
$$FD = 1\,350(1{,}025)^{50}$$
$$FD = 4.640$$

Es decir, lo que hoy se compra con 1.350 € costará 4.640 € en cincuenta años.

Ahora debemos calcular cuánto dinero necesitará Miguel a los cincuenta y cinco años para asegurarse unos ingresos anuales equivalentes a 4.640 € mensuales durante treinta años. La fórmula es:

$$cantidad = pago\ \frac{[1 - (1 + tasa)^{-\,\textit{número de períodos}}]}{tasa}$$

donde *cantidad* es la incógnita; *pago* es 4.640; *tasa* es 0,005 (0,5 % en tanto por uno; consideramos un 6 % y hay que dividirlo por doce meses) y *número de períodos* es 360 (treinta años por doce meses). Esto nos da:

$$cantidad = 4\,640\frac{[1 - (1 + 0{,}005)^{-360}]}{0{,}005}$$

$$cantidad = 4\,640\frac{[1 - (1{,}005)^{-360}]}{0{,}005}$$

$$cantidad = 773.913{,}09\ €$$

Esto es lo que Miguel necesita para retirarse confortablemente a los cincuenta y cinco.

¿Cuánto debería ahorrar?

Ahora debemos determinar cuánto debe ahorrar cada mes para conseguir los 773.913,09 €. Para ello aplicaremos directamente la misma fórmula que usamos en la página 165.

$$cantidad = pago\ (1 + tasa)\frac{[(1 + tasa)^{\textit{número de períodos}} - 1]}{tasa}$$

donde *cantidad* es 773.913,09 €; *pago* es nuestra incógnita; *tasa* es 0,005 (de nuevo el 6 % expresado en tanto por uno y dividido por doce meses) y *número de períodos* es 420 (treinta y cinco años por doce meses).

$$773\,913{,}09 = pago(1{+}0{,}005)\frac{[(1{,}005)^{420} - 1]}{0{,}005}$$

$$773\,913{,}09 = pago(1{,}005)\frac{[(1{,}005)^{420} - 1]}{0{,}005}$$

$$\frac{773\,913{,}09}{(1431{,}83385)} = pago(1{,}005)$$

$$pago = 540{,}51\ €$$

LA SOLUCIÓN:

En resumen, si Miguel desea tener el equivalente a 1.350 € al mes cuando se retire debe invertir 540,51 € mensuales en un fondo de pensiones. Esto es en euros actuales, por lo que hay margen para los cambios. Éste es uno de los mayores problemas de los planes hechos por cuenta propia: hay que tener, pues, mucho cuidado.

CÓDIGOS Y CIFRADOS

Dejemos el tema del dinero y pasemos al campo de la privacidad. ¿Dónde estaríamos en la actualidad sin las cuentas protegidas con contraseñas, números personales de identificación y demás medidas de protección? La posibilidad de enviar y recibir mensajes sin que puedan ser leídos por terceros es muy importante, y el arte y las matemáticas de la criptografía en la que se incluyen códigos y cifras han existido desde los tiempos de los antiguos griegos.

A lo largo de la historia, solo se enviaban cifrados o en código los secretos políticos, militares o financieros más importantes, y de éstos únicamente unos pocos tenían algo que ver con la criptografía. Sin embargo, en la era moderna, casi todos en el mundo desarrollado tratan con la criptografía en la vida cotidiana. Cada vez que se usa una tarjeta de crédito o de débito, cada vez que se accede a una página «segura» en internet, cada vez que se abren las puertas del coche con el control remoto, se está haciendo uso de la criptografía. Sin embargo, pocos se percatan de su importancia.

Códigos

Códigos y cifrados son cosas diferentes, aunque muchos las usan como sinónimos. En sentido estricto, un código es un lenguaje secreto en el que se asigna a las palabras un significado diferente al normal.

Esto es lo que se ve en las películas clásicas de espías, y lo que se radiaba a la resistencia francesa durante la segunda guerra mundial en forma de frases tales como «Las zanahorias están cocidas». Las fuerzas estadounidenses utilizaban también locutores en código (los más famosos, los navajos), que adaptaban su idioma para enviar mensajes militares secretos.

Cifrados

A diferencia de los códigos, los cifrados no son lenguajes secretos, sino una manera de cambiar el lenguaje de modo que resulte ininteligible para los que no posean la clave. El emisor cifra el «texto normal» y lo convierte en un «texto cifrado»; el receptor utiliza la misma clave para convertir el «texto cifrado» en el «texto normal».

La calidad de una buena codificación se mide por el trabajo que puede requerir un interceptor para hallar o descifrar la clave: cuanto más se necesita, mejor es el cifrado.

Descifrado de cifrados

Para concluir nuestro breve viaje por el álgebra, vamos a analizar más a fondo dos cifrados interesantes: el más sencillo de César (*véanse* páginas 170-171) y el algo más complejo de Vigenère (*véanse* páginas 172-173), que es una mejora del cifrado de César y que se utilizó durante la guerra civil estadounidense.

Ambos son cifrados de sustitución, en los que se cambian unas letras por otras. Es una forma de cifrado que posiblemente ya conozca por los criptogramas de los pasatiempos de los periódicos.

Estos rompecabezas pueden ser difíciles, pero su solución solo requiere la aplicación de un algoritmo y bastante paciencia. Un buen primer paso para decodificar estos cifrados es hacer el llamado «cuadro de frecuencias de letras». Por ejemplo, la e, la a, la o y la l son las letras más usadas en el español escrito. De esta manera, se puede llegar a tener una idea de cuales son las letras cifradas equivalentes a e, a, o y l, y también de algunas otras. También se puede hacer un análisis parecido con las palabras más frecuentes de dos, tres o cuatro letras. Así, las más frecuentes de dos letras son «de», «la», «el» y «en»; de tres letras, «que», «los», «del» y «las», y de cuatro letras, «para», «como», «pero» y «este».

Algunos cifrados no requieren del «descifrado» en sí, sino que están ocultas en páginas y paginas de texto intrascendente. En esos casos, es frecuente que solo una letra de cada diez o veinte sea importante, y lo demás basura. Encontrar las correctas es como buscar oro con una batea; hay que eliminar grandes cantidades de lodo para hallar la pepita.

Una plantilla de cifrado es un ejemplo de este tipo. El emisor escribe un texto largo y desconcertante y el receptor lo cubre con una hoja con agujeros: la hoja cubre lo que no importa y deja el mensaje al descubierto. Sin embargo, los cifrados de plantilla se pueden descifrar con el tiempo, y también es posible leer mensajes que no son los previstos.

Desvelando el Enigma

Es posible que el ejemplo más famoso de cifrado sea la máquina alemana Enigma utilizada en la segunda guerra mundial. La máquina se valía de rotores para generar cifrados muy complejos destinados a la codificación y decodificación de mensajes. Sin embargo, los esfuerzos de los aliados para descubrir el secreto de la máquina Enigma en Bletchley Park, Inglaterra, y la suerte de poder capturar alguna de esas máquinas, tuvieron éxito y se dice que aceleraron el fin de la guerra.

• Tropas de telecomunicaciones alemanas en la segunda guerra mundial utilizando un equipo descrito como «teletipo», pero que parece ser una máquina de cifrado Enigma.

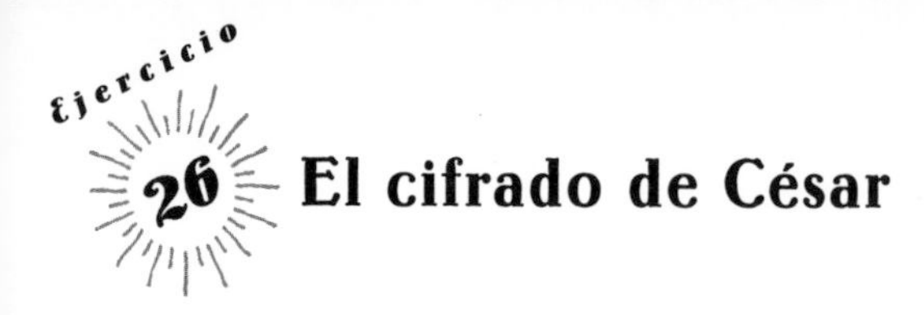

El cifrado de César

EL PROBLEMA:

Carlota y Julia planean una fiesta sorpresa para Emma. Con mucha frecuencia «chatean» en la red, por lo que necesitan de un código para que si Emma ve los mensajes no los entienda. Se puede utilizar el cifrado de César para codificar el mensaje: «LA FIESTA DE EMMA SE CELEBRARÁ EL NUEVE DE NOVIEMBRE» y decodificar la respuesta: «HO QXHYH GH QRYLHPEUH PH SDUHFH ELHQ B DOOL HVWDUH».

EL MÉTODO:

En primer lugar, hay que decir que el cifrado de César no es muy seguro, por lo que no se lo recomendaría a los agentes secretos en ciernes. Sin embargo, es bonito y sencillo, por lo que es muy bueno para mensajes de relativa poca importancia como el que quieren enviar las chicas.

Lo primero que tienen que hacer Carlota y Julia es decidir el «desplazamiento de letra», que puede ser cualquier número entre uno y veintiséis. Después, escriben el alfabeto en una línea. Debajo escriben de nuevo el alfabeto pero aplicando el desplazamiento que han escogido. Por ejemplo, la primera letra del alfabeto es la A, por lo que si el desplazamiento es de tres quiere decir que deben escribir una D, la cuarta letra del alfabeto, debajo de ella. A continuación, se escribe de nuevo el alfabeto completo, haciendo coincidir cada letra de arriba con una de las de debajo.

A partir de ahí, van a la letra que necesitan en la línea superior sustituyéndola por la que queda debajo en la línea inferior. Para las primeras letras del mensaje, la «L» se convierte en «O», la «A» en «D», la «F» en «I», la «I» en «L», y así sucesivamente. Este cifrado no es muy complicado, por lo que

A	B	C	D	E	F	G	H	I	J	K	L	M	N	O	P	Q	R	S	T	U	V	W	X	Y	Z
D	E	F	G	H	I	J	K	L	M	N	O	P	Q	R	S	T	U	V	W	X	Y	Z	A	B	C

dejaremos los espacios donde están en el original. Así, el mensaje cifrado se convierte en «OD ILHVWD GH HPPD VH FHOHEUDUD HO QXHYH GH QRYLHPEUH»

Para descifrar la respuesta «HO QXHYH GH QRYLHPEUH PH SDUHFH ELHQ B DOOL HVWDUH», hay que pasar del alfabeto inferior al superior, con lo que la «H» se convierte en «E», la «O» en «L», la «Q» en «N», la «X» en «U», y así sucesivamente. El mensaje decodificado se convierte en «El nueve de noviembre me parece bien y allí estaré».

El cifrado de César se puede reflejar también en una fórmula, pero para ello debemos asignar un número a cada letra, de modo que A = 0, B = 1, etcétera. Para el codificado empleamos la fórmula $C_n(x) = (x + n)$ $(mod\ 26)$, en la que x es la letra y n el valor del desplazamiento. El «*mod* 26» quiere decir que, si se pasa de la vigésimo sexta letra del alfabeto, hay que volver al principio. Así, en nuestro primer ejemplo, L es la duodécima letra del alfabeto y el desplazamiento es tres, o sea, $C_n(x) = (12 + 3)$ o $C_n(x) = 15$. Esto quiere decir que reemplazamos la L por la decimoquinta letra del alfabeto que, es la O.

Como habrá supuesto, en la decodificación se utiliza la fórmula $D_n(x) = (x - n)$ $(mod\ 26)$. Para el ejemplo que acabamos de dar, reemplazamos la letra Q por la letra N pues al aplicarla: $D_n(x)=(17-3)$, o sea, $D_n(x)=14$. Reemplazamos la Q por la N, decimocuarta letra del alfabeto.

LA SOLUCIÓN:

El mensaje codificado «LA FIESTA DE EMMA SE CELEBRARÁ EL NUEVE DE NOVIEMBRE," se convierte en «OD ILHVWD GH HPPD VH FHOHEUDUD HO QXHYH GH QRYLHPEUH.» Asimismo, el mensaje decodificado de «HO QXHYH GH QRYLHPEUH PH SDUHFH ELHQ B DOOL HVWDUH» es «EL NUEVE DE NOVIEMBRE ME PARECE BIEN Y ALLÍ ESTARÉ».

DYH FDHVDU

El cifrado de Cesar puede utilizar cualquier desplazamiento, pero se dice que el gran general utilizaba el desplazamiento de tres, como en el ejercicio anterior. Sin embargo, con solo veintiséis opciones, el cifrado es fácil de descifrar. Quizá iba bien para César, ya que eran pocos los que sabían leer y escribir…

Un uso más moderno es «rotar a trece, o ROT13, una cifra de César utilizada a menudo en línea para ocultar cosas a miradas indiscretas, como la respuesta de algunos chistes.

• Se cree que César fue el primero en utilizar el cifrado que lleva su nombre.

El cifrado de Vigenère

EL PROBLEMA:

Muy pronto, Carlota y Julia se dan cuenta de que su cifrado es muy fácil de decodificar, por lo que deciden emplear el cifrado más potente de Vigenère. En lugar de un desplazamiento de letras, escogen una palabra clave. Utilice el cifrado de Vigenère para codificar «HAN DESCUBIERTO NUESTRA CLAVE, DEBEMOS HACER NUEVOS PLANES» y decodifique «RG TQWXFFH, SUMS PNSXH QKYFCWC GL AWVVQ FSLHF A MCVTZOXBVX GGZITH».

EL MÉTODO:

Carlota y Julia deciden que la clave será una abreviatura de tres letras de los meses del año en el que se envía el mensaje: ene, feb, mar, etcétera.

BLAISE DE VIGENÈRE

Blaise de Vigenère fue un diplomático francés que vivió de 1523 a 1596. Fue el creador de un sistema de cifrado, pero, sorprendentemente, no el que lleva su nombre. El cifrado de Vigenère fue descrito en realidad por Giovanni Bellaso en 1553.

Carlota codifica el siguiente mensaje para Julia, enviado en septiembre: «HAN DESCUBIERTO NUESTRA CLAVE, DEBEMOS HACER NUEVOS PLANES».

Lo primero que necesita es una *tabula recta* para codificar el mensaje (el cifrado de Vigenère es un cifrado de César en el que el desplazamiento no es constante). Por ejemplo, en el ejercicio anterior desplazamos todas las letras tres espacios; esto nos lleva a la fila D en la *tabula recta* de la siguiente página. Con el cifrado de Vigenère cambiamos el desplazamiento utilizando una palabra clave, con lo que el cifrado cambia para cada letra.

Carlota y Julia utilizan una palabra clave rotativa, que cambia cada mes. Para el mensaje de Carlota la palabra clave es «SEP».

	A	B	C	D	E	F	G	H	I	J	K	L	M	N	O	P	Q	R	S	T	U	V	W	X	Y	Z
A	A	B	C	D	E	F	G	H	I	J	K	L	M	N	O	P	Q	R	S	T	U	V	W	X	Y	Z
B	B	C	D	E	F	G	H	I	J	K	L	M	N	O	P	Q	R	S	T	U	V	W	X	Y	Z	A
C	C	D	E	F	G	H	I	J	K	L	M	N	O	P	Q	R	S	T	U	V	W	X	Y	Z	A	B
D	D	E	F	G	H	I	J	K	L	M	N	O	P	Q	R	S	T	U	V	W	X	Y	Z	A	B	C
E	E	F	G	H	I	J	K	L	M	N	O	P	Q	R	S	T	U	V	W	X	Y	Z	A	B	C	D
F	F	G	H	I	J	K	L	M	N	O	P	Q	R	S	T	U	V	W	X	Y	Z	A	B	C	D	E
G	G	H	I	J	K	L	M	N	O	P	Q	R	S	T	U	V	W	X	Y	Z	A	B	C	D	E	F
H	H	I	J	K	L	M	N	O	P	Q	R	S	T	U	V	W	X	Y	Z	A	B	C	D	E	F	G
I	I	J	K	L	M	N	O	P	Q	R	S	T	U	V	W	X	Y	Z	A	B	C	D	E	F	G	H
J	J	K	L	M	N	O	P	Q	R	S	T	U	V	W	X	Y	Z	A	B	C	D	E	F	G	H	I
K	K	L	M	N	O	P	Q	R	S	T	U	V	W	X	Y	Z	A	B	C	D	E	F	G	H	I	J
L	L	M	N	O	P	Q	R	S	T	U	V	W	X	Y	Z	A	B	C	D	E	F	G	H	I	J	K
M	M	N	O	P	Q	R	S	T	U	V	W	X	Y	Z	A	B	C	D	E	F	G	H	I	J	K	L
N	N	O	P	Q	R	S	T	U	V	W	X	Y	Z	A	B	C	D	E	F	G	H	I	J	K	L	M
O	O	P	Q	R	S	T	U	V	W	X	Y	Z	A	B	C	D	E	F	G	H	I	J	K	L	M	N
P	P	Q	R	S	T	U	V	W	X	Y	Z	A	B	C	D	E	F	G	H	I	J	K	L	M	N	O
Q	Q	R	S	T	U	V	W	X	Y	Z	A	B	C	D	E	F	G	H	I	J	K	L	M	N	O	P
R	R	S	T	U	V	W	X	Y	Z	A	B	C	D	E	F	G	H	I	J	K	L	M	N	O	P	Q
S	S	T	U	V	W	X	Y	Z	A	B	C	D	E	F	G	H	I	J	K	L	M	N	O	P	Q	R
T	T	U	V	W	X	Y	Z	A	B	C	D	E	F	G	H	I	J	K	L	M	N	O	P	Q	R	S
U	U	V	W	X	Y	Z	A	B	C	D	E	F	G	H	I	J	K	L	M	N	O	P	Q	R	S	T
V	V	W	X	Y	Z	A	B	C	D	E	F	G	H	I	J	K	L	M	N	O	P	Q	R	S	T	U
W	W	X	Y	Z	A	B	C	D	E	F	G	H	I	J	K	L	M	N	O	P	Q	R	S	T	U	V
X	X	Y	Z	A	B	C	D	E	F	G	H	I	J	K	L	M	N	O	P	Q	R	S	T	U	V	W
Y	Y	Z	A	B	C	D	E	F	G	H	I	J	K	L	M	N	O	P	Q	R	S	T	U	V	W	X
Z	Z	A	B	C	D	E	F	G	H	I	J	K	L	M	N	O	P	Q	R	S	T	U	V	W	X	Y

Esto quiere decir que se utilizarán las filas «S», «E» y «P» de la tabla.

	A	B	C	D	E	F	G	H	I	J	K	L	M	N	O	P	Q	R	S	T	U	V	W	X	Y	Z
S	S	T	U	V	W	X	Y	Z	A	B	C	D	E	F	G	H	I	J	K	L	M	N	O	P	Q	R
E	E	F	G	H	I	J	K	L	M	N	O	P	Q	R	S	T	U	V	W	X	Y	Z	A	B	C	D
P	P	Q	R	S	T	U	V	W	X	Y	Z	A	B	C	D	E	F	G	H	I	J	K	L	M	N	O

Para cifrar un mensaje, la primera letra del mismo utiliza la fila «S», la segunda usa la fila «E» y la tercera, la fila «P». El número de letras en la palabra clave (el «período» de la clave de cifrado) es tres, por lo que la cuarta letra vuelve a la fila «S» y así sucesivamente.

Esto significa que «HAN DESCUBIERTO NUESTRA CLAVE, DEBEMOS HACER NUEVOS PLANES» se convierte en «ZEC VIHUYQAIGLS CMIHLVP, SWFTESH ZERWV CMIKGW EDECWV».

Para descifrar la respuesta de Julia, Carlota utilizará las filas «O», «C» y «T» de la *tabula recta*, pues el mensaje se lo envía en octubre.

	A	B	C	D	E	F	G	H	I	J	K	L	M	N	O	P	Q	R	S	T	U	V	W	X	Y	Z
O	O	P	Q	R	S	T	U	V	W	X	Y	Z	A	B	C	D	E	F	G	H	I	J	K	L	M	N
C	C	D	E	F	G	H	I	J	K	L	M	N	O	P	Q	R	S	T	U	V	W	X	Y	Z	A	B
T	T	U	V	W	X	Y	Z	A	B	C	D	E	F	G	H	I	J	K	L	M	N	O	P	Q	R	S

Para decodificarlo encuentra una «R» en la fila «O» y ve que se alinea con la «D»; después encuentra una «G» en la fila «C» y ve que se alinea con la «E». A continuación encuentra una «T» en la fila «T» que se alinea con la «A». Y continúa así todo el ciclo por las filas hasta descifrar el mensaje.

La respuesta cifrada de Julia «RG TQWXFFH, SUMS PNSXH QKYFCWC GL AWVVQ FSLHF A MCVTZOXBVX GGZITH», se convierte en «DE ACUERDO, ESTE NUEVO CIFRADO ES MUCHO MEJOR Y TOTALMENTE SEGURO».

LA SOLUCIÓN:

El mensaje normal de Carlota, «HAN DESCUBIERTO NUESTRA CLAVE, DEBEMOS HACER NUEVOS PLANES», se convierte al cifrarlo en «ZEC VIHUYQAIGLS CMIHLVP, SWFTESH ZERWV CMIKGW EDECWV».

A su vez la respuesta cifrada de Julia «RG TQWXFFH, SUMS PNSXH QKYFCWC GL AWVVQ FSLHF A MCVTZOXBVX GGZITH», una vez decodificado se convierte en «DE ACUERDO, ESTE NUEVO CIFRADO ES MUCHO MEJOR Y TOTALMENTE SEGURO».

ÍNDICE

TERMINOLOGÍA Y SÍMBOLOS

La terminología y los símbolos se explican en el momento que aparecen en el texto; sin embargo, algunos de ellos se vuelven a definir en aras de una mayor claridad.

Base número o variable que forma parte de una potencia y que está afectada de un exponente; por ejemplo, en el término x^2, la x es la base.

Coeficiente valor constante que multiplica a una variable; por ejemplo, en el término $3x^2$, 3 es el coeficiente.

Ecuación una ecuación siempre incluye un signo de igualdad; por ejemplo $3x - 5 = 13$. Téngase en cuenta que el signo ≈ quiere decir «aproximadamente igual a».

Exponente número o variable que forma parte de una potencia y que indica las veces que la base se multiplica por sí misma; por ejemplo, en x^2, el 2 es el exponente, lo que equivale a $x \cdot x$, en tanto que x^3 equivale a $x \cdot x \cdot x$; téngase en cuenta que x es lo mismo que x^1.

Expresión conjunto de números y variables que no tiene ningún signo de igualdad o desigualdad; por ejemplo, $(3x - 4) + 5$.

Inecuación una inecuación tiene un signo de desigualdad donde estaría el signo de igual en las ecuaciones; por ejemplo, $3(x + 2) \leq 2x + 5$. Los signos de desigualdad son ≠ (no igual a); < (menor que); > (mayor que); ≥ (mayor o igual a), y ≤ (menor o igual a).

Multiplicación el símbolo • se utiliza en lugar de «x» para evitar confusiones con la variable x. La multiplicación se indica también por números y variables yuxtapuestas. Por ejemplo, tanto $x \cdot y$ como xy se leen «x multiplicada por y».

Operación una acción matemática; por ejemplo, adición o sustracción.

Más-menos indicado con el símbolo ±, en el contexto del álgebra representa dos ecuaciones dentro de la misma fórmula e implica dos soluciones. Por ejemplo, la fórmula $(x + 3) = \pm 7$ conduce a dos soluciones válidas: $x = -10$ y $x = 4$.

Polinomio conjunto de términos que incluye exponentes enteros. Un polinomio de un término se llama «monomio»; uno con dos términos, «binomio», y uno con tres términos, «trinomio».

Potencia desde un punto de vista estricto, la combinación de la base con el exponente; sin embargo, en el lenguaje común se usa con frecuencia para referirse solo al exponente.

Término número o variable, o el producto de varios números o variables, separado de otros términos por signos de suma o resta.

Términos semejantes términos con el mismo tipo y número de variables; por ejemplo, $6x^2$ y $8x^2$ son términos semejantes, pero $6x^2$ y $8x$ no lo son ya que los exponentes son diferentes, ni tampoco lo son $6y^2$ y $8x^2$ por ser diferentes las variables.

Variable símbolo, con frecuencia x, y o z, utilizado para representar una variable en un término.

Nuclear Theft:
Risks and Safeguards

A Report to the Energy Policy Project of the Ford Foundation

Nuclear Theft: Risks and Safeguards

Mason Willrich
Theodore B. Taylor

Ballinger Publishing Company • Cambridge, Mass.
A Subsidiary of J.B. Lippincott Company

Published in the United States of America by Ballinger Publishing Company
Cambridge, Mass.

Library of Congress Catalog Card Number: 73-19861

International Standard Book Number: 0-88410-207-6 HB
0-88410-208-4 PB

Printed in the United States of America

Library of Congress Cataloging in Publication Data

Willrich, Mason.
Nuclear theft: risks and safeguards.

Bibliography: p.
1. Atomic energy industries—Security measures.
I. Taylor, Theodore B., 1925- joint author.
II. Ford Foundation. Energy Policy Project.
III. Title.
HD9698.A2W54 658.4'7 73-19861
ISBN 0-88410-207-6 HB
0-88410-208-4 PB

Table of Contents

Tables

Tables

Figures

Foreword

In December 1971 the Trustees of the Ford Foundation authorized the organization of the Energy Policy Project. In subsequent decisions the Trustees have approved supporting appropriations to a total of $4 million, which is being spent over a three-year period for a series of studies and reports by responsible authorities in a wide range of fields. The Project Director is S. David Freeman, and the Project has had the continuing advice of a distinguished Advisory Board chaired by Gilbert White.

This analysis of "Nuclear Theft" is an early result of the Project. As Mr. Freeman explains in his Preface, neither the Foundation nor the Project presumes to judge the authors' specific conclusions and recommendations. We do commend this report to the public as a serious and responsible analysis which has been subjected to review by a number of qualified readers.

This study, like many others in the Project, deals with a sensitive and difficult question of public policy. Not all of it is easy reading, and not all those we have consulted have agreed with all of it. Nor does it exhaust a subject which is complex, rapidly moving, and partly hidden under classifications both reasonable and unreasonable. The matters it addresses are of great and legitimate interest not only to those who are investing heavily in nuclear power but also, by their very nature, to every citizen and community in the country, and the perspectives of these interested parties are not likely to be identical.

In this last respect the present study reflects tensions which are intrinsic to the whole of the Energy Policy Project—tensions between one set of objectives and another. As the worldwide energy crisis has become evident to us all, we have had many graphic illustrations of such tensions, and there are more ahead. This is what usually happens when a society faces hard choices, all of them carrying costs that are both human and material.

But it is important to understand that there is a fundamental difference between present tension and permanent conflict. The thesis accepted by our Board of Trustees when it authorized the Energy Policy Project was that the very existence of tension, along with the inescapable necessity for hard choices, argued in favor of studies which would be, as far as possible, fair, responsible, carefully reviewed, and dedicated only to the public interest. We do not suppose that we can evoke universal and instantaneous agreement, and still less do we presume that this Project can find all the answers. We do believe that it can make a useful contribution to a reasonable and democratic resolution of these great public questions, one which will serve the general interest of all.

The current study is a clear example of what we aim at. Some of its readers criticized it, in its initial draft form, as likely to encourage unreasoned hostility to nuclear power. The final version, which the authors tell us owes much to its critics, seems to this reader to have quite a different meaning. I think the authors are telling us that nuclear power is here and seems bound to grow. They report that it has a special danger—that of nuclear theft—and they ask us to consider, while there is time, what that danger is like and what it makes sense for us to do about it. Seen in perspective, I believe this study represents a serious contribution to the constructive and responsible use of nuclear power. An encouraging number of our expert advisers agree. The authors have treated their hard subject with the respect it deserves, and I commend their analysis to the attention of the American public.

McGeorge Bundy
President
The Ford Foundation

Preface

The Energy Policy Project was initiated by the Ford Foundation in 1971 to explore alternative national energy policies. This book, one of the series of studies commissioned by the Project, is presented here as a timely and carefully prepared contribution to today's public discussion about nuclear energy. It is our hope that each of these special reports will stimulate further thinking and questioning in the specific areas that it addresses. The special reports are being released as they are completed rather than delaying their release until the report of the Energy Policy Project is completed because I believe they can make a timely contribution to the public discussion of energy policies. At the very most, however, each special report deals with only a part of the energy puzzle; our final report, to be published later in 1974, will attempt to integrate these parts into a comprehensible whole, setting forth the energy policy options available to the nation as we see them.

This book, like the others in the series, has been reviewed by scholars and experts in the field not otherwise associated with the Project in order to be sure that differing points of view were considered; when, in our judgment a reviewer has presented an especially important argument or conclusion with which the authors do not agree, we shall publish those views as an appendix to the book. Needless to say, the authors give careful consideration to reviewer's suggestions and criticisms in preparing their reports, but in the final analysis, the authors, alone, are responsible for material they present.

Nuclear Theft: Risks and Safeguards is the author's report to the Ford Foundation's Energy Policy Project and neither the Foundation, its Energy Policy Project or the Project's Advisory Board have assumed the role of endorsing its contents or conclusions. We will express our views in the Project's final report that will culminate this series of publications.

S. David Freeman
Director
Energy Policy Project

Acknowledgments

We are grateful to many people and several institutions for assistance in the preparation of this book, Of course, we alone are responsible for its contents.

We wish to express our appreciation to the Ford Foundation's Energy Policy Project and to the Project's Director, S. David Freeman, for inviting us to undertake the study and for the financial support provided for our research. We are also grateful to the International Research and Technology Corporation (IR&T) for additional support and administrative services.

The initial draft of our study was reviewed by a group chosen by the Energy Policy Project to reflect a wide variety of points of view about energy policy. The group included: Donald G. Allen, Manson Benedict, William O. Doub, David R. Inglis, G. Robert Keepin, Frank J. Thomas, Charles N. Van Doren, James E. Sohngen, and Herbert F. York. In addition, the draft was reviewed by the U.S. Atomic Energy Commission and determined to contain no classified information. We wish to thank those who participated in this review process for their many comments and criticisms, which were very helpful to us in undertaking additional research in certain areas and in making substantial revisions of our work prior to its publication.

We are especially grateful to two members of the Energy Policy Project staff. Robert H. Williams, the project officer for our study, gave us many helpful ideas and continuing encouragement throughout our work. Katherine B. Gillman, the staff writer, patiently helped us to say what we wanted to say in a way that could be understood by general readers.

We also wish to acknowledge the important contributions made by two members of the staff of IR&T, Marc P. Kramer and David L. Robertson, who made innumerable calculations, developed a computer program, and conducted a variety of literature searches for us.

Finally, we thank Lois Gorham, Lorraine J. Hamilton, Patricia Pearce, and Vaughan Winn for their unfailing and unerring secretarial assistance, without which our work could never have appeared in print.

MASON WILLRICH
THEODORE B. TAYLOR

Washington, D.C.
September 1973

Nuclear Theft: Risks and Safeguards

Chapter One

Introduction

This book is about a narrow but important energy policy issue. We analyze the possibility of nuclear violence using fissionable material that might be stolen from the U.S. nuclear power industry, and we discuss what can and should be done to prevent that from happening.

Nuclear energy is rapidly becoming a major source of electric power in the United States and a growing number of other countries. Nuclear power requires the production, processing, and use as fuel of very large amounts of plutonium and high-enriched uranium. However, only a few kilograms of these fissionable materials are enough for a nuclear explosive capable of mass destruction, and tens of grams of plutonium are enough for a device capable of causing widespread radioactive contamination. Moreover, the design and manufacture of a crude nuclear explosive is no longer a difficult task technically, and a plutonium dispersal device is much simpler to make than an explosive.

Therefore, measures are necessary to ensure that the materials intended for use as nuclear fuel are not diverted for use in acts involving nuclear threats or violence. These measures, or safeguards, must be effective, because a successful nuclear theft could enable a small group to threaten the lives of many people, the social order within a nation, and the security of the international community of nations.

Experts in government and industry have known of the security risks inherent in nuclear power for many years. They have worked long and hard to develop safeguards against the dangers of nuclear theft. However, many governmental policymakers and industrial leaders in the energy field are only vaguely aware of the problem, and most of the general public does not know that it exists.

This study is intended, therefore, to contribute to public understanding of the technical facts and policy issues involved. We believe that these facts and issues affect substantially both the development of nuclear power and the security of the American people. Of course, we hope that our study will also stimulate thought and action among experts.

Obviously, there is no perfect solution to the problem of nuclear theft, any more than there is a final solution to the problem of crime in society. But there are safeguards which, *if implemented,* will reduce the risk of nuclear theft to a very low level—a level which, in our opinion, is acceptable. Moreover, we are convinced that the costs of effective safeguards will be small compared to the total costs of nuclear power.

A swirl of controversy has engulfed the nuclear power industry from the beginning. Power reactor safety, emergency core cooling systems, radioactive effluents, thermal pollution, and radioactive waste disposal have each been the subject of interminable legal proceedings, protracted political maneuvering, costly delays in construction schedules, and sensational newspaper headlines.

We have attempted, to the best of our ability, to make this book an objective statement of the issues arising in one particular area of risk related to the development and use of nuclear power—an area in which we feel qualified to comment. Our purpose is to provide a means whereby the risk of nuclear theft and the cost of effective safeguards can be weighed, along with other risks and costs, against the very large benefits of nuclear power. We hope our work will be useful to all participants in the decisionmaking process concerning the role of nuclear power in meeting the needs of our nation and the world for energy in the future. The promoters of nuclear power may deplore it—and its critics may welcome it—as an attack on the U.S. nuclear industry and government policy affecting the industry. That is not our intention.

Our study contains no classified information. Drawing from the wealth of unclassified data available, however, it does describe in general terms how nuclear explosives and radiological devices can be made, where in the nuclear power industry the materials for making such weapons are present, and why and how various groups within society might attempt to obtain such materials and to use them to threaten or cause catastrophic destruction.

This information and the analysis derived from it are necessary in order to understand the security risks inherent in the development and widespread use of nuclear power, and to provide a basis for consideration of various safeguards against nuclear theft.

But how much does the public need to know about these matters? This question haunts us, and we believe it merits discussion before proceeding further.

To us, the most compelling argument against informing the public about the risks of nuclear theft is that such an effort might inspire warped or evil minds. Scenarios of nuclear hijackings or bomb threats might become self-fulfilling prophecies. This argument is especially forceful when acts of terrorism are widespread and organized crime appears to be flourishing. However, it ignores the fact that a large amount of information in much greater detail than we present here is already in the public domain. Moreover, it assumes that criminals are no more perceptive than the general public about opportunities to pursue criminal purposes.

But the basic flaw in the argument against informing the public is that it ignores the nature of the security risks in nuclear power. If the risks were temporary, the danger of inspiring nuclear theft might well justify withholding information from the public. However, when security risks are inherent in a long-term activity, which is clearly the case with nuclear theft, the public in a democratic society has a right to know, and those with knowledge have a duty to inform. Indeed, informed public opinion is essential to effective safeguards.

A second argument is based on timing. It may be conceded that the dangers of theft are serious and should be brought to the attention of the public. Yet, it may be argued, to do so at this time is unfortunate, since the responsible agencies of government and the nuclear power industry itself are already hard pressed to deal with reactor safety and environmental problems. The nuclear theft issue is easy to distort and sensationalize. Groups unalterably opposed to nuclear power could inject the issue into nuclear plant licensing hearings and other regulatory proceedings, and thereby cause further costly and dangerous delays in meeting future demands for electric power.

We find this line of argument to be without merit, and chief among our reasons is timing. The years just ahead provide the last chance to develop long-term safeguards that will deal effectively with the risks of nuclear theft. Once the material-flows in the nuclear power industry are as enormous as expected a few years from now, it will be too late. Moreover, the failure to deal with a problem of such critical importance to the future success of nuclear power cannot be justified on the ground that the industry simultaneously faces several other difficult problems.

A third basic argument is that the possibility of nuclear violence as a result of material being diverted from industry is not a real problem. Various reasons are put forth to support this argument.

Some experts assert that those who are alarmed tend to underestimate the difficulties of manufacturing nuclear explosives, or to overestimate the willingness of groups within society to resort to threats of mass destruction. Although we recognize that these are debatable issues, we are convinced that the risks are real and serious. This book sets forth the reasons for our conviction in detail.

In addition, it is sometimes asserted that if a criminal or terrorist group really wanted nuclear weapons, then the group would be more likely to attempt to steal a finished and sophisticated device from the U.S. military stockpile than to steal materials from which it could make its own crude explosives. Our reply is that if military stockpiles are not adequately protected against theft at present (and we express no opinion on this point), then existing protective measures should be strengthened. But this does not preclude protecting basic materials as well.

Finally, it may be argued that if some group were intent on extreme violence to achieve its ends, there are many powerful chemical and biological agents that can be obtained more easily and used more effectively than nuclear weapons. We agree that there are many non-nuclear ways to inflict enormous harm on large numbers of innocent human beings, and we deplore the fact. Specific threats of nuclear violence should be compared with other lethal threats when deciding upon an acceptable level of effectiveness for safeguards against nuclear theft. There may well be certain biological agents whose violent uses could create as much damage as plutonium dispersal devices. The risks of nuclear explosives are, however, incomparable and unprecedented.

Our hope is that you who read this book will thereafter have a better idea of how effective *you* want safeguards against nuclear theft to be. For in the final analysis, the level of risk accepted will affect us all and future generations as the nuclear age unfolds. The choice is ours to make as a nation, and we believe it should be made on broad economic and social grounds after full public discussion.

Chapter Two

Nuclear Weapons

OVERVIEW

The first question we must explore is whether a successful theft of nuclear materials from the nuclear power industry would pose a genuine threat. Could some of the materials used as nuclear fuel in the power industry be used in weapons? Are these materials present in the industry in forms and quantities that are practical for the illicit manufacture of bombs? If a thief succeeds in making a nuclear weapon from these materials, how much damage might he cause?

Every educated person already knows the single most essential fact about how to make nuclear explosives: they work. Before the first atomic bomb exploded in the Trinity test near Alamogordo, New Mexico, in 1945, no one knew for certain that it would work. There was a possibility that the kind of fission chain reaction which had been sustained in the Chicago pile could not be accelerated to produce a large explosion. Indeed, some of the Los Alamos weapon design group strongly suspected that Trinity would not explode. A "pool" of yield estimates made before the test ranged from little more than the yield of the high explosive used to trigger the nuclear explosion to several tens of kilotons. (A kiloton is a unit of energy equal to the energy released by the explosion of one thousand tons of TNT. A megaton corresponds to the energy released by exploding one million tons of TNT.) The actual yield, close to twenty kilotons, was significantly greater than most of the estimates made before the test.

The certainty that an idea will work in principle is a large step toward finding ways to carry it out. During the twenty-eight years since the Trinity test much has happened to make it easier to design and fabricate a nuclear explosive, and to provide a high degree of confidence that the design will be successful. The first fission explosives built in the USSR, the United

Kingdom, France, and China apparently worked quite well. A number of nuclear explosives with design features very different from the Trinity device, including the bomb exploded over Hiroshima, worked well the first time they were used or tested.

Ever since the successful test of the "Mike" device at Eniwetok in 1952, it has been known that fission explosions can be used to initiate thermonuclear explosions with yields in the megaton range. All governments that have developed fission explosives have also successfully developed high yield thermonuclear explosive devices. Less than three years elapsed between China's first detonation of an A-bomb and its first test of a thermonuclear explosive device—compared to seven years for the U.S., four for the USSR, five for the United Kingdom, and eight for France.

Until 1954, most of the information required for the design and construction of fission chain reacting systems, both reactors and fission explosives (A-bombs), was classified. A large body of this information was declassified in conjunction with President Eisenhower's "Atoms for Peace" speech before the United Nations on December 8, 1953, the enactment of the Atomic Energy Act of 1954, and the first international Conference on the Peaceful Uses of Atomic Energy at Geneva in 1955. Subsequent further declassification and public dissemination of new information of this type has been extensive.

In the initial draft of this book that was circulated to reviewers, we included in this chapter a rather extensive set of references to unclassified technical publications that would be available to a fission explosive design effort, particularly one with the objective of making a compact, efficient explosive with a reasonably predictable yield. The entire draft, including the references, was also submitted to the U.S. Atomic Energy Commission (AEC) for formal classification review and was determined to contain no classified information. Nevertheless, a number of the reviewers recommended that the set of references for this chapter and some of the text not be included in the published form of this book. They believed this information, though obtainable by a systematic literature search, would provide more assistance to an illicit fission explosive design team than would be prudent to collect together in one publication. We have made appropriate deletions in the published version. We believe, however, that the concern about the republication in a book such as this of certain unclassified information and references supports the central point we will develop: if the essential nuclear materials are at hand, it is possible to make an atomic bomb using information that is available in the open literature.

To give the reader some idea of the detail in which fission explosive design principles are described in widely distributed publications, and also to provide a point of departure for other parts of this chapter, we present below a rather extensive quotation from the article about nuclear weapons in the *Encyclopedia Americana*[1] by John S. Foster, a well-known expert on nuclear weapon technology and formerly Director of the Lawrence Radiation Laboratory in California and Director of Defense Research and Engineering in the Department of Defense:

> . . . It must be appreciated that the only difficult part of making a fission bomb of some sort is the preparation of a supply of fissionable material of adequate purity; the design of the bomb itself is relatively easy . . .
>
> *Fission Explosives*—The vital part of fission explosives is the fissionable material itself. The two elements commonly used are uranium and plutonium. Each of these elements can exist as isotopes of several different atomic weights according to the number of neutrons included in corresponding nuclei, as in U–232, U–233, U–234, U–235 . . . U–238, Pu–239, and Pu–240. Not all of the isotopes of these elements are suitable for use in a nuclear explosive. In particular, it is important to use a material with nuclei that are capable of undergoing fission by neutrons of all energies, and that release, on the average, more than one neutron upon fissioning. The materials which possess these properties and can be made available most easily in quantity are U–235 and Pu–239.
>
> The immediate consequence of a nuclear fission is:
>
> U–235 or Pu–239 + neutron + 2 fission products + 2 or more neutrons
> (average) + 2 gamma rays (average)
>
> The total prompt energy release per fission is about 180 million electron volts. This means that the complete fissioning of 1 kilogram (2.2 lb) of U–235 or Pu–239 releases an energy equivalent to about 17,000 tons of chemical explosive.
>
> *Critical Mass*—However, 1 kilogram of U–235 or Pu–239 metal, which is about the size of a golf ball, will not explode by itself. The reason for this is that, if one of the nuclei is made to fission the neutrons produced would usually leave the metal sphere without causing a second fission. If, however, the sphere contained about 16 kilograms (35.2 lb) of Pu–239 (delta phase) or fifty kilograms (110 lb) of U–235, the mass would be critical. That is to say, for each fission which occurs, one of the neutrons produced would on the average cause a further fission to occur. If more material were added, the number of neutrons in the assembly would multiply.
>
> The mass of fissionable material needed to achieve a critical mass is also determined by the type and amount of material placed around it. This external material, called a tamper, serves to reflect back into the fissionable material some of the neutrons which would otherwise leave. For example, the presence of a tamper made of U–238 one inch thick around a sphere of plutonium reduces the mass required to produce criticality from 16 kilograms to 10 kilograms (22 lb).

To produce a nuclear explosion, one must bring together an assembly which is substantially above critical, or supercritical. For example, suppose that by some means a mass of material equal to two critical masses is assembled, and a neutron is injected which starts a chain reaction. Within two millionths of a second or less, the energy developed within the fissionable material will cause it to explode and release a nuclear yield equivalent to several hundred tons of high explosive. The actual yield depends on the particular characteristics of the masses and types of materials involved.

Initiation of the Explosion—Because a supercritical assembly naturally tends to explode, a major aspect of the design is related to the way in which the material is brought together. The simplest form involves a procedure by which two or more pieces, which by themselves are subcritical, are brought together. One can imagine, for example, a hollow cylinder inside of which two cylindrical slugs of fissionable material are pushed together by chemical propellant. While such an approach can be used to provide a nuclear explosion, a considerable mass of fissionable material is required. Nuclear explosives involving considerably less fissionable material use a technique by which the nuclear material is compressed, or imploded.

A simple picture of this so-called implosion technique can be gained by imagining a sphere of fissionable material and tamper which is slightly below critical. Under these conditions, a neutron born in the central region of the fissionable material has almost an even chance of producing a fission before it leaves the metal. If the assembly is now compressed to twice the original density, the radius is then reduced to about 8/10 of its initial value. A neutron leaving the central region under the compressed conditions must pass through atoms which are more closely spaced by a factor of two, although the total distance is reduced only 20 percent. Consequently, the chance of causing a fission is actually increased by approximately 2×0.8, or 1.6 times. The assembly is now obviously very supercritical, although only one critical mass was used.

The trick, of course, is to compress to several times normal density the mass of fissionable material and tamper. This requires pressures above 10 million pounds per square inch. Such pressures can be developed through the use of high explosive. The nuclear core could be placed in the center of a large sphere of high explosive. Compression of the fissionable material is attained by lighting the outer surface of the high explosive simultaneously at something like 100 points spaced roughly evenly over the surface. This procedure produces a roughly spherical, in-going detonation wave which, on striking the metal core, provides the necessary compression to lead to a nuclear explosion.

This encyclopedia article presents a description of the general principles for the design of nuclear explosives. In addition, information originally classified but now in the public domain includes: the measured and calculated critical masses of various fission explosive materials[a] in various types of tampers or reflectors; the nuclear properties of materials used in fission explosives, and practically all information concerning the chemistry and metallurgy of plutonium and uranium.

A fission explosive design team working in 1973 thus has available to it, in the unclassified technical literature, considerably more of the relevant information, with one possible exception, than was available to the Los Alamos designers when the Trinity device was tested. The exception is experimental and calculated data related to the actual performance of the non-nuclear components of specific bomb assemblies. The mathematical and experimental tools one needs to acquire such data, however, are extensively described in the technical literature on nuclear reactor engineering, on high explosive technology, and on the behavior of materials at very high pressures and temperatures.

It is generally known that fission explosions can serve as a trigger to ignite thermonuclear fuels such as deuterium or tritium (which are variant forms of hydrogen, the lightest element). When the atomic nuclei of these light elements fuse together, huge amounts of energy are released. A considerable amount of the information that is needed for the design and construction of thermonuclear explosives (H-bombs) has been made public, especially the results of intensive unclassified work in the United States and other countries on controlled thermonuclear (fusion) reactor systems. The basic design principles for thermonuclear explosives, however, remain classified. How long the "secret" of the H-bomb will be kept out of the public domain is speculative. There are thousands of people who know and understand the basic principles from personal experience working within the security classification systems of the five nations that have tested H-bombs, and their number continues to increase. Further unclassified development of controlled thermonuclear power concepts is also bound to make access to classified information less important to an H-bomb design team as time passes. As a result, it seems reasonable to conclude that the H-bomb "secret" will not be kept from public view through the end of this century.

Since, however, it is impossible to discuss fission-fusion explosives in any detail in an unclassified publication, we have concentrated our attention on fission explosives in this book. Furthermore, as long as some kind of fission explosion is required to ignite the thermonuclear fuel in an H-bomb, the controls

[a]We define "fission explosive materials" to mean those materials that, without further chemical processing or isotope separation, can be directly used as the core material for fission explosives. We define "nuclear weapon materials" to mean those materials that can be used as the core material for fission explosives after chemical conversions involving processes much simpler than chemical reprocessing of irradiated nuclear materials or isotope separation. Hence, fission explosive materials is a narrower term than nuclear weapon materials. As we shall see, these two categories of nuclear materials are the primary concern of this study.

to prevent illicit use of fission explosive materials have a direct bearing on the control of illicit production of H-bombs. Finally, the damage that could be inflicted by fission explosions provides, we believe, sufficient justification for effective safeguards designed to prevent theft or illicit production of fission explosive materials. The possibility of pure fusion explosives is discussed briefly at the end of this chapter.

Nuclear materials do not necessarily have to explode to cause severe damage over large areas. Some radioactive materials, including many that are produced in nuclear power reactors, are among the most toxic substances known. Radiological weapons that would disperse fission products or other radioactive materials have been seriously considered for military use. We have no evidence, however, that any government has found such weapons to be sufficiently effective, compared to chemical or biological warfare agents and other weapons (including nuclear explosives), to include them in military arsenals. Nevertheless, we have considered several types of radiological devices that might be used by terrorists or other non-governmental groups–or perhaps even by individuals–to expose large numbers of people to radiation or to cause the evacuation of urban areas or major industrial facilities. We have given particular attention to possibilities for dispersing plutonium since that material is present in large quantities in nuclear power fuel cycles and is exceedingly toxic if breathed into the lungs in the form of very small particles.

RESOURCES REQUIRED TO MAKE FISSION EXPLOSIVES

Objectives

The time and resources required to design and make nuclear explosives depend strongly on the type of explosive wanted. It is much more difficult to make large numbers of reliable, efficient, and lightweight nuclear warheads for a national military program than to make several crude, inefficient nuclear explosive devices with unpredictable yields in the range of, say, one hundred to several thousand tons of ordinary high explosive. This is one reason why experts in the design and construction of nuclear explosives often disagree with each other about how difficult it is to make them. Those who have worked many years on the development of nuclear warheads for ever more sophisticated nuclear-tipped missile systems often base their opinions on their own experience, without having thought specifically about nuclear explosive devices that are designed to be as easy to make as possible. Unlike most national governments, a clandestine nuclear bomb maker may care little whether his bombs are heavy, inefficient, and unpredictable. They may serve his purposes so long as they are transportable by automobile and are very likely to explode with a yield equivalent to at least 100 tons of chemical explosive.

Thus, aside from the essential fission explosive materials, there is a wide range of resources required to make different types of nuclear explosives for any of a variety of purposes and under diverse circumstances. In view of this situation, we concentrate in the following parts of this chapter on a discussion of the *minimum* time and resources required to make a fission explosive with a yield that could be expected to be equal to at least a few tens of tons of high explosive.

Fission Explosive Materials

A material must have certain characteristics to be usable directly in the core of a fission bomb. First of all, it must be capable of sustaining a fission chain reaction. This means the material must contain isotopes[b] that can be split or fissioned by neutrons, releasing in turn more than one neutron as a consequence of fissioning. Second, the average time between the "birth" of a neutron by fission and the time it produces another fission, called the neutron "generation time," must be short compared to the time it takes for pressure to build up in the core. Too much pressure early in the chain reaction can cause the core to expand sufficiently to become sub-critical, i.e., to lose so many neutrons by leakage from the surface that the chain reaction cannot be maintained. Third, the critical mass and volume of the fission explosive material must be sufficiently small so that the size and weight of the mechanism for assembling more than one critical mass—whether based on the "gun" or "implosion" design—will be small enough to suit the purposes of those who want to use the fission bomb.

The quantities of fission explosive materials that would be required to make nuclear explosives, and the problems an illicit bomb maker would face in using them, depend on which fission explosive materials are involved. The distinctive characteristics of each fission explosive material must be understood in order to determine where in the nuclear power industry the key materials are to be found, to assess the specific risks of nuclear theft, and to decide which safeguards measures are appropriate in particular circumstances. We shall briefly summarize some of the most important characteristics of plutonium, uranium that is highly enriched in the isotope uranium-235, and uranium-233. All three of these materials are or will be used in large quantities as nuclear fuel to produce electric power, and all three can be used, separately or in combinations with each other, to make fission explosives.

[b]An element such as uranium or hydrogen occurs in a number of different "isotopes." This means that different atomic nuclei of the element may contain different numbers of neutrons, although the number of protons in the nuclei and the number and arrangement of the electrons revolving around the nuclei will be the same. The numbers of protons and electrons bound together largely determine the chemical properties of the element, which will be basically the same regardless of the isotope involved. However, different isotopes of the same element may have very different nuclear properties. Hence, certain isotopes of uranium, a very heavy element, are likely to split or fission when struck by a neutron, while some of the isotopes of hydrogen, a very light element, are likely to combine or fuse together under certain conditions. Both fission and fusion reactions convert mass into energy.

At the outset, it is useful to bear in mind that, of the three basic constituents of the nuclear age, neither plutonium nor uranium-233 occur in nature in significant amounts, and uranium as it occurs in nature contains less than one percent uranium-235.

Plutonium. Plutonium is produced in nuclear reactors that contain uranium-238, the most abundant isotope of natural uranium. Neutrons released in the fission process are captured in uranium-238, forming uranium-239. This radioactively decays, with a half-life[c] of about twenty minutes, to neptunium-239, which subsequently also decays, with a half-life of a little more than two days, to form plutonium-239. This isotope of plutonium is relatively very stable, with a half-life of more than 24,000 years. It is the plutonium isotope of greatest interest for use as the core material in fission explosives.

Another isotope that is made in nuclear reactors, plutonium-240, is also important to our discussion. A plutonium-239 nucleus occasionally captures a neutron without fissioning, to produce plutonium-240. Plutonium-240 cannot be fissioned by neutrons of all energies. This isotope, instead of fissioning, is more likely to capture another neutron, resulting in plutonium-241. Thus, plutonium-240 tends to act as a "poison" in a chain reacting system and it cannot be used, by itself, as the core material for a fission explosive.

Plutonium-240 has another property that is important to a bomb designer seeking to use plutonium made in power reactors. It occasionally fissions spontaneously, without being struck by a neutron, and in so doing, releases several neutrons. The neutron production rate resulting from spontaneous fission may be sufficient to influence the chain reaction. Under some conditions, one of these neutrons might start a fission chain reaction in the core material of a fission bomb before the core is assembled into a highly compressed, supercritical state. This might cause the bomb to "predetonate" and release considerably less energy than it would if the start of the chain reaction had been further delayed.

The relative amount of plutonium-240, compared to plutonium-239, increases with the length of time the plutonium is exposed to neutrons in a nuclear reactor. In typical power reactors now in operation in the United States, plutonium-240 accounts for 10 to 20 percent of the plutonium in the fuel assemblies when they are removed from a reactor for reprocessing. This concentration is sufficient to make the presence of plutonium-240 an important consideration in the design of a fission bomb. But it does not prevent the plutonium produced in nuclear power reactors from being usable in fission bombs that would be very likely to produce explosions in the kiloton range.

[c]The half-life of a radioactive isotope is the average time required for half of a given quantity of the isotope to decay and form some other isotope.

Another characteristic of plutonium that has considerable importance in the construction of a nuclear explosive is that, with proper precautions, it can be handled safely. The products of plutonium -239 and 240 radioactive decay are primarily helium nuclei called "alpha particles." These particles have very small penetrating power, a millimeter or less in human tissue, compared to the very high energy x-rays, or "gamma rays," that are emitted in large numbers by many other radioactive isotopes. Plutonium-241 primarily emits electrons, or "beta rays," which also have very little penetrating power. And the spontaneous fission neutrons produced in plutonium-240 are too few to constitute a radiological hazard. As a consequence of these characteristics, plutonium can be a severe radiological hazard only if it is retained inside the human body, especially in the lungs.

Airborne plutonium particles, small enough to be barely visible, are among the most toxic substances known. Inhalation of particles the size of specks of dust and weighing a total of some ten millionths of a gram is likely to cause lung cancer. A few thousandths of a gram of small particles of plutonium (taken together, about the size of a pinhead), if inhaled, can cause death from fibrosis of the lungs within a few weeks or less. As long as it is not breathed in or otherwise injected into the bloodstream or critical organs, however, large quantities–many kilograms–of plutonium can be safely handled for hours without any significant radiological hazards. Therefore, plutonium that is being processed must be always kept inside some kind of airtight container such as a plastic bag or one of the increasingly familiar "glove boxes" that are standard equipment in laboratories that handle highly toxic materials. In short, plutonium must be handled with considerable respect.

The optimal chemical form of plutonium to use in a fission bomb is generally the pure metal. Metallic plutonium occurs in several different "phases" with different densities. So-called "alpha-phase" plutonium (which has nothing to do with alpha particles) has a density about nineteen times greater than water at normal pressure, while delta-phase plutonium is about sixteen times more dense than water. The critical mass of a sphere of dense alpha-phase plutonium-239 inside several inches of beryllium metal (an especially good neutron reflector) is about four kilograms and about the size of a baseball. The critical mass of a sphere of delta-phase plutonium that contains percentages of plutonium-239, 240, and 241 typical of plutonium made in today's nuclear power reactors is about eight kilograms when it is inside a several-inch thick reflector of steel or copper (neither of which is as good a neutron reflector as beryllium).

Plutonium oxide, which is used as fuel material in some types of nuclear power reactors, could also be used directly in a nuclear explosive. The oxygen in plutonium oxide, which has the chemical formula PuO_2, affects the ability of the plutonium to sustain a rapid chain reaction in several ways. The oxygen takes up space, thereby reducing the number of atoms of plutonium per cubic centimeter. This tends to increase the critical mass, since a neutron must travel further than it would in plutonium metal before making a fission. But oxygen atoms are much more effective than the much heavier plutonium atoms in slowing down neutrons by billiard-ball type collisions. In the language of nuclear engineers, oxygen is a neutron "moderator." Since the probability that a neutron will cause a fission in plutonium-239 tends to *increase* as the neutron slows down, this effect of the presence of oxygen (or some other moderator) tends to *decrease* the critical mass. But the increase in fission probability resulting from slower neutron velocities cannot compensate for the effect of the decreased concentration of plutonium atoms contained in plutonium oxide, so that the net effect is that the critical mass of the oxide is somewhat greater than that of plutonium metal. When well compacted, plutonium oxide has a critical mass that is about one and a half times as large as the critical mass of metallic plutonium.

A particular number of assembled critical masses of plutonium oxide will also explode less efficiently than the same number of critical masses of metallic plutonium. The reason is that the neutron generation time is longer in plutonium oxide than in the metal, since the average distance between plutonium atoms is greater and the neutrons are generally moving more slowly. Consequently, if plutonium oxide is used instead of the metal, less energy would be released by the time the buildup of pressure in the core caused it to expand to the point where increased leakage of neutrons from the core would cause the chain reaction to stop.

An illicit bomb maker who possessed plutonium oxide would have two options. Either he could use it directly as bomb material and settle for a bomb that was somewhat inefficient, or he could go to the trouble of removing the oxygen so that he would need to use only about two-thirds as much plutonium and would achieve a higher explosive yield. Whichever way he chose, however, the bomb maker would have to be extremely careful always to keep the plutonium inside airtight enclosures, and to monitor all steps in the process with some kind of radiation detector to make sure he never accidentally assembled a critical mass.

The processes for converting plutonium oxide to metallic plutonium are described in detail in widely distributed, unclassified publications. Moreover, all the required equipment and chemicals can be purchased from commercial firms for a few thousand dollars or less. We find it credible that a person with experience in laboratory chemistry and metallurgy could assemble all the required information, equipment, and chemicals, and safely carry out all the operations needed to reduce plutonium oxide to metal in a clandestine laboratory in a few months.

The preceding discussion is based on the assumption that a bomb maker would have acquired plutonium oxide before it had been mixed with other oxides. When plutonium oxide is used in nuclear power reactors, it is often intimately mixed with an oxide of uranium that is slightly enriched with uranium-235. Whether or not such an oxide mixture could be used, even in principle, as the core material for a fission bomb depends on the relative concentrations of plutonium and uranium. Mixed uranium-plutonium oxide fuel suitable for use in the kinds of power reactors now operating in the United States has much too low a concentration of plutonium (in the range of 1 to 5 percent) to make the fuel material directly usable in a fission bomb. The processes necessary to extract the plutonium from such a mixture, in the form of reasonably pure plutonium oxide, are less complicated than those required to reduce plutonium oxide to metallic form, and they are also thoroughly described in unclassified publications. Once having separated the plutonium oxide from the uranium oxide, an illicit bomb maker would have the same choice we previously described.

Mixtures of plutonium and uranium oxides suitable for use in the kind of "fast breeder" reactor now under intensive development could, in principle, be used without further chemical separation as core material for a fission bomb. In order to produce the same explosive yield, however, the amount of plutonium required would be at least several times greater than if the plutonium oxide were separated. Thus, the additional effort required to separate the plutonium, at least as the oxide from the plutonium-uranium mixture used in breeder reactor fuel, would generally be worthwhile.

After plutonium has been produced from the uranium-238 in a reactor, it is extracted from spent fuel at a fuel reprocessing plant. It is then in the form of a liquid plutonium nitrate solution. Plutonium nitrate solution can sustain a fission chain reaction; in fact, the minimum critical mass of plutonium in solution is considerably smaller than the critical mass of metallic plutonium. This is because hydrogen atoms in the solution are very effective in slowing down the neutrons, thereby increasing the chances they will cause fission. Under some conditions, the critical mass can be as small as a few hundred grams. However, unlike the oxide, plutonium nitrate solution cannot be used directly in the core of a nuclear bomb. The reason is that the neutron generation time of the plutonium in solution is much too long. The solution would form steam bubbles that would disassemble the bomb before the nuclear energy had built up to explosive proportions.

Plutonium nitrate solution is not difficult to convert to usable form. It is easier to make plutonium oxide from plutonium nitrate solution than it is to separate mixed oxides in order to reduce plutonium oxide to metal. A solution of sodium oxalate, a common chemical, added to plutonium nitrate solution, will form a precipitate of plutonium oxalate which is insoluble in water. The plutonium oxalate can be separated from the solution by simple filtration and then heated in an oven to form plutonium oxide powder. As long as the steps are carried out with small batches of plutonium–a few hundred grams at a time–there is no danger of accidentally forming a supercritical mass.

The person performing these operations would, of course, have to take the precautions mentioned above in order to keep from getting significant internal doses of plutonium.

High-enriched Uranium. Natural uranium contains 99.3 per cent uranium-238 and about 0.7 percent uranium-235. Uranium-238 cannot, by itself, sustain a fission chain reaction under any conditions. Nearly pure uranium-235 (more than 90 percent U-235), on the other hand, is very suitable for making fission explosives. A given number of critical masses of uranium-235 will explode with lower efficiency and, generally, a somewhat lower explosive yield than the same number of critical masses of plutonium-239.

The spherical critical mass of uranium-235 at normal density, which is close to twenty times the density of water, is between about eleven kilograms and twenty-five kilograms, depending on the type of neutron reflector that surrounds it. This is about three times the critical mass of alpha-phase plutonium-239. Without any reflector at all, the critical mass of uranium-235 is slightly more than fifty kilograms.

Unlike plutonium, uranium-235 is not particularly toxic. No radiation shielding or protective coverings are necessary to handle it safely in quantities less than a critical mass. Uranium-235 does not fission spontaneously at a significant rate, thus releasing neutrons that might prematurely initiate a nuclear chain reaction before a weapon assembly has become highly supercritical.[d] The critical mass of uranium-235 in the form of oxide (UO_2) or carbide (UC_2), which are forms used as fuel in some types of nuclear reactors, is about 50 percent greater than the critical mass of the metal. Either the oxide or the carbide can be used directly as the core material for a bomb. The steps required for converting uranium oxide to metal are similar to those for the conversion of plutonium oxide, except that the safety precautions are much less stringent. Generally speaking, uranium is easier to convert from one chemical or physical form to another than is plutonium.

Uranium-235 must be "enriched" above its concentration in natural uranium in order to make it usable as the core material in a fission bomb. The degree of enrichment required is difficult to define with any precision. Below an enrichment level of about 10 percent (i.e., the fraction of all uranium atoms that are uranium-235 in a mixture of U-235 and U-238 atoms is equal to 10 percent), uranium cannot be used to make a practical fission bomb, even though it can be used with a neutron moderator to sustain a "slow" fission chain in a reactor. This is basically for the same reasons that a solution of plutonium nitrate cannot be used to make a nuclear explosion.

[d]Uranium-238, however, does spontaneously fission at a rate that, though roughly 1,000 times slower than plutonium-240, can under some circumstances affect the course of a chain reaction in a fission bomb.

At enrichment levels above 10 percent, the situation becomes complicated. The critical mass of metallic uranium at 10 percent enrichment, with a good neutron reflector, is about 1,000 kilograms, including 100 kilograms of contained uranium-235. Though very heavy, this would still be a sphere of only about a foot and a half in diameter. At 20 percent enrichment, the critical mass drops to 250 kilograms (fifty kilograms of contained uranium-235), and at 50 percent enrichment it is fifty kilograms, including twenty-five of uranium-235. At 100 percent enrichment, the critical mass of uranium-235 is about fifteen kilograms, and about the size of a softball.

It is probable that some kind of fission explosive with a yield equivalent to at least a few tens of tons of high explosive could be made with metallic uranium at any enrichment level significantly above 10 percent, but the required amount of uranium-235 and the overall weight of the bomb is reduced dramatically as the enrichment is increased to about 50 percent. Since most nuclear power reactors use uranium fuel that is either enriched below 10 percent or above 90 percent, we are primarily concerned with uranium enriched above 90 percent. Unless otherwise noted, we use the term "low-enriched uranium" to mean uranium enriched above its natural concentration, but below 10 percent; "intermediate-enriched uranium" to mean uranium enriched between 10 percent and 90 percent; and "high-enriched uranium" to mean uranium enriched above 90 percent.

Natural or low-enriched uranium in the form of a gas, uranium hexafluoride (UF_6), can be further enriched in an isotope enrichment plant in order to obtain high-enriched uranium. After enrichment, the gas can be liquified under pressure for storage and shipment. Uranium hexafluoride is relatively easy to convert to uranium oxide or metal.

Two methods for enriching uranium that have been highly developed are gaseous diffusion and gas centrifugation. As far as we know, gaseous diffusion is the only method that has been used thus far for large scale separation of uranium isotopes. Many important details of the gaseous diffusion isotope separation process remain classified. It is well known, however, that it requires very large amounts of electric power (enough to meet the needs of a U.S. city with a population of several hundred thousand), and large capital investments (of the order of hundreds of millions of dollars, at least) in complex equipment and huge facilities.

As far as we have been able to determine, the performance characteristics of gas centrifuge techniques for uranium isotope separation have not been discussed in detail in the unclassified literature. It is generally claimed that the electric power and capital investments required for a gas centrifuge plant would be substantially lower than for a gaseous diffusion plant. But gas centrifuge systems are extremely complex. They require very many individual centrifuges which must be designed to exceedingly close physical tolerances.

A third method for uranium enrichment would make use of laser beams to stimulate atomic or molecular transitions in U-235 (but not in U-238). Laser techniques have recently received considerable attention, and may conceivably lead to large reductions in the cost and complexity of uranium isotope separation in the future. At the present time and for at least a few more years, however, isotope enrichment facilities for converting either natural or low-enriched uranium to high-enriched uranium will be extremely costly and complex, and probably beyond the reach of any but the highly industrialized nations.

High-enriched uranium hexafluoride is too dilute to use directly in any practical type of fission bomb. It is easier to convert the fluoride to uranium oxide than to metal, but both conversions could be carried out, conceivably in a clandestine laboratory, using chemicals and equipment that can easily be purchased commercially. High-enriched uranium hexafluoride is likely to be less attractive to a nuclear thief than the oxide or metal, but it is likely to be considerably more attractive than low-enriched or natural uranium.

Uranium-233. This isotope is produced in nuclear reactors that contain thorium. When a neutron is captured in thorium-232, the isotope of thorium that occurs in nature, it forms thorium -233. This radioactively decays, with a half-life of about twenty minutes, to protactinium-233, which subsequently also decays, with a half-life of about a month, to uranium-233. This isotope is relatively very stable, with a half-life of about 160,000 years. The critical mass of uranium-233 is only about 10 percent greater than the critical mass of plutonium, and its explosive efficiency, under comparable conditions, is about the same as plutonium. It is much less dangerous to work with than plutonium.

In ways that are analogous to the production of variant forms of plutonium in a uranium-fueled reactor, several other isotopes of uranium, besides uranium-233, are formed in a reactor that contains thorium. Some of these, such as uranium-234, act as a dilutant, thereby increasing the critical mass of uranium-233 about ten to twenty percent. None of these isotopes, however, fission spontaneously at a rate high enough to affect the course of a chain reaction during assembly of more than one critical mass in a fission bomb. In this respect, uranium-233 is similar to uranium-235.

One of the uranium isotopes formed in reactors that contain thorium is uranium-232. This decays through a rather complicated radioactive chain to form several isotopes that emit gamma rays, a particularly penetrating form of radiation. Uranium-232 is not separated from uranium-233 at a nuclear fuel reprocessing plant, the chemical properties of different isotopes of the same element being practically identical. Uranium-233, as used in the nuclear industry, will therefore contain enough uranium-232 (typically several hundred parts per million) to require concrete or other types of gamma ray shielding to protect workers in plants that routinely handle large quantities of the material. These gamma rays do not necessarily present a dangerous hazard to an illicit bomb maker who is working, without any shielding, close to kilogram quantities of uranium-233. However, the total time of direct, close-up exposure to the material must be limited to several dozen hours in order that the cumulative dose of gamma rays received amounts to no more than about a dozen chest x-rays. Although such exposure within a few months or less is considerably greater than that permitted workers at nuclear facilities, it might be of little concern to an illicit bomb maker.

Uranium-233 is much less dangerous to breathe or ingest than plutonium, but it is more dangerous in this respect than uranium-235. People working with unconfined uranium-233 could simply take the precaution of wearing masks designed to filter out small particles, and of making sure they do not work with the material when they have any open wounds. Alternatively, they could take the same precautions as those required for handling plutonium.

Since the chemistry and metallurgy of uranium-233 are practically identical to those of uranium-235, its conversion from one form to another requires the same processes. As is the case for plutonium or high-enriched uranium, the oxide or carbide forms of uranium-233 could be used as core material for fission bombs. Similarly, this would require about 50 percent more material, and produce a somewhat lower yield than if metal were used in the same type of bomb.

"Strategically Significant" Quantities of Fission Explosive Materials. Our discussion so far may have suggested to some readers that the minimum quantity of a fission explosive material required to make some kind of fission bomb, sometimes called the "strategically significant" quantity, is roughly equal to the spherical critical mass of that material, in metallic form, inside a good neutron reflector, or tamper. This is not the case. The amount required depends on the particular type of fission explosive in which it is used.

If the material is to be used in a gun-type of fission explosive, which becomes supercritical when more than one critical mass is assembled at normal density, the additional amount depends on the desired explosive yield. In his *Encyclopedia Americana* article, Foster states that a nuclear yield equivalent to several hundred tons of high explosive will be released if a mass of material equal to two critical masses is assembled and a neutron is injected to start the chain reaction. The actual yield depends on the particular characteristics of the masses and types of materials involved. On this basis one might argue that, to be on the safe side with regard to protecting nuclear materials from theft, the "strategically significant quantity" of a material should be its critical mass, as a sphere of the material in metallic form, inside a thick tamper of beryllium. We have chosen this arrangement because it corresponds to the lowest critical masses of fission explosive materials that are given in published reports. For plutonium, high-enriched uranium, and uranium-233 these masses are, respectively, about four, eleven, and four and one half kilograms.

If, on the other hand, the material is to be used in an implosion type of fission bomb, the amount required may be significantly lower than these quantities. Materials that are compressed above their normal densities have a lower critical mass than when they are uncompressed. In the special case when both the core and the reflector are compressed by the same factor, the critical mass is reduced by the square of that factor. Thus, when a spherical core and reflector assembly that is initially close to one critical mass is compressed to twice its initial density, it will correspond to about four critical masses. The dependence of the densities of heavy elements on their pressures and temperatures (their "equations of state"), and the pressures that can be achieved in various types of chemical explosive assemblies are described in unclassified publications. But this information alone does not tell one how high are the compressions that can actually be achieved in practical implosion systems. The reason is that the compressions achieved in an actual device depend, in detail, on how the device is designed. In particular, the compression achieved depends on how close the implosion is to being perfectly symmetrical.

Therefore, the minimum amount of fission explosive material required to make a reasonably powerful implosion type fission bomb depends on how much the bomb maker knows, on his ability to predict the detailed behavior of implosion systems during the implosion and the chain reacting phases, and on the skills, equipment, and facilities at his disposal for building the device.

One might argue that, to be on the safe side again, a strategically significant quantity of plutonium, high-enriched uranium, or uranium-233 should be defined as the smallest amount that could reasonably be expected to be used in a fission bomb designed by the best experts in nuclear explosive technology. Even if such quantities were defined, they would be highly classified. Nevertheless, the issue of what should be considered as a strategically significant quantity of fission explosive material for purposes of developing an effective system of safeguards against nuclear theft is one that recurs at various points throughout this study. Suffice it to say at this point that it is an important policy question for which there can be no purely technical answer.

Skills and Non-Nuclear Resources Required to Make Fission Bombs

As a result of extensive reviews of publications that are available to the general public and that relate to the technology of nuclear explosives, unclassified conversations with many experts in nuclear physics and engineering, and a considerable amount of thought on the subject, we conclude:

Under conceivable circumstances, a few persons, possibly even one person working alone, who possessed about ten kilograms of plutonium oxide and a substantial amount of chemical high explosive could, within several weeks, design and build a crude fission bomb. By a "crude fission bomb" we mean one that would have an excellent chance of exploding, and would probably explode with the power of at least 100 tons of chemical high explosive. This could be done using materials and equipment that could be purchased at a hardware store and from commercial suppliers of scientific equipment for student laboratories.

The key persons or person would have to be reasonably inventive and adept at using laboratory equipment and tools of about the same complexity as those used by students in chemistry and physics laboratories and machine shops. They or he would have to be able to understand some of the essential concepts and procedures that are described in widely distributed technical publications concerning nuclear explosives, nuclear reactor technology, and chemical explosives, and would have to know where to find these publications. Whoever was principally involved would also have to be willing to take moderate risks of serious injury or death.

Statements similar to those made above about a plutonium oxide bomb could also be made about fission bombs made with high-enriched uranium or uranium–233. However, the ways these materials might be assembled in a fission bomb could differ in certain important respects.

We have reason to believe that many people, including some who have extensive knowledge of nuclear weapon technology, will strongly disagree with our conclusion. We also know that some experts will not. Why is this a subject of wide disagreement among experts? We suspect that at least part of the reason is that very few of the experts have actually spent much time pondering this question: "What is the easiest way I can think of to make a fission bomb, given enough fission explosive material to assemble more than one normal density critical mass?" The answer to this question may have little to do with the kinds of questions that nuclear weapon designers in the United States, the Soviet Union, the United Kingdom, France, or Peoples Republic of China ask themselves when they are trying to devise a better nuclear weapon for military purposes. But the question is likely to be foremost in the mind of an illicit bomb maker.

Whatever opinions anyone may have about the likelihood that an individual or very small group of people would actually steal nuclear materials and use them to make fission bombs, those opinions should not be based on a presumption that all types of fission bombs are very difficult to make.

EFFECTS OF NUCLEAR EXPLOSIONS

Even a "small" nuclear explosion could cause enormous havoc. A crude fission bomb, as we have described it, might yield as much as twenty kilotons of explosive power–the equal of the Nagasaki A-bomb. But even much less powerful devices, with yields ranging down to the equivalent of one ton of chemical high explosive, could cause terrible destruction.

A nuclear explosion would generally produce considerably more damage than a chemical explosion of the same yield. A nuclear explosion not only releases energy in the form of a blast wave and heat, but also large quantities of potentially lethal penetrating radiations (gamma rays and neutrons) and radioactive materials that may settle over a large area and thereafter lethally irradiate unsheltered people in the "fallout" area. The relative importance of these different forms and effects of nuclear energy in producing damage depends on the size of the explosion, the way the explosive is designed, and the characteristics of the target area. Radiation released within a minute after the explosion (so-called "prompt" radiation) tends to be more important in small explosions than large ones. The total amounts of prompt radiation released in two different nuclear explosions with the same overall explosive yield may differ, by a factor of ten or more, depending on how the bombs are designed. The relative importance of the effects of fallout, compared to other effects, depends on the local weather conditions, the nature of the immediate environment of the explosion, and the availability of shelter for people in the vicinity of the explosion. A nuclear explosion in the air generally produces less local fallout than a comparable explosion on the ground. The damage produced by the blast wave from an explosion also depends on the topography of the immediate surroundings, and on the structural characteristics of buildings in the target area.

We can illustrate such differences by a few examples. A nuclear explosion with a one-ton yield in the open in a sparsely populated area might produce slight damage. But the same explosion on a busy street might deliver a lethal dose of radiation to most of the occupants of buildings, as well as to people along the streets, within about 100 meters of the detonation. A nuclear explosion with a yield of ten tons in the central courtyard of a large office building might expose to lethal radiation as many as 1,000 people in the building. A comparable explosion in the center of a football stadium during a major game could lethally irradiate as many as 100,000 spectators. A nuclear explosion with a 100–ton yield in a typical suburban residential area might kill perhaps as many as 2,000 people, primarily by exposure to fallout. The same explosion in a parking lot beneath a very large skyscraper might kill as many as 50,000 people and destroy the entire building.

To give the reader some idea of the distances within which various types of damage might be produced by nuclear explosions of different yields, we have prepared the estimates presented in Table 2–1. These estimates are only rough approximations for the reasons given above.

Prompt radiation released during or very soon after the explosion can be in two forms, gamma rays and neutrons, both of which can easily penetrate at least several inches of most materials. Gamma ray and neutron dose

Table 2-1. Damage Radii for Various Effects of Nuclear Explosions as Functions of Yield

	Radius for Indicated Effect (Meters)						
Yield (High Explosive Equivalent)	*500 REM Prompt Gamma Radiation*	*500 REM Neutrons*	*Fallout (500 REM Total Dose)**	*Severe Blast Damage (10 psi)*	*Moderate Blast Damage (3 psi)*	*Crater Radius (Surface Burst)*	*Crater Radius (Underground Burst)*
1 ton	45	120	30–100	33	65	3.4	6.7
10 tons	100	230	100–300	71	140	6.8	13.3
100 tons	300	450	300–1,000	150	300	13.6	26.5
1 kiloton	680	730	1,000–3,000	330	650	27	53
10 kilotons	1,150	1,050	3,000–10,000	710	1,400	54	104
100 kilotons	1,600	1,450	10,000–30,000	1,500	3,000	108	208
1 megaton	2,400	2,000	30,000–100,000	3,250	6,500	216	416

*Assuming one-hour exposure to fallout region, for yields less than 1 kiloton, increasing to twelve hours for 1 megaton.

levels can be stated in terms of the REM, which is related to the Roentgen, a unit often used for measuring x-ray dosages. A radiation exposure of about five hundred REM of either gamma rays or neutrons absorbed over a person's entire body (a so-called "whole body" dose) would kill half the people so exposed within a few weeks or less. A radiation dose of about 1,000 REM would kill almost all the people exposed. The prompt radiation is released so rapidly that there would not be time for people in the vicinity of the explosion to take cover in shelters or behind buildings.

Delayed radiation from the fallout of a nuclear explosion could deliver lethal doses to people who remain in the open where radioactive debris has settled long enough for them to receive a total dose of roughly 500 REM. The ranges of distances indicated in Table 2-1 for radioactive fallout are based on the assumptions that the wind velocity in the area is about five miles per hour, and that exposed people remain within the area for one hour, for yields less than one kiloton, increasing to twelve hours for a yield of one megaton. These distances are the most uncertain of any shown in the table, since they depend strongly on the local weather conditions, the amount and characteristics of the surface material that would be picked up in an explosion's fireball and later deposited on the ground, the extent to which people would be able to take cover or leave the area quickly after an explosion, and many other factors.

The distances indicated in Table 2-1 for severe and moderate blast damage and cratering are considerably more predictable than the distances for severe damage by radiation. A peak overpressure of ten pounds per square inch would be likely to cause very severe damage to almost all residential and office buildings, and moderate damage to heavily reinforced concrete buildings. Three pounds per square inch would cause severe damage to wood frame residential buildings.

To summarize, the human casualties and property damage that could be caused by nuclear explosions vary widely for different types of explosions detonated in different places. Nevertheless, it is clear that under a variety of circumstances, even a nuclear explosion one hundred times smaller than the one that destroyed Hiroshima could have a terrible impact on society.

RADIOLOGICAL WEAPONS

Plutonium Dispersal Devices

We have already stated that plutonium, in the form of extremely small particles suspended in air, is exceedingly toxic. The total weight of plutonium-239 which, if inhaled, would be very likely to cause death by lung cancer is not well known, but is probably between ten and 100 micrograms (millionths of a gram). Even lower internal doses, perhaps below one microgram, might cause significant shortening of a person's life. The total retained dose of plutonium that would be likely to cause death from fibrosis of the lung within a few days is about a dozen milligrams (thousandths of a gram). All these estimates, particularly those related to shortening of life from lung cancer, are uncertain, partly because the responses of different individuals to the same doses of plutonium are likely to vary considerably. For purposes of this discussion, particularly for comparisons with other toxic substances, we assume that fifty micrograms of plutonium-239 represent a "lethal" dose, i.e., the amount that would be very likely to cause eventual death if it were internally absorbed.

In terms of the total weight of material that represents a lethal dose, plutonium-239 is at least 20,000 times more toxic than cobra venom or potassium cyanide, and 1,000 times more toxic than heroin or modern nerve gases. It is probably less toxic, in these same terms, than the toxins of some especially virulent biological organisms, such as anthrax germs.

The amounts of plutonium that could pose a threat to society are accordingly very small. One hundred grams (three and one half ounces) of this material could be a deadly risk to everyone working in a large office building or factory, if it were effectively dispersed. In open air, the effects would be more diluted by wind and weather, but they would still be serious and long-lasting.

The quantities of plutonium that might produce severe hazards in large areas are summarized in the very crude estimates presented in Table 2-2. To estimate the areas within which people might be exposed to lethal doses inside a building, we assume that dispersed plutonium is primarily plutonium-239 in the form of an aerosol of finely divided particles distributed uniformly in air throughout the building, We also assume that exposure of people to the contaminated air is for one hour, that ten percent of the inhaled particles are retained in their lungs, and that, as stated earlier, the lethal retained dose of plutonium is fifty micrograms. These conditions might be achieved by carefully introducing the plutonium aerosol into the intake of a building's air conditioning system. This might be quite difficult to do in many cases.

Table 2-2. Lethal and Significant Contamination Areas for Release of Air Suspensions of Plutonium Inside Buildings

Amount of Plutonium Released	*Inhalation Lethal Dose of Suspended Material (area in square meters)*	*Significant Contamination Requiring Some Evacuation and Cleanup (area in square meters)*
1 gram	~500	~50,000
100 grams	~50,000	~5,000,000

An area of 500 square meters (about 5,000 square feet) corresponds to the area of one floor of many typical office buildings. An area of 50,000 square meters (about 500,000 square feet) is comparable to the entire floor area of a large skyscraper. Even a few grams of dispersed plutonium could pose a serious danger to the occupants of a rather large office building or enclosed industrial facility.

The areas in which plutonium contamination would be significant enough to require evacuation and subsequent decontamination are roughly estimated to be about 100 times the areas subjected to a lethal dose. About a dozen grams of plutonium dispersed throughout the largest enclosed building in the world might make the entire building unusable for the many weeks that would be required to complete costly decontamination operations.

The dispersal in large open areas of plutonium with lethal concentrations of radioactivity is likely to be much more difficult to carry out effectively than dispersal indoors. The height of the affected zone would be difficult to hold down to a few feet. Even a very gentle, two-mile-per-hour breeze would disperse the suspended material several kilometers downwind in an hour. This would make it extremely difficult to use less than about one kilogram of plutonium to produce *severe* radiation hazards. With a few dozens of grams of plutonium, however, it would be relatively easy to contaminate several square kilometers sufficiently to require the evacuation of people in the area and necessitate a very difficult and expensive decontamination operation.

After the plutonium-bearing particles settled in an area, they would remain a potential hazard until they were leached below the surface of the ground or were carried off by wind or surface water drainage. As long as the particles remained on the surface, something might happen to draw them back into the air. Contamination levels of about a microgram of plutonium per square meter would be likely to be deemed unacceptable for public health. Thus, in an urban area with little rainfall, a few grams of plutonium optimally dispersed out of doors might seriously contaminate a few square kilometers, but only over a very much smaller area would it pose a lethal threat.

So far in our discussion, we have considered only plutonium-239, the isotope of plutonium that is produced in the largest quantities in nuclear reactors. Plutonium-238, which is also made in significant quantities in some reactors, is considerably more toxic than plutonium-239. Its half-life for emitting alpha particles is only about eighty-seven years, instead of about 25,000 years; one gram of plutonium-238 therefore emits alpha particles at approximately 300 times the rate that plutonium-239 does. As a result, the lethal dose of plutonium-238 is about 1/300 of what it is for plutonium-239. We mention this because plutonium-238 has been used in radioisotope-powered nuclear "batteries," and is being seriously considered for use in power supplies for heart pumps in people suffering from certain types of heart disorders. As much as sixty grams of plutonium-238, the equivalent in toxicity of almost twenty *kilograms* of plutonium-239, may be in each such heart-pump battery. This is enough material to produce serious contamination of hundreds of square miles, if dispersed in the form of small particles.

A variety of ways to disperse plutonium with timed devices are conceivable. These would allow the threatener to leave the area before the material is dispersed. Any plutonium contained inside such a device would not be a hazard until it was released.

People who absorb lethal but not massive doses of plutonium would not sense any of its effects for weeks, or perhaps years. The presence of finely divided plutonium in an area could be detected only with sensitive radiation monitoring equipment. Such equipment is now only used to monitor the presence of plutonium or other dangerously radioactive materials in nuclear installations. Except in such installations, therefore, people would not know they were exposed until they were told, either by those responsible for the threat, or by someone in authority who happened to detect the plutonium with instruments.

We are not aware of any successful non-military attempts to use chemical, bacteriological, or radiological poisons to contaminate large areas. Whether any such means will be used in the future for criminal or terrorist purposes is, we believe, an even more speculative question than whether nuclear explosives will be so used. Many types of potentially lethal poisons are no more difficult to acquire than chemical high explosives. However, high explosives are being used with greater frequency and in increasing amounts by terrorists and extortionists, while we have found no evidence that they have ever used poisonous agents. The practically instantaneous, quite obvious destruction that is produced by an explosion apparently better suits the purposes of terrorists and extortionists than poisons that act more slowly and subtly, but that are at least as deadly. Unlike other poisons, however, plutonium can be used either as a poison or as explosive material. Accordingly, a threat using a plutonium dispersal device could conceivably be followed by a threat involving plutonium used in a nuclear explosive.

Other Types of Radiological Weapons

As part of our research for this study, we considered, in some detail, the effects that might be produced by dispersing radioactive materials other than plutonium, or by purposely pulsing various types of unshielded nuclear reactors to destruction without achieving a real nuclear explosion. We conclude that neither type of weapon would be as effective as a plutonium dispersal device or a low-yield fission bomb.

Spent nuclear reactor fuel and the fission products separated from reactor fuels at a chemical reprocessing plant are, potentially, extremely hazardous if dispersed in a populated area. But they would also be very dangerous to handle in sufficient quantities to pose a threat to a large area because they emit highly penetrating gamma rays, thus requiring heavy shielding to protect thieves or weapon makers. In short, plutonium would be easier to use for destructive purposes than radioactive fission products.

If a nuclear reactor core were pulsed to destruction, it would release a comparatively small amount of energy equivalent to, at most, a few hundred pounds of high explosive from a device weighing several tons. It would also release amounts of radiation and radioactive materials that would be very small compared to a low-yield nuclear explosion unless the reactor had been operated at high power levels for some time before use as a weapon. Under such conditions, it would have to be transported in heavy shielding and would pose even greater handling problems than stolen spent nuclear reactor fuel. Generally speaking, therefore, it would be easier to make and use a fission bomb than to make and pulse a nuclear reactor core in a way that would produce damage on the scale of a fission bomb.

PURE FUSION EXPLOSIVES

A pure fusion explosive would be a device that would not require any fission "trigger" to initiate explosive thermonuclear (fusion) reactions in very light hydrogen isotopes such as deuterium and tritium. There is considerable discussion in the unclassified literature concerning the possibility of developing this type of explosive. No successful development has yet been announced, and we have no reason to believe it has taken place.

Recent papers suggest that it may be possible to use intense laser pulses to implode small "pellets" of deuterium and tritium (and possibly pure deuterium) in such a way as to cause the pellets to explode. The concept is described in the context of its possible use for the generation of electric power. Very small thermonuclear explosions would be confined, possibly with magnetic fields, and the explosion energy would be extracted to produce electricity.

Intensive research and development on such systems is under way in AEC laboratories and at least one industrial laboratory. Some people working on laser-induced fusion suggest that the scientific feasibility of the concept may be successfully demonstrated within a year or two. There is considerable controversy, however, about when the practicality of laser-induced fusion may be demonstrated. Whether or not laser-triggered fusion could be developed into practical and transportable nuclear explosives with yields equivalent to or greater than tons of chemical high explosives is not revealed in the unclassified literature, and the answer may well be unknown.

In any case, we do not believe that pure fusion explosives could be made clandestinely in the foreseeable future without highly sophisticated equipment and exceptionally highly skilled and experienced specialists.

NOTES TO CHAPTER TWO

1. John S. Foster, "Nuclear Weapons", Encyclopedia Americana, Volume 20, pp. 520-522, Americana Corporation, New York, 1973. Reprinted with permission of the Encyclopedia Americana, copyright 1973, The Americana Corporation.

Chapter Three

Nuclear Fuel Cycles: 1973-1980

INTRODUCTION

In Chapter 2 we considered the nuclear materials and other resources required to make fission bombs and described the damage that could result from nuclear explosions or the dispersal of plutonium. In order to appreciate the risk that nuclear weapon materials might be stolen from the nuclear power industry, our next step is to describe the facilities and operations that, taken together, comprise the "nuclear fuel cycles" required to support each major type of reactor used to generate electric power. A typical nuclear fuel cycle includes facilities for mining, converting, enriching, fabricating, using, reprocessing, and recycling nuclear fuels. It also includes all the transportation links between these facilities.

We want to know which points in each fuel cycle need safeguards against theft. Where can materials be found, both now and in the future, that are usable for making nuclear weapons? What quantities of these materials, in what physical and chemical forms, could thieves expect to find at different stages of a fuel cycle? How heavy and how large are the units that contain these materials likely to be? In short, we intend to provide in this chapter a factual basis for deciding which parts of nuclear fuel cycles are *inherently* most vulnerable to attempted thefts of nuclear weapon materials. We will then be prepared to consider various measures to safeguard against nuclear thefts in subsequent chapters.

We also briefly discuss in this chapter certain research applications of nuclear energy because they now involve considerable quantities of nuclear weapon materials, sometimes in forms that are especially susceptible to theft. We do not mean to imply, however, that these are the only civilian applications of nuclear energy where a risk of nuclear theft may exist. Other serious possibilities might arise beyond 1980. We restrict ourselves to the risks of theft primarily from the nuclear power industry and related activities because of the magnitude of the flows of nuclear weapon materials that will necessarily build up as the industry develops and expands, and because of the importance of effective safeguards against nuclear theft as an element of any future U.S. energy policy.

In this chapter, therefore, we describe the fuel cycles of the kinds of nuclear power plants that are operating or under construction today, that have been ordered by electric utilities from the various reactor manufacturers, or that are now under intensive development for commercial use as part of the federal government's energy R & D program. We consider in this chapter the industry as it is expected to develop until 1980. This can be foreseen quite clearly because almost all the nuclear power plants that could be operating by 1980 have already been ordered. We will cover the same major questions, more speculatively, in Chapter 4 for the period 1980-2000, during which a number of different paths could be followed in the development of nuclear power.

POWER REACTOR FUEL CYCLES

The basic type of reactor for most of the nuclear power plants expected to be operating in the United States through 1980 is the light water reactor (LWR). A few plants will use another type, the high temperature gas-cooled reactor (HTGR). The first prototype of a liquid metal-cooled fast breeder reactor (LMFBR) is not expected to be in operation until 1980 at the earliest, but a large scale LMFBR research and development program has been underway since the mid-1960s as the nation's top priority energy R & D effort.

LWR Fuel Cycle

The Reactors. A good place to begin a description of the materials in a nuclear fuel cycle is at the nuclear reactor itself. A brief overview of basic reactor technology can also be helpful in showing why certain materials are used in the fuel cycle, where they are, and the forms they take. There are two kinds of LWR—the pressurized water reactor (PWR) and the boiling water reactor (BWR). Both use water as the coolant and also as the moderator to slow down neutrons in order to make them more efficient in producing fissions. In PWR's nuclear fission which occurs in fuel contained inside metal-covered fuel rods heats pressurized water surrounding the rods. The hot water is circulated through a closed loop, which provides heat through a heat exchanger to generate steam that is then used to drive the large turbines that generate electricity. In BWR's a mixture of water and steam is discharged from the reactor vessel and dried, and the steam is then used directly to drive turbines. In both types of nuclear power plants the overall efficiency with which fission energy is converted to electricity is typically about 30 percent; the remaining 70 percent is generally discharged as waste heat.

At the end of 1973 there were about 40 LWR power plants, with a total electric generating capacity of about 25,000 megawatts,[a] operating in the United States. This was about 5 percent of the nation's total electric generating capacity. According to recent AEC forecasts, the number of LWR plants is expected to increase to about 150, with a total capacity of about 130,000 megawatts, by 1980.

Both PWR's and BWR's use fuel made of low-enriched uranium (2 to 4 percent U-235). The fuel is in the form of uranium oxide (UO_2) pellets about half an inch in diameter and one inch long. The pellets are contained in cylindrical metal rods about twelve feet long. A large number of these rods (about 200 in a PWR and fifty in a BWR) are bundled together into fuel assemblies with square cross-sections. A PWR fuel assembly is about eight inches on a side and has about 450 kilograms of low-enriched uranium; a BWR fuel assembly, about five inches across, has about 220 kilograms of uranium. In both cases, the fuel assemblies are suspended vertically in the reactor, and water flows upward as it is heated by the fuel rods through spaces between the rods.

The uranium in an LWR type reactor has to be somewhat enriched in uranium-235 because of two competing effects. First, uranium-235 is more easily fissioned by slow neutrons than by fast ones. Second, both uranium-238 and the hydrogen in water tend to capture neutrons that have been slowed down. If natural uranium (which contains only 0.7 percent uranium-235) were used in an LWR, it is more likely that slow neutrons, rather than fissioning uranium-235, would be captured in uranium-238 or hydrogen, in which case a fission chain reaction could not be maintained. As the concentration of uranium-235 is increased by enrichment to a level somewhat above 1 percent, however, a point is reached where neutrons are more likely to cause fissions than be captured, and a chain reaction can be maintained in this type of reactor. A fission chain reaction can be sustained in natural uranium, however, if neutron moderators, such as heavy water (D_2O) or special graphite, that do not tend to capture neutrons are used. Power reactors that use natural uranium fuel have been developed and are in use in a number of countries, but not in the U.S. For brief discussions of foreign nuclear power programs see Appendices A and B.

In practice, the uranium in fresh LWR fuel is enriched to several percent in order to make it possible to keep the chain reaction going until a considerable fraction of the uranium-235 contained in the fuel has been consumed. This initial "excess reactivity" of a LWR core is compensated for by inserting into the reactor control rods that contain boron, cadmium, or other elements that are strong absorbers of slow neutrons. As the uranium-235 is fissioned by operating the reactor, the control rods are gradually pulled out in such a way as to keep the entire assembly almost exactly at the "critical" state.

[a]One megawatt equals one thousand kilowatts or one million watts. Unless otherwise indicated, all references to megawatts mean units of electric power generated, not units of thermal power.

(It is very fortunate that not all of the neutrons emitted by the fission process are emitted almost instantaneously; slightly less than one percent of the neutrons are "delayed", meaning that they are emitted a number of seconds or even minutes after fission. As a result, control rods can be moved rather slowly, and still control the chain reaction with very high precision.)

Plutonium is produced by capture of neutrons in the uranium-238 in LWR fuel. Typically, about one atom of plutonium-239 is produced for every two atoms of uranium-235 that fission. Some of the plutonium is subsequently fissioned in the reactor before the fuel has been sufficiently depleted to be removed from the reactor and replaced with fresh fuel.

The net result is that when the fuel is removed, it typically contains about one atom of plutonium for every four uranium-235 atoms that have fissioned. In an LWR power plant that steadily delivers 1,000 megawatts of electrical power, this corresponds to a net rate of plutonium production of about 250 kilograms per year. The plutonium is mostly plutonium-239, but it also contains 10 to 20 percent plutonium-240 and a few percent plutonium-241. It could be used as the core material in fission bombs after it has been separated from the fission products and uranium that are also contained in the irradiated or "spent" reactor fuel.

It is expected that in the future much of the produced plutonium after it has been recovered at a fuel reprocessing plant, will be used in LWR fuel to supplement some of the uranium-235 instead of uranium enrichment. This is now done only on an experimental basis. As plutonium stockpiles build up during the next few years, however, the economic pressures on electric utilities to recycle plutonium through power reactors will become increasingly strong. In the following description of the LWR fuel cycle, therefore, we consider the situation both before and after plutonium recycle becomes routine.

The LWR Fuel Cycle Without Plutonium Recycle. The primary steps in the fuel cycle which supports LWR's are shown in Figure 3-1. The boxes indicate operations that are generally carried out in distinct locations. The arrows show flows of nuclear material between facilities. Inter-facility flows of plutonium associated with its recycle through power plants are indicated by dotted lines, since plutonium recycling is not yet occuring on a significant scale. The heavy lines show the parts of the fuel cycle where large quantities of nuclear weapon materials are likely to exist before plutonium recycle starts.

Uranium ore is extracted from a mine and shipped to a milling facility, which typically is close to the mine. At the mill the uranium ore is concentrated to a type of uranium oxide, U_3O_8, which is called "yellowcake." The yellowcake is shipped to conversion facilities where it is converted into uranium hexafluoride (UF_6), a gas which is the feed material used for isotope enrichment. From the conversion facility the UF_6 feed material is shipped to a gaseous diffusion enrichment plant. After enrichment to between 2 and 4 percent in uranium-235, the low-enriched uranium must be converted from a fluoride to an oxide before it is made into fuel. The conversion step may take place in

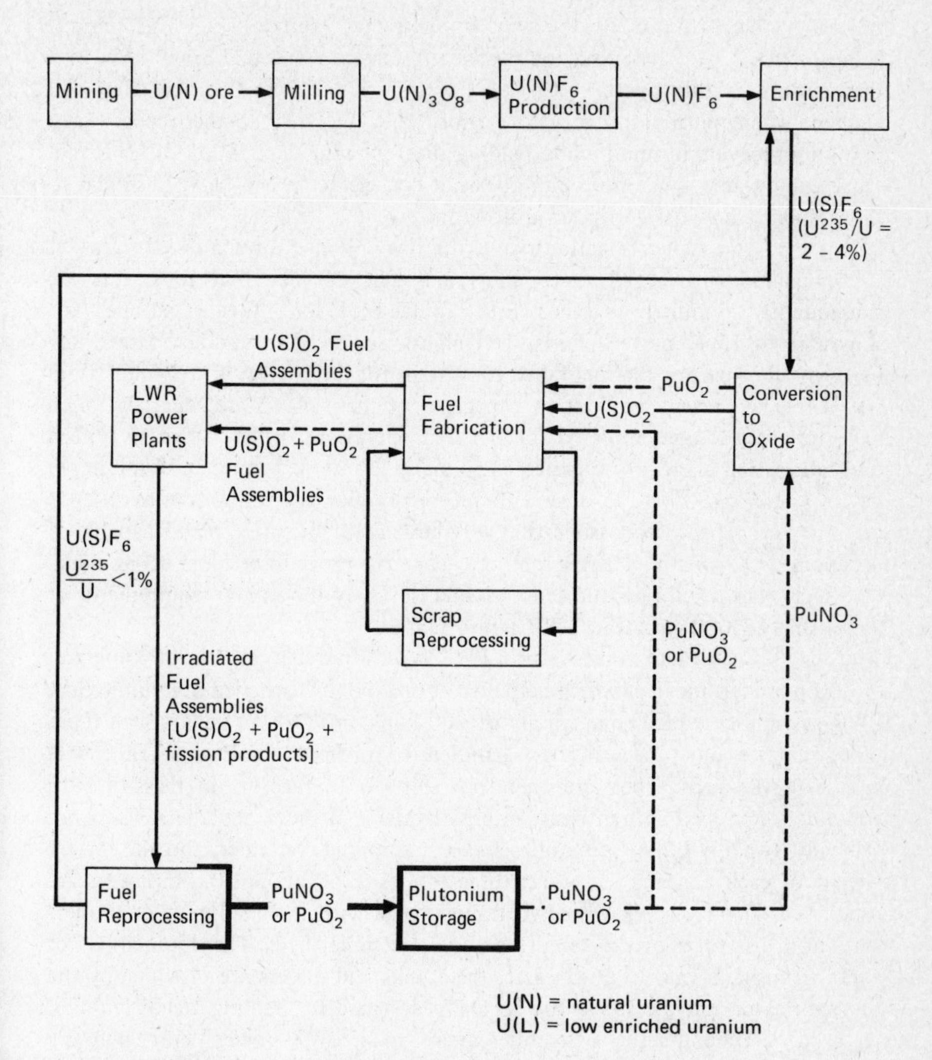

Figure 3-1. Light-Water Reactor (LWR) Fuel Cycle

facilities located at the enrichment plant or at the fuel fabrication plant, or in separate conversion facilities.

Up to this point, the steps are the same, whether or not plutonium is being recycled. We shall first follow the subsequent steps that apply now, and then return to this point in the next section in order to describe what will happen when plutonium recycle begins. We suggest that the reader keep plutonium-recycle in mind while reading the following description of LWR fuel fabrication plants, since plutonium-bearing fuel elements will be very similar to those that are now used without plutonium.

At a fuel fabrication plant, the low-enriched uranium oxide powder is compacted into small fuel pellets and stacked into fuel rods that are subsequently bundled together into twelve-foot long fuel assemblies for shipment to LWR power plants. Ten plants, scattered in various states, now perform all or part of the fuel fabrication steps for the nuclear power industry in the U.S. The present production capacities of these plants are generally much lower than those contemplated for efficient operations in the future. A typical fuel fabrication plant can be expected to make about one tonne[b] of uranium per day, operate 300 days a year, and therefore produce about 300 tonnes of LWR fuel per year. It is also possible that very large fuel fabrication plants capable of producing 900 tonnes of LWR fuel per year may prove to be more economical. One such plant would produce enough fuel to satisfy the annual requirements of about thirty 1,000 megawatt LWR power plants.

Each fuel assembly for a PWR typically weighs about 500 kilograms (1,100 pounds), most of which is the weight of the low-enriched uranium oxide. BWR assemblies typically weigh about 200 kilograms (440 pounds). Both types of assemblies must be carefully handled to prevent bending or otherwise damaging the rods. They are therefore shipped to reactors in massive steel containers equipped with intricate internal systems of shock absorbers. There are typically two PWR fuel assemblies in each shipping container, and the loaded weight of each container is about three tonnes (6,600 pounds). Shipments are usually made by a truck with two trailers, each with three shipping containers stacked in the form of a pyramid on the open trailer beds. The shipment is not enclosed inside a van. In most cases, the trucks and drivers are provided by the fuel fabricator and the trucks are specially designed for hauling fuel assemblies.

When the fuel assemblies arrive at an LWR power plant, they are unloaded by cranes and stored until they are used to replace spent fuel assemblies removed from the reactor core. Approximately one-third of the fuel in the reactor is replaced with new fuel each year. For example, a 1,000 megawatt PWR power reactor has a fuel load of about 180 fuel assemblies containing a total of about 100 tonnes (110 tons) of uranium. About 60 fuel assemblies (about five truckloads) are shipped to the power plant prior to refuelling each year. Refuelling operations generally take several weeks.

[b]One tonne equals 1,000 kilograms or 2,200 pounds.

After the new fuel assemblies have been loaded into the reactor core and the reactor has resumed operation, not only is the fuel physically inaccessible, but also it rapidly becomes so radioactive as to be extremely dangerous to handle without the use of massive shielding. Of all the stages in the nuclear fuel cycle, the fuel is least vulnerable to theft when it is inside an operating power plant. Moreover, any nuclear weapon materials contained in the fuel continue to be self-protective, being very dangerous to handle without shielding, until they have been separated from the fission products at a reprocessing plant.

After fuel assemblies have been unloaded from a reactor and replaced by fresh assemblies, they are stored for several months in a special concrete-lined water pool adjacent to the reactor. The pool provides shielding and a means for removing heat generated by fission products in the fuel.

The spent fuel assemblies are then shipped to a reprocessing plant in massive containers that provide shielding, a means for removing heat generated by fission products, and the structural integrity required to minimize the possibility of release of radioactive materials in case of an accident in transit.

The casks currently used to ship irradiated fuel can carry only one fuel assembly, and have a typical loaded weight of twenty-five to thirty tonnes. A larger, new type of cask, capable of holding eighteen BWR fuel assemblies or seven PWR assemblies, and designed to carry very highly radioactive spent fuel, is expected to be available for commercial use in 1974. The weight of the new cask, when loaded, will be sixty to sixty-five tonnes and a supporting skid and a cooling system will weigh an additional thirteen tonnes. Although the new cask will normally be shipped by rail, its design will make possible truck shipments for short distances on a special overweight basis in order to permit its use in shipments from reactor sites which have no direct rail access.

When fuel assemblies are received at a reprocessing plant, they are first stored in a concrete-lined water pool for about 150 days to permit radioactive isotopes with a relatively short half-life to decay. They are then chopped into short pieces, dissolved in acid, and the resulting solution is processed to remove the fission products. Purified uranium, plutonium, and in some cases neptunium are separated into distinct streams. Since the fuel is highly radioactive, all processing operations use remote handling equipment and are carried out within a massive concrete structure having walls that are typically about five feet thick. The only access that people have to the separated uranium, plutonium, or neptunium before these materials reach the point where they are loaded into storage containers is at sampling points, where small amounts (typically fractions of a gram) are removed from the process stream for chemical analysis. Thus, until they have been "detoxified" by removing the radioactive wastes, the nuclear weapon materials are very effectively protected from theft.

The separated uranium is in the form of uranium hexafluoride (UF_6) with a uranium-235 concentration of about 1 percent. It therefore requires enrichment again before it can be recycled throgh nuclear power plants.

The neptunium is primarily the isotope neptunium-237, which cannot be used to make nuclear weapons. Its primary use is for making plutonium-238, which—as mentioned in Chapter 2—is used as fuel in radioisotope "batteries".

Up to now in our description we have not encountered significant amounts of fission explosive materials in forms that might be vulnerable to theft. However, in the LWR fuel cycle plutonium will be present in large quantities and in forms that are reasonably safe to handle from the output end of a fuel reprocessing plant until it has been placed back in the core of an operating nuclear power reactor. We shall therefore, give special attention to plutonium at each subsequent step in our fuel cycle description.

When plutonium is separated at a reprocessing plant, it is in the form of plutonium nitrate solution. In the plutonium "load-out" room, which is outside the concrete shielding structure at the plant, technicians manually pour the nitrate solution into ten-liter cylindrical plastic bottles about five inches in diameter and four feet long. Each bottle contains about 2.5 kilograms of plutonium in solution and, when filled, weighs about fourteen kilograms (thirty pounds). Each filled bottle is sealed within a stainless steel tubular capsule and placed inside a steel shipping container which has a metal framework that holds the encased plutonium bottle vertically in the center. The loaded shipping containers are about five feet high, two feet in diameter, and weigh about 180 kilograms (400 pounds) each.

General practice has been to store the loaded plutonium shipping containers, while they are awaiting shipment, in a room immediately adjoining the plutonium load-out room. Both rooms are ordinary factory-type structures, not vaults. Doors to both rooms are kept locked when the rooms are vacant, and the doors are equipped with alarms that send signals of unauthorized entry to the reprocessing plant's main control room. As much as several hundred kilograms of plutonium may be stored temporarily in this way at one time.

The preceding description is typical of operations at a fuel reprocessing plant as they have occurred in the past. However, at this writing, no commercial fuel reprocessing plant has been operating in the United States since June 1972, when the Nuclear Fuel Services (NFS) plant in upstate New York was shut down for renovation and enlargement. Up to that time it was the only commercial plant in the United States for reprocessing spent nuclear fuel. The NFS plant is expected to start up again in 1978. A new plant, the Midwest Fuel Recovery Plant (MFRP) in Illinois is due to start processing spent reactor fuel in 1974.

Consequently, since mid-1972, all spent fuel from LWR's has been kept in storage awaiting reprocessing. The irradiated fuel is being stored either at LWR power plants or at one of the two reprocessing plants. This temporary situation has important implications, which we discuss below, related to the risk of plutonium theft.

All of the shipments of plutonium nitrate solution from the NFS plant were by truck, at least for the first leg of the journey. The plutonium was shipped in the 180 kilogram containers, each containing about 2.5 kilograms of plutonium, as previously described. Ordinary trucks were used to carry the plutonium in quantities that sometimes exceeded fifty kilograms, enough to make several fission bombs. No special security precautions were used. The trucks generally had one unarmed driver. Stops to load and unload other types of cargo carried along with the plutonium were allowed. It is practices such as these in the nuclear industry that have caused concern to those who have considered the risks of nuclear theft. The AEC has, however, recently adopted regulations which strengthen the physical protection requirements that apply to the transportation of plutonium. These measures are discussed in Chapter 5.

Facilities for the long-term storage of commercial plutonium are likely to contain more nuclear weapon material in one place than at any other point in the LWR fuel cycle. The only such facility for commercial use, operated by the New York State Atomic and Space Development Authority (ASDA), is located in an isolated wooded area several miles from the NFS reprocessing plant. The facility is a steel, windowless, rectangular building about eighty by 160 feet. It is surrounded by a chain link fence that is seven feet high and about fifty feet from the building exterior. Trucks carrying shipments of plutonium pull into an unloading dock inside the building. There workers unload the shipping containers with the help of a small crane. They remove the steel-jacketed plastic containers, each containing 2.5 kilograms of plutonium in solution, and insert them into special storage containers. A storage container is the same size as a shipping container, but it surrounds a plutonium bottle with six to eight inches of concrete shielding so that each container weighs about a tonne (2,200 pounds). The purpose of the shielding is to keep the level of penetrating radioactivity from exceeding AEC standards for long term exposure. Although shielding is not required during temporary storage or transport there are some gamma ray-emitting radioisotopes that gradually build up in the plutonium and make it necessary to shield large quantities stored in one place for a long period of time. The ASDA facility is designed to store a maximum of 800 containers with a total of 2,000 kilograms of plutonium.

Outside normal working hours, there are no individuals at the site. The building and some of the interior points, however, have alarms designed to send signals to a central point in the general vicinity of the site. ASDA officials have expressed confidence that armed law enforcement authorities would appear at the facility within "a very short time" after anyone attempted to break into the building. Furthermore, the heavy concrete covers on the storage containers would be very difficult to remove quickly, so that a theft would probably require that entire containers, each weighing a ton, be moved to a vehicle of some sort.

As a result of the temporary halt of the separation of plutonium at reprocessing plants, and the continuing use of plutonium for R&D purposes at various facilities in the U.S. and abroad, the stockpile of plutonium in storage at the ASDA facility is only a small fraction of the facility's capacity, and it is likely to remain relatively small until the Midwest Fuel Reprocessing Plant starts reprocessing spent reactor fuel.

The MFRP plant has a capacity for processing 1.5 tonnes of irradiated fuels per day, which yield up to 5,000 kilograms of plutonium per year. When the plant starts up in 1974, the backlog of unreprocessed fuel in the United States and the additional fuel to be discharged from LWR plants thereafter will be greater than the MFRP's capacity. Therefore, a new reprocessing plant, the Barnwell Nuclear Fuel Plant (BNFP), in South Carolina, is expected to start operations in 1975. Its capacity will be about three times the capacity of the MFRP plant. NFS is expected to resume operations in 1978, with a capacity somewhere between those of the MFRP and BNFP plants. If all three plants start operations according to present schedules, they will be capable of reprocessing all LWR fuel through about 1980.

Many people in the nuclear industry expect plutonium recycling to begin on a large scale in 1977. Until that occurs, little more plutonium than now exists will be needed for commercial applications, although substantial amounts will probably be required for breeder reactor development programs. Using recent forecasts by the AEC of the rate of growth of nuclear power in the U.S., we estimate that the backlog of unseparated plutonium in spent LWR fuel early in 1974 may be as much as 3,000 kilograms, and that spent fuel discharged from LWR reactors during 1974, 1975, and 1976 may contain as much as another 20,000 kilograms. Therefore, the total potential supply of plutonium is likely to be much greater than the expected demand during the years just ahead. Consequently, a question bearing on the risks of nuclear theft for the next few years is: How much of the plutonium contained in spent LWR fuel will be separated at reprocessing plants and stored until plutonium recycle starts on a routine basis? If all the plutonium is separated, and plutonium recycle starts in 1977, we estimate that 15,000 to 20,000 kilograms of plutonium will be in storage at that time, making allowances for plutonium used for R&D purposes.

The LWR Fuel Cycle with Plutonium Recycle. The inherent risks of plutonium being stolen from parts of the LWR fuel cycle will be considerably greater when plutonium recycle starts on a large scale. Before plutonium recycle, the only parts of the normal LWR fuel cycle that will contain strategic quantities of plutonium in a form that could safely be handled by thieves will be the temporary plutonium storage places at the output of reprocessing plants, at long-term plutonium storage facilities, and in transit between these points. Afterwards, however, large quantities of this material will flow from reprocessing plants and storage facilities to about a dozen fuel fabrication plants, and from these plants to a number of LWR power plants that may reach 150 by 1980.

The basic economic incentives for the nuclear industry to start recycling plutonium are strong. As a supplement to uranium-235 in uranium fuel for LWR power plants, plutonium is worth about $10,000 a kilogram. The total value of the net plutonium produced in LWR plants in the United States between 1971 and the end of 1976, therefore, is likely to be more than $250 million. Why, then, is the start of plutonium recycle on a large scale expected to be delayed until about 1977? The apparent reason is that the electric utilities are reluctant to buy large quantities of plutonium-bearing LWR fuel until they have substantial experience using it, on a test basis, in commercial power plants, and until they also have assurances that the use of this fuel will not cause further delays in the AEC licensing process. Fuel fabrication enterprises, on the other hand, are reluctant to invest in the relatively expensive facilities required to handle plutonium (because of its high toxicity) until a large market for the fuel is assured.

After these issues are resolved, and new or modified fuel fabrication plants are built, plutonium in large quantities will begin to be shipped from long-term storage facilities and reprocessing plants to the fuel fabrication plants. Until recently, it was expected that the plutonium would be shipped from reprocessing plants by truck as plutonium nitrate solution in the 180 kilogram shipping containers we have described. Concern about the possible release of plutonium in a truck accident, however, has caused the AEC to propose a new regulation that would require plutonium to be shipped as plutonium oxide. Under most conditions one can visualize in an accident, plutonium oxide powder is less likely to be dispersed over a large area than plutonium nitrate in solution. If, as is likely, such a requirement becomes effective, fuel reprocessing plants will routinely perform an additional step in the fuel cycle—the conversion of plutonium nitrate solution to plutonium oxide. Plutonium placed in long-term storage at any site not immediately adjacent to a reprocessing plant will also be in the form of the oxide.

This will have important implications regarding the risks of theft of plutonium, since the oxide can be used directly to make fission bombs, whereas plutonium nitrate solution cannot. Here is one of the many possible tradeoffs that face the nuclear industry and the regulatory part of the AEC. In this case, safety considerations seem likely to override concerns about nuclear theft.

The AEC has not yet developed requirements for shipping containers to be used in the routine shipment of plutonium oxide to LWR fuel fabrication plants. Since the minimum critical mass of plutonium oxide is considerably greater than the critical mass of plutonium in solution, safety considerations would suggest that each container could have more than 2.5 kilograms inside, and also be significantly smaller than the double 55 gallon drums that are now used for shipping plutonium nitrate. The risks of nuclear theft, on the other hand, would be reduced if the containers for plutonium oxide were also large, heavy, and loaded with relatively small amounts of plutonium.

Fuel fabricators will have several different options for incorporating plutonium oxide into LWR fuel assemblies, each involving different tradeoffs between costs, safety, and susceptibility of the plutonium to theft. The overall average content of plutonium in an LWR core will be approximately a third of its content of uranium-235. One possibility, therefore, would be to mix the plutonium oxide powder uniformly with uranium oxide powder enriched to say 2 percent in a ratio of one part of plutonium for every 150 parts of uranium. This would minimize the risks of nuclear theft because the plutonium would be highly diluted in the first step in the fuel fabrication process. Thieves would have to pick up about a tonne and a half of mixed oxides to have enough plutonium oxide to make a crude fission bomb. Uniform initial mixing of the oxides, however, would require that most of the subsequent fabrication steps—compacting the oxides into pellets, machining the pellets to uniform size, and inserting them into metal fuel rods—be carried out with all the expensive precautions required for handling plutonium safely.

Another possibility, which minimizes the costs of equipment and operations, would be to set up two separate process streams—one to make fuel rods that contain only uranium, and the other to make rods that contain only plutonium. Since a reactor core would require about 150 times as many uranium rods as plutonium rods, this would greatly reduce the size of the operations for processing exposed plutonium oxide powder or pellets. The fabricated rods could then be mixed in the desired ratio when they are bundled together into fuel assemblies, an operation that could be performed without protective enclosures to avoid plutonium contamination.

Although perhaps attractive from a cost and safety standpoint, this procedure would tend to increase the vulnerability of the contained plutonium to nuclear theft. Until the two process streams are joined when the two types of fuel rods are mixed in fuel assemblies, thieves would only have to pick up about 10 kilograms of plutonium oxide powder or pellets to have enough plutonium oxide for a crude fission bomb. A single plutonium-bearing fuel rod would contain roughly three kilograms of plutonium oxide. Even after the rods were bundled into fuel assemblies, they would be relatively attractive to nuclear thieves because it would be much easier to separate the plutonium rods from the uranium rods manually than perform the chemical operations required to separate the mixed oxides. To have enough plutonium oxide for a crude fission bomb, thieves would have to steal three PWR or seven BWR fuel assemblies.

An intermediate alternative would be for the fuel fabricators to make fuel pellets that are either all uranium oxide or all plutonium oxide. The pellets would then be mixed in a ratio of about three to one and inserted into the fuel rods. This would separate the plutonium and uranium fuel fabrication steps during the most complex parts of the operation, resulting in considerable cost savings compared to those entailed in a mixed oxide process. It would also mean that a thief would have to pick up about a dozen fuel rods to have enough plutonium for a crude bomb (compared to three or four in the preceding case). If complete fuel assemblies were stolen, they would have the same amounts of plutonium, on the average, as in the preceding case, but the thieves would have to separate the plutonium pellets individually from the uranium pellets. They could identify which is which by using a portable alpha particle detector that can be easily purchased.

All things considered, this last alternative seems most likely to be adopted by the nuclear industry. If it is, then the LWR fuel cycle will contain fission explosive materials (that is, materials that can be used directly in fission bombs) at all steps after conversion of plutonium nitrate to the oxide, probably at reprocessing plants, until fresh fuel is inside an operating nuclear reactor.

In any case, whenever recycled plutonium is used routinely in fresh LWR fuel, the fuel assemblies will contain plutonium that would be fairly easy to separate from the uranium. But the weight of the fuel assemblies would be a deterrent to theft. It would take about 1,500 kilograms (3,300 pounds) of completely fabricated fuel to yield enough plutonium for a crude fission bomb.

If plutonium-bearing LWR fuel is shipped in containers similar to those now used to ship ordinary LWR fuel, hijackers would have to deal with very heavy objects to steal as much as ten kilograms of plutonium oxide. Since PWR assemblies are contained in pairs inside their shipping containers, and each loaded container weighs about three tonnes, the hijackers would have to steal at least six tonnes of cargo to have enough plutonium for a crude bomb. It would seem more likely, therefore, that they would attempt to steal the entire truck, or possibly to haul away one of the two trailers (carrying six fuel assemblies), than to try to unload part of the cargo into another vehicle. Opening the containers and removing the fuel assemblies would take at least an hour, and require handling objects weighing about one tonne apiece.

At the facilities for temporary storage of fresh fuel assemblies in nuclear power plant, thieves stealing a particular amount of plutonium would face problems similar to those they would encounter at temporary storage facilities for fuel assemblies awaiting shipment from a fuel fabrication plant, assuming that the physical security measures were the same at both sites.

HTGR Fuel Cycle

The Reactors. High-temperature gas-cooled reactors will be used very little between now and 1980, but in the more distant future they may play a larger role. They differ in important respects from LWR power plants. The HTGR currently uses high-enriched uranium (90–95 percent uranium–235) as fuel, graphite as the moderator, helium as the coolant, and thorium as a "fertile" material which is converted to uranium–233 by neutron capture. Pressurized helium is circulated through a closed loop. Heat is thereby extracted from the reactor and transferred, through a heat exchanger, to steam that is used to drive turbines. The overall plant efficiency is about 40 percent, which is somewhat higher than an LWR power plant.

A 330-megawatt demonstration HTGR reactor located at Fort St. Vrain, Colorado will start producing power early in 1974. (A 40-megawatt prototype of the HTGR at Peachbottom, Pennsylvania started operation in 1966). Three additional commercial scale HTGR power plants, with a total generating capacity of 2,700 megawatts, are currently planned for operation by the end of 1980.

Uranium used as fuel in an HTGR is high-enriched in order to prevent a significant number of neutrons from being captured in uranium-238 instead of the thorium. The high-enriched uranium used as HTGR fuel is currently in the form of small particles of uranium carbide (UC_2) and thorium carbide (ThC_2) mixed in a ratio of one to four. These particles are coated with several layers of carbon and a layer of silicon carbide. The coated particles are the size of fine grains of sand. The purpose of the coatings is to retain fission products that would otherwise migrate into the helium and make it highly radioactive. Additional thorium, not mixed with uranium, is in the form of particles of thorium carbide that is generally coated only with graphite. HTGR fuel may also consist of separate or mixed oxides of high-enriched uranium and thorium.

The coated particles of high-enriched uranium and thorium are mixed and bonded into cylindrical rods, each with a diameter of about one-half inch and a length of two inches. The small rods are inserted into an hexagonal graphite block that is fourteen inches across and thirty-one inches high. Within each graphite block there are about 100 cylindrical passages for helium coolant and 210 cavities to hold the rods containing coated fuel particles. Each block weighs about 180 kilograms (400 pounds) and contains about 600 grams (0.6 kilogram) of high-enriched uranium. The Fort St. Vrain reactor core contains somewhat more than 900 kilograms of high-enriched uranium in this form, and a commercial-scale 1,000 megawatt HTGR reactor core would contain 2,000 to 2,500 kilograms.

Even before they are coated, the fuel particles are too diluted by thorium for them to be usable directly as core material for a fission bomb. Furthermore, removing the particle coatings is a very difficult operation compared, for example, to separating plutonium oxide powder from uranium oxide powder. First, the outer graphite coatings must be burned off. Next, the silicon carbide, which will not burn and does not dissolve readily in acids, must be crushed between extremely hard metal rollers or by some other method for grinding exceedingly hard particles. The high-enriched uranium carbide then has to be separated from the crushed coating materials and the thorium by several chemical separation steps.

The fuel to be used in the HTGR plants that are now on order may differ from the Fort St. Vrain reactor fuel in an important respect–the coated fuel particles may contain only high-enriched uranium, not a mixture of uranium and thorium. Before such fuel material for the new reactors is coated, therefore, it would be directly usable in a fission bomb. New fuel particles may contain no thorium mixed with high-enriched uranium so that the uranium-233 made in the thorium particles can be kept separate from the unused uranium-235 in the fuel particles. This will make it easier to recover the unused uranium-235 and produced uranium-233. Combustion of the outer graphite coatings at a reprocessing plant would expose the thorium and produced uranium-233, but not the unused uranium-235 inside the incombustible silicon carbide coatings. When the burned mixture is then treated with acid, the uranium-233 dissolves and the uranium-235 is left behind inside the coated particles. It is also possible, however, that fuel for the new HTGR's will be similar to that used in the Fort St. Vrain reactor.

We have described the HTGR fuel in some detail to show that, although it contains large quantities of high-enriched uranium, the uranium is highly diluted by graphite and is in a form that is very difficult to convert to fission explosive material. Thieves would have to pick up somewhat more than four tonnes of HTGR fuel elements to get fifteen kilograms of contained high-enriched uranium. As we shall see below, however, there will be steps in the HTGR fuel cycle at which large quantities of high-enriched uranium and uranium-233, in forms that are directly usable in fission bombs, will exist several years from now.

The Fuel Cycle. Figure 3.2 shows the primary steps in the HTGR fuel cycle. Uranium mining, milling, and natural uranium hexafluoride production operations are the same as those that support the LWR power plants. We shall not discuss the thorium mining, milling, and initial conversion facilities, since they do not involve materials from which nuclear weapon materials can be extracted.

Until about 1977 there will be no material that can be used directly to make fission bombs in the entire HTGR fuel cycle, because fabrication of the new type of fuel that contains high-enriched uranium undiluted by thorium will not start until then. All the uranium for refueling the Fort St. Vrain reactor for the next few years has already been mixed with thorium, and it is stored in vaults at the HTGR fuel fabrication facility in San Diego, California.

We have indicated by heavy lines in Figure 3-2 the small part of the HTGR fuel cycle in which there may be undiluted fission explosive material from about 1977 until separation and recycle of the uranium-233 starts on a significant scale sometime after 1980. Although we indicate that the high-enriched uranium hexafluoride may be converted to uranium oxide at a separate facility, it may also be converted at the uranium enrichment plant.

We shall first briefly describe the operations required to support the Fort St. Vrain reactor, since they will account for all HTGR fuel until 1977. The high-enriched uranium was produced at the AEC's uranium enrichment (gaseous

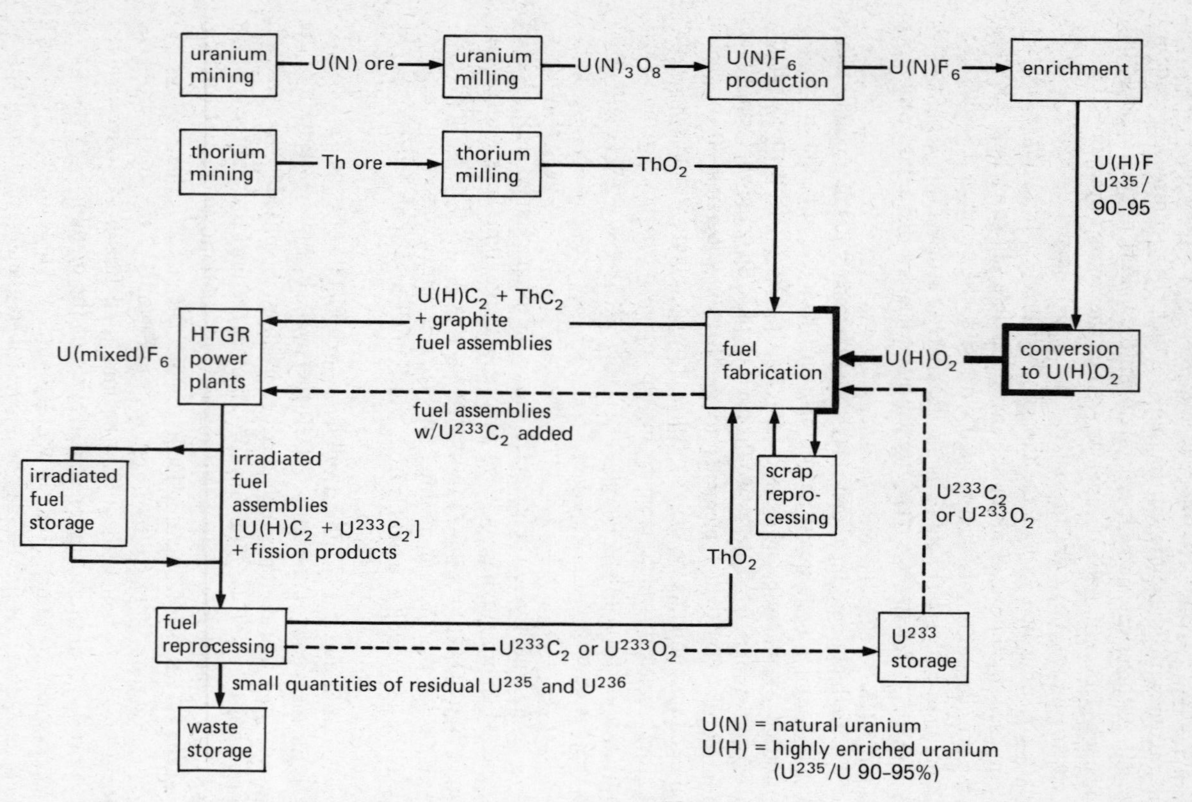

Figure 3-2. High-Temperature Gas-Cooled Reactor (HTGR) Fuel Cycle

diffusion) facilities at Portsmouth, Ohio, which also produce high-enriched uranium for military uses. The high-enriched uranium, in the form of liquified uranium-hexafluoride, was shipped to a plant at Hematite, Missouri, where it was converted to uranium oxide. This was subsequently shipped to the fuel fabrication plant in San Diego.

Large amounts of high-enriched uranium, in the form of uranium and thorium oxide powder mixed in ratio of about one to four, are stored in the fuel fabrication facility in San Diego. The material is stored in metal cans, about the size of a two-pound coffee can, inside vaults. Each can contains three to four kilograms of high-enriched uranium. At this stage thieves would have to remove about 125 kilograms (275 pounds) of material to have enough uranium, *after* separation from the thorium, for a crude fission bomb.

When fuel fabrication is in progress, workers move several fuel cans at a time to a point near the start of the fabrication process. In a series of rather complex steps, the uranium-thorium mixture is converted into small particles of carbides, and these are successively coated with graphite, silicon carbide, and another coating of graphite. In adjoining equipment the fertile particles containing only thorium carbide are made and coated with graphite. After coating, the two types of particles are mixed in such a way that the overall ratio of thorium to high-enriched uranium is about twenty to one. At this point, thieves would have to remove about 1,500 kilograms (3,300 pounds) of material to have enough uranium for a bomb. The mixed particles are then bonded into small sticks of fuel and fertile material. These are then inserted into the fuel holes in the hexagonal graphite blocks to form the completed fuel assemblies. At this final stage in the fuel fabrication process, thieves would have to remove a total of about forty assemblies, each weighing about 180 kilograms (400 pounds), to have enough uranium oxide, when separated from all the diluting materials, for a bomb.

It is planned that fabricated HTGR fuel elements will be shipped by truck from San Diego to the reactor in Colorado in 55 gallon steel drums, each weighing about 200 kilograms (440 pounds). The trucks will be fully loaded, carry no other cargo, and travel directly to the power plant. Each shipment will carry about seventy-five fuel assemblies containing a total of roughly fifty kilograms of high-enriched uranium. Annual refueling requirements will be met by making about five shipments a year, enough to refuel about a quarter of the reactor core.

Spent fuel removed from the reactor core will be stored at the power plant site for several months. It wll then be shipped in large protective casks to an AEC pilot reprocessing plant at Idaho Falls, Idaho; no commercial facilities for reprocessing HTGR fuel will be in operation until the late 1970s or early 1980s.

In order to fabricate fuel for the large HTGR's that will start operation in the 1970s, a new plant will be built in North Carolina. The plant is now being designed and is expected to start operations in 1977. The fabrication steps will be similar to those now used in the San Diego plant, except that the compositions of the fuel particles and the fertile particles may be significantly different from those used in the Fort St. Vrain reactor. As noted above, the high-enriched uranium may not be mixed with thorium in the fuel particles. Thus, before the fuel is coated, the uranium would be in a form that is directly usable in fission bombs. It is possible that the coated particles of fuel and fertile material may have somewhat different compositions from those presently planned. In any case, the fuel "feed material" will either be high-enriched uranium shipped directly to North Carolina from the Ohio enrichment plant, or uranium oxide shipped from a conversion plant such as the one at Hematite, Missouri.

There are no firm plans for commercial HTGR fuel reprocessing facilities, since recycling produced uranium-233 and depleted uranium-235 will not start until the 1980s. Uranium-233 is a better fuel than plutonium in reactors which use neutrons that have been slowed down by a moderator in order to cause fission, because uranium-233 is more likely to be fissioned by slow neutrons than plutonium. If an HTGR were initially loaded with uranium-233, it would produce about eighty-five atoms of uranium-233 for every 100 atoms of uranium-233 consumed. In the language of nuclear engineers, its "conversion ratio" would be 85 percent. Starting with uranium-235, an HTGR has a conversion ratio between 60 to 70 percent. HTGR power plants are not expected to start using large amounts of recycled uranium-233 until after 1980.

We discussed in Chapter 2 the properties of uranium-233 that would be of primary importance if this material were used to make a fission bomb. We remind the reader that it would require relatively large quantities of uranium-233 (compared to plutonium) to contaminate large areas by intentionally dispersing it.

Uranium-233 and the small amount of uranium-232 associated with it has an important property that may make it easier to safeguard from theft than either plutonium or high-enriched uranium. The gamma rays it releases (referred to in Chapter 2), though not making it hazardous to handle in kilogram quantities for a few hours, can be easily detected at some distance by standard and relatively inexpensive gamma-ray detection instruments. We estimate that such detectors placed, for example, at plant entrances and exits, could detect as little as a milligram (a thousandth of a gram) moving through a passageway in one second.

The critical mass of uranium-233 is about one-third the critical mass of high-enriched uranium, and the expected ratio of high-enriched uranium to uranium-233 will typically be about three to one when uranium-233 is recycled through HTGR's. Therefore, in order to have enough contained uranium for a crude fission bomb, thieves would have to pick up a little more than half as much of HTGR fuel that contains recycled uranium-233 as the present fuel that contains only high-enriched uranium-235.

The LMFBR Fuel Cycle

The Reactors. The liquid metal fast breeder reactor (LMFBR) is now under intensive development and may become a mainstay of nuclear power production toward the end of the century. Unlike the LWR and HTGR, the LMFBR can produce substantially more nuclear fuel than it consumes while generating electricity. The LMFBR reactor "breeds" fuel because more neutrons are captured in uranium-238 to make plutonium than are used to cause fissions in the plutonium or high-enriched uranium fuel. If the produced plutonium is recycled, therefore, the basic energy raw material required to support the entire LMFBR fuel cycle can eventually be the relatively abundant uranium-238 in natural uranium. This would dramatically reduce the amount of uranium needed to support the nuclear power industry, or, in other words, increase the lifetime of uranium reserves. Whether the LMFBR will become a major source of electric power in the future depends, however, on the satisfactory resolution of a number of major issues concerned with safety, reliability, safeguards against nuclear theft, and costs. In any case, large numbers of LMFBR power plants are not likely to be ordered by utility companies until there has been considerable operating experience with the first U.S. demonstration reactor, which is scheduled to begin operations about 1980. Since it will take a number of years to build LMFBR's after they are ordered, it appears unlikely that many of these power plants will be operating before about 1990. We therefore discuss it much more briefly than the LWR or HTGR systems.

The LMFBR has no moderator, it being a "fast" reactor in which fissions are predominantly caused by neutrons before they have been slowed down. This is a necessary feature of reactors that use the plutonium-uranium-238 "breeding cycle," because the average number of neutrons released per fission in plutonium-239 is considerably higher for fast than for slow neutrons, and because the neutrons are less likely to be captured in uranium-238 or plutonium than to cause fission in plutonium if they are moving fast than if they have been slowed down by a moderator.

The LMFBR coolant is liquid sodium metal. Heat is transferred by a heat exchanger from the liquid sodium, which is not under pressure, to steam used to drive turbines. The expected overall efficiency of the power plant is about 40 percent, somewhat more than an LWR and about the same as an HTGR.

LMFBR fuel pellets of mixed plutonium oxide and uranium[c] oxide are contained in stainless steel rods called fuel "pins," which are approximately a

[c]The uranium will either be natural uranium or "depleted" uranium that is the left over "tails" from uranium enrichment plants. The latter contains only 0.2 to 0.4 percent uranium-235.

quarter of an inch in diameter and about two feet long. Several fuel pins are attached to each other end-to-end and to additional pins, which contain only uranium oxide, at the top and bottom. About 100 of these "stringers" of core and fertile material are assembled together into a fuel assembly that will have a total length of six to eight feet in a large LMFBR plant. About 500 fuel assemblies, altogether containing roughly 50,000 fuel pins, will make up the core of a 1,000 megawatt LMFBR.

The total core loading for such a reactor is expected to be about 2,500 kilograms of plutonium. Initially, high-enriched uranium may be used instead of plutonium. Each fuel pin will contain about 50 grams of plutonium oxide mixed with five to ten times that amount of uranium oxide. Each fuel pellet within a pin will contain one or two grams of plutonium.

The Fuel Cycle. Figure 3-3 shows the primary steps in support of the LMFBR fuel cycle. These differ considerably from those in the LWR and HTGR fuel cycles. We have again indicated in heavy lines the parts of the LMFBR fuel cycle in which there will be materials that can be used directly in fission bombs. We should emphasize, however, that the fuel, even after it has been diluted by uranium oxide, is much more concentrated than LWR or HTGR fuel. We have only indicated the depleted uranium "tails" from the isotope

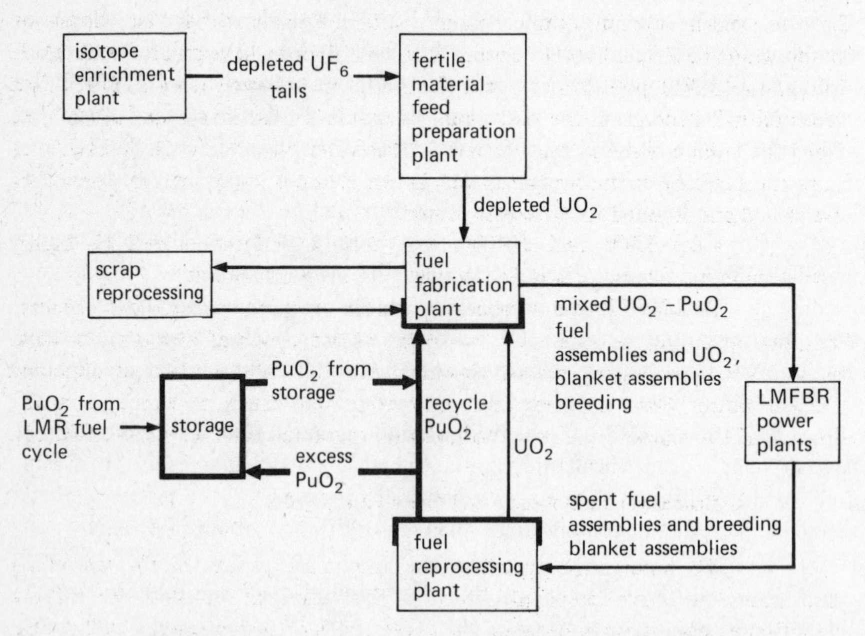

Figure 3-3. Liquid Metal-Cooled Fast Breeder (LMFBR) Fuel Cycle

enrichment plants as the source of fertile material for LMFBR power plants, because the U.S. now has a huge stockpile of this material left over primarily from the production of high-enriched uranium for military uses. This stockpile will increase in size as more low-enriched uranium is produced for LWR reactor fuel. However, it is possible that at least some natural uranium will be used as a source primarily of fertile material in LMFBR's.

Many of the important characteristics of the LMFBR fuel cycle have not yet been determined. Our description will, therefore, be brief.

The plutonium oxide input to LMFBR fuel fabrication plants will initially be shipped from facilities that store excess plutonium produced in LWR's, and eventually from LMFBR fuel reprocessing plants. Whenever LMFBR's start producing power on a large scale, there will be strong economic incentives to move the plutonium through all supporting parts of the fuel cycle as rapidly as possible, simply because it will be too valuable a commodity to leave "idle" in large quantities.

Before the uranium and plutonium oxides are mixed at the fuel fabrication plant, the inherent vulnerability of the plutonium oxide to theft will be about the same as that of the input plutonium at LWR fuel fabrication plants after plutonium recycling starts. After the plutonium oxide is mixed with uranium oxide in fuel assemblies, and until the assemblies have been placed in an operating reactor, however, the total weight of LMFBR fuel that thieves would have to steal in order to obtain enough contained plutonium for a crude fission bomb would be fifty to 100 kilograms (110 to 220 pounds) compared with 1,500 kilograms (3,300 pounds) of LWR fuel. The actual weight of LMFBR fuel required will depend on the plutonium to uranium ratio that is used in the fuel. Thus the vulnerability to theft of new LMFBR fuel assemblies will depend to an important extent on the weight as well as the design of containers in which they are stored and shipped to the power plants.

Like LWR and HTGR fuel, used LMFBR fuel will be highly "self-protecting," because it is also intensely gamma-radioactive.

At LMFBR fuel reprocessing plants, we can expect the same general situation regarding the inherent vulnerability of the separated plutonium to theft as at LWR reprocessing plants. However, for the same amount of operating nuclear power plant capacity, the amount of plutonium discharged annually from LMFBR reactors will be up to seven times greater than from LWR reactors.

Comparisons Between Different Fuel Cycles

To summarize some of the important points in the preceding discussions, we have prepared several tables that can be used for making quantitative comparisons between the three types of power reactor fuel cycles.

Table 3-1 summarizes some of the important characteristics of the three types of reactors. We have picked an electric power level of 1,000

Table 3-1. Characteristics of Typical U.S. Reactors

Component	*LWR w/o Pu Recycle*	*LWR w/Pu Recycle*	*HTGR*	*LMFBR*
Electric Power, MW(e)	1,000	1,000	1,000	1,000
Thermal Power, MW(th)	~3,000	3,000	2,500	2,500
Fuel Types: U(L) = low enrichment uranium; U(H) = high enrichment uranium	U(L)O_2	U(L)O_2+PuO_2	U(H)C_2 & ThC_2 coated particles in fuel sticks in graphite blocks	PuO_2 & UO_2 clad fuel rod assemblies
Coolant	water	water	helium	liquid sodium
Moderator	water	water	graphite	none
Mass of Fuel Assemblies (total)	~100 tonnes	~100 tonnes	~600 tonnes	10-20 tonnes
Initial Uranium Inventory (low enrichment)	90 tonnes (2.6% U^{235})	90 tonnes (2.6% U^{235})	–	–
Initial U^{235} (contained in low enrichment)	2,350 kg	2,350 kg	–	–
Initial High-Enriched Uranium (93% U^{235}) Inventory	–	–	~2,500 kg 1,360 kg*	–
Initial Pu Inventory	–	–	–	~2,500 kg
Annual Uranium Feed (low enrichment)	~30 tonnes (3% U^{235})	~30 tonnes (3% U^{235})	–	–
Annual U^{235} in low enrichment uranium feed	900 kg	675 kg	–	–
Annual High-Enriched Uranium (93% U^{235}) Feed	–	–	650 kg 310 kg*	–
Annual Pu Output	210 kg	360 kg	~0 kg	~1,500 kg
Annual Pu Input	0 kg	310 kg	–	~1,200 kg
U^{233} Production Rate (Annual)	–	–	150-230 kg	–

*Amount required after U^{233} is recycled routinely.

megawatts for the reactors, because most new power reactors now ordered are in this range. This table provides a basis for comparing the amounts of various nuclear materials that the reactors typically contain, the amounts of plutonium or uranium-233 that remain in the fuel removed each year for reprocessing, and the amounts of new fuel placed in the cores each year.

LWR plants are separately tabulated before and after plutonium recycle occurs on a routine basis. The reduced amounts of high-enriched uranium required for refueling HTGR reactors each year, after uranium-233 is recycled routinely, are indicated with asterisks. We have assumed that the annual amount of uranium-233 recycled will be the net amount produced, shown in the last row in the table.

From Table 3-1 we see that, annually: a typical LWR reactor without recycled plutonium will require about thirty tonnes of low-enriched uranium fuel per year and will produce about 210 kilograms of plutonium; a typical LWR reactor with recycled plutonium will require about thirty tonnes of low-enriched uranium plus 310 kilograms of plutonium and will produce 360 kilograms annually; a typical HTGR without uranium-233 recycle will require 650 kilograms of high-enriched uranium and will produce 150-230 kilograms of uranium-233; and a typical LMFBR will require about 1,200 kilograms of plutonium, or its equivalent in high-enriched uranium, and produce 1,500 kilograms of plutonium.

A recent detailed AEC forecast[d] of nuclear power growth in the United States is summarized in Table 3-2 together with our own estimates of the corresponding inventories and annual rates of flow of nuclear materials associated with the various fuel cycles. Of a total nuclear generating capacity of more than 130,000 megawatts in 1980, about twice as many PWR's as BWR's are expected to be in operation. Three HTGR's are scheduled to be completed in 1980, so that by the end of the year a total of four HTGR's will probably be in service.

Our projected rates of production and cumulative inventories of plutonium are based on the assumption that there will be no major delays in fuel reprocessing. We have ignored the present holdup. Items 5, 6, and 7, therefore, actually apply to plutonium that will still be in spent fuel elements until at least the end of 1974. Our projected growth rate in the use of plutonium in LWR's is very uncertain. We assume that plutonium will be recycled as fuel in reactors one year after it has been removed from the core of a power plant. The percentage of all plutonium produced that is recycled is assumed to rise slowly, beginning at the end of 1977, and reaching 100 percent by the end of 1980. Our assumptions may well be optimistic concerning the start and growth of plutonium recycle. If

[d]The AEC forecast includes "high" and "low" projections for this period. The spread between the high and the low projections corresponds to about 10 percent of the value of "most likely" projection. "Nuclear Power Forecasts" (WASH 1139), U.S. Atomic Energy Commission, December 1972.

Table 3-2. Forecasts of U.S. Nuclear Power and Associated Nuclear Material Flows—1972-1980

	1972	*1973*	*1974*	*1975*	*1976*	*1977*	*1978*	*1979*	*1980*
1. Nuclear electric generating capacity, GW(e)*	13.7	31.1	43.8	58.0	63.7	75.1	91.3	110.6	131.2
2. Total number of nuclear power plants	32	50	68	78	84	96	112	130	149
3. LWR capacity, GW(e)	13.4	30.8	43.5	57.7	63.4	74.8	91.0	108.4	127.9
4. HTGR capacity, GW(e)	.04	.33	.33	.33	.33	.33	.33	2.2	3.3
5. Annual Pu extracted from fuel (tonne)	1.4	2.0	4.9	7.4	10.2	11.8	14.8	19.8	26.1
6. Cumulative Pu extracted from fuel (tonne)	2.2	4.2	9.1	16.5	26.7	38.5	53.3	73.1	99.2
7. Annual Pu placed in storage (tonne)	.8	1.4	1.2	4.1	6.6	7.2	(1.3)	(3.3)	(1.6)
8. Annual Pu recycled (tonne)	0	0	0	0	0	4.2	11.3	17.3	20.6
9. Annual Pu used for R&D (tonne)	.9	1.1	2.0	2.0	1.8	1.5	1.5	1.5	1.5
10. Cumulative Pu in storage (tonne)	.8	2.2	3.4	7.5	14.1	21.3	20.0	16.7	15.1
11. Cumulative Pu Recycled (tonne)	0	0	0	0	0	4.2	15.5	32.8	53.4
12. Cumulative Pu used for R&D (tonne)	.9	2.0	4.0	6.0	7.8	9.3	10.8	11.3	12.8
13. Annual highly enriched uranium (tonne) input to HTGR's	.87	.17	.20	.22	.22	.23	.23	3.3	2.0
14. Cumulative highly enriched uranium (tonne) input to HTGR's	.87	1.04	1.24	1.46	1.58	1.71	1.94	5.24	7.24
15. Annual U^{233} (tonne) extracted from fuel	0	.03	.05	.06	.06	.08	.07	.07	.07
16. Cumulative extracted U^{233} (tonne)	0	.03	.08	.14	.20	.28	.35	.42	.49

*GW(e) = gigawatts of electric power = thousands of megawatts

plutonium recycle is delayed, irradiated fuels could either be stored without reprocessing, or the fuels could be reprocessed and the plutonium stored for several years. In either event the amounts of plutonium contained in irradiated fuels or recovered and in storage will become very large. All the numbers in Table 3-2 are more likely to be too high than too low.

From Table 3-2 we can see that by 1980 as much as 26,000 kilograms of plutonium may be extracted annually in the U.S. nuclear power industry. By that time about 2,000 kilograms of high-enriched uranium fuel will also be required every year.

Table 3-3 lists the total weights of nuclear materials that would have to be stolen from a facility for thieves to obtain enough uranium-235 or plutonium for one critical mass of the metal in a good neutron reflector. We have put squares around the numbers when no further uranium enrichment would be required. The weights do not include an allowance for storage or shipping containers because the characteristics of the containers are not yet known, and because, in many cases, the items do not require special containers or could be transferred to light containers used by thieves. The numbers given for HTGR fuel reprocessing are uncertain, because both the separated, unused uranium-235 and the uranium-233 will contain other isotopes of uranium in concentrations that will somewhat increase the critical mass.

Table 3-3 shows that there are four ranges of total weights that contain, if completely separated, one critical mass of uranium-235, plutonium, or uranium-233. The first is from approximately five kilograms up to about sixty-five kilograms. This range corresponds to all of the indicated outputs of reprocessing plants; all stages of fuel fabrication for LMFBR; the HTGR fuel cycle stages from the output of an isotope enrichment plant through the point at which the fuel particles are coated; and plutonium nitrate or plutonium oxide used in the early stages of LWR fuel fabrication with recycled plutonium. The second range of weights is from about 500 to 1,000 kilograms. This corresponds to low-enriched uranium in various forms; HTGR fuel in the middle of the fabrication process; and complete LWR fuel assemblies with or without recycled plutonium. Of course, low-enriched uranium would require further enrichment prior to use in a fission bomb. The third range is 3,000 to 4,000 kilograms, corresponding to relatively pure uranium oxide (yellowcake) or uranium hexafluoride (UF_6) before enrichment, and to complete HTGR fuel assemblies. The fourth range includes weights above 100,000 kilograms, corresponding to raw uranium ore.

Since we are especially interested in materials that do not require isotope enrichment for them to be converted to fission explosive materials, we have rank-ordered the materials enclosed in boxes in Table 3-3 according to the weight required to have enough contained material to make a fission bomb with a metallic core. This list is shown in Table 3-4, which shows that the required weights of material differ by almost a factor of a thousand between the smallest

Table 3-3. Total Masses of Material that Contain One Fast Critical Mass of Material, if Separated from Other Materials and Converted to Metal (Total Mass in Kilograms)

Nuclear Fuel Cycle Step	*LWR*	*HTGR*	*LMFBR*
1. Uranium mining (0.2% U)	140,000	140,000	140,000
2. Uranium milling (U_3O_8)	3,300	3,300	3,300
3. UF_6 production	4,200	4,200	4,200
4. Enrichment (UF_6)	750	22.6	–
5. Conversion to uranium oxide (UO_2)	570	17	–
6. Fuel fabrication	570(UO_2) .26($PuNO_3$ solution) 15.7 (PuO_2)	17UO_2 or UC_2) ~550 (fuel rod material)	5.7(PuO_2) 26($PuNO_3$) 18-60 (mixed Pu-U oxide)
7. Reactor and fuel fabrication	~600 (fuel assemblies w/o (PuO_2) ~900 (for Pu in fuel assemblies)	~4,000 (fuel assemblies)	~20-65 (finished fuel assemblies)
8. Fuel reprocessing	26($PuNO_3$ solution	~20($U^{235}O_2$) ~6($U^{233}O_2$)	26($PuNO_3$ solution)

Table 3-4. Fuel Cycle Materials Rank Ordered by Increasing Weights Required to Yield One Critical Mass of Fission Explosive Material, in Metallic Form, Without Uranium Enrichment

Reactor and Fuel Cycle Step	*Material*	*Total Mass Required (kg)*
1. LWR (Pu recycle) and LMFBR fuel fabrication input or fuel reprocessing output	PuO_2	5.7
2. HTGR fuel reprocessing output* or storage	$U^{233}F_6[U^{233}O_2]$	8.6[6]
3. HTGR fuel fabrication input or uranium oxide conversion output	$U(H)O_2$ or $U(H)C_2$	17
4. LWR (Pu recycle) and LMFBR fuel fabrication input or LWR (with or without Pu recycle) and LMFBR fuel reprocessing output or storage	Pu nitrate solution	21
5. HTGR uranium enrichment output	$U(H)F_6$	22.6
6. LMFBR fuel fabrication–mixed oxide pellets or output, or reactor input	$PuO_2 + U(D)O_2$	18-65
7. HTGR fuel fabrication–sticks of coated fuel particles	$U(H)C_2$+C+SiC	550
8. LWR (Pu recycle) fuel fabrication output and reactor input	$PuO_2 + U(L)O_2$	900
9. HTGR fuel fabrication output and reactor input	Coated fuel and fertile particles + graphite blocks	4,000

*Output may be $U^{233}O_2$.

and the largest. The first six items on the list could be stolen by one person by hand if the containers weighed less than a few dozen pounds. This would be the case for plutonium or uranium oxide before it is packaged for shipment, or for plutonium nitrate bottles before they are inserted into the double 55 gallon drums. The last three items would require at least several people or some kind of mechanical lifting equipment, such as cranes or fork-lift trucks, to move them to a getaway vehicle.

Finally, Table 3–5 lists the materials that could be used directly as core materials in crude fission bombs without further chemical processing. The materials are listed in decreasing order of the required weight for one bomb. We have included, as item 4, LMFBR mixed oxide fuel pellets because it is clear that a fast assembly can be made from them. The critical mass shown is highly uncertain, however, because of the rather wide range of possible relative concentrations of plutonium and uranium that will be used in LMFBR fuel. We have excluded hexafluorides of uranium–233 or high-enriched uranium, because we do not know whether these materials could be used to make fission explosives without further chemical processing.

Table 3–5. Fuel Cycle Materials Rank Ordered by Increasing Weights Required to Provide One Critical Mass of Fission Explosive Material without Either Chemical Processing or Isotope Enrichment

Reactor and Fuel Cycle Step	*Material*	*Total Mass Required (Kg)*
1. LWR (Pu recycle) and LMFBR fuel fabrication input or reprocessing output	PuO_2	~9
2. HTGR fuel reprocessing output*	$U^{233}O_2$	~10
3. HTGR fuel fabrication input	$U(H)O_2$ or $U(H)C_2$	~25
4. LMFBR (fabricated fuel or fuel pellets	PuO_2 + $U(D)O_2$ ** or $U(N)O_2$	30–60 kg

*Output may be $U^{233}F_6$.
**U(D) is depleted uranium.

Thus far in describing the various nuclear fuel cycles we have concentrated attention on materials that could be used for making fission bombs. Sufficient quantities of plutonium to cause considerable damage if widely dispersed exist in all stages in the LWR or LMFBR fuel cycles that contain plutonium. Even a few pellets of plutonium-bearing LWR fuel or LMFBR fuel, if ground into an extremely fine powder, would contain enough plutonium (a few grams or so) to be usable in a plutonium dispersal device that could seriously contaminate a large area. But theft of small amounts of plutonium from parts of the fuel cycle where it is mixed with intensely radioactive fission products does not appear credible to us. This leaves the output of reprocessing plants, plutonium storage facilities, fuel fabrication plants, fresh fuel storage facilities, and the transportation links between these facilities as the likely places for theft of plutonium for use in radiological weapons. Among these, the places that would be most vulnerable to attempted thefts would be the plutonium load-out rooms at reprocessing plants, where an employee might pour very small quantities of plutonium nitrate into a container for surreptitious removal; or at fuel fabrication plants, where an employee might steal a few fuel pellets or a plutonium-bearing fuel rod or fuel pin.

RESEARCH AND DEVELOPMENT USES OF NUCLEAR MATERIALS

Research and Test Reactors

There are now close to 100 nuclear reactors that are used for research and test purposes at universities and at industrial or government-operated installations in the United States, compared to about forty nuclear power plants. Although the amounts of nuclear fuel used in research and test reactors are typically only a few kilograms, many of these reactors use high-enriched uranium for fuel. In the plants where research reactor fuel is fabricated, high-enriched uranium is often present in metallic form and sufficient quantities for making several fission bombs. Plutonium or uranium-233 is generally not used for fuel in these types of reactors. A few research or test reactors, however, use low or intermediate-enriched uranium and therefore make plutonium in their cores. The total quantities of plutonium made this way are very small compared to the quantities made in nuclear power plants, however.

Two types of research reactors comprise most of those now operating in the United States: those using fuel similar to that used in the Materials Testing Reactor (MTR), and a type of training, research, and isotope production reactor called the TRIGA. Both types are water-cooled and operate at thermal power levels ranging from a few kilowatts to a few megawatts. (They are not used to produce electricity.) They both use intermediate or high-enriched uranium (20 percent or 90-95 percent uranium-235) for fuel. Typical core loadings are three to six kilograms of contained uranium-235. The actual amounts depend on the power level and other design features that may differ considerably between reactors.

MTR-type fuel assemblies consist of flat plates of uranium-aluminum alloy. The plates are separated by channels for water used both as a moderator and a coolant. TRIGA fuel elements consist of a homogeneous, solid hydride of uranium zirconium alloy (about 8 percent uranium and 92 percent zirconium) pressed into aluminum or stainless steel-clad cylinders about one inch in diameter. Neither type of fuel, even if it uses high-enriched uranium, could be used for making a fission bomb without separating the alloy materials. This would be somewhat easier to do with MTR-type fuel than TRIGA-fuel but, in both cases, it would be an easier task than any chemical separations of plutonium from diluted fuel materials.

Would-be fission bomb makers would have to steal several entire cores of fresh fuel assemblies for either type of reactor to have enough high-enriched uranium for a crude fission bomb. The only points of the research reactor fuel cycles at which such large quantities exist are at the fuel fabrication plants, at the uranium enrichment plant that provides the uranium "feed" material for these reactors, or during transportation between these plants. Since the input uranium for the fuel fabrication plants is often high-enriched uranium in metallic form, these plants and uranium shipments to them need to be especially well safeguarded against theft.

Other Research and Development Programs

Between now and 1980, hundreds and possibly thousands of kilograms of plutonium, high-enriched uranium, and uranium-233 will be used for a variety of research and development programs related to non-military uses of nuclear energy. This is in addition to the fuel materials used in the research and test reactors we have just described.

The following are among the research and development programs in which significant quantities of these materials are now used or may be used during the next several years:

1. LMFBR programs, particularly the development and use of the fast-flux test facility (a reactor called the FFTF);
2. the molten salt breeder reactor (MSBR);
3. the gas-cooled fast-breeder reactor (GCFR);
4. the light-water breeder reactor (LWBR) program;
5. general research related to the development of techniques for fabricating and reprocessing new reactor fuels and testing of these fuels in reactors;
6. reactor physics experiments, particularly ones using "zero power" critical assemblies; and
7. space nuclear power and propulsion systems.

The core of the fast flux test facility reactor contains approximately 500 kilograms of plutonium in mixed plutonium and natural or depleted uranium oxide fuel pins. Its planned power level is about 400 megawatts (thermal). When the FFTF is in operation, its annual fuel loadings will correspond to about 100 kilograms of plutonium, enough for about a dozen crude fission bombs.

The other reactor programs, the MSBR, GCFR, and LWBR are each proceeding at a relatively low level of support (less than $20 million per year for all three compared with over $175 million per year for the LMFBR), but efforts related to one or all of these reactor concepts may increase in scale during the next few years.

General development and in-reactor testing of new types of fuel related to LWR plutonium recycle and breeder reactor development tend to generate highly variable demands for plutonium from one year to the next. The average amount of plutonium used for these purposes is probably a few hundred kilograms per year. The first major loading of recycled plutonium into a commercial power reactor will probably be in the Connecticut Yankee power plant in the fall of 1974. Replacement of one-third of the core by plutonium-bearing fuel elements containing about 150 kilograms of plutonium is planned. Smaller amounts of plutonium for test purposes may be used in one or two LWR power plants before then.

Critical assemblies that sustain a chain reaction, but produce negligible amounts of power, are sometimes used for reactor physics experiments. "Slow" assemblies, in which fissions are primarily caused by slow neutrons, often require hundreds and occasionally more than a thousand kilograms of fission explosive materials. "Fast" critical assemblies vary in their content of fission explosive materials from several dozen kilograms (i.e., "bare" critical assemblies of metallic plutonium or high-enriched uranium, such as the Jezebel and Godiva systems developed at the Los Alamos Scientific Laboratories) to several hundred kilograms for mixed oxide assemblies.

Critical assemblies are important from a nuclear material safeguards viewpoint. Hazardous levels of radioactivity are not produced in the fuels used in such facilities, and consequently massive radiation shielding is generally not required. Furthermore, critical assemblies are typically built up in forms that are relatively convenient to dismantle and rearrange, since those conducting experiments often want to use them in different configurations. Thus, unlike reactors that operate at significant power levels, critical assemblies may offer unusually dangerous opportunities for theft of nuclear weapon materials, or even fission explosive materials.

Nuclear reactor programs to support space exploration are not expected to involve large quantities of fission explosive materials in the 1970s. The joint AEC-NASA program to develop solid core nuclear reactors for propulsion (Project Rover) has been virtually terminated. Work is continuing, however, on the development of isotopic and reactor space power supplies (the so-called "SNAP" programs), some of which are for non-military application, but the total amount of nuclear materials used for these programs may correspond to only several fast critical masses.

In summary, there are a variety of nuclear research and development programs that currently and prospectively involve sufficient flows and inventories of fission explosive materials to be relevant to our study. These are not, however, part of the relatively predictable flows of materials associated with supporting the major nuclear power fuel cycles.

Chapter Four

Nuclear Power Scenarios—1980-2000

INTRODUCTION

In December 1972, the U.S. Atomic Energy Commission published a set of projections of the expected growth of the U.S. nuclear power industry through the year 2000. These forecast a growth of installed nuclear electrical generating capacity from about 130,000 megawatts in 1980 to more than 1,200,000 megawatts in the year 2000. The corresponding number of nuclear power reactors is about 150 in 1980 and somewhere around 1,000 by the end of the century. It is beyond the scope of our study to evaluate these estimates in relation to possible future large scale development of non-nuclear sources of primary energy for use in electric power generation. But the AEC forecasts, should they be approximately realized, have implications for the future risks of nuclear theft. Thus we will want to determine the overall rates of production and flow of nuclear weapon materials associated with these projections.

It is also important in a long-term context to raise several basic questions. Will the inherent risks of nuclear theft depend significantly on the relative numbers of different types of nuclear reactors that might be built to provide the forecast amounts of nuclear power, assuming that the fuel cycles will have the same basic characteristics as the three we discussed in some detail in the preceding chapter? Are there opportunities for modifying these fuel cycles in ways that would be acceptable or advantageous from an economic and technological standpoint, and that would also reduce the risks of nuclear theft? And finally, are there likely to be new technological opportunities for producing nuclear power in ways that would reduce the risks of nuclear theft still further and yet be economically attractive? Our discussion of these possibilities is rather technical, but we hope the general reader as well as the expert will get a glimpse of future opportunities which, though speculative, we believe are worth considering seriously.

ALTERNATIVE MIXES OF LWR, HTGR, AND LMFBR POWER PLANTS

Alternative Assumptions

Most current forecasts assume that the only types of nuclear power plants likely to be built in large numbers in the United States by the year 2000 are the LWR, the HTGR, or the LMFBR. We have therefore developed several "scenarios" based on different assumptions about the relative growth of total electrical generating capacities for each of these three types of plants.

For this purpose we have adopted the AEC projections for total installed nuclear electric capacity. These projections are shown in Table 4-1, along with rough estimates of the annual electrical energy output for all nuclear power plants, the annual costs of nuclear-electric power, and the total cumulative capital investment in nuclear power installations. The electrical output estimates are based on the assumption that plants, on the average, operate at 70 percent of their potential capacity (i.e., their average "plant factor" is 70 percent) in order to allow for shutdowns for refueling and repairs and differences between average and peak demands for power. We have used a figure of $600 per kilowatt of installed capacity to estimate the capital costs of all parts of fuel cycles. This figure is highly uncertain and varies significantly from one type of fuel cycle to another. It also represents 1973 dollars and therefore does not take into account inflation. The cost of nuclear electric power is assumed to be 1.2 cents per kilowatt hour, a figure that also does not take inflation into account. These rough cost estimates will serve to place in perspective the costs of safeguards against nuclear theft that might be absorbed without causing significant changes in the economics of nuclear power. These safeguards costs are considered in Chapter 9.

Table 4-1. U.S. Nuclear Power Forecast

Year Ending	*Installed Nuclear Electric Capacity (Thousands of megawatts)*	*Annual Nuclear Electric Energy Output (Billions of kilowatt hours)*	*Annual Nuclear Electric Power Costs (Billions of dollars)*	*Total Cumulative Capital Investment (Billions of dollars)*
1980	130	68	8.1	79
1985	280	150	18	170
1990	510	280	34	300
1995	810	455	55	490
2000	1,200	685	82	720

Even if one accepts the AEC projection of overall nuclear power capacity and the assumption that it will be met by building only LWR, HTGR, and LMFBR plants, many factors would affect the actual mix of these types of nuclear power plants and their associated fuel cycle components. These include the following comparisons, not necessarily listed according to their importance:

1. Fuel cycle and capital costs.
2. Safety of the reactors.
3. Safety of support operations in each of the nuclear fuel cycles.
4. Environmental impacts of all processes throughout the fuel cycles.
5. Solvability of unresolved technological problems associated with each reactor type and supporting components of nuclear fuel cycles.
6. Solvability of problems associated with quality control at high production rates in each of the nuclear fuel cycles.
7. Long-term compatibility with future developments in power conversion and transmission technology.
8. Efficiency in use of reserves of natural uranium or thorium.
9. Susceptibility to sabotage that would significantly disrupt energy production operations.
10. Susceptibility to sabotage that could seriously endanger the public.
11. Susceptibility to theft of nuclear materials for destructive uses.

Two less tangible, but pervasive factors would be the momentum of ongoing technological developments and the political influence of those promoting each major type of reactor.

We are concerned here with the eleventh factor in the list. Assessment of the others for purposes of developing "credible" alternative scenarios for the long-term growth of nuclear power is beyond the scope of this study. We have, therefore, simply postulated a number of different scenarios that we believe set reasonable limits on the maximum and minimum credible growth of each of the three types of reactor systems—LWR, HTGR, and LMFBR—assuming that the overall AEC projections turn out to be approximately correct.

We have constructed nine different scenarios by: *first,* making three different assumptions about the success of the LMFBR development program; and *thereafter,* making in each case three different additional assumptions concerning relative growth of LWR and HTGR reactors. Brief summaries of each set of assumptions are given below. As will be seen, the scenarios correspond to widely differing degrees of optimism or pessimism regarding the way the factors we have enumerated above may affect the development of each of the three power reactor systems we have considered in Chapter 3.

The assumptions that we made in developing each of the nine possibilities are summarized below:

Scenario 1—High Optimism Concerning Success of LMFBR. In this scenario it is assumed that by 1979 there will be clear indications that the LMFBR will be highly successful. Construction of the demonstration reactor encounters no major difficulties, and tests with the fast flux test facility confirm all significant predictions. Foreign experience with LMFBR systems supports a judgment that this reactor type is a good long-range bet. Attractive economic projections are justified by performance of the demonstration reactor and by all subsidiary research. Capital costs of the LMFBR remain somewhat higher than for the LWR or the HTGR, but the LMFBR permits significant savings in fuel costs. Both the public and the non-industrial scientific community are satisfied that safety and environmental characteristics of the LMFBR are acceptable for its large-scale development. The utilities begin to order LMFBR's in 1979, the numbers of orders rapidly accelerate, and the first commercial breeders become operational in 1986.

Part 1–Economic, environmental, and safety considerations favor HTGR development, and experience during the 1970s and early 1980s creates high confidence in the reactor. The HTGR gradually becomes preferred by utilities over the LWR. LWR growth peaks about 1985 and then rapidly declines.

Part 2–The LWR and the HTGR compete with each other about evenly as far as orders after about 1975 are concerned. The HTGR does not overtake the established lead of the LWR by 1980, however.

Part 3–Large-scale development of the HTGR proves more difficult than expected. Reactor costs exceed estimates considerably, and fuel reprocessing and uranium-233 recycle become more difficult and expensive than anticipated. At the same time, the LWR safety and environmental problems are resolved satisfactorily. HTGR growth declines rapidly after 1985.

Scenario 2–Delayed LMFBR Success. The LMFBR demonstration reactor is completed by 1980, but initial test results are inconclusive. The utilities are cautious, and few orders are placed for commercial plants for several years. By 1983, however, questions about the demonstration reactor are satisfactorily resolved, and most utilities conclude that the LMFBR has economic and fuel availability advantages over the LWR and the HTGR. An influx of orders begins in 1983, and full-scale growth of operational LMFBR's begins in 1990.

Part 1–Same as in Scenario 1

Part 2–Same as in Scenario 1

Part 3–Same as in Scenario 1

Scenario 3–LMFBR Development is Unsuccessful. The breeder reactor runs into far more difficulty than now expected by the AEC and most of the nuclear industry. Changes are required in the design of the LMFBR demonstration reactor in order to meet safety criteria and to deal with fast neutron radiation damage problems. Capital costs of the LMFBR become substantially higher than for the LWR and the HTGR, and the breeding ratio drops to the point where the plutonium doubling time becomes several decades. New uranium deposits of relatively high-grade ore are found, and the United States is also able to make satisfactory arrangements for importing uranium. Isotope enrichment technology advances to the point where uranium enrichment is no longer a large factor in fuel costs of either the LWR or HTGR. Development work on other, non-fission sources of energy, such as controlled fusion solar energy, geothermal energy, and coal gasification (with attendant methods for solving environmental problems associated with coal mining), makes it clear that U.S. energy needs can be met well beyond the year 2000 without having to rely on breeder reactors. As a result, significant numbers of LMFBR's are not ordered by utilities.

Part 1–Same as Scenario 1

Part 2–Same as Scenario 1

Part 3–Same as Scenario 1

The assumed total electrical capacities for each type of power plant in each of the nine scenarios are given in Table 4-2. The scenario that corresponds most closely to the mix of reactor types in the AEC forecast is Scenario 2, midway between Part 2 and Part 3. The maximum and minimum projected installed electrical capacities for each reactor system by the year 2000, in thousands of megawatts, are as follows:

	Maximum	*Minimum*
LWR	1,174	250
HTGR	932	24
LMFBR	750	0.5

Table 4-2. Nuclear Power Options, 1980-2000 (Thousands of Megawatts of Installed Electrical Capacity)

		Scenario 1					
		Part 1		*Part 2*		*Part 3*	
Year	*LMFBR*	*LWR*	*HTGR*	*LWR*	*HTGR*	*LWR*	*HTGR*
1980	.5	127	3.3	127	3.3	127	3.3
1985	9	220	51	219	51	252	18
1990	101	250	156	287	119	382	24
1995	364	250	196	307	139	422	24
2000	750	250	201	310	141	427	24
		Scenario 2					
1980	.5	127	3.3	127	3.3	127	3.3
1985	.5	226	53	226	53	261	19
1990	7.9	269	231	336	163	478	27
1995	99	269	443	443	269	685	27
2000	412	269	520	481	308	762	27
		Scenario 3					
1980	.5	127	3.3	127	3.3	127	3.3
1985	.5	226	53	226	53	261	19
1990	.5	270	238	340	167	480	27
1995	.5	270	541	492	318	783	27
2000	.5	270	931	687	514	1,174	27

Scenario Analyses

The wide ranges of projected power from each of the reactor types lead to very wide ranges in the projected rates of production of different kinds of nuclear weapon materials. The annual net rates of production of plutonium and uranium-233 in reactors (contained in irradiated fuel when removed from the reactors), and of high-enriched uranium (required as feed material for HTGR's or, in some cases, to start up LMFBR's) are shown for each scenario in Table 4-3. The relatively large quantities of high-enriched uranium required in 1995, for Scenario 1, should be noted. They are the result of the assumed rapid growth of LMFBR in the early 1990s and the consequent need to use high-enriched uranium instead of plutonium in the initial cores of a substantial number of LMFBR's. Since LMFBR breeding ratios are significantly smaller when uranium-235, rather than plutonium, is used for fuel, Scenario 1 is probably unrealistic, even it it is assumed that the LMFBR development program proceeds faster and more successfully than is currently anticipated by its supporters.

A cursory look at Table 4-3 makes it clear that huge quantities of nuclear weapon materials would be produced in all nine cases. We stated in Chapter 2 that the critical masses of plutonium, high-enriched uranium, and uranium-233 in metallic form, inside a good neutron reflector, are four, eleven, and 4.5 kilograms, respectively. Taking these numbers to be very rough measures of the amounts of each of these materials that illicit bomb makers would need in order to make some kind of fission bomb, each tonne of plutonium, high-enriched uranium, or uranium-233 would be enough for about 250, 90, or 220 fission bombs, respectively. Each of these numbers can be multiplied by the numbers in the appropriate columns in Table 4-3 to get some idea of the *potential* number of fission bombs per year involved. These numbers range from a minimum of about 7,000 annually in 1980 to a maximum of over 250,000 annually in the year 2000. Of course we do not intend to imply that all the nuclear weapon materials in the nuclear power industry could actually be stolen and used to make bombs. We simply use these theoretical figures for comparing one pattern of nuclear power development with another.

If we convert the quantities shown in Table 4-3 into these terms for purposes of comparison, all figures for the year 2000 are strikingly large, compared to the starting point in 1980. But there are noticeable differences among scenarios for the year 2000. For Scenario 1, in which it is assumed that LMFBR power plants rapidly become the mainstay of U.S. nuclear power, the total number of potential fission bombs (as defined above) that could be made from all the nuclear weapon materials produced in the year 2000 is very nearly the same for all three parts of the scenario – about 250,000 per year. For Scenario 2, in which the LMFBR plants are not built in large numbers until about 1990, there are also no significant differences between the three different parts of the scenario by the year 2000, in terms of the total number of fission bombs that could be made from all the nuclear weapon materials produced that

Table 4-3. Annual Production Rates of Nuclear Weapon Materials (metric tons)

	Part 1			Part 2			Part 3		
Year Ending	*Plutonium*	*High-Enriched Uranium*	U^{233}	*Plutonium*	*High-Enriched Uranium*	U^{233}	*Plutonium*	*High-Enriched Uranium*	U^{233}
Scenario 1									
1980	27	1.6	.05	27	1.6	.05	27	1.6	.05
1985	69	28	3	69	28	3	74	7.9	1.8
1990	180	51	18	188	42	14	211	7.0	3.6
1995	476	141*	31	438	110*	21	511	37*	3.7
2000	980	95*	34	993	64*	23	1,018	7.1	3.7
Scenario 2									
1980	27	1.6	.05	27	1.6	.05	27	1.6	.05
1985	63	31	3	63	31	3	69	8.5	1.8
1990	98	107	21	112	67	18	146	7.7	3.9
1995	184	147	67	232	87	41	303	7.8	4.1
2000	519	225*	98	536	74	56	682	7.8	4.1
Scenario 3									
1980	27	1.6	.05	27	1.6	.05	27	1.6	.05
1985	63	30	3	63	30	3	69	8.4	1.8
1990	92	113	22	107	69	18	140	7.7	3.9
1995	103	219	76	164	123	45	245	7.9	4.1
2000	109	316	159	230	172	87	385	7.9	4.1

*U^{235} is required for LMFBR fuel loading.

year–about 170,000 per year. However, the total is less than for Scenario 1. This number drops still further–to about 95,000 per year in the year 2000–when we consider Scenario 3, in which it is assumed that the LMFBR program is unsuccessful. As in the other two scenarios, the differences between the value of this number for different parts of Scenario 3 are not significant; they are all within 10 percent of 95,000 per year.

The differences between scenarios are more significant if we consider only the rates of production of plutonium and bear in mind that it can be used not only for making fission bombs, but also for radiological weapons that only require a few grams of material. About ten times as much plutonium would be produced in the year 2000 in all three parts of Scenario 1 as in Scenario 3, part 1 (no LMFBR's, and more HTGR's than PWR's).

We have also estimated the numbers of uranium enrichment, fuel fabrication, fuel reprocessing, and long-term fuel storage facilities required to support all of the fuel cycles in each of the nine scenarios, using current estimates of the capacities that would appear reasonable for each type of facility. The only types of facility for which the numbers vary considerably from one scenario to another are long-term plutonium storage facilities and uranium enrichment plants. If the rate of construction of LMFBR plants is high (Scenario 1), stockpiles of plutonium are rapidly depleted, and substantial quantities of uranium-235 are required for the initial cores of new LMFBR's. If the LMFBR demand for plutonium does not exceed the supply (Scenarios 2 and 3), even small excesses of plutonium production over the immediate demand can generate requirements for a large plutonium storage capacity (150 metric tonnes or more, toward the end of the century). In any case, by the year 2000, fuel cycle support of the 1,000 or so nuclear power plants projected for that time would involve between about five and fifteen uranium enrichment plants (less if LMFBR growth is rapid), about 20 fuel fabrication plants, and about 20 fuel reprocessing plants, if they are all in the general size range now being considered.

If the present practice of building each of the main facilities for each fuel cycle in different locations continues through the end of the century, the annual shipments of nuclear weapon materials between facilities will increase dramatically from 1980 to 2000. The number of such shipments will depend on several factors, in addition to the different facilities and the rates of production of nuclear fuels. These include restrictions on the total amounts of nuclear materials that, for safety reasons, can be transported by a single vehicle, and the extent to which nuclear enterprises will be willing to allow stockpiles of valuable fuel materials to build up between shipments at each nuclear fuel cycle facility. We estimate that in 1980 150 truckloads of plutonium oxide will be shipped between LWR fuel reprocessing plants or long-term plutonium storage facilities and LWR fuel fabrication plants, assuming that plutonium recycle is routine by then and each shipment is limited to about 175 kilograms of plutonium–which would amount to a total weight of about fifteen tonnes per truckload if each loaded shipping container weighs about 200 kilograms (440 pounds) and contains 2.5 kilograms of plutonium. The number of truckloads of plutonium-bearing LWR fuel assemblies between LWR fuel fabrication plants and the 150 or so LWR power plants projected to be operating by 1980 would be somewhere between 500 and 750, if current practices are followed. The corresponding number of shipments associated with the HTGR fuel cycle in 1980 would be only a few truckloads of high-enriched uranium (uranium hexafluoride or oxide) between a uranium plant and a fuel fabrication facility, and perhaps several dozen truckloads of new HTGR fuel between the fuel fabrication plant and one or two new HTGR power plants. We should emphasize again that all shipments of plutonium or high-enriched uranium to fuel fabrication plants involve fission explosive materials, whereas shipments from fuel fabrication plants to reactors do not (i.e., the fuel assemblies are diluted with large weights of non-fissionable materials).

By the year 2000, the projected number of truckloads of plutonium oxide to LMFBR or LWR fuel fabrication plants would reach almost 3,000 per year under the assumptions of Scenario 1, between 1,500 and 2,000 for Scenario 2, and about 300, 700, and 1,000 for the three parts of Scenario 3 (no LMFBR's, and large, medium, and small numbers of HTGR's relative to LWR's). The maximum annual number of truckloads of high-enriched uranium moving to HTGR fuel fabrication plants would be about 150 (assuming the present allowed maximum of about 2,000 kilograms of high-enriched uranium per shipment is the average amount shipped) for Scenario 3, Part 1. The maximum number of shipments of uranium-233 to HTGR fuel fabrication plants would be about 225, also for Scenario 3, Part 1, assuming that the amount of uranium-233 per shipment is about 700 kilograms (since the "fast" critical mass of uranium-233 is about a third of what it is for high-enriched uranium). Thus, there would be a difference of a factor of 4.5 in the total number of shipments of fission explosive materials, comparing all forms of Scenario 1 with Scenario 3, Part 1, and a factor of 10 in the number of shipments of plutonium to fuel fabrication plants.

The total number of truckloads of new fuel shipped from fuel fabrication plants to reactors in the year 2000 would be somewhere in the vicinity of 5,000. This number is not strongly dependent on the scenario, because the assumed number of reactors would be about the same in all cases. In addition, restrictions on the total amount of plutonium per shipment or the load-carrying capacities of trucks result in a number between five and ten for the truckloads of new fuel required per year by each of the three types of reactors. We should point out, however, that the inherent vulnerability of fabricated fuel assemblies to theft is lowest for HTGR, intermediate for LWR and highest for LMFBR. (See Table 3-4 and the discussion in Chapter 3 of the relative difficulty of separating fission explosive materials from the three types of fuel.)

Our findings from the preceding analysis can be summarized as follows: large quantities of plutonium would be present in fuel reprocessing, storage, and fabrication facilities and would be shipped between these facilities, in all scenarios. The annual rate of flow of plutonium through and between these facilities would be at least 100,000 kilograms per year, and may conceivably be as high as a million kilograms per year by the year 2000. The corresponding quantities of high-enriched uranium and uranium-233, on the other hand, depend strongly on the assumed rate of growth of nuclear power from HTGR plants. The minimum quantities of these materials together, flowing through HTGR fuel cycles, would be of the order of 10,000 kilograms per year.

If we assume that uranium enrichment and fuel reprocessing, storage, and fabrication facilities are built at different locations, very large quantities of fission explosive materials would be shipped between these locations. In no cases would fission explosive materials be shipped from fuel fabrication facilities to nuclear power plants. The extent of dilution by non-fissionable materials in fabricated fuel, and the difficulty of extraction of fission explosive materials from fuel assemblies, however, differs considerable between reactor types.

Effects of Co-location of Various Parts of Fuel Cycles

If LWR and LMFBR fuel reprocessing, plutonium storage, and fuel fabrication plants were grouped together at the same sites, no shipments of plutonium in a form that would be directly usable as core material for fission bombs would be required. Adoption of this type of co-location of key fuel cycle facilities by the nuclear power industry would thus make it impossible for thieves to steal plutonium in this form in transit between plant sites. It would also make it possible to use on-site physical security measures more effectively to prevent theft of plutonium from the facilities themselves. The same guard forces, for example, could be available to deal with attempted thefts at all three types of facilities. We see no fundamental economic or safety reasons for not building LWR and LMFBR fuel cycle facilities at the same site.

The same kind of co-location strategy could be adopted for the HTGR fuel cycle. Strictly speaking, the facilities for uranium enrichment might not have to be located at the same site as the fuel reprocessing, storage, and fabrication complex, if the high-enriched uranium were shipped to the complex as uranium hexafluoride (UF_6), because this material may not be directly usable for making fission bombs. Since it is rather easy to convert UF_6 to uranium oxide, or even uranium metal, however, it would be much better from a safeguards standpoint to include an enrichment facility along with the rest of the fuel production complex. This may be economically unattractive as long as the enrichment is done at very large gaseous diffusion plants. But further development of the gas centrifuge enrichment process or, conceivably, isotope enrichment plants that use lasers may well make it attractive to build enrichment plants where the high-enriched uranium fuel is fabricated.

If these two options were universally adopted by the nuclear power industry, the only transportation of nuclear weapon materials would involve complete, relatively heavy fuel assemblies from the integrated fuel fabrication-reprocessing-storage-and-isotope-enrichment complexes to the reactors.

Elimination of All Interfacility Transportation of Nuclear Weapon Materials

If all nuclear power plants were located at the same site as the fuel reprocessing, storage, fabrication, and uranium high-enrichment facilities that support them, all shipments of nuclear weapon materials between sites would be eliminated. The only nuclear fuel materials flowing into or away from such a complex would be depleted, natural, or low-enriched uranium, or thorium. Studies of such large nuclear fuel cycle complexes indicate that they would be economically competitive with presently planned types of nuclear power plants, in terms of the cost of electricity at the output of the plants, only if they produced large amounts of power—from 10,000 to 30,000 megawatts. They are not likely to be economically attractive at the power levels—from 500 to several thousand megawatts—now contemplated for most nuclear power plants. The reason for this is that the costs of fuel reprocessing and fabrication plants, per unit of fuel output, decrease with the size of the plants until the plants become large enough to support nuclear power plants with a total electrical capacity greater than about 10,000 megawatts.

Such large nuclear power plants and their supporting facilities would probably have to be built at remote locations, if only because they would produce huge quantities of radioactive wastes. They would also produce very large quantities of waste heat that would have to be disposed of in an environmentally acceptable way. Furthermore, in order for them to deliver electric power to customers at prices that would be competitive with power produced by much smaller plants, one of two conditions would have to be satisfied. Either the consumers would have to be located in the vicinity of the plant to keep the costs of electric power transmission from being excessive, or new ways for transmitting electric power over long distances, at lower than present costs, would have to be developed. In the former case, nuclear electric power would be used primarily for industrial and agricultural, rather than commercial or residential purposes. So-called "agro-industrial" nuclear complexes, at which waste heat from the power plants is channeled as warm water to irrigate croplands or is used to desalt seawater, and the electricity is used locally for industrial purposes, have been proposed. It does not seem likely, however, that such complexes will account for most of the nuclear power produced in the United States by the end of this century.

There are alternatives to building huge clusters of reactors side by side with their support facilities that also achieve the same purpose of avoiding the need to transport nuclear weapon materials to the reactors. One possible arrangement would eliminate the shipment of plutonium after it has been separated from highly radioactive fission products. This system would place the reprocessing and fuel fabrication plants together at the same site and add to this complex reactors of the right size and design to consume as fresh fuel *all* the plutonium recovered from spent fuel. All three types of reactors discussed in our hypothetical scenarios could be used for this purpose, with some modifications in the type of fuel they use.

Special LWR's for this purpose could either be fueled with a mixture of plutonium oxide and depleted or natural uranium oxide, or with mixed oxides of plutonium and thorium. If they used mixed plutonium and uranium oxides, LWR's located apart from fuel reprocessing plants could continue using the type of low-enriched uranium fuel they use now. All the plutonium they produce could be locally recycled at each fuel cycle complex, together with the additional plutonium made by the specially-designed LWR's in the complex. It will be remembered that shipment of plutonium from distant LWR's to reprocessing plants poses little risk of theft, because the plutonium is mixed together with dangerously radioactive fission products. The ratio of low-enriched uranium-fueled to plutonium-fueled LWR's would have to be three or four to one in order for all the plutonium to be consumed. This ratio could be somewhat higher if the specially designed, plutonium-fueled LWR's used thorium instead of depleted or natural uranium mixed with the plutonium. This is because the uranium-233 produced by capturing neutrons in thorium could be used to supplement the uranium-235 in low-enriched uranium fueled LWR's, rather than be recycled locally. Mixtures of uranium-235, -233, and -238 are not nuclear weapon materials as long as the concentrations of the first two of these uranium isotopes are low.

Another possible plan would be to locate all LMFBR-type breeder reactors at the same sites where fuel for LWR reactors is reprocessed and fabricated. The LMFBR's could consume plutonium produced in LWR's and would in turn produce uranium-233 to supplement or replace uranium-235 in LWR fuel. This is a different breeding cycle from the one now contemplated for LMFBR's. They are now expected to produce excess plutonium, rather than uranium-233. But the alternative we have described is at least possible in principle; the overall breeding ratio (atoms of uranium-233 produced per atom of plutonium or uranium-233 consumed) would probably be somewhat smaller than for LMFBR's that produce only plutonium. Nevertheless, this modified type of LMFBR reactor could make direct use of much of the technology developed for the "conventional" type of LMFBR. It would offer the advantage of producing a type of fuel which, when mixed with large quantities of uranium-238, would not be nuclear weapon material. Because it is a breeder, this new type of LMFBR would produce more uranium-233 per unit of consumed plutonium than the type of plutonium-fueled LWR reactor we mentioned above. It would therefore decrease the demands for uranium fuel for LWR types of plants and conserve uranium.

Still another possibility for locally consuming all plutonium produced by reprocessing plants, and for stopping all shipments of nuclear weapon material to power plants, would be to use HTGR's that consume plutonium instead of high-enriched uranium or uranium-233 as fuel; this reactor could produce uranium-233 for use in LWR reactors. It would produce somewhat more uranium-233 per unit of consumed plutonium than a plutonium-fueled LWR-type reactor.

Strictly speaking, we can conceive only a few ways to abolish all shipments of nuclear weapon material to HTGR power plants. One would be to use HTGR reactors only in the system we have just described. Another method would be to build very large power plants to make it economical to locate at the same site as the reactors all parts of the HTGR fuel cycle that involve nuclear weapon materials. A third would be to use uranium of much lower enrichment in the coated fuel particles in HTGR fuel assemblies. The last of these alternatives would probably significantly increase the overall HTGR fuel cycle costs, because it would require diluting the uranium-235 and uranium-233 with four or five times as much uranium-238, while still using relatively large amounts of thorium. Whether this would be worth doing for reasons of nuclear material security is debatable, since fabricated HTGR fuel in its present or contemplated form is not a very effective source of nuclear weapon material. Nuclear weapon materials are dilute in HTGR fuel; they can only be separated from the diluting materials by a complicated set of chemical and physical conversions.

OTHER TYPES OF FISSION POWER PLANTS

The three types of nuclear fission power reactors that formed the basis for our alternative scenarios for nuclear power development through the year 2000 are not the only ones that may be built in significant numbers before the end of the century. At least a dozen or so additional types of reactors have been intensively studied, and significant research and development programs related to several of these are currently underway in the United States. In this section we shall briefly discuss two reactor concepts that, in our view, offer some of the best possibilities for developing fuel cycles that are relatively invulnerable to nuclear theft. We should emphasize, however, that none of the. , other types of power reactors are likely to be built for commercial production of power on a large scale before the late 1980s at the earliest, even if considerably greater development efforts than are now planned were undertaken for any of them in the near future. We see no way to forecast, at this time, which if any of these other types of reactors will show sufficient overall promise compared to LWR, HTGR, or LMFBR systems to be serious contenders for large scale commercial development.

The Molten Salt Breeder Reactor (MSBR)

This power reactor concept is designed to breed more fuel than it consumes, but in a reactor that, unlike the LMFBR, predominately relies on fissions by slow neutrons. For reasons related to the specific nuclear properties of fissionable isotopes, a "slow neutron" breeder must use the uranium-233-thorium breeding cycle, rather than the plutonium-uranium-238 breeding cycle. The MSBR therefore uses uranium-233 as a fuel and thorium as fertile material. It also has another feature that makes it unique among reactor concepts and could make it especially attractive from a nuclear safeguards standpoint. The fuel, which is in the form of a molten salt containing uranium-233 and thorium, is continually reprocessed at an immediately adjoining facility. The reprocessing removes the radioactive fission products and separates the produced uranium-233 for immediate recycling through the reactor or for use as fuel in other MSBR power plants. Once an MSBR is loaded with fuel, therefore, the only nuclear materials required to sustain it are thorium shipped from thorium ore conversion plants and locally recycled uranium-233. The only nuclear weapon material to leave the plant would be occasional shipments of uranium-233 used to start up MSBR plants in other locations.

Although the breeding ratio of an MSBR is likely to be significantly smaller than the breeding ratio of fast breeder reactors, such as the LMFBR, it requires less than half as large an inventory of nuclear fuel, for the same power level, as fast breeders. As a result, its "doubling time," (i.e., the time required for twice as much uranium-233 to be produced as was originally placed in the reactor) may be even shorter than in fast breeder reactors. Considerably more development work would be required to bring the MSBR system to a point where commercial power plants could begin to be built.

The MSBR offers the possibility of using only thorium, of which the world has vast reserves, as the basic raw material for producing energy. This type of reactor would also substantially reduce the flow of nuclear weapon materials between different locations. It remains to be seen, however, whether or not economic, safety, and environmental considerations related to the MSBR will compare faborably with other possible sources of power.

Gas-Cooled Fast Reactor (GCFR)

The GCFR has been under study for a number of years. Like the LMFBR, it would rely primarily on fission by fast neutrons, and it could breed more fuel than it consumes. The most important difference is that it would use high pressure helium, rather than liquid sodium, as a coolant. Partly because helium does not capture neutrons, while sodium can, the achievable breeding ratios in a GCFR reactor are likely to be significantly higher than in an LMFBR. The comparative safety of these two types of reactors is an extremely complex subject that goes considerably beyond the scope of this study. Current development efforts on the gas-cooled breeder are much smaller than on the sodium-cooled breeder.

The relatively high breeding ratio of the GCFR has suggested a way to use it that especially interests us in the context of this study. It has been proposed that a GCFR power plant be used to produce both electric power and uranium-233 for fuel in HTGR power plants. For fuel, the GCFR core would use plutonium mixed with depleted or natural uranium in such a ratio as to produce just enough plutonium for refueling the reactor. Excess neutrons would be captured in a thorium blanket around the core to produce uranium-233. HTGR reactors that used uranium-233 rather than high-enriched uranium as fuel would produce about eighty-five to ninety atoms of uranium-233 for every 100 atoms consumed. Thus, HTGR reactors of this type would require only an additional fifteen or so atoms of uranium-233 consumed in order to be entirely self-sustaining (i.e., in effect "burning" thorium, and not requiring any high-enriched uranium). The expected overall breeding ratio of about 1.5 for the GCFR would make it possible for one GCFR to produce enough of this "make-up" uranium-233 to sustain three HTGR's of the same power level.

The overall result would be a nuclear fuel cycle that would require only relatively small amounts of depleted or natural uranium and thorium (no enrichment facilities) to provide all the required nuclear fuel materials. If the GCFR's and all required fuel reprocessing and fabrication facilities for such a system were located at the same sites, the only nuclear materials shipped into this complex would be depleted or natural uranium, thorium, and the highly radioactive spent fuel from HTGR's. The only nuclear materials shipped out of the complex would be highly diluted HTGR fuel assemblies containing coated particles of uranium-233 fuel and coated particles of thorium fertile material.

Another possibility, along somewhat similar lines, would be to use GCFR's located next to LWR fuel reprocessing and fabrication plants to consume plutonium made in LWR power plants and make uranium-233 in the reactor core and the surrounding breeding blanket. The overall breeding ratio would be somewhat lower if plutonium were also made in the core, but the total rate of production of uranium-233 would be greater. Such a reactor could therefore be used to provide uranium-233 both for supplementing uranium-235 in LWR fuel and for uranium-233-fueled HTGR reactors. To minimize all shipments of uranium-233, the GCFR and LWR and HTGR fuel reprocessing and fabrication plants would *all* be located at the same site. Under these conditions, the only nuclear materials input to this complex would be thorium and spent LWR or HTGR fuel, and the only output would be fabricated HTGR and low-enriched LWR fuel assemblies. Adoption of this approach by the nuclear industry would maximize the use of natural or depleted uranium and thorium, minimize the requirements for uranium enrichment (reducing to zero the requirements for high uranium enrichment), and minimize the susceptibility to theft of nuclear weapon materials in transit for any fixed number of LWR or HTGR power plants. Since all operations involving the processing and fabrication of nuclear weapon materials would be carried out at a relatively small number of rather large nuclear complexes, each one could afford to establish highly effective means for safeguarding the entire complex against theft of nuclear weapon materials.

Application of the general concept we have just outlined could also be based on the use of LMFBR's, rather than GCFR's, if the LMFBR showed enough other advantages (including its earlier development) to outweigh its likely significantly smaller breeding ratio.

CONTROLLED THERMONUCLEAR POWER (FUSION)

The successful development of nuclear power plants that produce energy by the fusion of light elements, rather than by fission of heavy elements, will offer opportunities for large scale use of nuclear power with much smaller attendant risks of destructive uses of nuclear materials than fission power systems. It is unlikely, however, that large numbers of commercial fusion power plants would be built before the end of the century, even if the basic feasibility of fusion reactors is successfully demonstrated within the next decade. Almost fifteen years of intensive development work was required between the first demonstration of a sustained fission chain reaction and the startup of the first small prototype of a commercial nuclear power plant in the United States. Another fifteen years elapsed before nuclear power accounted for 2 percent of the total electric power produced in the United States.

Nevertheless it is possible that successful demonstration of the basic principles of controlled fusion may have an an important impact on the subsequent development of fission power systems in the U.S. before the end of the century. It is also conceivable that some types of fusion reactors that could play an important role in fission nuclear fuel cycles may be developed before large scale, commercial fusion power plants are built in large numbers. We shall briefly explore some of these possibilities and their relevance to the risks of nuclear theft, in the concluding section of this chapter.

The thermonuclear fuels that are likely to be used in the first demonstration prototypes of fusion reactors will produce neutrons as by-products. Some of these neutrons could be used for making plutonium or uranium-233 in blankets of uranium or thorium surrounding the reacting thermonuclear fuel. The reaction between two heavy isotopes of hydrogen, deuterium and tritium (D-T), the easiest reaction to achieve under controlled conditions, yields especially high energy neutrons. The reaction between 'euterium nuclei (D-D), which is harder to achieve than the reaction between leuterium and tritium, also directly produces neutrons about 50 percent of the ime. Even the D-D reaction that does not directly produce neutrons yields ritium which, because of its relatively high rate of reaction with deuterium, is ikely to react and yield another high energy neutron.

There are some interesting possibilities for using fusion reactors that roduce neutrons to supplement fission power fuel cycles. In the deuterium-ritium reaction, for example, the total energy released per neutron produced is bout one-eighth of the potential fission energy in uranium-233 that would be ormed if the neutron released in the D-T reaction were captured in thorium uch a fusion reactor could therefore be used to produce fuel material for eithei .WR or HTGR reactors. If fusion reactors were built next to LWR or HTGR uel reprocessing and fabrication plants, there would be no need for uranium nrichment plants of any kind, and the basic sources of energy for the entire fuel ycles would be deuterium, thorium, and lithium-6 (used to make tritium by eutron capture). All these potential sources of energy are very abundant, and ould serve the energy needs of the world for many thousands of years at the ery least. We have chosen thorium, rather than uranium, as the fertile material or making reactor fuel in order to avoid the risks of theft of plutonium for use n plutonium dispersal devices.

We are especially interested in this last possibility because we find it onceivable that fusion reactors might be built for this specific purpose sooner han pure fusion power plants that do not make use of the energy multiplication epresented by using thermonuclear neutrons to make fission fuels. Early lemonstration of the scientific feasibility of fusion reactors for this purpose night have an important effect on the subsequent growth of nuclear power efore the end of this century, especially on the rate of construction of fast reeder reactors.

The fusion fuels we have mentioned so far either make or use tritium nd deuterium. As we discussed in the last section of Chapter 2, it is possible hat ways will be found to make nuclear explosives that use only those materials, i.e., do not require any fission explosive materials to ignite the thermonuclear uel). If and when that happens, these types of fusion reactors and the fuel roduction facilities that support them might become targets for theft or overnmental diversion of deuterium and tritium for use in illicit nuclear xplosives.

We are much less concerned about such possibilities than we are bout the possibility of theft of nuclear weapon materials from fission reactor uel cycles, however. There are two reasons for this. First of all, pure fusion xplosives are very likely to be much less easy to make than fission explosives; ve doubt that there will exist any devices that could be called "crude pure fusion xplosives" for the foreseeable future. Second, nuclear fuel cycles for fusion power plants are much more likely than fission fuel cycles to be self-contained.

The tritium produced in a fusion reactor will probably be recycled directly at the reactor. This will make it easier to safeguard the nuclear materials involved in a fusion reactor against theft. The only feed material for a fusion reactor that uses the D-D or D-T reactions would be deuterium and perhaps some initial amount of tritium to start up a new plant. It will be much more difficult to make pure fusion explosives that use only deuterium rather than tritium plus deuterium.

There are also several thermonuclear fuels that would not produce any neutrons either directly or indirectly. One is a mixture of ordinary hydrogen and a fairly common isotope of lithium, lithium-6. Another is a mixture of ordinary hydrogen and boron-10, which is also very abundant. These types of fuel are the most difficult in which to sustain a fusion reaction. They may nevertheless be the most attractive of all the thermonuclear fuels if they can be made to "burn" in economical systems. First of all, they would offer the possibility of producing electric power with extremely high efficiency, perhaps greater than 90 percent. The basic reason for this is that practically all the energy released by the thermonuclear reactions would be trapped within the very hot gas, or "plasma," that contains the fuel, and this energy could then be directly extracted as electricity by arranging for the plasma to expand against a magnetic field in what is called a "magneto-hydrodynamic" (MHD) system. Such high electrical conversion efficiencies are not possible with the other types of thermonuclear fuels because they release substantial fractions of their energy in neutrons that cannot be stopped in the plasma. The neutrons therefore deposit their energy as relatively low temperature heat in materials which surround the reacting plasma. A further advantage of this type of fuel over the others is that neither hydrogen, lithium-6 nor boron-10 can be used, even in principle, as the only thermonuclear material in any kind of H-bomb. This is not the case with deuterium or tritium, which can be used as thermonuclear bomb material. Finally, such fusion reactors could not be used to *produce* any fission explosive materials, since they produce no neutrons. Thus, these types of reactors, if they could be developed into reasonably economical sources of power, would not make nor use any significant quantities of any materials that could be used to make nuclear weapons. Furthermore, all the reaction products and the fuels themselves are not radioactive.

Chapter Five

U.S. Safeguards Against Nuclear Theft

INTRODUCTION

The authority of the government to regulate the nuclear power industry in the United States is based on comprehensive licensing requirements contained in the Atomic Energy Act of 1954. Under the Act, no person may engage in significant activities involving nuclear materials or facilities unless authorized by a license granted by the Atomic Energy Commission in accordance with detailed regulations which the AEC issues and amends from time to time. The AEC regulations designed specifically to provide safeguards against nuclear theft form part of a broad regulatory scheme intended to effect a number of important purposes. These include, in addition to safeguards, protection of the public health and safety against the dangers of ionizing radiation, preservation of the natural environment against adverse effects of nuclear activities, and assurance of competitive economic conditions in the industry pursuant to the antitrust laws.[a]

For a system of safeguards against nuclear theft to be effective, it must be at least as dynamic as the nuclear technology to which it applies. The AEC is currently embarked on an important effort to strengthen the U.S. safeguards system. The principal requirements for both physical protection and materials accountancy are set forth in regulations initially proposed in February 1973, which became effective with certain modifications in December, 1973. Even these new regulations should not be viewed as the AEC's final word on the subject, but rather as its latest action on a matter of continuing concern.

[a]While measures to ensure reactor safety environmental protection, and economic competition might also be thought of as "safeguards," the term as we use it refers only to measures intended primarily to ensure against non-governmental or governmental diversion of nuclear materials for illicit uses.

In order to comprehend where we stand today, it is important to have in mind the main trends of development and the forces which have produced those trends. Accordingly, in this chapter, we first trace the development of the U.S. safeguards system in the recent past. (A brief account of the general historical background from the end of World War II to the present, emphasizing the international origins and global dimensions of the basic safeguards issues, is included in Appendix A.) Next, we analyze some of the important features of current safeguards requirements. And finally, we consider the basic character of the AEC's regulatory approach in this area thus far.

HISTORICAL DEVELOPMENT: MID-1960s TO PRESENT

Large material flows in a far-flung nuclear power industry were an inevitable consequence of the avalanche of commercial orders for power reactors in the mid-1960s. Significant amounts of plutonium and high-enriched uranium are already present in parts of the various nuclear fuel cycles outside reactors. However, due to the long lead-times involved in the construction of nuclear power plants, and to delays in the commencement of plutonium recycle, the large buildup will not actually begin until 1975-80.

Before the nuclear power industry developed to a stage where large material flows became inescapable, U.S. and foreign governments approached the safeguards problem with the primary goal of forestalling the spread of nuclear weapons in the international community. Their first concern was to ensure that the development of nuclear power throughout the world would not inevitably mean that more nations would acquire a nuclear weapon capability. Because of the limits inherent in an international political system based on independent nation-states, it was generally recognized that "verification" was the most that could be expected in the way of an assurance against governmentally authorized diversion of material from civilian industry for use in nuclear weapons.[b] The only verification method that might be widely accepted was materials accountancy, including carefully limited international inspection. Continuous on-site surveillance of nuclear activities by an international agency would be unacceptable to most countries—at least in any intensive form. Moreover, arming an international agency with the capability to prevent governmentally authorized nuclear diversion would be politically revolutionary.

Substantial efforts from the mid-1960s onwards were devoted to developing an international safeguards system within the constraints imposed by

[b]From the beginning of post-World War II arms control negotiations, the U.S. government's position has been that any international agreement to limit or reduce armaments must be subject to adequate "verification" of the fulfillment by the various parties of their respective obligations under the agreement. The method of verification the U.S. has been willing to rely on in existing arms control agreements depends on the nature of the obligations and the verification capabilities that can be appropriately brought to bear.

the structure of international politics. After protracted intergovernmental negotiations involving a large number of countries and two international organizations, agreement was reached in 1971 on the basic provisions for an international verification system. The system is now administered by the International Atomic Energy Agency (IAEA) within the framework of the Treaty on the Non-Proliferation of Nuclear Weapons (NPT).[1] In the meantime, a number of dramatic events revealed the need for more attention to safeguards on the national level, and to the problem of preventing non-governmental nuclear weapon proliferation.

In 1965 a private firm operating a fuel fabrication plant in the U.S. reported to the AEC material losses which it could not account for.[2] The amount involved was in excess of 100 kilograms of over 90 percent enriched uranium, enough for several fission explosives. The losses were incurred over a period of years while fabricating fuel under a "cost plus" type contract with the AEC. The materials were believed likely to be in scrap. The reported loss triggered the convening of an outside review panel chaired by Ralph F. Lumb, and the establishment of a new Office of Safeguards and Materials Management as a focal point within the AEC for safeguards policy formation. The incident also led to the stationing, for a period of time, of resident AEC inspectors at four private U.S. facilities which processed significant quantities of nuclear material.

The administrative changes in 1967 were accompanied by changing attitudes in the AEC and elsewhere. It became more widely recognized that, if sufficiently motivated, nations with moderate resources and technical skills could develop nuclear weapons. However, widespread recognition of the risk that non-governmental groups could make nuclear explosives was still slow in coming, though the possibility was noted in 1967 by the Lumb panel in its report.

Prior to 1969 no specific requirements existed for the physical protection of nuclear materials in the possession of AEC licensees.[3] However, most special nuclear material[c] possessed by licensees at the time was under AEC contract and thereby subject to protective requirements contained in AEC

[c]The Atomic Energy Act and AEC regulations under the Act use the term "special nuclear material", which is defined to include uranium enriched in the isotope U-235, plutonium, and uranium-233. Since the term includes low-enriched uranium, "special nuclear material" has a broader meaning than either "fission explosive material," the term we use to denote materials that can be used directly as the core material in fission explosives, or "nuclear weapon materials," the more inclusive term we use to signify materials that can be used in fission explosives without complex chemical processing (like chemical reprocessing of irradiated fuels) or physical processes (like isotope enrichment using existing methods). Both fission explosive material and nuclear weapon material would include material that could be used in plutonium dispersal devices. Although we believe special nuclear material, as presently defined, is not a very helpful term, we use it in this chapter in our discussion of the existing U.S. safeguard requirements.

manuals. The official regulatory position was that the special nuclear material which licensees owned would be protected adequately by reason of its high intrinsic monetary value.

By 1969 the quantity of privately-owned special nuclear material possessed under an AEC license had increased, and the AEC became uneasy about the intrinsic value philosophy. AEC officials maintained that their uneasiness did not result from any misconduct or carelessness on the part of licensees, but rather it was prompted by events taking place outside the nuclear industry. In the United States, there was an increase in the number of incidents of civil disorder, and politically oriented violence in the late 1960s. The AEC staff was aware that significant information pertaining to the manufacture of nuclear weapons could be gleaned from a study of the literature that was unclassified and available to the public. They were also aware that it was technically possible for a dissident group with modest resources to steal the materials suitable for making a nuclear weapon. These events and appraisals led in April 1969 to the issuance of regulations which contained specific requirements for the physical protection of special nuclear materials.

From the outset, a "graded safeguards" system was envisioned which would distinguish those types and quantities of materials that would credibly support the manufacture of a nuclear weapon from those that would not. On this basis, it was decided in 1969 that physical protection requirements would be applied to 5 kilograms or more of plutonium, uranium-233, uranium-235 contained in uranium enriched 20 percent or more, or any combination of these materials. Low-enriched uranium used as LWR fuel was not included among the materials requiring special protective measures.

For some time, most of those concerned with safeguards had believed that transportation was the weakest link in the nuclear fuel cycle from the standpoint of vulnerability to theft and diversion. The potential risk became readily apparent when, beginning in 1969, several nuclear shipments were temporarily lost through misroutings. Strengthened requirements for the protection of nuclear materials in transit were issued thereafter.

During the period 1970 through 1972 several unprotected AEC support installations, such as computer and university facilities, were attacked by persons using makeshift conventional bombs. Even more to the point, on October 27, 1970 a nuclear bomb threat occurred in Orlando, Florida. The threat was made to blow up the city with an H-bomb unless $1 million was paid and safe escort from the country provided, and the threat was accompanied by a drawing of a device. Neither the AEC nor the FBI could assure the city government that the threat was unreal. City officials were seriously considering paying the ransom demand when conventional police methods and a slip-up by the would-be bomber cleared up the matter. The nuclear threat turned out to be a hoax perpetrated by a 14-year old boy who was an honor student in his high school science class.[4] Acts of politically oriented terrorism were also increasing within and outside of the United States. All these events prompted further AEC action to strengthen physical protection requirements applicable to licensed activities.

In early 1972, the AEC staff drew up a set of twenty-five additional specific safeguard requirements. These were incorporated as license conditions in each new or renewal licensing action taken during 1972 and involving the possession of strategic quantities of special nuclear material. These conditions gave the licensee a wide range of choices of means to comply, particularly in the trade-off between the size of plant security force required and the use of detection aids. In a parallel effort, more stringent requirements for materials accountancy were developed and imposed as license conditions. The accountancy measures applied to low-enriched uranium reactor fuel as well as to plutonium and high-enriched uranium.

In February 1973, the AEC proposed extensive amendments to its regulations for physical protection of nuclear materials in transit were materials and materials accountancy. Significantly, the quantity of plutonium or uranium-233 that a licensee could have without meeting detailed protection requirements was lowered from 5 kilograms to 2, although the exemption for uranium-235 (20 percent or more enriched) was kept at 5 kilograms. The regulations for physical protection of nuclear materials in transit were substantially strengthened, by a requirement that nuclear shipments by truck be accompanied by an armed escort or carried in a specially designed vehicle. Moreover, the AEC issued regulations prohibiting shipments in passenger aircraft of more than 20 grams of plutonium or uranium-233 or more than 350 grams of high-enriched uranium. With certain modifications, some increasing substantially and others reducing slightly the stringency of safeguards requirements, the new regulations finally became effective in December, 1973.

Finally, it should be noted that, in April 1972, major organizational changes were made within the AEC. Many of the functions previously centered in the Division of Nuclear Materials Safeguards—the formulation of safeguards standards, nuclear materials licensing, and audit and inspection—were dispersed among the Regulatory Directorates of Standards, Licensing, and Operations. Responsibility for the safeguards research and development program and for international safeguards policy was placed in a renamed Division of Nuclear Materials Security, which reports to the Assistant General Manager for National Security. An important purpose of the reorganization was to bring safeguards considerations to bear as a matter of course in the performance of the AEC's licensing and regulatory functions—along with important health, safety, and environmental considerations.

Organizational change is continuing. On June 29, 1973, President Nixon proposed a major reorganization of the Executive Branch with respect to energy. If the President's proposals are implemented, the AEC's research and development functions would be entirely divorced from its regulatory functions.

The nuclear research and development effort would be broadened to include all forms of energy, reorganized administratively, and labeled the Energy Research and Development Administration (ERDA). The regulatory functions, on the other hand, would be conducted by a renamed Nuclear Energy Commission (NEC). The question of how best to organize the nuclear safeguards effort does not appear to have been addressed in developing these reorganization proposals.

EXISTING REQUIREMENTS

Though safeguards are still under development, a description of existing U.S. requirements will help readers to understand the terminology and concepts involved, and to comprehend more concretely the difficulties that must be surmounted in developing and implementing an effective regulatory program of this nature. The analysis which follows exposes only the main elements and lines of difficulty. The description is based on the AEC regulations effective December, 1973, together with certain regulatory guides based on those regulations.

Readers should bear in mind from the outset, however, that in many areas the most important descriptions of safeguards will be contained in physical security plans to be prepared by individual licensees. The plans are to be withheld from the public record for reasons which are explained later, and we have had no access to any of these confidential documents during the course of research for our study.

Safeguards Authority

As indicated above, the statutory scheme for regulation of the nuclear power industry is based on licensing. Prior to issuing a license, the AEC is required by law to find that the proposed activity will not be "inimical to the common defense and security," and will not constitute "an unreasonable risk to the health and safety of the public." Of course, safeguards against nuclear theft are relevant to both findings.[6] Significantly, AEC regulations authorize the Commission to incorporate in any license additional conditions and requirements that may be appropriate to guard against loss or diversion of special nuclear material. Hence, the AEC can, if it prefers, develop safeguards on a case-by-case basis, rather than by regulations imposed on the nuclear industry as a whole. Moreover, the AEC may require "backfitting," meaning modifications, of a facility that is being constructed or is already in operation if it finds that such action is required. Thus, if circumstances change, including the official assessment of the security risks involved, the AEC has the authority to require licensees to make substantial and costly changes in existing nuclear facilities.

The AEC has excluded from its licensing requirements common and contract carriers, freight forwarders, warehousemen, and the U.S. Postal Service when they transport or store special nuclear material "in the regular course of carriage for another." The difficult problem of transporting nuclear material between licensed facilities is, therefore, regulated indirectly by imposing requirements on shippers and receivers, rather than directly by AEC regulation of the transportation industry. The reason for the exclusion is that direct AEC regulation could interfere with the regulatory jurisdictions of the Department of Transportation and the Interstate Commerce Commission.

In addition to its broad authority to license private activities involving special nuclear material in the U.S., the AEC has extensive rights to inspect licensed activities. Each licensee must permit the AEC to inspect "at all reasonable times" special nuclear material and the premises and facilities where it is used, produced, or stored. Each licensee is further required to permit the AEC to inspect "upon reasonable notice" all relevant records kept by the licensee, and to perform any tests which the AEC considers appropriate for the administration of its regulations. The inspection rights are broad enough to include the stationing of resident inspectors at a facility.

The Atomic Energy Act establishes both civil and criminal penalties for violations, and the enforcement mechanisms relevant to safeguards are severe. Any person who violates a major licensing provision of the Act or regulation, or any condition of a license, is subject to a civil penalty of up to $5,000 for each violation, with a maximum of $25,000 specified for all violations within any 30-day period. Any person who willfully engages in activities related to special nuclear material without the required AEC license is punishable by a fine of up to $10,000, imprisonment up to ten years, or both. However, if the intent of the person found guilty is to injure the United States or to obtain an advantage for a foreign nation, the maximum penalties are a $20,000 fine and life imprisonment, or both. The same scheme of penalties applies to the unlawful possession or manufacture of an atomic weapon. Finally, the Atomic Energy Rewards Act provides for the payment of up to $500,000 to any person furnishing information leading to the discovery of any special nuclear material or atomic weapon unlawfully located within the United States.

Materials Accountancy

Purposes. Material control and accounting procedures are an essential part of a safeguards system against nuclear theft. Such procedures are necessary to provide confidence that other safeguards against theft are working effectively, and to provide assurance that the theft of a significant amount of material does not remain undetected for long. By providing assurance of detection, accountancy methods may also deter certain types of theft. It is important to note also that materials accountancy requirements may help to ensure a disciplined and well-run industrial operation and thus enhance both employee and public health and safety.

Of course, accountancy alone does not provide adequate assurance against theft of nuclear materials. One reason is that the information concerning diversion might be developed too late to prevent irreversible consequences. Another is that the uncertainties in practical accounting techniques are large enough, or in other words the detection threshold is high enough, so that over long periods of time employees might divert significant amounts of nuclear material and never be detected. Therefore, physical protection measures are the essential foundation for an effective system of safeguards against nuclear theft. These measures are discussed later.

At the international level, materials accountancy is recognized in the IAEA safeguards system under the NPT as a measure of "fundamental importance," with containment and surveillance as important "complementary measures."[7] The AEC's materials accountancy requirements applicable to the U.S. nuclear power industry have considerable international significance. Under a still outstanding U.S. offer, they will serve as a basis for the IAEA to apply its safeguards to the U.S. nuclear power industry in a manner comparable to that required for the non-nuclear-weapon parties to the NPT. Moreover, the AEC requirements obviously exemplify what the U.S. government considers to be effective materials accountancy for any country with a large nuclear power industry.

Basic Concepts. The quantitative thresholds in the AEC accountancy system are compatible with those established for the IAEA system. There is a complicated formula for determining these thresholds for various types of nuclear material. The important point, however, is that the detailed and specific procedures, discussed below, apply to all licensed nuclear activities on a commercial scale, except for those involving the operation of a reactor or a radioactive waste disposal operation.

The AEC materials accountancy procedures are built upon three basic concepts, each of which is defined. The first is "physical inventory," which means essentially the actual measurement of quantities of material on hand at a particular time. The second is "material balance," which means a determination of material unaccounted for, or "MUF." For each period covered, the MUF is the difference between the beginning inventory plus additions and the ending inventory plus removals. The third concept, closely related to the second, is "limit of error." This is essentially the uncertainty component used in constructing a level of 95 percent confidence associated with a measured quantity. The latter concepts are combined into the limit of error of MUF, or LEMUF, which can be determined for every material balance. In a material balance, the LEMUF may be stated either as a quantity or as a percentage of the quantity of material throughput in the process.

For example, the LEMUF determined by the material balance for the month of January at a fuel reprocessing plant may be 200 grams of plutonium. This means we can be 95 percent sure that the 200 grams of plutonium stated to be material unaccounted for reflects the actual situation. Alternatively, the LEMUF may be stated as 0.5 percent for a throughput of forty kilograms in the material balance area. This means we can be 95 percent sure that the 0.5 percent MUF stated for the forty kilogram throughput, or 200 grams, is the actual amount of material unaccounted for.

Building on these concepts, there are two basic requirements: records keeping and inventory procedures.

Records. The licensee is required to maintain records to reflect, among other things, the quantities of special nuclear material in process and all transfers of material between material balance areas. Furthermore, means are required for the "unique identification" of special nuclear material not in process, and for "tamper-safing" containers or vaults that contain material in this status. Taken together, the records requirements provide necessary evidence regarding daily operations involving special nuclear material at a licensed facility.

Physical Inventories.

Inventory Procedures. Each licensee is required to conduct physical inventories of all special nuclear material in its possession. The quantity of each item on the inventory must be a measured value of the element and, in the case of uranium-233 and uranium-235, the isotopes of the element. The isotope uranium-235 must be measured and placed in two different categories according to whether the enrichment is more or less than 20 percent.

For material in process which has been previously measured, verification of the quantity must be either by remeasurement of each inventory item or by remeasurement according to a sampling plan developed by the licensee. For economical industrial operations, it is necessary to permit sampling of material in process rather than to require remeasurement of every item during each physical inventory. For special nuclear materials that are contained in sealed sources and containers or vaults, the physical inventory procedures require checking the correctness of records concerning the containers or vaults and verifying the integrity of the associated tamper-safing devices.

Written instructions to be developed by the licensee must specify "the extent to which each material balance area and process is to be shut down, cleaned out, and/or remain static" when a physical inventory is being taken. What the instructions provide in this regard will be a major factor determining the impact of the physical inventory requirements on the licensee's operations; a shutdown can be very costly. The regulations make clear, however, that no shutdown or cleanout of a process is required for purposes of physical inventory taking if the licensee has met the prescribed LEMUF requirements, discussed below. The intent of the regulations is to give the licensee flexibility to develop

in transit. The express purpose of these requirements is to ensure the protection of special nuclear material against theft: "by establishment and maintenance of a new inventory techniques to preclude costly plant shutdowns. The development of certain instruments may assist in achieving this in the future. Moreover, the amount of material hold-up in a facility, and hence the need for a shutdown and cleanout, can be minimized by proper design.[8]

Frequency of Inventories. The maximum interval permitted between physical inventories depends on the material involved. The interval specified is generally two months for plutonium, uranium-233, and high-enriched uranium, and six months for low-enriched uranium. However, in the case of plutonium, uranium-233, and high-enriched uranium located in that portion of a fuel reprocessing plant from the dissolver to the first vessel outside of the radiation-shielded portion of the plant, the interval between physical inventories may be six months.

The most important steps to close the material balance for a particular interval are calculating the LEMUF for materials in process and reconciling the book records to the results of the physical inventory. In view of the time required to conduct a physical inventory and the frequency of inventory taking prescribed, it would seem that material accountancy would be a major activity at a commercial fuel fabrication or reprocessing plant.

Performance Criteria. The regulations prescribe alternate criteria which a licensee's material accountancy system must meet. The criteria are stated in terms of the LEMUF for in process material in the plant as a whole. In general, these amounts are not to exceed: 1.0% for plutonium or uranium-233 in a chemical reprocessing plant; 0.7% for uranium in a reprocessing plant; 0.5% for plutonium, uranium-233, high-enriched uranium, or low-enriched uranium element and fissile isotope in all other fuel cycle facilities.

It is recognized, however, that initially some processes and operations might not meet the criteria specified. Accordingly, the regulations permit consideration of alternative LEMUF limits. If a licensee has demonstrated through actual experience that he cannot meet the specified LEMUF limits, he may apply to the AEC for limits that can be met. These alternate limits will be approved if the licensee demonstrates that he has made reasonable efforts and still cannot meet the prescribed limits, and that he has or will initiate a program to enable him to meet the limits prescribed.

In view of the many uncertainties in the developing technology, prediction of firm LEMUF limits two to three years in the future was not considered feasible. Accordingly, the regulations as adopted in December deleted more stringent criteria which, under the February proposals, would have been required beginning in 1976. Thus, the regulations contemplate that licensee performance and technological developments will be evaluated on a continuing basis and more stringent LEMUF limits established as the need is indicated and as the state-of-the-art permits.

The performance criteria establish the threshold beneath which special nuclear material might be stolen or lost and its absence could remain undetected by the materials accountancy system. Other means might, however, detect such diversion. Stringent procedures, including new non-destructive assay techniques, will probably be necessary as part of an accountancy system capable of meeting low LEMUF limits, especially in view of the continuous nature and complexity of many of the processes.

Nevertheless, even the presently specified detection threshold may appear to be quite high when it is compared to an amount of special nuclear material that would be enough for a fission explosive. For example, a large commercial chemical reprocessing plant might have a total throughput of about five tonnes per day, or 1,500 tonnes per year, of irradiated fuels. This would result in an output of roughly fifty kilograms per day, or 15,000 kilograms per year, of plutonium. Under the performance criteria specified, the 1.0 percent LEMUF limit for this amount of plutonium throughput at a chemical reprocessing plant would total about 150 kilograms for the entire year's operations. As another example, a typical commercial fuel fabrication plant might have a total throughput of one tonne per day, or 300 tonnes per year, of fuel materials. If the plant's output were plutonium-bearing LWR fuel, it would include a throughput of ten kilograms per day, or 3,000 kilograms per year, of plutonium. Again under the criteria, the 0.5 percent LEMUF limit would total roughly fifteen kilograms for one year's operations at the plant.

When viewed in relation to the material flows that may be anticipated in the U.S. nuclear power industry in the years ahead, one important implication of the detection threshold is that, if a nuclear bomb threat or a nuclear explosion occurs in the future, materials accountancy alone will not give the AEC or the nuclear industry the information necessary to determine whether or not the material involved has been obtained by nuclear theft in the United States.

Physical Protection at Fuel Cycle Facilities

As shown in Chapter 3, the main possibilities for nuclear theft presently exist at the various facilities which process fuel for use in power reactors, during transport of materials among these facilities and, in some cases, during transport to the reactors. Accordingly, the AEC regulations prescribe requirements for physical protection of special nuclear material at fixed sites and physical protection system of (1) protective barriers and intrusion detection devices at fixed sites to provide early detection of an attack, (2) deterrence to attack by means of armed guards and escorts, and (3) liaison and communication with law enforcement authorities capable of rendering assistance to counter such attacks."

We do not discuss physical security measures required at nuclear power plants, although detailed protective requirements have been developed recently, primarily to guard against industrial sabotage.[9] Many of the basic concepts discussed below with respect to fuel cycle facilities apply to nuclear power plants, however. The dangers of theft of complete fuel assemblies prior to their loading into a reactor at a power plant will be more serious at LWR plants when they start recycling plutonium on a large scale, or at HTGR or LMFBR plants.

Requirements for protection at fixed sites are discussed in this section and requirements during transit are considered in the next.

Coverage. The physical protection requirements apply to licensees authorized to possess or use at any site: two kilograms of plutonium, two kilograms of uranium-233, or five kilograms of uranium-235 which is contained in uranium enriched in the uranium-235 isotope to 20 percent or more. There are no special requirements for the physical protection of uranium-235 contained in uranium enriched less than 20 percent, and no protective requirements applicable to facilities licensed to fabricate only low-enriched LWR fuel. The requirements do apply to plants licensed to fabricate high-enriched uranium HTGR or plutonium-bearing LWR fuels.

The AEC explains the absence of physical protection requirements for low-enriched uranium by the lack of an enrichment method that could realistically be available to a potential recipient of stolen material, and by the length of time that would elapse between a theft and the completion of a nuclear explosive. This reasoning might be undercut in the future by the widespread use of gas centrifuge or laser techniques which would permit uranium enrichment on a small scale.

All uranium enrichment facilities in the U.S. with sufficient capacity to provide enrichment services for the nuclear power industry are government-owned and operated by private firms under contract with the AEC. Hence, they are outside the AEC regulations applicable to licensed materials and facilities. However, safeguard requirements applicable to licensed activities are also imposed on activities conducted under AEC contract, in addition to any security procedures for the protection of classified material.

Physical Security Plan. Every applicant for a license to possess or use special nuclear material of the types and in the quantities specified is required to submit with his application a physical security plan. The plan must demonstrate how, in conducting the activity to be licensed, the applicant will meet the AEC's physical protection requirements. In reality, the physical security plans will contain the guts of the AEC's safeguards system.

Physical security plans submitted to the AEC are to be withheld from the public record.[10] Therefore, a licensee's plan is not reviewable, either by another licensee to ensure there is non-discriminatory treatment among enterprises in competition with each other, or by an interested private citizen to assure himself of the adequacy of the safeguards actually implemented. Nevertheless, confidentiality with respect to security plans seems important to maintain in order to prevent potential thieves from having access to a blueprint for a theft attempt.

Physical Security Organization.

Organization. Each licensee is required to establish and maintain a physical security organization with a two-fold mission: to protect special nuclear material in his possession against theft, and to protect the facility where the material is located against industrial sabotage. The security organization must be composed of "guards" and "watchmen." A guard must be armed with a firearm and uniformed, and his primary duty is the protection of special nuclear materials against theft and/or the protection of the plant against sabotage. A watchman is not necessarily armed or uniformed, and he provides protection in the course of performing other duties. Each licensee is responsible for training and equipping the guards and watchmen at the facility.

Operational details concerning the security organization will vary, depending on the nature of the licensed activity and the character of the surrounding environment. Accordingly, the regulatory scheme should be flexible. However, the AEC regulations specify no range of threats which a security organization must be designed to deal with, and they establish no standards as to the overall size of the organization, the guard/watchman ratio, the capabilities of equipment to be used, or the nature of necessary training. A regulatory guide on the training and equipping of guards and watchmen is being developed, however.

Each licensee is required to take account of the assistance available from the local law enforcement authorities, and, in particular, the probable size and response time of such assistance. Here again, the regulations provide neither guidance to the licensee in evaluating local assistance nor a basis for the AEC staff to determine the adequacy of physical security plans submitted by licensees.

Overall, the regulations lack standards in an area that has critical importance both to the nuclear power industry and to the public. The AEC has discretion, free of specific standards, to determine the adequacy of a licensee's security organization, while interested citizens have no means to satisfy themselves about the specific requirements actually imposed on a licensee because the security plans are not part of the public record.

Communications. Every guard or watchman on duty must be able to maintain continuous communication with an individual in a central alarm station located within a protected area, and that station must be manned continuously. This is intended to ensure prompt mobilization and dispatch of the members of the security organization, if and when a threat is believed to exist.

Furthermore, the central alarm station must be equipped for communication with local police by two-way radio, in addition to conventional telephones. The communications link may or may not be direct, however. Some local law enforcement authorities refuse to permit any person other than a member of the local force to communicate directly with them by radio. In such circumstances, unless local police were willing to make an exception to their normal practice, communication from a nuclear facility would have to be through someone off-site who would relay any message received from the facility to police headquarters. Unless direct means were available, the reliability and speed of communications in an emergency would seem questionable.

Response to Threats. If an abnormal presence or activity is detected at a licensed nuclear facility or if evidence of intrusion is discovered, the members of the security organization who are on duty are required to "(1) determine whether or not a threat exists, (2) assess the extent of the threat, if any, and (3) take immediate measures to neutralize the threat, either by appropriate action by facility guards or by calling for assistance from local law enforcement authorities, or both." The regulations do not address the hard questions concerning the use of force to neutralize a threat, and in particular the use of deadly force to prevent completion of a theft in progress. Some of these questions might be answered in the licensee's own written security procedures, others by the head of the security force during an emergency, and still others (probably the hardest of all to answer) would be left largely within the discretion of the guards on the spot. However, it would be desirable to work out relatively uniform ground rules for all licensees to follow in their planning in this regard. As a first step, as noted above, the range of credible threats which the licensee's security organization must plan to deal with could be specified.

A threat posed by an armed group would have to be dealt with in circumstances where the misuse of force by anyone, whether attacker or defender, might expose persons and property to severe radiation hazards. Some nuclear facilities will probably be located at sites where the local law enforcement authorities cannot be expected to deal in a timely and effective manner with a threat at the facility. Therefore, the on-site security organization at many, if not most, facilities would need to be trained, equipped, and instructed to use deadly force in very hazardous circumstances.

The AEC requirements, if they are to be effective, would thus impose on individual licensees, which are privately-owned enterprises, *extraordinary* police responsibilities. These responsibilities are far beyond the normal role of industrial security in a civilian industry in peacetime. Indeed, the quality of effort required would be well beyond what the public normally expects from law enforcement authorities in crime prevention, or even in the prevention of the theft of large amounts of money.

Physical Barriers. Various structural characteristics are specified for the facilities where activities are conducted involving special nuclear material. Generally, special nuclear material at a licensed facility must be processed in a special area, called a "material access area," and stored in a vault when it is not in process. Material access areas must be within a larger "protected area" encompassed by a barrier. Thus, the regulations explicitly require "passage through at least two physical barriers" in order to obtain access to special nuclear material.

Material Access Area. Special nuclear material may be processed only in a "material access area." Such an area must be a building–the roof, walls, and floor of which are constructed of stone, brick, cinder block, concrete, steel, or comparable materials. Within a material access area, all activities are prohibited except those requiring access to the special nuclear material or to equipment for processing, using, or storing the material located there. Personnel access controls with respect to such areas are discussed below.

Whenever a material access area is unoccupied, it must be locked and protected by an active intrusion alarm. Moreover, all emergency exits from a material access area must be continuously alarmed.

When special nuclear material is "not in process," it must be stored in a "vault" or "vault-type room."[11] What is meant by "in process" is not specified. Therefore, how much special nuclear material may remain outside of a special storage vault in a material access area, and for how long, remain open questions. Presumably, material need not be placed in storage at the end of every working day if it is being actively processed. However, it would seem reasonable to require special nuclear material that is packaged and easily transportable to be kept in storage at all times unless it is in transit or being readied for transit.

Protected Area. Every building which constitutes a material access area at a nuclear facility is required to be within a "protected area." This means an area encompassed by walls or fences, topped with barbed wire, which are at least eight feet high. Access to the area must be controlled, as discussed below. All emergency exits through the barrier around the perimeter of a protected area must have alarm systems. There must be a space between the walls of a material access area and the fence around the perimeter of a protected area, and the intervening space must be monitored to detect the presence of persons or vehicles. This is intended to enable the facility's security organization to respond to suspicious activity or to the breaching of any barrier.

In addition to the intervening space on the inside of the protected area fence or wall, a monitored "isolation zone" must be maintained around the outside. The isolation zone must be laid out so as to enable a response by armed guards to be initiated at the time of any attempted penetration of the protected area. Parking facilities for employees and visitors must be located outside the zone.

Access Controls. The control of persons who enter and leave nuclear facilities is a very important aspect of safeguards against theft either by outsiders or by industry employees. In this particular area, the AEC has taken what we believe to be a major step in its detailed regulatory guide. If the guide is followed in the process of designing and approving physical security plans, we believe this important aspect of the U.S. safeguards system would be effective. We have included AEC Regulatory Guide 5.7, Control of Personnel Access to Protected Areas, Vital Areas, and Material Access Areas (June 1973) as Appendix C.

The following discussion reflects both the AEC regulations and Regulatory Guide 5.7 of June 1973. It should be noted, however, that, unlike requirements in regulations, provisions in a guide are not mandatory. Hence, we will describe a more stringent safeguards system than may exist in practice at some facilities in the near future.

In considering controls on the access of persons to special nuclear material at fixed sites, it is useful to reverse the order of our previous discussion and start with controls at the barrier around the perimeter of the protected area and proceed inward to the material access area.

Access to a Protected Area. The licensee is required to control all points through which personnel or vehicles may enter a protected area. At the control points, personnel and vehicles must be identified and their authorization checked. This must be done by a guard or watchman at the control point, or in the case of personnel only, by an electronic or magnetic key-card system and closed-circuit TV. An individual who is not employed by the licensee must register information concerning the details of his visit, be escorted while in a protected area, and be badged to show that an escort is required.

Before entry into a protected area is permitted, all individuals, except employees who possess AEC security clearances, and all hand-carried packages must be searched for items which could be used for firearms and explosives. If metal detectors are used instead of a physical search, they must be capable of detecting a minimum of 200 grams of non-ferrous metal placed anywhere on a person's body, and a comparable minimum is established for explosive detectors. Employees who possess AEC security clearances (the type of clearance is not specified) may be searched at random intervals only. With respect to vehicles, the drivers are to be searched, and the drivers and the vehicles are thereafter to be escorted at all times while they are within the protected area. The vehicle escort requirement obviates a vehicle search requirement which would take considerable time and effort and which the AEC believes could necessitate dismantling a vehicle and opening each package on board to inspect its contents. All packages being delivered by vehicle into a protected area must, however, be checked for proper identification and authorization, and they are to be searched at random intervals.

It would seem conceivable that illicit access of personnel and equipment into a protected area might be achieved by hiding in a vehicle that is not likely to be searched. Moreover, the regulations contemplate that a vehicle which enters a protected area may also enter a material access area, presumably under escort, but apparently without being searched.

Access to a Material Access Area. Only those requiring access "to perform their duties" may enter a material access area. This must be done through a secure access passageway, with interlocking doors so that both cannot be open simultaneously, monitored either by an attendant watchman or by closed-circuit TV. There are health as well as safeguards reasons why those requiring access to toxic plutonium or uranium-233 should be required to wear special clothing in a material access area. Thus access to areas containing these two materials (though not access to areas containing high-enriched uranium) must be through a change room.

Prior to entry into a material access area, all packages must be searched. Packages which are passed into the protected area on board a delivery vehicle without their contents having been inspected would be checked before they entered the material access area.

Individuals within material access areas must be under constant observation, to assure that special nuclear material is not diverted. The manner of observation is not specified, however.

Exit inspection is a primary means to prevent surreptitious diversion of small amounts of special nuclear materials by individuals authorized admission to a material access area. Therefore, before leaving a material access area, each individual, package, and vehicle must be searched for concealed special nuclear material. In the case of packages and vehicles, the procedures and sensitivity of the check are not specified. Individuals must leave a material access area through a change room and an attended secure passageway in the case of plutonium and uranium-233, or merely through a secure passageway in the case of high-enriched uranium. Significantly, the regulatory guide suggests that the detection equipment used in the passageway should be capable of detecting 0.5 gram of plutonium, one gram of uranium-233, or three grams of 90 percent enriched uranium, shielded in each case by brass and concealed anywhere on a person's body.

Physical Protection for Nuclear Shipments

Criteria. The AEC has stated that its new regulations would: "implement criteria that have been developed for the protection of special nuclear material in transit as follows: (a) assurance that a theft or diversion cannot be successfully carried out short of a significant armed attack; (b) assurance of prompt detection of an actual or attempted theft or diversion; (c) assurance of prompt alerting and timely response of armed guards or police; and (d) assurance against misrouting." Criterion (a) raises a number of questions: What would the AEC deem to be a "significant armed attack"? Has the AEC excluded this possibility because such an occurrence is incredible, because it is credible but impractical to safeguard against, or because it is credible and is adequately safeguarded against by measures outside the scope of the regulations? Safeguards designed to protect special nuclear material in transit against merely an insignificant armed or an unarmed attack would appear inadequate.[12]

Coverage. The AEC's physical protection requirements during transit using any mode of transportation apply to the shipment of more than two kilograms of plutonium or uranium-233, or more than five kilograms of U-235 contained in uranium enriched to 20 percent or more. These are the same threshold quantities as apply to protective requirements at fixed sites. However, without special AEC approval, a passenger aircraft may not be used to ship more than twenty grams of plutonium or uranium-233, or 350 grams of high-enriched uranium. Finally, there are no specific physical protection requirements for shipments of low-enriched uranium (present LWR fuel) regardless of the amount shipped.

Responsibility. As noted previously, by regulation the AEC has specifically exempted carriers, freight forwarders, and warehousemen from any requirement for an AEC license to transport or store special nuclear material in the regular course of their activities. The Department of Transportation regulates carriers directly in order to protect the public from risks to health and safety associated with the transportation of a wide variety of hazardous substances.

Under AEC regulations, each licensee who ships special nuclear material is required to "make arrangements" to assure that the material will be protected in transit. This division of governmental authority could be a source of confusion and complexity which might prevent the establishment of clear-cut lines of authority and responsibility between nuclear licensees and unlicensed nuclear carriers.

Many of the requirements imposed on the licensee, including most of the important ones, are expressly made delegable to "an agent" of the licensee. Presumably, the agent could simply be the carrier who is exempt from direct AEC regulation. Thus, licensees might contract away the problem of assuring adequate protection of nuclear shipments to agents who would be entirely outside the reach of the AEC's regulatory authority.

Road.

Through Truck Only. A truck carrying special nuclear material is not prohibited from carrying other cargo. However, the truck must not make any intermediate stops between shipper and receiver in order to transfer either the special nuclear material on board or other cargo. A truck carrying a nuclear shipment may stop only for servicing the truck or resting the crew. The practical result of the regulations in most cases may well be nuclear shipment by trucks used exclusively for that purpose.

Two-man Rule and Armed Escort or Specially Designed Truck. Special nuclear material may be shipped by truck under either of two options: with at least two people in the vehicle plus an "armed escort"; or with at least two people in the vehicle plus a "specially designed truck or trailer." The two-man requirement is intended mainly as a means of keeping the shipment under "continuous visual surveillance." For example, this requirement would be fulfilled if, during a rest or service stop, one of the truck crew were awake and in the cab of the truck, or had an unobstructed view at all times of all access points to the cargo compartment containing the shipment.

Under the two-man plus "armed escort" option, the escort must consist of at least two armed guards who accompany the shipment in a separate vehicle.[13] There must be a continuous communication capability between the cargo truck and the escort vehicle. The AEC is developing a regulatory guide to cover the duties and responsibilities of an armed escort.

As mentioned above, the alternative to an armed escort is a "specially designed truck or trailer which reduces the vulnerability to diversion," again combined with the two-man requirement. The special truck must be designed and built to "permit immobilization of the van and provide barriers or deterrents to physical penetration." However, armed guards in the truck (to be distinguished from the armed escort discussed above) may be used instead of the immobilization feature. Here again, the AEC is developing a regulatory guide on "safe, secure vehicles" which will presumably contain design specification.

Special nuclear material in transit must be effectively protected against theft by employees of the carrier, by non-employees, or by a group of employees and non-employees acting in concert. The two-man rule plus an armed escort seems to provide inadequate protection against armed theft by a group of non-employees, since the escort vehicle could be intercepted before the truck was hijacked. This option does, however, provide substantial protection against an attempted theft by one or both members of the truck crew. Assuming the special design features operate effectively, a specially designed "safe, secure vehicle" may afford substantial protection against theft by a group of non-employees, but very inadequate protection against theft by even one of the drivers alone. In order to deal with the obvious threats to a nuclear shipment by truck, therefore, a crew of two *plus* an armed escort *plus* a specially designed truck appear to be necessary.

Communications. Trucks and escort vehicles, if any, must be equipped with radio-telephones "which can communicate with a licensee or his agent." This requirement may appear to the layman to be more than it is. Radio-telephone communication involves communications by radio from a vehicle to privately operated stations along the route. The station operator then relays the message received from the truck by ordinary telephone. The communications link is thus neither direct, nor immediate, nor continuous. Moreover, radio-telephone coverage is not available for substantial areas of the U.S., especially west of the Mississippi River.

Calls to relay position and projected route must be made once every two hours when either radio-telephone or conventional telephone coverage is available along the route. In any event, calls must be made at least every five hours. The radio-telephone link is between the truck en route and the licensee or his agent. There is no link with either law enforcement authorities along the route or with the AEC. In case of an attempted theft or other emergency, it would be very important for the truck crew or the escort to communicate immediately with local law enforcement authorities. Neither the truck nor escort vehicle radio would have this capability, since local and state police do not generally permit it. In the event no scheduled call is received, the licensee or his agent is required to notify immediately an appropriate law enforcement authority and the AEC.

As a general matter, the communications technology required is unsophisticated compared to what is available.

Rail. Rail transportation may be used either alone or, in many instances, in conjunction with truck and perhaps aircraft. The theft possibilities during a rail shipment differ from those during a truck shipment since the vehicle itself, a rail car, is relatively difficult to divert. However, employees, non-employees, or a mixed conspiracy may be involved in rail thefts as well as truck thefts.

A nuclear shipment by rail must be escorted by two armed guards. The escort is required to "keep the shipment cars under observation" and to detrain at stops to guard the shipment cars and check car or container locks and seals. These duties are important, since there are no protective design requirements for the railroad car shipping the material, and there are no restrictions on mixing containers carrying special nuclear material with other cargo in the same car. The communications requirements are comparable to those for nuclear shipments by truck.

Air. When cargo aircraft are used for a nuclear shipment, it would necessarily involve shipment by truck between the nuclear facilities and nearby air terminals at both ends. Hence, the measures required for nuclear shipments by road, discussed above, also apply to the truck portions of shipments by road and air combined.

Thus far skyjacking of cargo aircraft has not occurred in the U.S.; thefts of air cargo shipments have been confined to the aircraft terminals. It seems doubtful that skyjacking by non-employees of the air cargo carrier presents a serious risk of diversion, but skyjacking attempts by employees (or perhaps outsiders masquerading as employees) may be a credible threat.

The licensee is required to assure that transfers between air segments of a shipment are minimized, but no standards are specified. Moreover, the regulations do not specify physical protection requirements applicable to special nuclear material when it is on board a cargo aircraft, or to any special characteristics for the aircraft itself or the crew. It should be noted that an air shipment within the U.S. may be unescorted.

Sea. Surface vessels are likely to be used primarily as a means of exporting and importing special nuclear material. Problems might be raised by using vessels chartered under a foreign flag. (Similar problems might also arise in the regulation of nuclear shipments to and from the U.S. on board foreign cargo aircraft.)

Nuclear shipments by sea must be made on vessels making minimum ports of call and without scheduled transfers to other ships. The shipment must be placed in a secure compartment which is locked and sealed. Ship-to-shore communications are required every twenty-four hours to relay a status report on the nuclear shipment based on a daily inspection of the locks and seals on the compartment.

Containers. Special nuclear material must be carried in sealed containers. The container itself must also be locked, or the vehicle carrying it must be locked.

Containers that can be lifted by one man can also lead to theft. Accordingly, containers used for nuclear shipments in open trucks, railroad flat cars or box cars, or surface vessels must weigh more than 500 pounds. Containers used for shipments in closed vans or cargo aircraft may be lighter.

Inter-Vehicle Transfers. There are many permissible opportunities for inter-vehicle transfers (only transfers between two trucks and between two ships being prohibited). All permissible transfers of special nuclear material must be monitored by an armed guard.

An intermediate stops where special nuclear material is not scheduled for transfer, the guard must observe the opening of the cargo compartment and assure that the shipment is not removed. Moreover, the guard must maintain a constant watch on the cargo compartment up to the time the vehicle is ready to depart. Thereafter, the guard is required to notify the licensee or his agent of the safe departure of the shipment.

At points where special nuclear material is transferred from a vehicle to storage, from one vehicle to another, or from storage to a vehicle, the guard must observe the opening of the cargo compartment of the incoming vehicle and assure that the shipment is complete by checking locks and seals. A constant watch on the shipment must be maintained at all times while it is in the terminal or in storage. As with an intermediate stop without an inter-vehicle transfer, the cargo compartment must be watched up to the time the vehicle on which the nuclear shipment is loaded is ready to depart from the terminal, and the guard must observe the vehicle until it has departed and notify the licensee or his agent of the departure.

The guard is required to notify immediately the carrier and the licensee who made the protective arrangements of any deviation from, or attempted interference with, the schedule or routing of a nuclear shipment.

As previously discussed, special nuclear material that is not in process at a licensed facility must be stored in a "vault" or "vault-type room" that meets certain specifications. Storage facilities at transfer points are not likely to have vaults or vault-type rooms. Therefore, the regulations require nuclear shipments to be planned so that storage times during transit do not exceed twenty-four hours.

The requirements for armed guards to monitor all intermediate stops and inter-vehicle transfers related to nuclear shipments, along with fixing an outer limit for temporary storage during transit, constitute an important step toward effective safeguards at points where the risks of theft appear to be especially high.

International Shipments

Imports. A licensee is required to arrange for the same protection of imported special nuclear material in transit within the U.S. that is required for any other nuclear shipment. The licensee's duties in this respect arise upon arrival of the shipment at the first terminal in the United States. A licensee who imports nuclear material is also required to make special arrangements so that an individual will confirm the "container count and examine locks and seals for evidence of tampering." The confirmation is to occur at the first place in the U.S. where the shipment is "discharged from the arriving carrier." This means that, before the count, an aircraft arriving from abroad with a nuclear shipment on board may have made one or more intermediate stops within the U.S., as well as stops en route outside the U.S.

Exports. The AEC's regulations requiring physical protection do not purport to cover an export of special nuclear material once the shipment leaves the United States, except for two conditions. First, export shipments by air or sea must be escorted by an unarmed specially authorized individual, who may be a crew member, from the last terminal in the U.S. until the shipment is unloaded at a foreign terminal. Second, the licensee is required to arrange for notice of the shipment's safe arrival or failure to arrive at its final destination. Thus, there is no attempt to impose physical protection requirements on nuclear exports comparable to those for domestic shipments once the materials are in transit outside the jurisdiction of the U.S., or when they are in use or storage in foreign countries.

Exports of special nuclear material for civilian uses are required by the Atomic Energy Act to be specifically licensed and to take place only under the umbrella of government-to-government agreements for cooperation. The government of the recipient country must guarantee that "security safeguards and standards" will be maintained. Moreover, the U.S. is obliged under the NPT to require IAEA safeguards on all special nuclear materials exported from the U.S. to non-nuclear-weapon countries, whether or not the countries concerned are parties to the NPT. Intensive materials accountancy measures in the country of destination are thus a necessary condition for civilian nuclear exports from the U.S.

It is evident that the theft of special nuclear material exported from the U.S., or for that matter the theft of a significant amount of special nuclear material in a foreign country, might lead to circumstances "inimical to the common defense and security" of the U.S. The U.S. government has legal authority to impose an additional condition upon nuclear exports: namely, that the exported material, while it is in transit, storage, process, or use in a foreign country, be physically protected to an extent equivalent to the protection required for special nuclear material in the United States.

However, an attempt by the U.S. government to exercise its authority in this area unilaterally is likely to arouse strong objections: from the governments of importing countries on the ground that such a physical protection requirement on U.S. exports constitutes an unwarranted interference in their domestic affairs; and from U.S. exporters on the ground that such a requirement places them at a competitive disadvantage in supplying the world market for nuclear fuel. Thus, it seems preferable for the U.S. government to raise the issue of safeguards against nuclear theft initially on a multilateral basis with the governments of other countries with substantial nuclear power industries on their territories. It would also seem that the main forum for intergovernmental discussion of this issue should not be the IAEA, at least in the initial stages, because of the concerns of many governments that the IAEA not be viewed as in any sense an international police agency.[14]

However, the risks of nuclear theft are clearly global, and time for action is short. It would be tragic indeed if the U.S. or any other country took great pains to develop an effective system of safeguards against nuclear theft in its own country, only to have to deal with nuclear threats by terrorists from abroad.

REGULATORY APPROACH

Having reviewed the historical development of U.S. safeguards against nuclear theft and examined the content of current AEC requirements, we may now step back from the details in order to address some basic questions about how the AEC is tackling this area of its statutory responsibilities. These questions concern the organization, procedures, substance, and level of effort devoted to safeguards.

Organization

Safeguards constitute a major policy problem without an institutional focus anywhere in the U.S. government. Currently, the regulatory aspects are separate from the small research and development program. The critics of nuclear power have faulted the AEC's organization because it merged promotional and regulatory functions. The criticism led eventually to an administrative separation of the two branches of the AEC's activities, and proposals for a legislative divorce are pending. The safeguards research and development program, however, is not a promotional activity. Rather, it should provide the technical foundation for an important regulatory program. Therefore, in the safeguards area, research and development and regulatory efforts could be intimately related without engendering a conflict of interest within a single government agency.

Moreover, the program to develop a U.S. national safeguards system is in danger of growing away from the development of international safeguards policy. The primary purpose of international safeguards is to detect governmentally authorized nuclear diversion, while the primary purpose of a national safeguards system is to prevent nuclear theft. Nevertheless, nuclear theft must be prevented wherever opportunities exist, and the problem is rapidly taking on global dimensions. While the distinction between national and international elements should be preserved in any organizational approach to nuclear safeguards, the transcendent character of the problem should be recognized and the elements should be fully coordinated.

In addition to the unfocused and diffused character of the U.S. safeguards program a major institutional defect within the government has been the absence of involvement at the political level. Until very recently, issues related to the national safeguards system were rarely considered at the Commission level within the AEC. There are hopeful signs that this situation is beginning to change. However, the Joint Committee on Atomic Energy of the Congress made its first brief inquiry into the adequacy of safeguards against nuclear theft at hearings devoted mainly to reactor safety in September 1973.

Until that time, the Committee had barely noted in passing the existence of the program in its annual reports on AEC authorizing legislation. It is time to escalate safeguards issues to the political levels of government for something more than a routine five or ten minute briefing. Moreover, it is time to broaden the participation in the governmental discussion to include the energy and national security agencies generally, in addition to the nuclear establishment.

The organization of the safeguards effort within the U.S. government has not stabilized, and unfortunately this situation could become worse with the possible splitting of the AEC. Here again, recognition of the seriousness of the risks of nuclear theft at the political level is needed urgently in order to prevent the safeguards program from falling between the cracks.

Procedures

Although the emergence of the problem of nuclear theft was foreseeable, and indeed foreseen, the AEC has in the past mainly reacted to events–strengthening a safeguard requirement after a large MUF, or issuing a bland statement after a sensational news story. However, the AEC's regulatory actions during 1973 are evidence that the Commission may now be taking a more forward looking approach.

Low visibility is perhaps the dominant characteristic of the procedural approach that has been followed thus far to develop a system of safeguards against nuclear theft. The AEC has not attempted to justify its safeguards requirements to the nuclear industry, except in vague generalities. Nor has the AEC made a major effort to explain the risks of nuclear theft or the need for effective safeguards to the public. This is in marked contrast to the Commission's extensive educational programs concerning the benefits of nuclear power and the steps being taken to prevent accidents in the operation of power reactors. The AEC has also made a substantial effort to educate the public concerning the need for international safeguards to ensure that other governments do not divert materials to use in nuclear weapons. In developing a regulatory scheme for safeguards, however, the AEC simply publishes its regulations in the *Federal Register.* A few have been made effective immediately, some have become effective after a period for written comment, and some proposed regulations never became effective. Moreover, the AEC has made major regulatory moves having broad effects on the nuclear industry by imposing conditions in individual licenses granted on a case-by-case basis. It has even occasionally attempted to work its will, with respect to materials accountancy in particular, merely by letter. This way of proceeding may have advantages when swift action is necessary, but such an approach has dubious value when the objective should be to develop, explain, and obtain industry and public acceptance for an important regulatory program in the overall interest of the nation's security.

There are alternatives to the quiet, informal rule-making process that the AEC has used thus far. It could hold public hearings in order to develop a record on which to base its safeguards regulations. Hearings would provide the nuclear industry and interested citizens with an opportunity to state their positions on various contentious safeguards issues and to test their views and the government's views through cross-examination. Perhaps most important, it would give the government a better "feel" for the level of risks of nuclear theft that the public would willingly accept.

The AEC could also comply with the National Environmental Policy Act (NEPA) in its regulatory action in relation to safeguards. NEPA requires detailed environmental statements to be filed prior to "major federal actions significantly affecting the human environment."[15] The courts have held that the promulgation of regulations can be a major federal action requiring compliance with the NEPA mandate. In choosing not to do so in the process of promulgating its safeguards regulations, the AEC has apparently adopted the position that safeguards regulations are not major or that their effect on the human environment is not significant. This position is reminiscent of the attitude which prevailed in many governmental agencies prior to the celebrated *Calvert Cliffs* decision, in which a court held that the AEC must comply with NEPA in licensing nuclear power plants.[16]

Going through the process which NEPA requires as a basis for federal action could have a salutary effect on the development of safeguards. In essence, that process requires the development and evaluation of alternative courses of action and a reasoned justification for the alternative chosen. Unfortunately, the AEC has thus far refused to engage, at least openly, in such a process in the development of safeguards.

Substance

The safeguards framework which has evolved has six layers: statutes, regulations, regulatory guides, industrial standards, licensee physical security plans, and license conditions. Frankly speaking, what exists can be aptly characterized as a regulatory jungle, impenetrable except by experts. Moreover, the central part of the jungle is inaccessible even to experts, unless they are endowed by the government with an express authorization based on a "need to know."

The basic statutes are necessarily broad and general. They provide ample authority for safeguards, except perhaps for security clearances for employees of nuclear industry and legislation to obtain this additional authority has been proposed. There might also be a need for legislation to resolve the jurisdictional issue with the Department of Transportation, if in the future the AEC is to regulate directly the transportation of special nuclear material.

The present regulations are very uneven. In some areas—materials accountancy, for example—they are quite precise and contain numerical performance criteria. In other areas—physical security organizations, for example—they are vague and standards are absent. In still other areas where physical protection requirements are necessary–nuclear exports, for example–almost no requirements exist.

The regulatory guides describe methods acceptable to the AEC of implementing safeguard requirements. They thus provide very helpful guidance to applicants for a license, but they are not binding, and other methods may be acceptable. The industry standards are, of course, set by a variety of industrial and professional associations. The status of such standards may be enhanced if they are incorporated, by reference, with modifications where appropriate, into regulatory guides. Most of the key regulatory guides and some industrial standards are still under development.

Most important, the guts of the safeguards system will be found in the physical security plans and license conditions. The plans are still under development, and they will never be exposed to public scrutiny. This situation reinforces the need for careful development of regulatory standards.

In every regulatory program, a major question is how specific to be. Ambiguity in language can be a proper source of flexibility in governmental action, and how much flexibility may be desirable depends on the activities regulated. In the case of safeguards against nuclear theft, it would seem that a good deal of flexibility is desirable, because the area is new and technology is changing rapidly both in the regulated activities and in the regulatory program.

Our main criticism of the substance of the AEC's safeguards as they have been developed thus far has been stated bluntly by the AEC itself in the justification of its budget for Fiscal Year 1974:

> Almost no standards exist in the materials protection area and in many cases the basic data needed to develop such standards have not been developed. A major effort is needed in this area.[17]

We agree entirely. Unfortunately, this statement is buried in a 425-page document full of figures and fine print, a document that few persons in positions of political responsibility can be expected to read.

The difficulty of developing standards regarding physical protection of nuclear materials should not be underestimated. The most important problems do not involve technology, but rather human behavior. These problems must be overcome; standards are essential and their development is overdue.

Level of Effort

The U.S. government (through licensing) or even a few environmentally-minded citizens (through a private law suit) might require a public utility to spend tens of millions of dollars to ensure that the hot water discharged from a single nuclear power plant does not harm fish swimming in the river running by. Despite significant increases in recent years, the AEC is now spending less than $10 million per year to ensure that none of the nuclear materials flowing throughout civilian industry in America, is stolen for possible use in a nuclear explosive that could kill tens of thousands of people.[18] More revealing and discouraging is the fact that no major increase in spending or level of effort for the U.S. national safeguards program is projected, despite the fact that material flows in the nuclear power industry will increase very rapidly in the near future.

Of course, money alone will not buy effective safeguards against nuclear theft, but more money than is presently being spent would help. As we shall see, an effective safeguards system would not add very much to the costs of nuclear power, whereas the costs in human lives and property of an ineffective system might well be immense.

NOTES TO CHAPTER FIVE

[1]Together with a group of experts, we have recently completed an extensive study of the IAEA safeguards developed to implement the Non-Proliferation Treaty. The study was conducted under the auspices of the American Society of International Law with support from the National Science Foundation by a group composed of Bernhard G. Bechhoefer, Bennett Boskey, Victor Gilinsky, Edwin M. Kinderman, Lawrence Scheinman, Henry D. Smyth, Paul C. Szasz, Theodore B. Taylor, and Mason Willrich, as project director. Mason Willrich (ed.), *International Safeguards and Nuclear Industry*. Baltimore: The Johns Hopkins University Press, 1973.

[2]Address by John T. Conway, Executive Director, Joint Committee on Atomic Energy, 7th Annual Meeting, Institute of Nuclear Materials Management, June 14, 1966 (unpublished); AEC Press Release No. K-108, May 3, 1967; AEC Press Release No. K-121, May 12, 1967.

[3]The following paragraphs draw from Edwin M. Kinderman, "National Safeguards" in Mason Willrich (ed), *International Safeguards and Nuclear Industry* (Baltimore: The Johns Hopkins University Press, 1973), pp. 142-150; and Edson G. Case, Deputy Director, Directorate of Licensing, U.S. AEC, "Materials and Plant Protection: Regulatory Policy Overview" in Atomic Industrial Forum, *Protection of Special Nuclear Materials and Facilities*. New York: AIF Committee on Nuclear Materials Safeguards, February 1973.

[4]For recent and sensationalized discussions of this and other incidents see Ralph E. Lapp, "The Ultimate Blackmail," *The New York Times Magazine*, February 4, 1973, p. 12; Timothy H. Ingram, "Nuclear Hijacking: Now Within the Grasp of Any Bright Lunatic," *Washington Monthly*, December 1972, pp. 20-28.

[5]The regulations are contained in 10 Code of Federal Regulations, Parts 50, 70 and 73. In the material which follows, words and phrases which appear within quotation marks are contained in the relevant portions of the Atomic Energy Act, regulations promulgated pursuant thereto, or AEC introductory statements covering the issuance of new regulations. In order to make the analysis more readable, references to particular sections of the law, regulations, or regulatory guides where the quoted words and phrases are found have been omitted.

[6]In its regulations on licenses covering facilities, the AEC has limited the scope of what might be considered "inimical to the common defense and security" by excluding from consideration "attacks and destructive acts, including sabotage, directed against the facility by an enemy of the United States, whether a foreign government or

other person." The limitation is a source of confusion concerning the objectives of the present AEC safeguards requirements.

[7]IAEA. The Structure and Content of Agreements between the Agency and States Required in Connection With the Treaty on the Non-Proliferation of Nuclear Weapons, INFCIRC/153, para. 29.

[8]See, for example, AEC Regulatory Guide 5.8, Design Considerations for Minimizing Residual Holdup of Special Nuclear Material in Drying and Fluidized Bed Operations (June 1973).

[9]See 10 CFR 50.55(c); 10 CFR 50.34; AEC Regulatory Guide 1.17, Protection of Nuclear Power Plants Against Industrial Sabotage (June 1973), and American National Standards Institute, ANSI N18.17.

[10]This is pursuant to 10 CFR 2.790(d), although the language justifying withholding pertains to information related to commercial or trade secrets, rather than security interests.

[11]A vault is defined as a burglar-resistant windowless enclosure with walls, floor, and roof of steel or reinforced concrete and with a built-in lock in a steel door. A vault-type room is defined as a room protected by locked doors and an alarm. Each vault or vault-type room in which special nuclear material is stored must be controlled as a separate material access area.

[12]The AEC regulations were formulated to deal with certain factors which studies of the Department of Transportation have identified as leading to thefts of commodities in transit. These factors are (1) longer dwell-time in transportation; (2) packages of a size and weight that can be moved by one man; and (3) a large number of inter-vehicular transfers during the course of shipment. Department of Justice and Department of Transportation, *Cargo Theft and Organized Crime,* Washington: DOT P 5200.6, October 1972; Department of Transportation, *Cargo Security Handbook for Shippers and Receivers,* Washington: DOT P 5200.5, September 1972; Department of Transportation, *Guidelines for the Physical Security of Cargo,* Washington: DOT P 5200.2, May 1972; and Department of Transportation, *An Economic Model of Cargo Loss,* Washington: DOT P 5200.3, May 1972.

[13]For a shipment involving less than one hour in transportation, only one driver is required if continuous radiotelephone communication is maintained during the course of the shipment. The armed escort requirement still applies to these shipments of short duration.

[14]A group of experts working under IAEA sponsorship has, however, produced a set of recommendations for physical protection. IAEA, *Recommendations for the Physical Protection of Nuclear Material,* Vienna: IAEA, June 1972.

[15]National Environmental Policy Act of 1969, Sec. 102(c); U.S.C. 4332(c) (1970).

[16]*Calvert Cliffs Coordinating Committee v. AEC,* 449 F.2d 1190 (D.C. Cir. 1971). Judge Wright said, in the course of his opinion, that "the commission's crabbed interpretation of NEPA makes a mockery of the Act." Id. at p. 1117.

[17]U.S. AEC, *Budget Estimates: Fiscal Year 1974,* p. RA-7, reprinted as Appendix 10 in *Hearings on AEC Authorizing Legislation Fiscal Year 1974 Before Joint Committee on Atomic Energy,* 93d Cong., 1st Sess., pt. 1 p. 554 (1973).

[18]In Fiscal Year 1973 a total of about $8.78 million was spent on safeguards. This included approximately $4.2 million for regulatory activities, $3 million for research and development, $850,000 for operation of a safeguards analytical laboratory, $230,000 for development and operation of a nuclear materials reports and analysis system, and $500,000 for capital costs. *Hearings on AEC Authorizing Legislation for Fiscal Year 1973 Before the Joint Committee on Atomic Energy,* 92d Cong., 2d Sess., pt. 1, pp. 397, 405,

511-13, 749; pt. 4, p. 2431 (1972). The AEC Budget for Fiscal Year 1974 does not break out the comparable figures for safeguards activities. The safeguards research and development budget was increased slightly to $4.4 million for all operations. Report by the Joint Committee on Atomic Energy, *Authorizing Appropriations for the Atomic Energy Commission for Fiscal Year 1974,* 93d Cong., 1st Sess., p. 12 (1973).

Chapter Six

Risks of Nuclear Theft

INTRODUCTION

It is all too easy to imagine innumerable possibilities for nuclear theft—a parade of horrors. It is extremely difficult, however, to determine where the line should be drawn between credible and incredible risks, between risks that should be safeguarded against and those that can be safely ignored. An assessment of the risks of nuclear theft is even more speculative than an analysis of the risks of major accidents in the operation of nuclear power reactors. With respect to reactor operation, risks to public safety arise primarily from the possibilities of malfunctioning machines. In regard to nuclear theft, however, the risks to national and individual security arise primarily from malfunctioning people.

Nevertheless, the safety risk analysis applicable to reactor accidents and the analysis of security risks applicable to nuclear theft have two difficulties in common. In the first place, both types of analysis deal with very low probability risks of very great damage. It is noteworthy, however, that the damage which might result from a nuclear theft is potentially much greater than the damage that could result from the maximum credible accident in the operation of a nuclear power reactor. Second, as to both areas of risk, there is, and hopefully will continue to be, a lack of actual experience involving substantial damage to the public on which to base predictions.

As fuel for power reactors, nuclear weapon material[a] will range in commercial value from $3,000 to $15,000 per kilogram—roughly comparable to the value of black market heroin. The same material might be hundreds of times more valuable to some group wanting a powerful means of destruction.

[a]Throughout chapter 6 and the remainder of this book, we use "nuclear weapon material" to mean material that can be used in fission explosives or, in the case of plutonium, in dispersal devices either directly or with chemical conversions that are much simpler processes than those involved in reprocessing irradiated nuclear fuels or in isotope enrichment.

Furthermore, the costs to society per kilogram of nuclear material used for destructive purposes would be immense. The dispersal of very small amounts of finely divided plutonium could necessitate evacuation and decontamination operations covering several square kilometers for long periods of time and costing tens or hundreds of millions of dollars. The damage could run to many millions of dollars per gram of plutonium used. A nuclear explosion with a yield of one kiloton could destroy a major industrial installation or several large office buildings costing hundreds of millions to billions of dollars. The hundreds or thousands of people whose health might be severely damaged by dispersal of plutonium, or the tens of thousands of thousands of people who might be killed by a low-yield nuclear explosion in a densely populated area represent incalculable but immense costs to society. These intrinsic values and potential costs should be borne in mind throughout our analysis of the risks of theft of nuclear weapon material from the nuclear power industry.

The analysis which follows focuses exclusively on the potential security risks involved in the development and use of nuclear power. We have avoided analogies to a multitude of other security risks, some of which appear equally deserving of study and concern. For example, biological or chemical agents might be diverted from their intended medical or industrial uses for use in very powerful weapons, or they might be produced in clandestine laboratories operated by criminal groups. Chemical high explosives have been frequently used for criminal and terrorist purposes, often with devastating effects. Thus, it is important to view the security risks implicit in nuclear power as a cost to be weighed against the benefits of nuclear energy as a source of electric power, and also as an integral part of the general problem of violence that afflicts society.

With these cautionary thoughts in mind, we may explore the possibilities for and consequences of diversion of nuclear material from the nuclear power industry to illicit use. Our analysis is mainly intended to provide readers with a more informed basis for making their own judgments concerning the credibility of the risks involved–judgments which can be expected to differ widely since they will be necessarily based on individual views of human nature.

We consider the risks of nuclear theft by different types of potential thieves: one unstable or criminal person acting alone; a profit-oriented criminal group; a terrorist group; a nuclear enterprise; and a political faction within a nation. For each type of potential risk, we outline the reasons for theft, the scope of the risk, and various methods of thievery. Finally, we examine the main problems associated with nuclear black market operations. The nature and extent of such a market, if any, generally affects the specific risks of theft previously considered.

Although our study concerns primarily the theft of nuclear material from the U.S. nuclear power industry, the risk analysis is also applicable to possibilities in other countries with nuclear power industries. Indeed, some of the risks would seem to be greater in other countries than in the U.S., while others may be greater in the U.S. than elsewhere. Moreover, material stolen from the U.S. nuclear power industry might be used to threaten the security of people in foreign countries and their governments. Similarly, material diverted from the nuclear industry in a foreign country might form the basis for a nuclear threat within the U.S. (The related risks of governmental diversion in non-nuclear-weapon countries are considered in Appendix D).

THEFT BY ONE PERSON ACTING ALONE

Reasons

The possible reasons for one person to attempt to steal nuclear weapon material from the nuclear power industry cover a broad spectrum. On one end of the motivation spectrum is financial gain, and on the other is a sick expression of extreme alienation from society as a whole. In between lie such motives as settling a grudge against the management of a nuclear plant, or a strong conviction that nuclear weapon proliferation is a good thing. Money would seem to be the most likely general motive for an individual to steal nuclear material, assuming a buyer were available. (The terrorist would normally be operating as part of a group rather than alone.)

More specifically, the lone person who contemplates theft of nuclear weapon material may do so with any of a large number of particular uses for the material in mind. Possible uses include the following:

Black Market Sale. The entire amount of stolen material might be sold in one transaction, if a large quantity of nuclear material would bring a premium price. Alternatively, small amounts might be sold over long periods of time in separate transactions, if the thief viewed his ill-gotten gains as something like a very precious metal to be liquidated in installments as income is needed.

Ransom of Stolen Material. If carefully worked out, the thief might be able to obtain at least as high a ransom for the stolen material as he would be able to get by sale in a black market. The nuclear enterprise stolen from would be one possible target of such a blackmail scheme; another might be the U.S. government. The nuclear enterprise, the government, and–depending on his tactics–the thief himself, might have a strong interest in keeping from the public any information about a nuclear theft. This possibility raises two questions: In what circumstances do the American people have a right or a need to know about a theft of material from the U.S. nuclear power industry? And, furthermore, do other governments have a right or a need to be informed about such a theft, if circumstances indicate that the stolen material has likely been taken out of the country?

Fabrication of a Weapon and Actual Nuclear Threat. As indicated in Chapter 2, the manufacture of a fission explosive or plutonium dispersal device may be within the capabilities of one person working alone, assuming he possesses the requisite technical competence. But what would the individual do with his nuclear weapon? As with stolen material, he might sell the device in the black market or ransom it. Any level of government—municipal, state, or federal—might be a target for blackmail of this type, and a governmental authority might be prepared to pay a very high price to gain possession of the device. The blackmailer would, of course, have to establish the credibility of the nuclear threat, but this would not seem difficult. One easy way to do so would be to send the authorities a design drawing of the device, perhaps together with a sample of the nuclear material used and photographs of the actual device.

As with the ransom of stolen nuclear material, the blackmailer could make his demands and conduct the entire transaction in secret, or he might from the outset or at some stage in the negotiations make his demands known to the public. The governmental authorities would probably wish to keep the matter secret, at least until an emergency evacuation became necessary. If the nuclear threat were disclosed to the public, serious panic could result. The threatener would have to be sure that, whatever his demands, they were satisfied prior to or simultaneously with the government's gaining possession of the device. This might be very difficult to arrange, especially for a lone individual.

Nuclear Hoax. If a design description plus a sample of nuclear material would establish the credibility of a nuclear threat, why would the threatener have to actually fabricate and emplace a fission explosive or plutonium dispersal device in order to obtain satisfaction for his demands? If government authorities were willing to pay off a nuclear bluff or hoax, the potential profit or political utility of a small amount of nuclear weapon material would be increased substantially. One or a series of such hoaxes would greatly complicate the problem facing a government. Even the appearance of succumbing to a nuclear threat, whether genuine or not, might be an added incentive to potential thieves.

If a person perpetrates a nuclear hoax on a government that has previously experienced one or more bomb threats, made payoffs, and recovered the devices, the hoax will probably be successful. If, however, a government has made payoffs as a result of credible hoaxes, but not recovered any devices, it may establish a policy of no more payoffs. This could create a situation of extreme danger. The next credible bomb threat might be the real thing, and a nuclear catastrophe would be the probable result.

On the one hand, a government policy of paying off all credible nuclear bomb threats would probably increase the frequency of such threats to intolerable levels. The results could be a large drain on financial resources, great anxiety in people living in urban areas, and widespread loss of confidence in the ability of governmental institutions to cope with the security problem. On the other hand, if a policy of not paying off on any nuclear bomb threat were adopted, it might have to be accompanied by strict and enforceable urban evacuation plans which could be carried out immediately upon receipt of a credible threat. If credible nuclear threats occurred often, an urban community would be paralyzed at enormous costs to society as a whole. The alternative would be to assume the risk and ignore any nuclear bomb threat.

If the government adopted a policy of trying as best it could to distinguish between the actual nuclear threat and the hoax, the consequences of a wrong choice would again be nuclear catastrophe. Therefore, the acceptability of such a policy would depend on a foolproof method of discriminating between the real threat and the hoax. It is difficult to imagine such a method.

Scope of the Risk

Fortunately, not everyone is a potential thief of nuclear material. The greatest risk of nuclear theft by one individual acting alone is posed by persons authorized access to nuclear material at facilities (mainly nuclear industry employees), and to persons authorized control over nuclear material during shipment between facilities in the various fuel cycles. This considerably narrows the scope of the risk of individual theft. But it also means that someone who is in a position to steal nuclear material by himself may well possess the technical knowledge required to handle it safely and use it destructively.

However, anyone can make a nuclear threat simply by lifting a telephone. A very large number of people could make a nuclear threat that is credible—at least up to a point—but still be a hoax. At least one such threat has already occurred. (This was the extensively reported Orlando nuclear bomb hoax described in Chapter 5.)

Options. The lone thief who is an employee in a nuclear facility or somewhere in the transportation system for nuclear material has two basic options for acquiring material for fission explosives or radiological weapons: (1) he can attempt to steal a large amount of material at one time; or (2) he can take a small amount each time in a series of thefts. One possible scenario for a large theft by an individual from a nuclear facility would be to fake an accident involving the risk of employees being exposed to high radiation levels, or some other emergency condition which requires the immediate evacuation of all persons from the facility. The thief might then be able to make off with a significant quantity of material through the emergency safety exits. Individual acts of theft of nuclear material in transit or in storage during transit could also result, if successful, in the loss of large amounts of material.

The possibility and significance of a series of thefts of small amounts of nuclear material would depend on the detection threshold and the elapsed time between the events and discovery of their occurrence. It seems that materials accountancy alone would provide insufficient protection against small thefts by a plant employee given the limit of error of material unaccounted for (LEMUF) in any such system, as discussed in Chapters 5 and 7, and the knowledge the employee would normally have of what the LEMUF was.

THEFT BY A CRIMINAL GROUP

Reasons

There are two reasons why a criminal group might want nuclear weapon materials. One is obvious: money, which might be obtained through black market or ransom dealings in the materials themselves, in fabricated fission explosive devices, or in fabricated plutonium dispersal devices. The corollary reason is that the possession of a few fission explosives or radiological weapons might place a criminal group rather effectively beyond the reach of law enforcement authorities. A criminal organization might use the threat of nuclear violence against an urban population to deter police action directed against its nuclear theft operations. The organization might also use nuclear threats to extort from the government a tacit or explicit relaxation of law enforcement activities directed against a broad range of other lucrative criminal operations.

Scope of the Risk

To what extent would criminal groups become interested in the potential for financial gains in illicit trade in nuclear material? It may be argued that the potential gains are so large that a wide variety of criminal organizations would attempt to exploit the possibilities of nuclear theft. To the contrary, however, it may be argued that criminal groups primarily interested in money are likely to be politically conservative, and that they would not develop a black market in a commodity such as nuclear material which could have revolutionary political implications. Moreover, a large nuclear theft might prompt a massive governmental crackdown and lead to a widespread public outcry, whereas the continued existence of organized crime on a large scale might depend on the susceptibility of some government officials to corruption and on a degree of public indifference.

The possession of a few nuclear weapons as a deterrent against law enforcement may be viewed by a criminal group as more of a risk than a benefit. In order to obtain the advantage of a deterrent effect, the criminal group possessing such weapons would have to be willing to inflict large scale, indiscriminate harm on society. Moreover, like nuclear war between nations, if the deterrent failed and a criminal group either used nuclear weapons or failed to use them, the group itself would probably not survive the crisis as an organization.

Options

It seems very likely that a criminal group would be able to develop a capability to apply sophisticated means, including substantial force if necessary, in order to carry out a nuclear theft. Therefore, the analysis which follows focuses on the technical capabilities a group might have for dealing with nuclear material, not its capabilities to use force or stealth to obtain it.

Minimal Nuclear Capability. At a minimum, a group contemplating nuclear theft would have to be able to recognize precisely the material it wanted and to understand the procedures required for its safe handling. Regarding the tactics of nuclear theft, a criminal group with such a minimal nuclear capability would have two basic options. In the first place, it could attempt to infiltrate nuclear industry or transportation facilities through which nuclear material passes, and then attempt to steal very small quantities of material without being detected. Secondly, it could attempt to burglarize a nuclear facility or hijack a vehicle carrying a nuclear shipment and take a large amount at one time.

If successful with either a series of small nuclear thefts or a single large one, a criminal group with minimal technical competence would possess material that it could sell to others or use to blackmail the enterprise stolen from. These are basically the same options available to one person acting alone. However, an organized group would have much greater capabilities than one person to make arrangements for either the black market sale or the ransom of stolen material to a nuclear enterprise or a governmental authority.

Capability to Manufacture Nuclear Weapons. A criminal group could acquire the technical competence to fabricate nuclear weapons in a number of ways. A group member with a well-developed scientific and mathematical talent could develop the required competence on his own without formal training; or a group member with some aptitude and a college education might be sent to a year or two of graduate school; or the group might recruit, or kidnap and coerce someone already possessing the requisite technical skills. Alternatively, someone with the requisite skill might decide to pursue a career in crime rather than lawful industry and take the initiative to form his own criminal group in order to profit from nuclear theft.

A favorable location could be selected for the weapon manufacturing facilities. This might be in the midst of an intensively industrialized area or it might be in a remote and inaccessible region. Some foreign government might be willing to host a clandestine manufacturing operation outside the U.S. Any government opposed to nuclear weapon proliferation might find it extremely difficult to deal with a criminal group which had the capability to manufacture nuclear weapon devices if the group's manufacturing facilities were located on territory under the jurisdiction of a government that was amenable or indifferent to such proliferation.

The capabilities and preferences of potential buyers—terrorist groups, national governments, or political factions within national governments—could well be the decisive factor determining whether a profit-oriented criminal group would develop its own capability to manufacture nuclear weapons. For example, national governments interested in the clandestine acquisition of nuclear weapons might prefer to purchase the requisite material in order to manufacture weapons tailored to their particular requirements. However, terrorist groups might provide a ready market for fabricated nuclear explosive devices.

Capability to Manufacture Nuclear Weapon Material. It seems very unlikely that a criminal group could develop its own capability to produce significant amounts of plutonium or uranium-233. The operations required are numerous and complicated, and on too large a scale. There are a number of reasons why it is also unlikely that a criminal group would be capable of enriching uranium, at least in the near future. The technology to separate uranium isotopes by means of centrifugation, one alternative method to diffusion (which requires huge facilities), is being developed in various countries under conditions of governmental or commercial secrecy. The operation of centrifuges would be a demanding task technically. The criminal group would have to steal a number of centrifuges in order to acquire a capability to produce significant quantities of high-enriched uranium from stolen low-enriched or natural uranium. Given the cost of one centrifuge, inventory controls capable of detecting the theft of one or more centrifuges would seem justified. If a theft were promptly detected, it would seem that the government would have a relatively long time to recover the stolen centrifuges. However, the successful development and widespread application of laser techniques for isotope separation would seem to have substantial implications for the spread of uranium enrichment capabilities, possibly to criminal groups as well as to many commercial enterprises.

THEFT BY A TERRORIST GROUP

Reasons

Although financial gain should not be excluded as a possibility, the dominant motive of a terrorist group attempting to obtain nuclear material would probably be to enhance its capabilities to use or threaten violence. An important, though secondary purpose might well be to provide itself with an effective deterrent against police action. In these respects, a terrorist group possessing a few nuclear weapons would be in a qualitatively different position offensively and defensively from such a group possessing only conventional arms. Hence, theft of fuel from the nuclear power industry might place nuclear weapons in the hands of groups that were quite willing to resort to unlimited violence.

Scope of the Risk

The scope of the risk of theft by terrorist groups would seem to depend largely on how widespread terrorist behavior becomes in the future. Although any assessment in this regard is highly speculative, present trends appear discouraging. The incidence of violence initiated by various terrorist groups seems to be increasing in many parts of the world. Terrorist organizations are increasing their technical sophistication, as evidenced by the armaments and tactics they use. Such groups are also rapidly developing transnational links with each other in order to facilitate the flow among countries of arms and ammunition and even of terrorist personnel. Whatever works as a terrorist tactic in one part of the world appears likely to be picked up and possibly emulated elsewhere. One wonders how in the long run nuclear power industries can develop and prosper in a world where terrorist activities are widespread and persistent. For if present trends continue, it seems only a question of time before some terrorist organization exploits the possibilities for coercion which are latent in nuclear fuel.

Options

Terrorist groups might become a large source of black market demand for nuclear weapons. However, such a group may prefer, for various reasons, to develop its own capabilities of stealing and using nuclear materials. A terrorist group may wish to be independent of any ordinary criminal enterprise; the group may believe that a spectacular nuclear theft would serve its purposes; or the group may be able to obtain the material it wants more cheaply by stealing it than by buying it on the black market. It is difficult to imagine that a determined terrorist group could not acquire a nuclear weapon manufacturing capability once it had the required nuclear weapon materials. In this regard, a terrorist's willingness to take chances with his own health or safety, and to use coercion to obtain information or services from others, should be contrasted with the probably more conservative approach of persons engaged in crime for money.

The theft options of a terrorist group would not differ substantially from those available to a profit-oriented criminal group. But whereas there may be incentives working on all sides to keep the fact of theft by a profit-oriented criminal group secret from the public, there may be reasons why a terrorist group would want a successful nuclear theft to be well publicized. Theft of a large amount of nuclear material would not only acquire for the terrorist group a significant capacity for violence or the threat of violence, but also the process of executing a successful theft could itself generate widespread anxiety. People would become concerned, not only in the country where the theft occurred, but also in a country or countries against which the group's activities might be ultimately aimed. However, one important reason why a terrorist group may prefer to keep its nuclear theft operations a secret, if possible, would be its own vulnerability to swift and forceful government action during the period between nuclear theft and completion of the fabrication of fission explosive devices or radiological weapons.

The ability of a government, whether U.S. or foreign, to deal with an emergent terrorist nuclear threat would depend on the location of the group's base of operations, particularly the location of its weapon manufacturing facilities. This may be unknown and hard to determine, or it may be located on territory subject to the jurisdiction of a government that is for some reason not prepared to take decisive action against the group involved.

Once a terrorist group possesses fission explosives or radiological weapons, the group's options for their coercive use, both aggressively and to deter enforcement action against it, cover the complete range of options discussed previously for an individual acting alone and for profit-oriented criminal groups. However, if a terrorist group were involved, doubts concerning the credibility of many options previously considered would be substantially removed, and the inner logic of the possibilities for nuclear coercion would control. These possibilities would be exploited by a group of people who might be quite free of the practical, intellectual, or emotional restraints that tend to inhibit the use of violence by other groups.

DIVERSION BY A NUCLEAR ENTERPRISE

Options

We consider here only the risk that the managers of a nuclear enterprise might divert to an illicit use some of the material flowing through facilities under their operational control. The most likely diversion option would be for the managers of processing facilities to manipulate material balances within the margins of uncertainty in the accountancy system. The nuclear material input of a fuel reprocessing or fabrication plant is not known to anyone exactly. Therefore, the input could be stated to be at the lower limit of the range of uncertainty, or in other words at the lower limit of the limit of error of material unaccounted for (LEMUF). The output could then be stated to be either at the lower or at the upper limit of the LEMUF. If the material output were stated to be at the lower limit, the excess material, if any, could be diverted and secretly kept or disposed of. If, however, the output were stated at the upper limit, the plant management might be able to charge its customers for more material than was actually present.

Reasons

The managers of a nuclear enterprise may want to divert material in order to cover up previous material losses known to the management but not yet discovered by the AEC authorities. The managers may want to have some clandestine material on hand simply as a convenient way to remove material accountancy anomalies as they arise—an easy way to balance the books. Furthermore, the managers of a nuclear facility may view manipulation of material balances as a way to increase slightly the profitability of the enterprise. (The possibility of collusion between the managers of civilian nuclear operations and government authorities in the clandestine diversion of nuclear material for use in a broad range of government military programs, which is a concern primarily with respect to non-nuclear-weapon countries, is considered in Appendix D.)

Scope of the Risk

The risk that nuclear enterprise managers might manipulate material balances to their own advantage seems to be inherent in the nuclear power industry because of the high intrinsic value of the materials involved and the fact that no one will know exactly how much is actually flowing through a major facility. In addition to the presumed honesty of nuclear plant managers, however, there are limitations on the scope of this particular diversion risk. If an "arms length" commercial relationship exists between the operators of distinct steps in the fuel cycle, the possibilities for diversion by materials balance manipulations would be lessened. In addition, since one person could probably not get very far in a complicated manipulation process, a conspiracy within the plant would be necessary. This would substantially increase both the difficulty of diversion and the risk of detection.

Government materials accountancy requirements could arguably have the effect of either increasing or reducing incentives within industry to manipulate nuclear materials balances. Vigorous government enforcement of stringent materials accountancy requirements might increase the incentives for plant managers to cheat the system in order to be sure they could balance the books and keep their facilities operating efficiently. However, a lax governmental attitude towards materials accountancy might reduce incentives for discipline within industrial operations, open up opportunities for much larger manipulations of materials balances, and perhaps create conditions in which large scale diversions by criminal or terrorist groups could occur without timely detection.

DIVERSION BY A POLITICAL FACTION WITHIN A NATION

Scope of the Risk

The government of a nation is normally not of one mind. The possession by a faction or interest group within the government of enough nuclear material in a suitable form to make a few weapons might significantly affect the internal balance of political forces within a nation. This particular risk of nuclear diversion would seem negligible in the U.S. However, it could be substantial in a nation where force was commonly used as a means of transferring governmental power and authority. It should be noted that in countries where force is frequently used as an instrument for political change, the line between political faction and criminal group would sometimes be difficult to draw. This diversion risk is considered briefly here because of its potential bearing on U.S. foreign relations and its relevance to the possible development of a nuclear black market.

Reasons For Diversion

The overriding reason why a political faction within a government might want to divert nuclear weapon material would be to enhance its power to achieve its own immediate or future political objectives. The specific objectives might be either domestic or international.

In terms of domestic politics, preemptive diversion by a political faction in order to shore up its power base is one possibility. Protective diversion by a faction fearing it was about to be suppressed or outlawed is another. In either of these circumstances, the reason for nuclear diversion would be to assure stability or to deter the use of violence against themselves. The credibility of the threat or use of nuclear force in a *coup d'etat* would seem difficult to establish, however.

In terms of international policy, whether or not to acquire nuclear weapons is an issue that is likely to be on the governmental agenda of many non-nuclear-weapons nations from time to time in the future. Adherence to the nuclear non-proliferation treaty and acceptance of International Atomic Energy Agency safeguards cannot be expected to settle the issue permanently, although such governmental action should substantially strengthen the position of those within a government who are opposed to the acquisition of nuclear weapons. Those who favor the development of such weapons may view diversion of material from nuclear industry as a convenient and effective way to confront the government with a *fait accompli,* and to reverse in fact the non-nuclear-weapon decision.

Options

A political faction planning a nuclear diversion might have two ways to accomplish the result that would not be available to criminal or terrorist groups. First, the owners or managers of an industrial facility with an inventory of nuclear weapon materials might actively support one faction against another in an internal power struggle. Therefore, they might be quite willing to transfer some of the material under their control to the faction they were supporting, and perhaps to provide assistance in weapons manufacture. Second, the armed forces, or particular units of the armed forces, might be persuaded to participate in the plot and to seize the nuclear material that the governmental faction wanted.

Finally, it may be noted that in a country where violence is considered to be a necessary catalyst for political change, a political faction may decide to drop out of the government, take to the hills, and begin a civil war. A group which carried with it a significant quantity of nuclear weapon material would be in a far different political position than one which took along only conventional arms and chemical explosives.

NUCLEAR BLACK MARKET

The existence or lack of a market for stolen nuclear material, and the characteristics of such a market, would substantially affect the diversion risks previously considered. In general, the profit incentives for nuclear diversion would be increased greatly if stolen nuclear material were easy to dispose of in transactions on a black market. Although the obstacles in the way of black market development appear quite large, the potential for profits by the middlemen in the market could also be very great.

Sellers in a nuclear black market might be any of the potential thieves previously discussed. A ready market could increase not only the incentives for thefts, but also the probability that stolen material could be successfully ransomed as an alternative to marketing it. The existence of a well-developed black market would perhaps be especially pernicious, because it would ease the problems an individual acting alone would otherwise face in disposing of any nuclear material he might steal.

Terrorist groups and national governments are the more likely customers in a black market. There would also seem to be possibilities for the operators of a nuclear black market to stimulate demand. Terrorist groups often appear to emulate each other's tactics. Moreover, an initial sale or two of nuclear weapons to petty dictators with dreams of glory might thereafter enable the operators in a nuclear black market to play on the fears of more responsible leaders, who would then have no way of knowing which nations had secret nuclear weapon stockpiles. A nuclear black market could offer the governments of nations without *any* previous civilian or military nuclear capabilities opportunities for acquiring nuclear weapons. Such a development could, therefore, greatly increase the dangers of nuclear weapon proliferation throughout the world.

A black market in nuclear material would seem to require a subtle and complex structure, possibly composed of several loosely affiliated groups. The market would probably become transnational in scope since demands for stolen nuclear material or fabricated weapons would not necessarily come from a country that has the sources of supply. Weapon fabrication or material processing services may or may not be part of the market operations. If they were, these activities might take place in remote areas or where a government was willing to look the other way.

A criminal or terrorist group might thus target its efforts on especially vulnerable nuclear fuel or facilities anywhere in the world. The stolen material might then be passed through various middlemen and processing steps and sold ultimately to purchasers in other countries far away from the scene of original theft.

The evolution of a nuclear black market would be a hazardous and uncertain affair. It may be doubted whether such a market could ever achieve the institutional stability or long term viability that would pose a major threat. If one or more major nuclear thefts occur, governments everywhere may be prompted to act swiftly and decisively to foreclose any possibilities for disposition of stolen material. From the preceding analysis it would seem, however, that a few successful thefts could increase incentives for black market formation, and that an incipient nuclear black market would increase the likelihood of nuclear theft or other types of diversion attempts. It should be noted that no national government acting unilaterally could prevent a nuclear black market from developing if the conditions were ripe. Like the risks of nuclear theft, the dimensions of a nuclear black market are potentially global.

Chapter Seven

Nuclear Safeguards: Basic Considerations

Thus far in this study we have examined the magnitude of the U.S. nuclear power industry and the potential risks of nuclear theft. We have also discussed the present AEC regulatory requirements designed to protect and account for nuclear materials, and observed that a safeguards system is not yet fully developed. Clearly, much remains to be done–and urgently–if an effective system of safeguards against nuclear theft is to be fully operational before very large amounts of fission explosive materials begin to flow through the U.S. nuclear power industry.

In this chapter we explore a number of basic issues related to the development of a nuclear safeguards system, including how effective such a system should be, and we also suggest a framework for the development of a variety of safeguard options. In chapters 8 and 9 we analyze specific safeguard measures and consider the costs of a safeguards system.

THE CONTEXT

We are concerned in this study with safeguards to ensure that nuclear material is not diverted from civilian industry to an illicit use. This particular objective should be viewed as part of regulating and controlling the civilian nuclear power industry in order to achieve several important purposes that are in the public interest. Aside from safeguards to prevent or detect theft, the control of nuclear material is necessary for two major reasons: to ensure that valuable materials are used efficiently as fuel for the generation of electric power or heat; and to ensure that radioactive materials that could endanger human health are used safely and are not inadvertently released to the environment in dangerous quantities or willfully dispersed by acts of sabotage. Controls designed to avert inefficient or unsafe use of nuclear material may either complement or conflict with safeguards to ensure against theft.

For example, governmental material accountancy requirements may largely build upon inventory controls adopted by the plant management in the interest of efficient processing operations. As another example, both public health and safety and safeguards against theft point toward the use of specially developed heavy containers for the shipment of nuclear materials. However, plutonium that is shipped in the form of an oxide powder is less hazardous to public health, but slightly more of a bomb risk in the event of theft, than plutonium that is shipped in the form of a liquid nitrate solution.

PURPOSES OF A NUCLEAR SAFEGUARDS SYSTEM

Perhaps the most difficult task of all in developing and implementing a nuclear safeguards system is the formulation of meaningful objectives. It was relatively easy to develop an objective for the U.S. space program in the 1960s. President Kennedy did this in 1961 when he said: "We shall place man on the moon and bring him back to earth before the end of this decade." It is also possible to develop "full employment" as a continuing national goal and then to define a 4 or 5 percent level of unemployment as unsatisfactory performance. Though it is much more difficult for the United States to maintain full employment than to place a man on the moon, both objectives are meaningful to government, to industry, and to the man in the street.

When it comes to nuclear safeguards, what should be the objective of U.S. policy? We may initially and tentatively state the purpose of a nuclear safeguards systems as follows: *to provide effective assurance against acts of nuclear violence using material unlawfully obtained from the nuclear power industry*. When words are strung together in this way, the result is an opaque and abstract statement of the problem. However, it should be noted that many statements of purpose in legislation and administrative regulations are even more vague and less meaningful. For example, the legislative standard in the Atomic Energy Act for evaluating U.S. nuclear materials safeguards is that the controls must provide assurance against activities "inimical to the common defense and security or to the health and safety of the public." Nevertheless, our tentative formulation of purpose set forth above is useful as a point of departure.

We have avoided use of the word "goal" in our statement regarding safeguards because this word seems to imply the existence of some milestone which, if reached, signals the completion of a task. The risks of nuclear theft will persist in the foreseeable future, though it will be possible to reduce their likelihood and impact considerably. Consequently, the development and maintenance of effective safeguards will require continuing effort. Specific goals and objectives will probably have to be revised often in the light of advances in nuclear technology, growth of the nuclear industry, changes in the level and character of acts of violence (not necessarily nuclear), national and international political upheavals, and, perhaps above all, shifts in public attitudes towards violence.

This much having been said, in order to move further in our analysis we must grapple with the term "acts of nuclear violence," and with the term "effective assurance." In attempting to give more concrete meanings to such terms, we must distinguish the practical from the impractical, the obtainable from the unobtainable.

"Acts of nuclear violence" might encompass an infinite variety of circumstances ranging from hoaxes, to threats involving actual nuclear weapons, to actual fission explosions or intentional plutonium dispersal. At one extreme, it is impossible to provide assurance against the occurrence of nuclear threats that are hoaxes. As we saw in Chapter 6, all sorts of people could make a nuclear threat that is credible—at least up to some point—and still be a hoax. It is doubtful that any responsible government would completely ignore a nuclear bomb threat, much less publicly declare it to be a hoax simply because the threat was not substantiated by receipt of a nuclear explosive design or a small amount of fission explosive material. Threats using radiological weapons could be even more credible with minimal amounts of substantiating information. The real question, therefore, is whether a nuclear safeguards system can provide assurance that hoaxes can be distinguished from real threats, and that real threats would be most unlikely.

At the other extreme in the range of acts of nuclear violence are unannounced fission explosions in urban areas. Here again we must conclude, regrettably, that regardless of its effectiveness, a nuclear safeguards system applicable to the nuclear power industry in this country cannot provide complete assurance that unannounced fission explosions will not occur in the United States in the future. Apart from the fact that a foreign government might accidentally or intentionally explode a nuclear weapon in the United States, a fission explosive might be smuggled from a foreign country by a terrorist group and then detonated.

Furthermore, the possibility that a past, undetected theft is the source of a real nuclear threat cannot even now be discounted entirely. The amount of fission explosive material unaccounted for in the U.S. nuclear power industry and industrial enterprises performing work under contract for the AEC has already exceeded the point where complete assurance against bomb threats using diverted material is possible. Moreover, no future safeguards system that will be practical can offer 100 percent assurance against theft.

Then who is to decide, and on what basis, what level or risk of nuclear violence can or should be acceptable as a social cost of the use of nuclear energy to meet future needs for electric power? Is the explosive destruction or plutonium contamination of a large urban area somewhere in the world to be tolerated if it does not occur more than once a year? Once every fifty years? Never? These questions need to be addressed by political leaders, not professional experts. We do not presume to answer them in this study.

Very difficult issues also arise when we try to define "effective assurance" in our tentative statement of purpose of nuclear safeguards. Even if agreement could be reached concerning some maximum acceptable level of risk of nuclear violence using material stolen from the nuclear power industry, how *effective* should the assurance be that the specified thresholds of violence will not be exceeded? Who should decide, on what basis, what level of effectiveness is sufficient, given the fact that 100 percent assurance is impossible, no matter what we do? Perhaps a look at more familiar hazardous human activities can shed some light on these questions.

Are present highway, vehicle, and operator licensing safeguards against serious automobile accidents in the U.S. "effective?" The American people are apparently willing to tolerate more than 50,000 deaths per year as a result of automobile accidents, and many drivers still object to the cost or inconvenience of rudimentary safeguards, such as seat belts and shoulder straps. Measures that would reduce the highway death rate to, let us say, 500 people per year would probably be called *highly* effective, yet they would not lessen the grief of someone whose wife or husband or child was one of the 500 fatalities.

We accept a low commercial aircraft accident rate, and an even lower train accident rate, and delegate to experts the decision as to how safe our commercial aircraft or railroads should be. In these and other matters of public safety, the level of risk demanded by society as a whole, and even by individuals, is never zero. A combination of attention by safety experts, promotion by people who make a living from the hazardous activity, and public outcries when the risks begin to loom too large, tends to produce a level of risk that is generally accepted. Perhaps the acceptable level of effectiveness of nuclear safeguards could evolve in a similar way over time.

Before adopting this approach, however, several distinguishing factors should be taken into account. In transportation accidents the number of human casualties per crash, a few in the case of automobiles and one hundred or more in airplanes, is comprehensible. The frequency of accidents involving fatalities in relation to passenger-miles traveled can be determined. These statistics provide a basis whereby persons can make individual judgments concerning levels of risk involved in travel by a particular mode, and voluntarily decide whether the benefits to them are worth the risk.

When it comes to the risks associated with various levels of effectiveness of a nuclear safeguards system, tens of thousands of human beings may be killed in a single act of nuclear violence, and such acts will occur seldom at most and hopefully never. This leaves us with no basis for weighing the probabilities involved.

This seems to make it even more important for the people in a democratic society to have an opportunity to consent, in some way, to the risk of nuclear violence implicit in a particular level of effectiveness of safeguards. Such consent cannot be presumed from an absence of broad public concern when the man in the street remains unaware of the nature and scope of the risk to which he will be exposed. Nor can general public consent be inferred from broad legislative delegations of relevant authority to the AEC and the Joint Committee on Atomic Energy of the Congress, when public hearings on this specific nuclear risk have never been held, and when most members of Congress remain as uninformed in this respect as the people that elected them.

Finally, the problem of nuclear theft exists wherever nuclear power industries exist. A successful nuclear theft in one country may result in widespread destruction in another, far distant country a few weeks or several years later. Attitudes toward levels of risk and effectiveness of nuclear safeguards can be expected to cover at least as wide a range between countries as between groups within one country, such as the United States.

Given the difficulties discussed above, it seems that all attempts to develop a meaningful statement of overall goals for a nuclear safeguards system may well end in frustration. However, our discussion thus far does lead us to conclude as follows: In view of the seriousness of the risks arising out of a successful nuclear theft, the safeguards system applicable to the nuclear power industry should employ the *best available* technology and institutional mechanisms. The safeguards system should be developed and implemented with a view to keeping the risks of nuclear theft *as low as practicable.* We believe these statements can serve as a useful guide to the development and implementation of a nuclear safeguards system that will function effectively in a dynamic world in which technological, economic, social, and political factors are changing rapidly.

FUNCTIONS OF A NUCLEAR SAFEGUARDS SYSTEM

In order to provide effective assurance against acts of nuclear violence using material stolen from the nuclear power industry, a nuclear safeguards system as a whole should perform four interrelated functions:

1. prevention of theft;
2. detection of theft;
3. recovery of stolen material;
4. response to threats of nuclear violence.

"An ounce of prevention is worth a pound of cure." The relevance of this old saw to a nuclear safeguards system is apparent from the risk analysis in Chapter 6. Nevertheless, by far the most effort to date has been devoted to the development of means to *detect* unlawful diversion after it has happened. The detection method that has received the most attention until very recently has been accountancy–record keeping, inventory controls, reports, and independent audits. It should be noted that accountancy, unlike other possible methods of detecting diversion, such as continuous surveillance, makes little if any contribution to the related function of preventing theft.

Fortunately, the development of means to *prevent* theft is now receiving much greater attention. Such well known and widely used means as physical barriers, locks, alarms, etc., are being required. However, relatively little effort has been devoted either to the use of substantial manpower or to the development of more advanced technological methods for achieving physical security. This is in marked contrast to the efforts that have been devoted to various sophisticated techniques for the assay of nuclear materials, especially the non-destructive measurement of the material content of fuel elements, scrap storage drums, etc.–efforts which are related to the detection of theft after it has happened.

The need for means to *recover* material after it has been stolen is now officially recognized. Very little has been disclosed, about what, if anything, has been actually done to provide for recovery of stolen material or material that is simply lost. Similarly, little has been said about what happens if material is unaccounted for and the amounts involved exceed the allowable limits of error. Furthermore, the government has not yet publicly recognized the need for contingency plans for responses to nuclear threats. Perhaps government officials will continue to respond on an *ad hoc* basis, as in the past, or perhaps plans have been developed but not disclosed.

While efforts to improve non-destructive assay and other accountancy techniques designed to detect material theft should be continued, there are compelling reasons why major efforts should be devoted to development of the best practical measures to prevent theft. For one, detection will merely be the event which triggers recovery operations, and these operations might well fail. For another, some prevention measures are also effective means for detection *before* the successful completion of a theft. The signaling of an alarm may also automatically close exits from a facility, as well as summon on-site security forces promptly to the scene of an attempted theft. Some preventive measures should be plainly visible, both as a deterrent to the potential thief who is only casually investigating a possibility and as a way of building public confidence. The psychological atmosphere created by the nuclear safeguards system may be as important as the technical capability of the system.

The public must be as fully informed as possible about the prevention and detection functions of the safeguards system in order to build confidence in its effectiveness. However, the extent to which the recovery and response phases should be revealed to the public is a difficult question. Revealing the details of these parts of the system in order to produce public confidence in their effectiveness could in itself substantially reduce their effectiveness. However, the general public and, even more importantly, any potential thieves must believe that the government has planned carefully about what will be done to recover any stolen material and to respond to any nuclear threat.

FRAMEWORK

In developing a nuclear safeguards system, it is useful to think from a conceptual framework provided by three basic questions: What may be controlled? Who may do the controlling? And what are the means of control? We will discuss the first two questions here. Specific measures to prevent nuclear diversion, to detect completed nuclear thefts, to recover stolen nuclear materials, and to respond to nuclear threats will be explored in Chapter 8.

What May Be Controlled?

Nuclear *material* flows through and between a variety of *facilities*, from mines to radioactive waste storage. Special *information* is necessary in order to build and operate the facilities and produce, process, and use the materials flowing through the nuclear fuel cycles. And of course, nuclear industry would not happen without *people*. Thus, material, facilities, information, and people may be the subjects of control under a nuclear safeguards system.

Materials. Nuclear safeguards systems are based primarily on controls over materials which flow through the various nuclear fuel cycles. Therefore, detailed discussion of this aspect of safeguards is necessary at this point.

All nuclear material may be subject to safeguards. Control measures may be initially applied to every shovelful of ore containing uranium or thorium that is removed from the ground, or they may even apply to deposits of uranium and thorium ore in the earth's crust. Safeguards may extend to nuclear material as it flows throughout the fuel cycle and continue to apply to material that is recycled after chemical reprocessing. Measures to ensure against theft may apply to the fissionable material that is produced in a nuclear reactor and to each successive generation of fissionable material as it is produced. Safeguards may even extend to radioactive waste material that is stored permanently. Such a comprehensive control scheme is now unrealistic and unworkable. However, the original proposals for nuclear disarmament proposed by the U.S. government at the end of World War II—the so-called Baruch plan—called for just such a comprehensive scheme. At that time, the government believed such a scheme to be necessary as a precondition for the destruction of its own stockpile of nuclear bombs, which was then very small, and as a worldwide regulatory framework for the development of industrial uses of nuclear energy.

Alternatively, a variety of exemptions from a particular safeguards system are possible. Nuclear material may be exempt when it is present only in small quantities or in certain forms. Thus, if the total quantity of plutonium or high-enriched uranium in a country is less than one kilogram, that quantity is exempt from international safeguards under the NPT. Nuclear material may also be exempt from a certain safeguards system, or those safeguards may be suspended and another system imposed if and when the material is being used for certain purposes. Thus, material may be exempt from the safeguards applicable to civilian industry when it is used under governmental authority in the manufacture of nuclear weapons or in military propulsion reactors.

The establishment of safeguards exemption limits for small quantities of material raises a number of difficult questions. Should the exemption limits be related directly to the minimum amount of a particular fission explosive material that is required to make one nuclear explosive? If so, how should this amount be determined, and by whom? In some of our previous discussions, we have used the well reflected, spherical critical masses of plutonium, high-enriched uranium, and uranium-233 at normal densities as points of reference. As discussed in Chapter 2, however, it has been widely published that an implosion system can be used to significantly compress the core of fission explosive material, and the critical mass decreases as the compression increases. Therefore, it would seem possible that significantly smaller quantities of these materials than their critical masses at normal densities can be used to make fission explosives. But how much smaller, and how dependent is the minimum amount on the knowledge and skills of the weapon designers and fabricators? Are thresholds for exemption related to the types of fission explosives that could reasonably be expected to be designed and built by one individual in a basement type operation? By a highly competent, but small non-governmental organization? By the participants in an intensive, long-term effort sponsored by an industrially advanced nation? Given the fact that answers to these questions require access to classified information, how can the public be assured that the limits established are reasonable?

Perhaps even more difficult questions, which are largely matters of subjective judgment, involve the possible eventual pooling of stolen materials, as in a black market. Even if it were possible to specify the minimum amounts of various materials that it is reasonable to expect could be used in an illegal fission explosive manufacturing effort, what portion of these amounts should be exempt from physical protection? Should the specified portions be time-dependent, allowing for the possible buildup of black market stockpiles and rates of flow?

It may also be argued that the establishment of exemption quantities should take into account the potential hazards represented by different materials if they were used for non-explosive radiological threats. As we have seen, very small quantities (grams) of plutonium could be used in radiological weapons, whereas many kilograms of uranium-233 would be required to produce comparable hazards. However, high-enriched uranium, even in very large quantities, is categorically unsuitable for non-explosive radiological weapons.

If risks of theft of plutonium-bearing fuel materials or concentrated fission products for use in radiological weapons are taken into account in setting exemption limits, how are these limits to be chosen, and by whom? Should the limit on plutonium be set at one gram? Ten grams? One hundred grams? In any event, the present exemption limits of one kilogram (IAEA and AEC limits for materials accountancy) or two kilograms (AEC limits for physical protection) are too high if radiological threats with plutonium dispersal devices are taken seriously.

There are also difficult questions concerning the exemption of certain nuclear materials from safeguards requirements for physical protection, based on the extent of the dilution of fission explosive materials by other materials. Dilution of uranium-235 with uranium-238 is a special case of this. Below what enrichment level, if any, should an exemption for uranium be established? The 20 percent enrichment threshold which is presently used by the AEC for physical protection is rather arbitrary, since fast critical assemblies can be made with uranium enriched somewhat below 20 percent, though not as low as the 3 to 5 percent enrichment level used for LWR fuel. But how about other dilutants? It may be argued that the dilution of high-enriched uranium with graphite and silicon carbide as in HTGR fuel assemblies, where the dilutants are very difficult to extract, should be used as the basis for safeguards exemptions similar to the existing exemption for low-enriched uranium.

Alternatively, it may be argued that the present AEC exemption from physical protection requirements of low-enriched uranium should be narrowed. More than half the separative work required to produce 90 percent enriched uranium has been done in enriching uranium to 3 to 5 percent for LWR fuel. It is true that further enrichment of 3 to 5 percent fuel is required in order to use it in a workable nuclear explosive, and the risk that a criminal or terrorist group might possess its own enrichment capability is now very small. But this possibility may become more likely in the future.

Regardless of their quantity, ores containing nuclear material may be entirely exempt from control or exempt up to a large limit because the difficulty and cost of processing the materials to usable form make the risks arising from theft negligible. For similar reasons, quantities of refined U_3O_8 (yellowcake) prior to enrichment may be exempt, although the concentration of uranium in yellow cake is very much greater than its concentration in ore. Here again the justification for the exemption of even these materials from safeguards may be undercut by future developments in enrichment technology.

On balance, given the projected size of the flows of plutonium and high-enriched uranium through the nuclear power industry in the U.S., it is reasonable to expect that potential thieves would prefer these fission explosive materials to low-enriched uranium. Therefore, less stringent controls on low-enriched uranium, as part of the "graded" safeguards system advocated by many governments and industrial officials, seems reasonable for the present and near future. If a graded safeguards approach is adopted, it is also arguable, as indicated above, that fission explosive materials highly diluted by other materials that are very difficult to extract should be subject to less stringent requirements than undiluted fission explosive materials.

Based on the preceding discussion, Table 7-1 is a tentative listing of nuclear material categories. The table is presented to illustrate the concept of "graded" safeguards and is not a specific proposal for a classification system. The various classes are listed in decreasing order by the degree to which safeguards might be applied to a "strategic" quantity of each material.

Table 7-1. Possible Nuclear Material Categories for a System of "Graded" Safeguards

	Class	*Examples*
I.	Undiluted fission explosive materials.	Metallic plutonium, high-enriched uranium, or uranium-233. Oxides or carbides of above materials.
II.	Materials suitable for radiological devices whether or not diluted with materials.	Plutonium.
III.	Fission explosive materials diluted by other materials that can be separated without isotope separation or "hot-lab" processing facilities.	Plutonium nitrate solution. Mixed plutonium and low-enriched uranium oxides. Mixed thorium and high-enriched uranium oxides. HTGR silicon coated fuel particles.
IV.	Low-enriched uranium, whether diluted or not.	LWR fuel (without plutonium recycle).
V.	Natural uranium	UF_6 (enrichment plant feed) • U_3O_8 (yellowcake) • Uranium ore.
VI.	Thorium	All forms of thorium.

A "strategic" quantity is *related* to the minimum amount required to produce one fission explosive or radiological device that could be used effectively to attack an area of some specified dimensions. The term "strategic quantity" may be very difficult to define for any particular material. We nevertheless see no way to avoid the problem of defining such quantities; otherwise the concept of graded safeguards becomes meaningless and the fact that some nuclear materials are more dangerous than others is ignored.

Therefore, one of the first steps in the detailed design of a safeguards system, must be to establish values for strategic quantities of the various nuclear materials used in all fuel cycles, quantities below which safeguards are not to be applied. For fission explosive materials, values should be established in a classified analysis, although the values determined should be made public. For ratioactive materials that could be used in dangerous radiological devices, this could probably be done without reference to classified information.

Table 7-1 shows some materials, such as plutonium in various forms, as falling into two categories (Class II and Class III). One might argue that Class II should be considered separately from the others, or that such materials should be at a different level from the one we have chosen. We have simply found it difficult to decide whether the overall risk of theft of materials for use in fission explosives is greater or less than the risk of theft of small amounts of plutonium which could cause radiological damage over a large area.

Facilities. Safeguard measures may be applied to all or some of the facilities in the fuel cycles through which nuclear materials flow. Controls applied to nuclear facilities could be intended to prevent or promptly detect an illicit use of the facility itself—for example, if the facility were used for the secret processing of nuclear material which was not subject to safeguards. Such controls are important at the international level, although they are effected indirectly through material accountancy requirements. To the extent there is a danger that nuclear enterprises might engage in material diversion, such accountancy requirements would also be important to national governments.

By far the most important controls applied to facilities, however, are those intended to reduce the vulnerability of material in them to diversion. In this respect, the physical protection measures used at different facilities may also be "graded," as suggested in the following examples: storage facilities for high-enriched uranium or plutonium oxides vs. storage facilities for fuel assemblies containing highly diluted nuclear material; transportation systems for shipment of high-enriched uranium hexafluoride vs. those for shipment of low-enriched uranium LWR fuel assemblies; LMFBR fuel fabrication plants and LWR plants with plutonium recycle vs. LWR fuel fabrication plants without plutonium recycle.

Information. Control measures may also be applied to nuclear information. Governmental classification, industrial secrecy and legal protection of trade secrets and patents are examples of kinds of information controls. The U.S. government has adopted a classification scheme and stringent control measures to restrict the flow of certain nuclear information within the United States and from the United States to other countries.

At present, the only remaining areas of classified information relevant to the nuclear theft problem involve uranium enrichment processes and the design and manufacture of explosives. Other information is widely available, including detailed information concerning reactors, fuel fabrication, and reprocessing.

However, just because information is available does not mean that anyone can use or misuse it. Some nuclear processes are complex and are not understood without considerable scientific or technical education. But, in general, the most that should be expected from controls on access to nuclear information is a delay before the "cat gets out of the bag." It is noteworthy that the IAEA is specifically authorized under its statute to establish and administer safeguards applicable to nuclear information, but this authority has remained unused and is generally considered to be unworkable as a basis for safeguards.

People. Finally, controls may be applied to people. These controls may be applied to all persons, or to all those possessing certain knowledge concerning nuclear science or technology, or may be limited to employees of nuclear enterprises and others with access to nuclear activities. Of course, such controls would be a restriction on human freedom, but they may be justified in view of the risks of theft. For example, as mentioned in Chapter 5, the AEC has requested Congress to enact legislation permitting the government to administer an approval program for persons who have access to significant quantities of nuclear weapon material. The legislation is intended to provide a regulatory basis for improving the assurance of the trustworthiness of such persons.

Who May Control?

One or more of a variety of persons and institutions may act as controllers of material as it flows through the nuclear fuel cycles.

Employees. Individual employees of enterprises that produce, process, use, store, or transport nuclear material may be assigned safeguarding duties. Responsibility for safeguards at the employee level may be fixed on one or a few employees at a nuclear facility or spread among all employees. Control responsibilities may be imposed on individual employees by management as an operational procedure, or by a governmental authority as a legal duty.

Given the amount of the nuclear material flows involved, the incentives for theft, and the uncertainties inherent in any technical measures, it seems clear that no nuclear safeguards system can be effective without the participation of the employees of nuclear operations. Each employee should be fully informed about the risks and consequences of nuclear theft where he is employed. He must clearly understand his duties related to its prevention and detection. And finally, he must comprehend that the penalties for failure to perform his safeguarding duties, or for engaging in any unlawful diversion attempt himself, will be swift and severe.

Enterprises. Nuclear enterprises may have safeguarding duties related to the prevention and detection of theft. The managers of an enterprise will, of course, have a vital financial interest in efficient operations. Up to a point, a manager can be expected to take measures to ensure that nuclear material is not lost or stolen. That point will be reached when the marginal cost of safeguards to the enterprise exceeds the prospective cost of material lost, wasted, or stolen, regardless of the potential cost to society as a result of a successful nuclear theft. It is clear that certain measures will be necessary at the enterprise level which would not be developed or implemented by management on its own initiative. A governmental authority must impose these measures as legal duties on the enterprise. At the enterprise level, responsibility for failure to perform, or negligence in performance of safeguarding duties may be imposed on the enterprise as a whole or on the managers of the enterprise, or both.

Governments. Governmental authorities may not only impose duties and fix responsibilities on others regarding implementation of nuclear safeguards, but may themselves perform control functions and assume safeguarding responsibilities. Moreover, various levels–national, state and local–and kinds–licensing and enforcement–of governmental authority may be brought to bear in different ways. What a government *can* do depends on the jurisdictional and constitutional limits of its authority, and by the technology available. What a government *will* do in regard to safeguards is, of course, a political matter.

International Agencies. International organizations may also have duties and responsibilities regarding nuclear safeguards. It is important to recall that the safeguarding duties and responsibilities of an international organization such as the IAEA have been delegated to it by member states. In general, these functions may be exercised on the territory of a member state only with the consent of its government. The United States government has offered to permit the application of IAEA safeguards to all nuclear activities in the United States, except those of direct national security significance. This offer, which is still outstanding and remains to be implemented, is intended mainly for political effect; namely, to play down the discrimination inherent in the Non-Proliferation Treaty between nuclear-weapon and non-nuclear-weapon countries. Neither the offer nor its implementation bears importantly on the problem of theft of material from the nuclear power industry in the U.S. It is intended to help reduce the risk of governmental diversion in other countries through widespread adherence to the treaty.

Chapter Eight

Safeguard Measures

MEASURES TO PREVENT THEFT

There are two very different ways in which material might be stolen from the nuclear power industry. One involves the use of force by persons not authorized to have access to the material taken. The other involves the use of stealth by persons authorized access to the material involved. Measures to deal with the external threat are very different from those to deal with the internal threat.

Prevention of Employee Thefts

Measures to prevent employees of nuclear industry from stealing nuclear materials include limiting access to the materials, security clearance of employees authorized access, surveillance of employees while they are working with such materials, inspections of employees entering and leaving areas where such materials are located, and surveillance of the perimeters of areas containing nuclear materials.

Access Controls. From a safeguards viewpoint, the fewer the people who have access to nuclear weapon materials the better. Thus access to such materials should be limited to those whose jobs require it. Included in this category are jobs in uranium enrichment, fuel fabrication, chemical reprocessing, and material storage facilities, and in some cases nuclear power plants. Jobs in the transportation of nuclear materials in certain stages of the fuel cycle would be included in this category, not because they necessarily require direct access to the nuclear material being transported, but because the employees holding jobs may be in a position to divert vehicles and steal entire shipments.

From a safeguards viewpoint, less stringent procedures would seem necessary in the case of jobs handling only low-enriched LWR fuel, as opposed to high-enriched uranium or plutonium. This matter will be encountered again in connection with accountancy measures required to detect thefts.

The design of jobs in nuclear industry is thus important. It appears desirable from a safeguards standpoint to clearly separate jobs requiring access to nuclear weapon materials from all other jobs in the industry. In order to increase the motivation and productivity of workers, steps are being taken in other industries to redesign jobs so that the monotony of repeating one simple task is avoided and a variety of tasks are integrated. Would designing jobs in nuclear industry so as to minimize the number of employees requiring access to nuclear weapon materials adversely affect the productivity of workers in nuclear industry? Or the quality of workers attracted to the industry? These may become important questions in developing a safeguards system.

Who may be employed in jobs requiring access to nuclear weapon materials? Two approaches are possible. First, in addition to normal procedures used to hire employees at the facility concerned, special procedures may be used to screen any employee to be authorized access to these materials. Such procedures would be intended to ensure that the employee is trustworthy from a security point of view. Second, special surveillance measures may be used to observe all employees, either as a supplement to or instead of stringent personnel security requirements.

Employee Security Clearance. Requiring special clearance of employees to be authorized access to nuclear weapon materials may raise a number of problems related to compliance with equal employment opportunity laws and regulations, the rules and employment practices in collective bargaining agreements between unions and the managements of various nuclear enterprises, and state right-to-work laws. Positions requiring access to nuclear weapon materials may, depending on a variety of factors, be viewed as highly desirable. Therefore, any conditions attached, such as a security clearance, may be a potential source of conflict between unions and management in the determination of who gets the plums.

In addition to reducing the flexibility of management in making work assignments, a security clearance requirement would restrict job mobility of workers in the nuclear industry. If a security clearance were required, jobs could be denied to various employees on grounds that had nothing to do with merit or technical qualifications. Moreover, the denial of clearance to an employee may prejudice his subsequent career anywhere in the nuclear power industry, even in less sensitive positions.

If some form of security clearance were required as a prerequisite to a job involving access to nuclear weapon material, substantial issues would arise concerning the nature of the clearance procedure and the qualifications of those responsible for conducting it. Many companies use psychological and aptitude tests as an aid in determining the suitability of applicants for various jobs. Such testing is controversial, and in any event, it would probably not reveal whether the applicant was a good security risk. For this purpose, a background investigation is normally used. However, it seems inappropriate for private industrial firms to conduct extensive investigations of the private lives of some of their employees or prospective employees.

Background investigations are normally conducted by the federal government in order to clear applicants for government or private employment involving work on classified projects. The problem with the nuclear power industry is that, with the exception of work in enrichment facilities, most jobs involving access to nuclear weapon materials are not federal contract jobs and do not involve information or material that is classified. This situation raises substantial issues concerning the appropriate extent of the federal government's authority to investigate persons who are neither prospective government employees nor working on classified contracts, nor suspected of having committed a crime.

Assuming some form of government security clearance is necessary for employees authorized access to nuclear weapon material, how extensive should the investigation be? The full-field background investigation required for a top secret clearance takes many months and costs thousands of dollars to conduct. Hence the impact on the industry of requiring a full-field background investigation for all employees with access to nuclear weapon materials would be substantial. However, it is doubtful that the less thorough and less costly national security agency check would reduce appreciably the danger of hiring a poor security risk in the nuclear power industry.

In view of the difficulties involved, should a stringent security clearance be required to hold a job in the nuclear power industry which involves handling nuclear weapon materials? There are three major reasons why a security clearance may be justified. First, a clearance would be useful as a way to guard against internal sabotage of nuclear facilities. Second, prior security clearance may reduce somewhat the risk of employee theft of very small quantities of plutonium for use in radiological weapons. Third, a link with the inside of a facility containing nuclear weapon materials would be very valuable for any outside group planning a forcible theft. Prior security clearance of employees in the most sensitive jobs would help to ensure that such links are not forged.

Thousands of workers are employed in producing materials for use in the U.S. nuclear weapons program. As discussed earlier, the government owns the facilities in which these materials are produced and large private corporations operate them under AEC contract. Every employee within such facilities has a security clearance granted after an extensive investigation. From a safeguards viewpoint, it would be difficult to justify a less stringent security clearance process for employees who handle nuclear weapon materials in the nuclear power industry than for employees who handle the same materials in the U.S. military nuclear program.

Finally, it should be noted that the federal government bears the cost of clearing its own employees and also of clearing private employees who are performing classified work on government contracts. Should the government or the industry bear the cost of clearances for employees of the nuclear power industry? On economic grounds, it would seem that the industry should bear this cost. However, nuclear enterprises can be expected to resist any high cost clearances.

Employee Surveillance. There are many possibilities for monitoring the activities of employees with access to nuclear weapon materials. At least two employees may be required to be present whenever such material is handled. Such a two-man rule may also be required when nuclear storage facilities are entered for any purpose and whenever nuclear weapon material is in transit between facilities. The other man present may either be another employee authorized to have access to the material or, in appropriate circumstances, he may be a special security employee.

It would seem that a two-man rule would not impose an undue burden on industry. Most of the operations involved would probably require the presence of at least two men, regardless of any security requirement. The additional assurance that such a rule would give against employee theft would seem substantial, and there may be gains in employee health and safety as well.

Instead of or in addition to a two-man rule, employees handling nuclear weapon materials could be kept under continuous surveillance by the security staff at the facility. Such surveillance could be conducted either by stationing security personnel at locations to observe the work directly or by closed-circuit television monitoring.

Inspections of Employees at Entrances and Exits. Among the most cost-effective surveillance measures may be security checks at entrances and exits. Of course, employees and any parcels they are carrying may be searched with varying degrees of thoroughness. An interesting possibility would be to require special work clothes. The process of changing clothes could be monitored or otherwise arranged in such a way that nuclear weapon materials in excess of very small quantities could not remain with the employee undetected. Special work clothes are also often necessary for health purposes and, if so, the only additional safeguards burden would be in carefully constructing the procedures for changing clothes.

Either as an alternative to close visual inspection of employees and their packages as they leave a controlled area, or to ensure detection of very small quantities of nuclear weapon materials (especially plutonium), or for both reasons, exit doorway monitoring instruments could be used. It is useful to recall in this regard that AEC Regulatory Guide 5.7, Control of Personnel Access to Protected Areas, Vital Areas, and Material Access Areas suggests that equipment can presently be used to detect approximately 0.5 gram of plutonium, one gram of uranium-233 (because of the presence of gamma emitting daughters of U-232), and about three grams of uranium-235, shielded in each case by three millimeters of brass. (We have pointed out in Chapter 3 that as little as a few milligrams of uranium-233 could be detected by such means.)

A combination of employee security clearance and surveillance procedures should reduce the risk of employee thefts from nuclear facilities to a very low level. The amount of material that might be purloined by an employee from a nuclear facility could be quite small, even over a long period of time, if such measures were used.

Surveillance of Perimeters of Nuclear Facilities. One way that an employee might steal nuclear material from a facility would be to pass it through channels that are not normally used for personnel or for the authorized flow of nuclear materials. The materials could be collected from a point outside the facility at some later time. Such channels could be utility or ventilation ducts, for example. To help safeguard against such types of thefts, various continuous monitoring systems could be set up at all such points around a facility. Remote detectors of small amounts of nuclear materials, such as those referred to above for use at employee entrances and exits, would be installed at all points where a channel of significant size penetrates a building in order to sound an immediate alarm that would also pinpoint the location of the channel.

Preventing Employee Theft During Transportation. Preventing employee theft in the transportation of nuclear weapon materials raises special problems. A person driving a truck or piloting an aircraft containing a shipment of nuclear weapon materials has perhaps the greatest opportunity of anyone to steal such materials. The opportunity is great and may be tempting for two reasons. In the first place, the amount of material stolen at one time could be enough for the employee to live on well for the rest of his life if he were successful in selling it on the black market. In the second place, the potential thief already has a large degree of control over the material involved. It should also be noted that the firm and employees who transport nuclear weapon materials are often part of the transportation industry, which serves all kinds of other industries and activities in addition to the nuclear power industry. Theft from the transportation industry is itself a widespread criminal activity. Furthermore, it is well known that organized crime has penetrated important segments of this industry.

The firms transporting nuclear weapon material may be common carriers, or they may be special contract carriers. Security clearances for employees of common carriers may be difficult to arrange. With these thoughts in mind, it is not clear whether the greater risk of theft during transportation of nuclear weapon materials will be internal or external. Many of the special measures intended to deal with the internal threat are the same as those that may be used to guard against the external threat, and we will defer further discussion at this point. It should be noted, however, that while surveillance measures at nuclear facilities can prevent nuclear weapon materials from being removed from the facility, they cannot safeguard materials already in transit. Thus surveillance measures during transit will at best detect an employee theft that is already close to completion.

Measures to Prevent Theft by Outsiders

Physical Containment. There are a variety of measures to safeguard nuclear weapon materials against external threats of theft by individuals or groups outside the industry. They include heavy containers, vaults, barriers, locks, alarms, remote surveillance, unarmed watchmen, armed guards, law enforcement authorities, and military forces.

The function of an alarm system will depend on its relationship to other measures in the overall safeguards system. The mere sounding of a bell may scare the thieves and start them running, or it may notify them of the amount of time they have left to complete the theft, or it may warn them to prepare to stand off the approaching guard force until the theft is complete. Alternatively, an alarm may sound at the security headquarters, but not at the facility itself, enabling the security force to surprise the thieves and apprehend them. But in order for an alarm to aid in preventing the more serious theft attempts, it must trigger the deployment of a security force quickly enough and at sufficient strength to prevent the thieves from getting away. Otherwise an alarm system is simply a detection device.

Unarmed watchmen, armed guards, law enforcement authorities, and military forces typify the range of special personnel that can be used to prevent nuclear thefts. In considering various possibilities for the use of security forces to deter or defeat external threats of nuclear theft, three factors are important to bear in mind.

First, the overall effectiveness of measures to prevent nuclear thefts will be determined by the combined effectiveness of the physical structures containing nuclear weapon materials and the capabilities of using force applied by security personnel. For example, strong walls will take longer to penetrate than weak walls. Thus a strong physical barrier may reduce the need to use force immediately in order to prevent successful completion of a theft. Viewed in another way, the physical barriers and on-site security forces may complement each other to ensure sufficient time to summon the off-site forces necessary to stop a theft in progress.

Second, the resistance of a physical barrier to a particular amount of force is somewhat predictable, but the extent of resistance a man will use to oppose force threatened by another is very uncertain.

Third, it is clear that physical barriers alone cannot afford adequate protection for nuclear weapon materials. Given enough time, a group of men with modern tools could penetrate any number of physical barriers that could be erected at a reasonable cost. Investments in stronger physical barriers may be more cost-effective than the investment of an equivalent amount of money in security forces up to a point, and care should be taken to design a system which will reach that point. However, the capability to use force under human direction and control is an essential part of the safeguards system necessary to prevent nuclear theft.

Security Forces. The requirement of a capability to meet force with force as part of a safeguards system raises a host of issues which are difficult to deal with, but two among them are primary: What postulated capabilities to use force should the safeguards system be designed to defeat? And who should have responsibility for the use of force, if necessary, to prevent nuclear theft? The first question involves the level of assurance deemed necessary to protect society against subsequent threats of nuclear violence, while the second is a central consideration in the institutional development of a safeguards system.

Security Force Requirements. Credible threats range from a well-armed individual acting alone to a well-armed group of substantial size. In many countries, nuclear theft might be part of a conspiracy to overthrow the government in power. It seems unreasonable to suppose that a theft of material from the U.S. nuclear power industry would be part of a conspiracy aimed at the forcible overthrow of the U.S. government. However, the purpose of such a theft might be to obtain nuclear weapon material to be used in the overthrow of some foreign government that is less stable and more vulnerable to the use of force than ours is at present.

The difficulty of the problem is compounded by the fact that a group with the capability to use substantial force in the execution of a nuclear theft would be likely to attempt to steal a large quantity of nuclear weapon materials. Hence, it would be all the more important that the safeguards system be able to prevent such thefts. Of course, there would be no problem detecting thefts on this scale after they were completed. Especially in regard to the capability of the safeguards system to marshall sufficient force to prevent theft, therefore, the safeguards system should be designed *conservatively*. This means that the postulated threats which the system is capable of preventing would be the "maximum credible," to borrow the language which the AEC has used to develop its safety standards for nuclear power reactors, or "greater than expected," to use the phrase coined by the Department of Defense in measuring the threat against which to develop U.S. strategic nuclear forces.

In analyzing capabilities to use force, on-site and off-site forces may be considered as a whole. If they are, the means used to bring any off-site forces to bear become critical. Unarmed watchmen cannot be expected to deter a determined thief or criminal group. They may or may not sound an alarm that a theft is in progress at a nuclear facility. Certainly the likelihood of the alarm being given increases rapidly as the number of watchmen deployed increases. Two or more watchmen would reduce the probability that negligence, fear, or a member of the attacking group could stop the sounding of an alarm.

The capabilities of armed guards to do much more than unarmed watchmen should not be overestimated. The possibilities of negligence and fear are present in every situation. Training is one way to reduce these risks. In this regard, it is important to note that a watchman does not become an effective armed guard by hanging a holster with a pistol in it on his belt. Furthermore, if armed guards were confronted by a clearly superior force they should not be expected to shoot.

Perhaps the dilemma here can succinctly presented in the form of a question: Can we expect armed guards at nuclear facilities to give their lives in defense of nuclear weapon materials? It would seem that armed guards should be relied on to prevent nuclear theft only to the extent that they are superior in numbers and firepower to the criminal force that might be arrayed against them.

The capabilities of local and state law enforcement authorities to deal with nuclear thefts should also be carefully examined. Communication between the on-site security force and off-site assistance may be continuous, or local regulations may prohibit immediate and direct communication. In any event, there are a variety of reasons why the response of local authorities to a call for help may be too little or too late to stop a nuclear theft.

Sophisticated nuclear thefts, employing substantial capabilities to use force, may be attempted at nuclear facilities located in rural, sparsely populated areas. Local law enforcement authorities in these areas, even if they are willing to cooperate to the extent of their resources, may well lack the manpower, equipment and training to deal with the maximum credible theft attempts at the facility. It may be unreasonable to expect a community with a nuclear facility to assume the substantial cost burden of providing sufficient local law enforcement assistance to meet the remote contingency of nuclear theft prevention, especially when the threat to the facility involved would in all probability originate outside the community itself. Therefore, it is likely to be more effective in many cases for arrangements to be made between rural nuclear facility managers and the *state* police for assistance in preventing thefts on a scale that cannot be handled by the on-site security force. Without rather detailed analyses, however, it is not clear whether state police forces could generally be used as the major off-site reserve forces for nuclear theft prevention.

Practical considerations may preclude federal law enforcement authorities or military forces, as they are normally operated and deployed, from playing a substantial role in nuclear theft prevention. Federal law enforcement authorities are spread very thin and are not intended to prevent armed thefts, though they may play an important role in detecting and breaking up a conspiracy to commit nuclear theft. Moreover, the location of most nuclear facilities will not be determined by the proximity of military forces, although where such proximity exists, it could be advantageous. Thus, it may be necessary to have on the site the greater part of whatever security forces are deemed necessary to *prevent* theft of nuclear weapon materials. The same considerations apply to materials in transit.

Providing a special on-site security force for nuclear weapon materials and giving it sufficient capability to prevent nuclear theft has several advantages over the alternative of relying on a combination of on-site and off-site capabilities. First, the responsibility for security and theft prevention can be centralized and clearly fixed, rather than diffused among disparate authorities. Second, the precise methods of protecting nuclear weapon materials can be specialized and made as efficient as possible within the limits of the financial resources available for this purpose. Third, investments in special training and equipment would pay off. Fourth, it may be necessary for members of such a security force to be willing to seriously endanger their own lives in order to protect the nuclear weapon materials within their charge, and a special security force would be more likely to perform in this way.

In addition to more assured effectiveness, the overall costs of the extraordinary safeguards measures could be readily determined if a special security force were developed, and these costs could be clearly allocated as appropriate to the enterprise involved, to the nuclear industry as a whole, or to the public as consumers of electricity or as taxpayers.

A further advantage of a special security force is that the existence of such a force would be readily apparent. A force capable of dealing with the maximum credible nuclear theft attempt would be plain to see and as such probably be an effective deterrent to thefts of any proportions. If the capabilities of the security forces were entirely hidden from view, nuclear weapon materials might attract attempted thefts. Even if all attempts were defeated, each would make sensational news and reduce public confidence in the nuclear industry and increase the risk of more attempted thefts. Thus, in designing a safeguards system, it is important to avoid an illusion of ineffectiveness, as well as ineffectiveness in fact.

A safeguards system should operate so that the general public can have confidence that any attempted nuclear theft will not succeed. A low-visibility or hidden security force is unlikely to inspire public confidence. Moreover, people living in New York or San Francisco may be much more concerned about, and have more to fear from, a nuclear theft than the residents nearest to the scene of the crime. A special security force may make a major contribution, therefore, in creating the kind of psychological climate in which attempted nuclear thefts are less likely and the public confidence in nuclear industry can be maintained.

Responsibility For Providing Security Forces. The preceding analysis concerning the requirements of a security force leads inevitably to a discussion of who should be responsible for developing and maintaining the force or forces required. Obviously, the authority to use force cannot be divorced from the capability to use it. Both advance coordination and on-the-spot cooperation are possible and necessary if the responsibility for preventing nuclear theft is divided among the nuclear enterprise, and local, state and federal law enforcement authorities. However, when a threat occurs, orders will come from immediate superiors and actions will be taken on the initiative of individuals at the scene of the crime.

The precise issue is this: To what extent should private industry be held responsible for the protection of society against nuclear thefts? Under criminal law, the use of force, including the taking of human life, is justified in self-defense and, in certain limited circumstances, in the defense of property. But it would be very destabilizing to society as a whole if persons generally viewed self-help as their *primary* means of protection against crime. In a civilized society, citizens are generally willing to rely on the police for their personal security.

It may be argued that the nuclear power industry should have responsibility for providing the public with effective assurance against the security risks intrinsic in nuclear power. Much of that responsibility private industry can and should assume. However, there are a variety of reasons why the use of force to prevent nuclear thefts and the development of effective capabilities for this purpose might be viewed as an improper burden to impose on the private sector.

First, the effectiveness of many different security forces for which each nuclear licensee is individually responsible may be doubtful, since recruiting, training, and equipping would be on a decentralized basis. Moreover, it is unlikely that private firms would ever be required to maintain security forces adequate to provide the full range of protection required. Therefore, on-site security forces under licensee control would have to be carefully coordinated with other law enforcement authorities, raising the problems previously mentioned. Second, the public could not be expected to have the same degree of confidence in private security forces, maintained by a multiplicity of enterprises organized to make financial profits for their shareholders, as in a single security force embracing the entire nuclear power industry and operated by the U.S. government in the public interest. Third, if the benefits to society from private activity are deemed worthwhile, then the government should be responsible for protecting society against the consequences of criminal actions aimed at the private activity. (Who should bear the costs of a security force is a separate question from who should be responsible for its operation.)

Thus, a possible option would be for the federal government to develop a special security force to guard nuclear weapon materials throughout the nuclear power industry in the United States. Such a security force could have paramount responsibility for preventing thefts of nuclear weapon materials at nuclear facilities and also during transit between facilities. It would coordinate its activities with local, state, and federal law enforcement and intelligence-gathering authorities. However, the security force would be capable independently of preventing the maximum credible nuclear theft in any circumstances. Of course, whether under governmental or licensee control, the capabilities required for the security force would depend on the nature and extent of the other safeguards measures, such as physical barriers and alarm systems.

A special security force under federal authority and control would seem to offer possibilities for attracting the highly qualified personnel needed. The federal government could, moreover, equip and train the force to ensure its effectiveness. Such a force would be a clear and present deterrent to any external threat, including acts of sabotage by outsiders against nuclear facilities, as well as acts of theft. Moreover, it would be visible to the public and hence inspire public confidence that society is being effectively protected. Finally, a special security force would make a major contribution to each of the other functions of a safeguards system: detection, recovery of stolen materials, and response to nuclear threats.

Transportation. The prevention of theft of nuclear weapon materials during transportation deserves special analysis because of the large amounts of materials involved and their potential vulnerability. Nuclear weapon materials may be shipped by train, truck, ship, or aircraft; they may be shipped alone or together with other goods. Exclusive use trains, ships, and aircraft are likely to be relatively uneconomical compared to exclusive use trucks. The opportunities to hijack a ship or a train are small, on the other hand, while the opportunities to hijack an airplane or a truck are relatively large. Perhaps the greatest vulnerability of nuclear weapon materials to theft, however, is during transfers from one mode of transportation to another, such as from ship to truck or truck to aircraft.

The necessary interaction between physical safeguards and human force in order to prevent nuclear theft is especially clear in transportation. The vehicle transporting the material is already in motion. Without other evidence, any deviation of the vehicle from a prescribed route may mean that the driver has simply chosen a more scenic path; the driver is experiencing some sort of mechanical difficulty; or a theft is in progress.

Special measures must be taken to ensure: first, that the location of a vehicle carrying a nuclear shipment is known at all times; second, that it takes more time for persons to break and enter the shipping compartment or containers where nuclear weapon material is located than for adequate help to reach the vehicle; third, that a substantial deviation from a prescribed route or speed of travel will be detected without action, positive or negative, by anyone on board the vehicle; and, finally, that sufficient force can be brought to bear to prevent a successful hijacking. The means to provide such assurance are available with existing technology. However, the means are expensive and it may not be cost-effective to apply them selectively to nuclear weapon materials in the transportation industry, where a high level of theft is the rule.

It would seem that an armed escort from a special security force should accompany all significant shipments of nuclear weapon material. The escort should be in continuous communication with the federal security force, which should in turn be capable of rapid deployment to the location of the vehicle in the event an alarm were given, or even if communications were lost. During any inter-vehicle transfer, the escort force might be reinforced.

The implications of the preceding analysis are that, to the maximum extent practical, nuclear weapon materials should be shipped in exclusive use vehicles. This requires relatively large shipments in order to be economical.

As noted in Chapter 5, according to present AEC regulations, up to two kilograms of plutonium or uranium-233, or up to five kilograms of high-enriched uranium may be shipped between facilities without any special protective measures. There may be times in the years ahead when such quantities of nuclear weapon materials may be shipped to experimental or research facilities. If shipped with other cargo, there would always be the danger that some of this material would be inadvertently or intentionally stolen along with other goods. This may be an uncontrollable risk that society may have to assume. However, the risk should not be assumed without careful evaluation, and at least some lowering of the present exemption limits seems warranted.

Co-location of Nuclear Facilities. As we discussed in Chapter 4, the vulnerability to theft of the transportation links between various parts of the nuclear fuel cycle could be reduced if nuclear facilities were co-located so that transportation off the site were eliminated. For example, we might visualize a large 4,000-6,000 megawatt nuclear power station with four or five LWR's. Enrichment (by means of centrifugation), fuel fabrication, and chemical reprocessing services might be furnished to the reactors by facilities built on the same site as the nuclear power station. Capabilities to fabricate plutonium-bearing as well as low-enriched uranium fuels would be included at the site. Hence the nuclear input to the site would be in the form of natural uranium hexafluoride, and the output would be radioactive waste for permanent storage. The fuel cycles for other more advanced reactor types may lend themselves even more readily to co-location of the facilities involved.

From the safeguards viewpoint, the advantages of co-locating other nuclear facilities at power plant sites would be mainly in the reduction in transportation of nuclear materials. However, the number of fuel fabrication, chemical reprocessing, storage, and possibly enrichment facilities that would be required would be substantially greater with such co-location than if a large number of nuclear power plants were supported by a relatively few facilities providing nuclear fuel cycle services. There is a trade-off. Co-location of fuel cycle facilities at large power stations would reduce the number of nuclear shipments that might be hijacked, but increase the number of facilities from which it might be stolen.

Serious practical obstacles stand in the way of co-location of nuclear fuel cycle and power generating facilities. In the first place, there are important economies of scale to be realized in very large fuel fabrication and chemical reprocessing plants. Providing these services in smaller facilities at the power station site could substantially increase the fuel costs of nuclear power. Moreover, there are few sites where as many as four or five large nuclear reactors can be located and still meet existing environmental standards. Thus co-location would be feasible in a few places, but not acceptable in many others. Finally, this type of co-location would imply either that the public utility owning the power station and site would enter the fuel supply phases of nuclear industry, or that other firms that supply nuclear fuel cycle services would enter into a complicated long-term arrangement with the utility concerned. Either arrangement would create management problems and perhaps difficulties under the antitrust laws. Nevertheless, co-location of nuclear fuel service facilities on the same site as nuclear power stations should be evaluated closely, especially in situations where diseconomies do not result and the environmental consequences are acceptable.

In addition to co-location of facilities at power stations, the co-location of nuclear fuel cycle facilities themselves should be seriously considered. The transportation of fabricated fuel to—and irradiated fuel from—a reactor are not the most vulnerable transportation links. Rather, the greatest risks exist during the transport of high-enriched uranium from the enrichment plant and plutonium from the chemical reprocessing plant to fuel fabrication plants. These links could be eliminated, for example, if a centrifuge enrichment plant were co-located with a plant fabricating high-enriched uranium fuel for HTGR's, or if a reprocessing plant were located on the same site as a plant fabricating plutonium fuel for LWR's or LMFBR's, or uranium-233 fuel for HTGR's. Moreover, co-location of these facilities substantially reduces the number of places where nuclear weapon materials are available.

The nuclear industry is already integrated to the extent that many of the firms involved are offering both fuel fabrication and reprocessing services, and some of the same firms are planning to enter the enrichment business. Thus some co-location of fuel cycle facilities could occur without any major implications for the structure or ownership of the industry. Moreover, the economies of scale available in large fuel fabrication and reprocessing plants could be fully realized even though the facilities involved were located at the same site. Fuel fabrication plants that make use of plutonium may have to be at relatively remote sites; the same is true of fuel reprocessing plants. Thus a well chosen site for a reprocessing facility should also be able to accommodate a fuel fabrication plant and, of course, associated nuclear material storage facilities.

In the past, fabricating nuclear fuel, manufacturing powder and pellets, loading pellets into tubes, and bundling tubes into elements have been carried on at different locations requiring transport of nuclear material between each special operation. Firms building both fuel fabrication and reprocessing facilities have thus far generally located them in different parts of the country. However, some firms are now seriously considering building fuel fabrication plants adjacent to reprocessing plants. On balance, it would appear that firms offering nuclear fuel cycles services should be encouraged, and perhaps required, to consolidate their facilities at as few locations as practical.

DETECTION OF COMPLETED NUCLEAR THEFTS

Functions of Detection

At the outset of a discussion of the means of detecting nuclear theft, it is necessary to differentiate and clarify various functions that detection may serve within an overall system of safeguards. Without positive assurance that unlawful diversion would be detected, it would be impossible to have confidence that a safeguards system was working effectively. Hence, an important function of detection is to verify the effectiveness of protective measures. Detection may also, as discussed above, actually prevent theft if the means of detection scares the thieves away or if detection leads to apprehension of the criminals before the theft is complete. Any detection may trigger efforts to recover material that has been previously stolen.

Finally, the detection capability may itself constitute a deterrent to theft. The extent to which this indirect or secondary deterrent effect is achieved depends largely on whether the detection capability is perceived by potential thieves as being related directly to either prevention or recovery, or both. A detection capability not clearly and convincingly related to either prevention or recovery capabilities would have little effect as a deterrent. (This conclusion applies mainly to domestic criminal diversion from nuclear power industries. At the international level, the likelihood of detection of governmentally authorized diversion and the ensuing exposure of its intention may help to deter governments from acquiring nuclear weapons.)

It should be noted that, apart from safeguards considerations, accurate knowledge about material flows in nuclear industry is important for two other reasons. Indeed, these reasons may be more important than the assurance against nuclear theft which various means of detection provide.

In the first place, nuclear materials—and especially high-enriched uranium, plutonium, and uranium-233—are extremely valuable fuels. The accuracy of measurement and accounting methods, therefore, will have very large financial implications for nuclear industry. Both the owner and the processors of material being fabricated into nuclear fuel or reprocessed following irradiation will want accurate measurement and accounting procedures. Moreover, the financial interests of enterprises operating in various phases of the fuel cycle will frequently be adverse to one another. Such opposition will, fortunately, increase the incentive for accuracy in all material transactions.

In the second place, any unaccounted-for loss of radioactive material, such as plutonium, might constitute a serious health hazard (though the hazard in the case of high-enriched uranium would not be great). The hazard might be substantial for workers at the facility where a loss occurred, or to the public in case of material in transit (although material in transit should be adequately shielded so that the health hazard due to loss would be negligible).

Having clarified the various functions of detection within an overall safeguards system, and having previously considered means of detection related to prevention, we are primarily concerned here with detection measures related to recovery.

Detection of Employee Thefts

The primary means of detecting thefts of nuclear weapon materials by employees would be the various surveillance measures we discussed earlier in this chapter. These measures also constitute the primary means of preventing and hence deterring such thefts.

The other means of detecting employee thefts of nuclear weapon material involve accountancy. These means include a system of records, reports, inventories, and audits. All these procedures may be required by the company or they may be carried out pursuant to requirements imposed on the company by the government. Reports may be required in varying degrees of detail and frequency. Inventories may vary in frequency, and they may simply involve balancing the books or making actual physical counts of quantities of various materials. And audits may be conducted by the company with its own resources or by an independent authority—a certified public accountant or a governmental agency. Any audit may involve more or less intensive inspection procedures to verify the accuracy of available data.

Accurate accounting is especially difficult in the nuclear industry because of the size of material flows through the various nuclear fuel cycles, the hazardous nature of the materials involved in certain phases, the complexity of the processing operations involved, and the lack of standard characteristics for the facilities. Moreover, efficiency dictates that many of the processes be continuous, or conducted over long periods of time without shutting down and cleaning out the plant involved. This makes taking frequent physical inventories very disruptive and costly.

It is inevitable that accountancy methods will portray an activity as it appeared some time in the past. Accountancy cannot develop a real-time picture of the present. The lag between the time portrayed and the present will depend on the accounting requirements, the nature of the activity monitored, and the technology used. At present in the nuclear industry, the lag times for accountancy produce a picture that is usually several months old. The utility of information this old for detection of employee thefts would seem quite small. However, in the future, these lag times may be substantially reduced, if not eliminated, through the application of on-line, real-time, non-destructive assay techniques now being developed.

No industrial process is perfect. Every process involves some loss or gain of material that cannot be fully explained. After a process in a particular facility has been conducted for a long period of time, a normal operating loss can be postulated, together with some slight additional margin that is inexplicable. Thereafter, operations within that margin of material unaccounted for, or MUF, may be deemed acceptable. Furthermore, nothing can be measured perfectly, and measurements in industrial operations will contain varying amounts of error. Again, over a period of time, limit of error, or LE, in measurements can be postulated and, thereafter, measurements within those limits may be deemed acceptable.

The importance of the aggregate value of the limit of error of material unaccounted for, or LEMUF, is that imbalances which are less than LEMUF in material flowing through a facility are acceptable and are not cause to suspect a loss or diversion.

The LEMUF values can be established for operations in nuclear facilities, but the problems associated with doing this are especially difficult for the reasons indicated above. In addition, there is a significant amount of material "hold up" in an enrichment or reprocessing plant. Material held up is not lost permanently, but is stuck to various parts of the plant's machinery. It can be removed and accounted for only after a periodic "clean out." Furthermore, substantial amounts of nuclear materials are contained in the scrap at fuel fabrication plants, but in that form they are particularly difficult to measure with accuracy. Here again, new in-plant non-destructive assay techniques may alleviate the problems of material hold up and scrap evaluation. Moreover, plant design can reduce these problems.

Despite the difficulties, techniques have been developed so that nuclear operations can be conducted within LEMUF values that are quite satisfactory from the viewpoint of financial accounting. Unfortunately, safeguards accounting must meet more rigorous standards than sound financial accounting would require. The reason for this is especially important. A very large amount of nuclear material will flow through an industrial-scale enrichment, fuel fabrication, or fuel reprocessing facility, and a statistically insignificant amount of that material can have enormous significance as fission explosive material. Thus, any accountancy system applicable to nuclear facilities will have a threshold beneath which employee thefts will be undetectable.

The fulfillment of accounting requirements may disrupt or distort industrial operations in ways that will lead to a variety of intangible costs, as well as to substantial costs that can be easily ascertained. Therefore, the costs to nuclear industry and ultimately to the consumers of electric power of accounting requirements must be measured against the gains in assurance against employee thefts. In so doing, several factors should be borne in mind. First, the detection threshold of employee on-the-job surveillance procedures, which are aimed primarily at the more important function of preventing nuclear theft, is nearly certain to be substantially lower than the detection threshold for accountancy measures. Second, on-the-job surveillance may have the large advantage of providing real-time rather than old information. Third, any employee contemplating nuclear theft would be already aware of, or could fully inform himself about, the LEMUF values and the overall uncertainties involved in the accountancy system, so that an attempted theft would be designed with the detection threshold in mind. Fourth, the lag time between a theft and its detection through accountancy techniques, those presently in use in any event, would be so large as to make the information of doubtful utility in any recovery operation. Finally, however, it should be noted that instruments are being developed which can actively interrogate nuclear material flows at strategic points within a facility, thus providing the capability for continuous monitoring and very rapid detection of diversion.

Detection of Thefts by Outsiders

The target material for a criminal theft perpetrated by outsiders is likely to be a relatively large amount, and hence the theft would be above the threshold of detection by accountancy means. Assuming, however, that reasonable alarm systems and physical barriers were required as part of the safeguards system, attempted thefts by outsiders are sure to be detected by means other than accountancy weeks and perhaps months before the loss shows up in the transfer records and inventory reports of the nuclear enterprise involved. Moreover, there is no real relationship between the detection of thefts through accountancy and measures to recover the stolen material. Many clues leading toward possible recovery would have vanished in the weeks between a theft and its discovery through a discrepancy in the materials balance which exceeded the LEMUF postulated for the facility concerned.

The Role of Accountancy

Thus, in relation to the overall objective of preventing nuclear violence involving materials obtained from the nuclear power industry, the importance of preventing thefts by outsiders is so great that steps must be taken for immediate rather than delayed detection. Nevertheless, a number of important contributions of accountancy requirements to a safeguards system should be considered. Accountancy would provide a check on the effectiveness of surveillance and other real-time means of detecting diversion. Accountancy would provide an important means of guarding against embezzlement or other misconduct by the management of a nuclear enterprise, acting alone or in collusion with certain employees. It would also reduce the risk that management would attempt to cover up inexplicable losses in excess of LEMUF's or actual thefts which had been discovered. Thus, ensuring honest and careful management may be the most important function of accountancy as far as governmental regulation at the national level is concerned.

Finally, material accountancy is the safeguards measure that is accorded "fundamental importance" in the IAEA system under the NPT. In light of the broad U.S. government offer to permit IAEA inspection of civilian nuclear facilities in the United States, U.S. accountancy requirements must be compatible with those of the IAEA. Moreover, the accountancy requirements imposed by the AEC on the U.S. nuclear industry are likely to furnish a ceiling beyond which the IAEA will not be able to go in developing parallel measures to be administered by the Agency with respect to nuclear power industries in non-nuclear-weapon countries which are parties to the NPT.

RECOVERY OF STOLEN NUCLEAR MATERIALS

While AEC officials have recognized the importance of procedures for the prompt recovery of stolen nuclear materials and indicated that such procedures have been developed, the AEC has revealed nothing of substance to the public. It is unlikely that official thinking about the basic issues involved will be revealed, and details will most certainly remain secret. What follows is, therefore, not a discussion of various means of recovery, but an effort to stimulate thought about basic issues that should properly be of concern to the public as a whole.

Are Special Recovery Plans and Capabilities Necessary as Part of an Effective Safeguards System?

In other words, in view of what can and should be done to prevent unlawful diversion, will the residual risk of a successfully completed nuclear theft be so high that special plans and capabilities to recover stolen materials are still necessary? A negative answer to this question does not necessarily mean that nothing would be done in the event of a successful theft, but rather that general procedures and existing law enforcement capabilities would be relied on. However, there are at least three reasons justifying special attention to the recovery problem, even assuming stringent prevention measures are taken.

First, no matter what safeguards measures were instituted to prevent nuclear theft, the residual risk of successful theft would not be reduced to zero. Given this situation, a special recovery effort is justified for whatever further reduction in the intrinsic security risk it may bring. Moreover, the known absence of any special plans might invite theft attempts.

Second, nuclear materials (especially uranium-233 and plutonium and, to a lesser extent, uranium-235) have special characteristics that make them detectable in small quantities, although the thief would be aware of this. Hence, special efforts to recover stolen nuclear materials may, if undertaken, have more chance of success than the recovery of other types of stolen property having less distinctive characteristics as well as less value.

Third, the development of plans for the recovery of stolen nuclear materials is likely to increase general understanding of the plans and behavior of potential nuclear thieves. Thus, there could be substantial indirect benefits from serious consideration of the recovery problem in terms of the insight gained for improving prevention and detection measures.

Who Should Have Primary Responsibility for Recovery Operations?

Time and special technical knowledge will be critical factors in such an operation. Complete access to law enforcement intelligence resources will also be important. Three institutional solutions may be considered. Designated law enforcement personnel may be given special training. The capabilities of existing law enforcement authorities may be buttressed by the addition of special personnel. And, finally, primary responsibility for recovery of stolen nuclear material may be lodged with a special security force, with existing law enforcement agencies playing cooperative and supporting roles.

Assuming the development of a recovery capability is deemed important, it may be doubted whether special training for existing law enforcement authorities would suffice. Existing authorities are already overworked, underpaid at the local level, and understaffed. Additional responsibilities, especially for dealing with such an unlikely event as a nuclear theft, are likely to be shrugged off. Those with the most time available—that is the least competent members of the force—might be assigned to take the required special training in nuclear materials recovery. Moreover, it would be difficult to assure that whatever capabilities were developed through special training of general purpose police forces would remain in place in view of personnel turnover.

The assignment of an expert cadre to existing law enforcement authorities may mitigate many of the difficulties with special training of general purpose police forces, but it would create a number of problems of its own. If a nuclear theft were successful, the recovery operation would have to be a nationwide and, quite possibly, an international effort. The expense of assigning an expert cadre to every law enforcement authority would be very large. Moreover, the relationship between an expert cadre and existing police forces would be difficult to conceive, when perhaps a great deal of the time the cadre would have little to do.

Thus, the preferred solution in cost-effective terms may well be the development of a recovery capability as part of a special security force. An effective capability need not be large, if it is centrally controlled and mobile. Moreover, central control would seem necessary for the efficient conduct of any recovery operations. Since the number of nuclear thefts should be very low; recovery could be made a part of the duties of certain staff members of a security force, or it could be a full-time duty on a rotational basis.

Effective working relationships between a recovery unit in a special security force and law enforcement authorities at the federal, state, and local levels, as well as appropriate relationships with authorities in other countries, seem quite feasible. Cooperative procedures could be worked out in advance. General law enforcement authorities may or may not view the risk of nuclear thefts as serious, but if a theft were to occur they would probably be more than delighted to defer to experts and give a special security force their full cooperation.

Assuming Recovery Is Indeed an Important Function of a Safeguards System, How Can Public Confidence in the Effectiveness of the Recovery Capability Be Established and Maintained?

It may be argued that this is not an important question on the grounds that, to the extent there is public concern with the security risks in nuclear power, it will not be focused on the recovery problem. This may or may not be true in the absence of nuclear thefts or, in other words, in the absence of a major crisis testing the effectiveness of whatever recovery capabilities exist. However, if a nuclear theft occurs and the fact becomes known, the public will need prompt reassurance that recovery operations are underway, and that the government is fully prepared to deal with the danger at hand.

It is doubtful that confidence in the overall effectiveness of the safeguards system can be maintained if public education about the recovery problem and means of coping with it begins in the crisis atmosphere which would result from the occurrence of a major nuclear theft. It would seem, therefore, that the means of recovery should not be ignored in the process of public education about safeguards.

This raises the further question as to how much information about recovery measures should be disclosed to the public. Disclosure of the details would give any potential thief valuable information. But disclosure of enough information to establish the credibility of official claims concerning the effectiveness of recovery capabilities would be desirable on two counts: to inform the public; and to add to the overall deterrent effect of the safeguards system.

Is There an Active Role for the General Public To Play in Recovery of Stolen Nuclear Materials?

An answer to this question will depend largely on the particular circumstances of the nuclear theft involved—circumstances which are so various that it is impractical to discuss them hypothetically. However, if private citizens want to aid in the recovery of stolen nuclear material and the possibility of this assistance is deemed worthwhile developing, some rudimentary understanding of all aspects of the nuclear materials safeguards problem should be quite widespread within the population. Again, this implies the need for substantial efforts at public education.

Should the Public Be Informed if a Major Nuclear Theft Has Occurred?

This issue, which is perhaps the most perplexing of all related to recovery, will arise inevitably as soon as a theft occurs. It is a major policy issue which cannot properly be handled at the operational level, and it is moreover, likely to be mishandled unless carefully considered in advance of the event.

Of course, if the public is expected to play a helpful role in recovery operations, disclosure of the theft will be necessary. But if the government believes there is nothing that private citizens can do to help cope with the problem, does the government still have an obligation to disclose the fact that a major nuclear theft has occurred? Conversely, should the government attempt to suppress news media disclosure of the theft if the media independently discover that a major nuclear theft has occurred? These are difficult questions, because the national security, the stability of political institutions, and the personal security of large numbers of private citizens, could all be affected.

It may be argued that disclosure of information concerning a nuclear theft might hamper recovery operations and escalate rather than dampen the crisis. The critics of nuclear power might use the opportunity to mount a fresh assault on the industry as a whole, the public might panic, or both. In any event, disclosure would be an extremely painful process for the nuclear industry and government officials responsible for safeguards.

In favor of disclosure, it may be argued that the public has a right to know the basic facts concerning threats to national security. Moreover, the fact of one or more successful nuclear thefts would substantially alter the context within which safeguards policy would be developed and implemented, perhaps especially measures regarding responses to nuclear threats. On balance, official candor seems to be the best policy, over the long run, although in certain cases some delay in announcing a nuclear theft may be justified.

Unless clear guidelines concerning disclosure are developed in advance, the strong tendency within government would probably be to attempt to suppress information concerning nuclear thefts. In any event, this issue should not be decided without public debate.

RESPONSES TO NUCLEAR THREATS

As a preliminary to discussion of possible means of responding to nuclear threats, we should recall the potential range of such threats and certain features of the context in which they may arise. In the first place, stolen nuclear weapon material may be used as the basis of a threat aimed at the nuclear power industry or at the government. If the threat is aimed at an industrial enterprise, the accompanying demand is likely to be money. If a nuclear threat were aimed at the government, the demand might be financial or political or both. A nuclear bomb may be used as the basis of the threat, or the dispersal of plutonium in a populated area or the sale of materials to a foreign power. A nuclear bomb threat might well be aimed at some urban nerve center or at some building of special political significance. It seems doubtful that a nuclear facility would be more likely to be chosen as the target of a bomb threat than some other facility. Finally, it should be noted that nuclear threats may well come out of the blue, disconnected from any known nuclear theft in the past.

With this summary of possible circumstances in mind, we may proceed to analyze the basic issues that will arise in developing a policy regarding responses to threats of nuclear violence in the United States. Such a policy is non-existent or undisclosed at present. A lack of policy in this area of safeguards may be the best policy, but if so, the preference for this option should emerge from analysis. Moreover, it will be seen that, like the problem of recovery, many of the issues involved in the area of response require careful thought in advance of the event and should not be left to emerge during crisis management.

Decision-making

Who should be responsible for responding to a nuclear threat? In the case of extortion threats aimed at an industrial enterprise, it seems clear that the problem transcends the enterprise and the industry as a whole, and it substantially affects the government and the public generally. Regardless of who, if anyone, was negligent or reckless in efforts to prevent the theft, the industrial enterprise should not be subject to a private shakedown. The appropriate governmental authorities should be involved and fully control the response process. Thus, measures should be adopted to ensure that every nuclear facility not only reports any actual or attempted nuclear theft to the government immediately, but also reports any nuclear threat.

Perhaps it should be clear public policy that any response to an attempt at nuclear blackmail of the industry would necessarily be dictated by governmental rather than private authorities, and that private officials would have no independent discretion in the matter. Thus any person contemplating blackmail would know that he must deal with the government and not an isolated and fearful nuclear enterprise. Like an extortion threat aimed at industry, it would also seem that any comparable threat aimed at state or city government should be channeled to the appropriate federal agency for response.

When it comes to a threat of actual use of a fission explosive or plutonium dispersal device, the context for deciding who should be responsible for formulating a response changes substantially from the extortion threat situation. The target of a threat of nuclear violence may well be in a densely populated urban area. Local and state governmental authorities ordinarily have initial and primary responsibility for dealing with threats of domestic violence, and federal authorities intervene only to the extent that they are requested to do so. It is likely that a call to Washington would be among the first made by a mayor who received a nuclear threat, and that he would welcome and rely on federal assistance.

However, the hard decisions will involve such issues as: To what extent should financial or political demands be met? When and how should the public be informed? When should evacuation be ordered, martial law declared, or other emergency steps taken? Who in the final analysis should make these decisions?

Whatever answers are developed ought to be disclosed to the public. The process of responding to any nuclear bomb threat is likely to be more effective if both the persons or group making the threat and the public generally know in advance of the crisis precisely who has authority to make decisions.

Response Policy.

What should be the policy regarding meeting demands associated with nuclear bomb threats? The policy may be: to deal with the demands on an *ad hoc* basis as each situation arises; or to meet demands of a monetary, but not of a political nature; or to meet demands where the threat of mass destruction is credible and verified in some way; or to meet no demands in any circumstances whatsoever. Numerous other policy options can be imagined.

In the development of responses, it should be recognized that policy not fully disclosed to the public is likely to have limited value. Rather than policy, it will be contingency planning. The gravity of the crisis itself will cause those with primary responsibility for dealing with it to challenge every facet of a response policy which has been designed in advance, and to disregard any parts of that policy if the exigencies of the situation seem to indicate another course of action is preferable. The same considerations would seem to apply whether or not the policy has been announced publicly in advance, since it is to be hoped that no responsible official would slavishly follow a policy he deemed wrong in a moment of extreme crisis. However, a firm public policy for responding to nuclear threats would be a factor substantially conditioning expectations not only of the public at large, but also of those making the threat. Thus a clear response policy, disclosed and discussed in advance, could substantially influence the outcome, hopefully for the best.

Despite the manifold public policy options that may be imagined, they may well be quite narrow. A public concession in advance to any demands backed by a nuclear threat could invite such threats. This leaves open only the possibilities of a declaratory policy of refusal to negotiate or to meet any demands associated with a nuclear threat, or of silence. It may be argued that a declared refual to negotiate, if adhered to, would unnecessarily jeopardize the lives of thousands of people, and that it would be far better to remain silent and to consider, if a threat occurs, whether to meet demands for money up to some level or to attempt to negotiate political demands.

However, there may be advantages to a firm public refusal to consider demands related to a nuclear threat. Any person contemplating or making a threat would know that a major policy would have to be reversed in order for the threat to achieve his purpose. The fact that a nuclear hoax was officially ignored would deter such insidious hoaxes, especially during a period immediately following a credible nuclear threat.

Moreover, such a "hardline" policy may place the future development of nuclear power on more solid political ground. Such a policy would seem to ensure that important democratic political values would not be gradually eroded in the process of adaptation to the ultimate security risks in nuclear power, if those risks materialize in fact. The government, in adopting such a policy, and the American people, in accepting it, would recognize frankly and simply that no safeguards system will reduce the nuclear theft risks to zero; that the government and American people are prepared to accept the risks involved in order to obtain the benefits of nuclear energy; but that they are not prepared to subject their political institutions to attack through nuclear bomb threats; that, if necessary, they are prepared to suffer the disruption and even the devastation of a nuclear threat or actual nuclear violence; *but* that they will insist on and support a safeguards system to keep the risk of nuclear violence as low as practicable.

Impact on the Nuclear Power Industry

This leads us to the final issue related to responding to nuclear threats. What should be the impact on the nuclear power industry if nuclear threats occur? Here we are concerned with what industry should be required to do after the particular threat situation has passed. Possible impacts on the industry range from merely tightening certain safeguards to a halt in the growth of nuclear power or an emergency shutdown of nuclear fuel cycle facilities. In discussing these possibilities, it is useful again to separate threats based on materials from those based on bombs.

Extortion attempts based on materials may well lead to a tightening of safeguard requirements. Should such attempts or should a major nuclear theft lead to penalties against the enterprise involved or the industry as a whole? If negligence or recklessness in the performance of safeguard duties were a factor contributing to a nuclear theft, then those responsible should probably be penalized. But it is doubtful that drastic action may be taken against either an entire enterprise or the industry as a whole.

The materials used in a bomb threat may or may not have come from nuclear industry in the U.S. The extent to which a connection was established would probably be controlled by the perpetrators of the threat, and any overt connection made by the perpetrators may well be false. In these circumstances, no action against the nuclear power industry would seem warranted, although safeguard measures might be tightened, especially those aimed at the response area itself.

THE PRINCIPLE OF CONTAINMENT

Having examined a variety of safeguard measures, we turn now to the task of pulling them together into a coherent system. Here we limit our discussion to the prevention of nuclear theft, which we believe is the primary and most important function of a safeguards system.

As a guide for designing a nuclear safeguards system we suggest what we call the "principle of containment." According to this principle, all materials that could be used to make fission explosives and that are used, produced, or processed in the nuclear power industry would be contained in areas circumscribed by a well defined set of barriers. These barriers would exclude unauthorized persons. A minimum number of authorized channels for the flow of such materials through the barriers would be established. All other channels would be continuously monitored, by means of the best available technology, to detect any unauthorized flow of materials. In addition to the physical barriers, a network of alarms, communications, and security forces would be set up in such a way that no credible attempt to remove nuclear materials from authorized channels, whether by employees, outsiders, or a combination, would be successful.

The containment principle suggests emphasis on immediate detection of *unauthorized* material flows, rather than measurement after the fact of authorized material flows and inventories. In other words, more attention would be given to material that is detected where it is *not* supposed to be than to material that *is* where it should be. Such a detection system would not, however, prevent an attempted theft by employees or outsiders unless it is supported by effective means to stop or slow down any unauthorized flow that is detected long enough to allow security forces to arrive in sufficient strength to prevent completion of the theft. Furthermore, methods should be employed to detect immediately any attempt at unauthorized entry into an area where the containment principle is applicable.

The risks of nuclear theft appear to us to warrant the development of a safeguards system for the U.S. nuclear power industry (and also nuclear power industries in other countries) that would prevent a significant armed attack from being successful. Accordingly, the maximum credible threat which the nuclear safeguards system would be designed to defeat would be an attack by a group of perhaps a dozen persons employing sophisticated firearms and equipment.

How might the containment principle be implemented? In describing how the principle might be applied at fixed sites, the terms in the present AEC regulations concerning physical protection of special nuclear materials are useful. A "material access area" is an area that normally contains nuclear weapon material. The physical barrier that completely surrounds this area would provide the primary containment. The function of this barrier would be two-fold: to impede any flow of safeguarded material through unauthorized channels; and to detect immediately any unauthorized flow.

Two penetrations of this barrier, one for input and one for output of materials, would be the *only* authorized channels for the flow of safeguarded materials into or out of the material access area. All other penetrations–one for routine use by authorized persons, several emergency exits, one for non-safeguarded materials or equipment, and a minimum number for utility and waste channels–would be continuously monitored to detect any passage of safeguarded materials. If a monitoring system were to detect the flow of any safeguarded material through a penetration of the material access area barrier, it would trigger an alarm. The alarm would alert on-site security forces and also indicate where the unauthorized flow was occurring.

Within the material access area, additional barriers would be placed around safeguarded materials that are in storage. The resistance of these barriers to penetration would be established according to the "grade" of the material being protected. In general, massive storage containers, too heavy to be lifted without a crane, would surround "strategic" quantities of materials, unless the materials themselves are sufficiently diluted to require a crane to lift a strategic quantity.

Within a material access area, the quantities of safeguarded materials that are neither in storage nor being processed would be kept as small as practically possible. Ideally, all safeguarded materials not in storage should be surrounded by some kind of barrier that, if penetrated, would sound an alarm at a facility control center. Though they do not have alarms, such barriers between employees and exposed plutonium oxide are already standard in facilities where this material is processed. The extent to which such barriers around a particular material process stream would be practical would depend on the detailed nature of the process involved. Of course, adding such barriers in existing facilities would generally be more difficult than including them in the design of new facilities.

As noted above, the function of the primary containment barrier around a material access area would be to ensure that any flow of safeguarded material through unauthorized channels is impeded and detected promptly. To impede further progress of a theft attempt after it has been detected, an additional barrier would be established. This would be separated from the material access area barrier to form a space that would be relatively easy to keep under direct visual or remote-TV surveillance. The barrier would completely ırround the material access area, circumscribing what is called a "protected ea" in present AEC regulations. Within a protected area activities could be onducted which were not directly related to the handling of safeguarded aterials. As under existing regulations, vital equipment would be kept within parate vital areas in order to protect it from sabotage. The protected area ould also include a well defined area, adjacent to the material access area, to hich the emergency exits from the material access area would lead. This would rovide a safe place inside the facility for people to go in case of fire or cidental release of dangerous materials. The emergency area would be kept nder overall surveillance and be surrounded by barriers to impede any theft tempts using the emergency exits.

The containment principle could also be applied to shipments of feguarded nuclear materials between fixed sites. However, when applied to aterials in transit, as distinguished from materials at fixed sites, the "material cess area" boundaries would be mobile, the "protected area" would not have oundaries that are physically well defined, and the security forces would also e mobile.

All safeguarded materials in transit would be inside massive shipping ontainers designed to be as difficult to penetrate with high explosives, drills, or ther tools as the best available technology would allow. No container would be movable from the shipping vehicle without a heavy crane, and the container ould be very difficult to penetrate without the use of tools and procedures that ould *not* be available to individuals accompanying the shipment. The shipping ontainer requirements we have in mind may well preclude air shipments of feguarded materials. We are not certain that the better protection afforded by ecially designed shipping containers too heavy for air shipment would more an offset the increased time in transit of surface shipments. In any event, if air ipments are to continue, shipping containers for safeguarded materials should e specially designed for that purpose.

For trucks used to ship safeguarded materials, a mechanism for isabling the vehicle would be operable manually from the truck and by coded dio signals. This would ensure that the vehicle could not move under its own ower along unauthorized routes. Escort vehicles with armed members of a curity force would accompany every truck shipment, and appropriate armed cort would be arranged for other transportation modes, including air. Added curity might be provided by helicopters which would accompany the ipment, maintaining continuous radio and–when possible–visual contact with e convoy.

Two-way continuous communications links would be maintained etween a nuclear shipment vehicle, the escort vehicles, and a central control oint. The control point could continuously contact the shipper, the receiver, e reserve security forces in the general vicinity of the transport vehicle, and w enforcement or military authorities along the route.

The safeguards system we have briefly sketched is but one of th wide variety of possible solutions to the problem of preventing nuclear thef What is needed is a major effort to design and evaluate a number of safeguarc systems employing different combinations of measures. Only after such thorough assessment will it be possible, on a reasonable basis, to draw u "balance sheets" of risks, benefits, and costs of the alternative approaches t safeguarding various types of nuclear fuel cycles. These balance sheets, whic will necessarily include expressions of subjective judgment, can then be used as basis for policymakers in government and managers in the nuclear industry t make decisions concerning the future development of nuclear power, taking fu account of safeguards considerations and a range of technical, economic, an environmental factors. To our knowledge, the AEC has not thus far carried o such a safeguards design and assessment effort, and, accordingly, we suggest it a matter of high priority.

Chapter Nine
Cost of Safeguards

COSTS OF EFFECTIVE SAFEGUARDS

It may appear to some readers that the development and application of a system of safeguards that will keep the risks of nuclear theft very low indeed will result in enormous costs for the nuclear power industry. This, however, is not the case, even for a safeguards system which employs the best available technology and institutional mechanisms, as we believe it should.

To place the cost of safeguards in perspective, the cumulative capital investment in nuclear power by 1980 is projected to be more than $75 billion, and the cost of the electricity generated with nuclear fuel will be more than $8 billion per year.[1] These estimates are highly uncertain, however. Costs of nuclear electric power may differ considerably from our projections, especially on the high side, and still be considered acceptable. Indeed, there is a variation of more than 10 percent in the estimates of future nuclear power costs made by various individuals and organizations. A 10 percent difference in the estimated $8 billion annual nuclear power costs for 1980 would amount to $800 million in that year. Therefore, even if the costs of safeguards were as high as $800 million per year in 1980, this would hardly be sufficient, by itself, to affect substantially the overall economics of nuclear power. We hasten to add, furthermore, that we see no basis for expecting the costs of highly effective safeguards to be this high.

We can make, for example, some very crude estimates of possible costs of a special nuclear security force organized and operated by the federal government for comparison with the projected overall costs of nuclear electric power. Consider the use of rather large numbers of specially trained security personnel to provide protective services at fixed nuclear facilities other than power plants. We have projected a total of nineteen such facilities in the U.S. in 1980. Suppose an average of twenty security personnel are on duty at each site at all times. Allowing for three shifts, vacations, sickness, and some reserves, a

total of 100 such personnel might be associated with each facility. An allocati
of about $30,000 per year per person, including overhead costs, would
sufficient for high caliber persons to perform such duties. Thus annual costs f
this type of security force for key nuclear facilities in the U.S. in 1980 wou
amount to about $60 million.

Smaller security forces would be required at nuclear power plan
than at the other fixed nuclear fuel cycle facilities. This would continue to
the case even after plutonium recycle in LWR plants is generally used, becau
the material access area that contains unirradiated fuel at a nuclear power pla
is a very well-defined, relatively small area that can be easily kept under consta
surveillance. If shipments of fresh fuel for annual refueling operations we
carefully scheduled, unirradiated fresh fuel could be on-site at power plants fo
let us say, three weeks prior to loading into a reactor. Suppose that six securi
personnel are on duty at all times during this period. We project a total of abo
150 U.S. nuclear power plants in 1980. Allocating the same costs per person
for other fixed sites, the total costs of providing special protective "task forces
during critical refueling periods would be about $10 million.

Turning now to security forces that might be used to prote
shipments of nuclear materials between fixed sites, suppose (*very* conservativel
we believe) that a total of fifty security personnel might be associated with eac
nuclear shipment. These persons would be organized as a "task force" an
distributed between the shipment vehicle, escort and surveillance vehicles, an
communication centers. We project a total of 150 shipments of fission explosiv
materials from various facilities, depending on the reactor fuel cycle involved, t
fuel fabrication plants in 1980. If shipments of fresh fuel to power plants wer
made in a single large convoy, once a year, the number of fresh fuel shipmer
operations in 1980 would also be about 150, for a total of 300 shipments pe
year of fission explosive materials, most of which would be plutonium. Suppos
that each shipment requires, on the average, three days, including time fc
loading and unloading. If all shipments were carefully scheduled to make use c
as small a number of 50-man transport task forces as possible, we estimate tha
as many as seven such units would be required to provide a high level c
protection to the transportation links of the nuclear power industry in 198(
This provides a liberal allowance for imperfections in scheduling, travel c
members of the task forces between jobs, vacation, sickness, etc. We estimate th
personnel costs of operating such a system to be about $9 million per year.

Thus, the total personnel costs of a highly effective national nuclea
security force might be about $79 million in 1980. This would be less tha
1 percent of the total projected cost of nuclear electric power at that time.

With respect to the other elements of an effective safeguard
system--physical barriers, alarm systems, instrumentation which permits th
non-destructive assay and active interrogation of nuclear materials, materia
accountancy procedures, doorway monitors at exists from material access areas

storage vaults, shipping containers and specially designed trucks for nuclear shipments—estimates of costs cannot now be made. Even rough cost estimates must await the development of designs specifying the technical characteristics of various components to be included within the safeguards system. However, it is likely that some costs attributable to safeguards may be offset, at least partly, by benefits from increased efficiency of operations in the nuclear industry. For example, more accurate accounting may produce savings in nuclear fuel costs. Moreover, the co-location of nuclear fuel cycle facilities would greatly reduce the risk that a nuclear shipment between two facilities might be hijacked and also result in substantial savings in transportation costs to the enterprise involved.

Thus, it seems reasonable to conclude that a nuclear safeguards system employing the best available technology and institutional mechanisms will cost no more than a very small fraction of the total costs of nuclear electric power. Certainly, the costs of effective safeguards would not be so large as to make nuclear power economically uncompetitive in the future.

ALLOCATION OF SAFEGUARDS COSTS

Who should bear the costs of safeguards against nuclear theft? Whether these costs are passed on in the form of higher taxes or higher electric power rates, there can be no doubt that the burden of paying for safeguards will be distributed very widely among the American people. It should be noted, however, that the economic impact of distributing safeguards costs through the tax structure could be quite different from the impact of distributing the costs through the electricity rate structures of the various utilities which use nuclear power.

Identifiable safeguards costs will, of course, constitute a much greater proportion of total capital and operating costs in some phases of the nuclear fuel cycle than in others. Moreover, the safeguards costs of the same step in the fuel cycle and also the total costs will depend on the reactor type involved. For example, safeguards costs of transporting LWR fuel assemblies without plutonium recycle will be less than for plutonium bearing LWR fuel assemblies.

Safeguards costs should be passed, along with other costs, from one step to another in the nuclear fuel cycle, ultimately being reflected in the cost of nuclear electric power. There are, however, temporary difficulties in passing these costs along. A few nuclear enterprises, such as nuclear fuel reprocessing companies, have drawn up long-term contracts with utilities. The agreed prices in some of these contracts do not specifically provide for cost escalations attributable to compliance with increasingly stringent safeguard requirements for nuclear materials. In such cases, added costs due to safeguards may have to come out of potential profits, or even make it impossible to avoid operating at a loss.

This kind of problem is not unique to the nuclear industry. New pollution control standards, for example, often escalate costs, and are for this reason often resisted by industries that have not made adequate provision for the possibility of such added costs in contractual arrangements with their customers. This type of issue should not be sufficient reason for compromising the effectiveness of nuclear safeguards.

COSTS OF INEFFECTIVE SAFEGUARDS

Although it is very unlikely that a safeguards system using the best available technology and institutional mechanisms would cost more than a very small fraction of the costs of nuclear electric power, the costs of ineffective safeguards could be enormous. One nuclear hijacking could lead to direct costs, in terms of the value of the materials stolen, of a few million dollars. The costs of recovery operations could be very large, and with little prospect of success. But the costs of nuclear devastation in terms of property damage and human life are incalculable.

The costs of ineffective safeguards would be borne in part by the nuclear power industry. If the ineffectiveness of safeguards were demonstrated, it is probable that the public would demand very costly plant modifications, and conceivably the shutdown of facilities deemed especially vulnerable.

The cost of ineffective safeguards would also be borne by the government. On the one hand, a central task of government at all levels, namely that of ensuring the personal security of the citizenry, would be made much more complicated by successful nuclear thefts. On the other hand, the government, perhaps the AEC in particular, would quickly lose the confidence of the public.

Finally, the costs of ineffective safeguards would be borne by the people as a whole in two ways: in the anxiety and insecurity that successful nuclear thefts would introduce into their lives; and in the impossibility of meeting *essential* electric power requirements without continued operation of the nuclear power industry on a more or less business-as-usual basis, despite the occurrence of nuclear thefts. If safeguards prove to be ineffective in the 1980s, when nuclear fuel will be supplying one-quarter of the electric power needs of the nation, or after the year 2000, when over half our electric power supply may be nuclear, the most drastic measures referred to above—which the public might then demand—may well be impossible to implement.

NOTE TO CHAPTER NINE

[1]Chapter 4, Table 4.1.

Chapter Ten

Conclusions and Recommendations

CONCLUSIONS

Nuclear Weapons Are Relatively Easy To Make, Assuming the Requisite Nuclear Materials Are Available.

Fission explosives can be made with a few kilograms of plutonium, high-enriched uranium, or uranium-233. Assuming sufficient material is available for a fast critical mass, the yield of a fission explosive device will depend on the quality of the fissionable materials used and, most importantly, on the design. The design and fabrication of a simple, transportable, fission explosive is not a technically difficult task.

The most effective type of radiological weapon appears to be a plutonium dispersal device. Such a device requires much less plutonium and is simpler to make than a fission explosive.

The effects of a nuclear weapon depend on the characteristics of the device and the target area. The effects of a crude, low-yield fission explosive can be sufficiently intense and widespread to kill tens of thousands of people and cause hundreds of millions of dollars of property damage. A plutonium dispersal device can cause radioactive contamination and a serious health hazard until costly and difficult clean-up operations are complete.

The Use of Nuclear Energy To Generate Electric Power Will Result in Very Large Flows, in Various Nuclear Fuel Cycles, of Materials that Can Be Used To Make Nuclear Weapons.

By 1980 tens of thousands of kilograms of nuclear weapon materials will be present in the U.S. nuclear power industry (and several thousands of kilograms will be present in civilian fuel cycles in a number of other countries with large nuclear power industries). Thereafter, the total amount of nuclear weapon materials involved in nuclear power industries throughout the world is expected to increase rapidly for many years.

Safeguards aside, possibilities vary significantly for theft of nuclear weapon materials from the fuel cycles related to each of the major types of power reactors in use or under intensive development:

In the light-water reactor (LWR) fuel cycle without plutonium recycle, plutonium which is produced in a power reactor, if reprocessed, might be stolen at the output end of a reprocessing plant, during transit from the reprocessing plant to any separate storage facility used, and from a long-term plutonium storage facility. Until irradiated fuel is reprocessed, the theft possibilities in the LWR fuel cycle are minimal.

In the LWR fuel cycle with plutonium recycle, in addition to possibilities without recycle, plutonium might be stolen during transit from any separate long-term storage facility, and from a fuel fabrication plant. Complete LWR fuel assemblies, each containing a significant quantity of plutonium might also be stolen during transit from a fuel fabrication plant to a power reactor, and at a power plant prior to loading into the reactor, although the weight of each assembly makes this difficult.

In the high-temperature gas-cooled reactor (HTGR) fuel cycle, high-enriched uranium might be stolen from the output end of an enrichment plant, during transit from an enrichment plant to a conversion plant (if at a different location), at a conversion plant, during transit from a conversion plant to a fuel fabrication plant, and during processing at a fuel fabrication plant until the material is diluted with large amounts of carbide. Complete HTGR fuel assemblies, each containing significant quantities of high-enriched uranium might also—like plutonium-bearing LWR fuel assemblies—be stolen during transit from a fuel fabrication plant to a reactor and prior to fuel loading at the reactor. However, the high-enriched uranium contained in HTGR fuel assemblies is considerably less per equivalent weight, and it is more difficult to separate from dilutant materials than plutonium contained in LWR fuel assemblies.

The theft possibilities regarding uranium-233 produced in an HTGR, assuming recycle has not begun, are parallel to the possibilities for plutonium theft from the LWR fuel cycle without recycle. Until irradiated HTGR fuel is reprocessed, the uranium-233 theft possibilities are minimal. When uranium-233 is recycled in HTGR's or some other reactor, the theft possibilities will parallel those in the LWR fuel cycle with plutonium recycle.

In the liquid-metal fast-breeder reactor (LMFBR) fuel cycle, the possibilities for plutonium theft will parallel those in the LWR fuel cycle with plutonium recycle. However, complete LMFBR fuel assemblies contain plutonium in a much higher concentration, and it is much easier to extract than plutonium-bearing LWR fuel assemblies. It is also possible that LMFBR's will initially use some high-enriched uranium fuel, resulting in possibilities for theft parallel to the possibilities for diversion of HTGR fuel.

At present, it is reasonable to exclude low-enriched uranium which is used as LWR fuel, from the category of nuclear weapon materials. The justification for the exclusion is the absence of an isotope enrichment method that is relatively simple or practical to use on a small scale. This rationale should be subject to careful review in light of developments in gas centrifugation and laser techniques.

Without Effective Safeguards To Prevent Nuclear Theft, the Development of Nuclear Power Will Create Substantial Risks to the Security and Safety of the American People and People Generally.

Individuals or groups may attempt to steal nuclear weapon materials for money or to engage in political coercion. It would be relatively easy for a small group possessing nuclear weapon materials to use them in any number of ways to threaten other groups within society, governments, or entire communities. The frequency and character of nuclear theft attempts in the future is likely to be influenced greatly by the general political climate and by prevailing attitudes toward violent behavior within societies where opportunities exist for such theft. Factors over which the nuclear power industry has no control will thus largely determine the range of threats a safeguards system must deal with.

The U.S. System of Safeguards Is Incomplete at This Time. Although Regulatory Actions Have Strengthened Requirements Substantially, Some Basic Issues Pertaining to Physical Protection Measures Have Not Yet Been Resolved.

In some areas, the AEC has taken regulatory actions which, if fully implemented, will constitute important building blocks in an effective U.S. system of safeguards against nuclear theft. Among these are:

1. the regulatory guide, Control of Personnel Access to Protected Areas, Vital Areas, and Material Access Areas issued in June 1973 (see Appendix C); and
2. the new regulations prescribing nuclear material control and accounting procedures, which establish specific limits of error of nuclear material unaccounted for.

In many areas, present U.S. safeguard requirements are vaguely defined. In some of these areas, the AEC is presently developing more detailed regulatory guides concerning, for example:

1. the organization, training, and equipping of on-site security forces at nuclear fuel cycle facilities;
2. the design characteristics of a safe secure vehicle which may be used for the shipment of nuclear weapon materials; and
3. the duties and responsibilities of armed escorts during nuclear shipments.

In other areas, serious ambiguities remain to be resolved in *ad hoc* negotiations between individual nuclear facility operators and the AEC staff. Some ambiguity is necessary in order to retain flexibility to take account of local circumstances. But there is a risk that, in approving licensee physical security plans, compromises will be made resulting in inequities to industrial competitors or undue risks to the public safety.

In certain areas where present U.S. safeguard requirements are specifically defined, they are inadequate. Included among these are:

1. the absence of specific requirements for the physical protection of less than two kilograms of plutonium, even though a small fraction of that amount is enough to make a radiological device;
2. ineffective requirements for communications between vehicles containing shipments of nuclear weapon materials and law enforcement authorities en route, and also between the vehicles and the AEC licensee responsible for arranging for protection of the shipment.

There are no AEC or internationally administered requirements for the physical protection of nuclear weapon materials exported from the U.S. and used in foreign nuclear power programs, even though the theft of such materials in a foreign country could constitute a substantial risk to the security of the recipient, the United States, or a third country. This will be a difficult gap to fill, despite the existence of a system of detailed materials accountancy requirements administered by the International Atomic Energy Agency and designed to verify that governments do not divert nuclear materials from civilian to weapon uses.

Taken together, present U.S. safeguards do not constitute a *system.* An effective system of safeguards may evolve, if present trends continue. However, if present regulatory practices are followed, there will still be no basis on which to evaluate the developing safeguards system because:

1. the AEC has not determined the maximum credible threat which the U.S. system of safeguards is intended to meet;
2. the guts of the safeguards system will remain hidden from public view in the physical security plans which nuclear licensees file with the AEC on a confidential basis.

Confidentiality in detailed physical security plans is important in order to prevent information which would be valuable to a thief from being available in the public record. This need for secrecy makes it doubly important, however, for the AEC to develop specific safeguards standards that can be justified in public hearings, and to develop an approval and inspection process to ensure that established standards are fully implemented.

A System of Safeguards Can Be Developed That Will Keep the Risks of Theft of Nuclear Weapon Materials from the Nuclear Power Industry at Very Low Levels.

Safeguards should emphasize the *prevention* of theft of any nuclear weapon materials from the nuclear power industry, and the *detection* of any theft attempt in time to prevent its completion. Detection of a completed theft, recovery of stolen nuclear weapon material, and response to any nuclear threat involving stolen material are important supplementary safeguard functions.

The principle of containment should be used as the basis for the design and development of safeguard measures. The physical barriers and security forces employed to contain nuclear weapon materials in order to prevent theft should be capable of defeating the maximum credible threat that can be reasonably expected anywhere in any nuclear fuel cycle. That threat might involve an attack by a group of perhaps five to ten persons using sophisticated firearms and equipment.

Insofar as practical, instruments and techniques should be developed and used to provide a timely and accurate picture of the material flows in authorized channels in the various nuclear fuel cycles. Furthermore, instruments and techniques should be developed and used to detect *immediately* the flow of any nuclear weapon materials out of a material access area through an unauthorized channel.

The *best available technology and institutional mechanisms* should be used in the safeguards system. The technology involved in the nuclear power industry is changing rapidly as a result of intensive research and development efforts. This offers both a challenge and an opportunity with respect to safeguards technology. The challenge is for safeguards technology to keep up with relevant changes in fuel cycle technology, while the opportunity is to take safeguards considerations fully into account initially in developing nuclear power options.

The technological problems related to the development of an effective system of safeguards against nuclear theft can be solved in fairly straightforward ways. Some of the institutional problems, however, appear very difficult and the solutions to many of them are elusive.

RECOMMENDATIONS

In referring to the AEC in the following recommendations, we mean to include any successor agency or commission which might inherit primary governmental responsibility for nuclear safeguards as a result of a reorganization of the Federal Government.

The AEC Should Design a Detailed System of Safeguards for Each of the Nuclear Fuel Cycles Based on Use of the Best Available Technology and Institutional Mechanisms.

These efforts would result in designs which could be evaluated for cost-effectiveness. The evaluation would provide a reasonable basis for determining what safeguard requirements should be adopted for the nuclear power industry, what safeguard R&D priorities should be established, and what risks of nuclear theft should be accepted.

The AEC Should Consider the Establishment of a Federal Nuclear Materials Security Service with the Sole Responsibility of Protecting Nuclear Materials Subject to Safeguards.

The AEC should assess the possibility of forming a federal security service to protect nuclear weapon materials in the U.S. nuclear power industry at fixed sites and during transit, as opposed to imposing that responsibility on individual licensees in the nuclear industry on a decentralized basis.

The AEC Should Develop and Publish a Set of Procedures for the Review of Physical Security Plans Submitted by Industry Licensees.

Such procedures should be designed to provide the nuclear industry and the public with high assurance that the physical security plans proposed by individual licensees will be assessed thoroughly and objectively; that the plans will be approved on the basis of uniform and equitable standards for the nuclear power industry; and that all plans will result in effective measures to protect the nation from the risks of theft of nuclear weapon materials. The criteria for review of the plans should be explicit.

The U.S. Government Should Initiate Discussions with the Governments of Other Nations with Substantial Nuclear Power Programs with a View To Developing a Common Policy in Favor of Effective Safeguards Against Nuclear Theft Anywhere in the World.

The discussions should proceed on the basis that nongovernmental nuclear weapon proliferation could adversely affect the security of nations generally and the prospects for nuclear energy to meet growing worldwide needs for electric power. The governments of nuclear-weapon and non-nuclear-weapon states should recognize their common interest in the development of strong and effective national safeguards systems to prevent nuclear theft.

* * *

In the past we have been preoccupied with efforts to develop nuclear reactors that will operate safely and economically in order to meet future needs for electric power. The success of these efforts is demonstrated by the fact that nuclear fuel is forecast to replace oil as the nation's largest energy resource by the year 2,000. Now we must be sure that a small amount of the fuel intended for use in power reactors will not be used in weapons of mass destruction. Thus far in our exploitation of atoms for peace, we have been concerned primarily with the dangers of a malfunctioning machine. We can no longer ignore the dangers of a malfunctioning man.

Man is adaptable. He adapts to a changing environment–sometimes in order to survive and at other times to get more of what he wants out of life. Man is also a discoverer. What he discovers he normally uses–and abuses. Thus he adapts to his own discoveries and their consequences, as well as to a changing natural environment. None of man's previous discoveries compare with nuclear energy in terms of the demands placed on him to use it wisely. Indeed, the widespread use of nuclear energy requires the rapid development of near perfect social and political institutions. This is the unprecedented challenge before us.

Appendix A

Historical Background

The security risks intrinsic in nuclear power have been foreseen ever since the dawn of the nuclear age brought World War II to an end. Over almost three decades, efforts to develop safeguards against diversion of nuclear material have been intertwined with the development of the technology required for the economical use of nuclear energy to generate electric power.

Both safeguards and nuclear power are tied, on the one hand, to the nuclear arms race and the proliferation of nuclear weapon capabilities and, on the other, to rapidly increasing demands for energy, especially electric power. All of these developments have global dimensions.

This appendix outlines the major historical events and trends which have conditioned the formulation of U.S. government policy regarding safeguards against diversion of material from the nuclear power industry. The primary purpose is to provide the general reader with some idea of the magnitude and complexity of the forces which bear upon the nuclear diversion problem.

The history is divided into two major parts: the first deals with the development of nuclear power, and the second with the development of safeguards against nuclear diversion.

DEVELOPMENT OF NUCLEAR POWER[1]

The Atomic Bomb and the Suppression of Nuclear Power

Significant quantities of nuclear materials were first produced, processed, and used during World War II under military control, extreme secrecy, and great urgency, in the Manhattan Project. The purpose was, of course, to develop the atomic bomb.

Tripartite Declaration. At the outset of the nuclear age, the link between civilian and military applications of nuclear energy was clearly recognized. In November 1945, only three months after Japan was struck by atomic bombs, the United States, the United Kingdom, and Canada jointly declared: "The military exploitation of atomic energy depends, in large part, upon the same methods and processes as would be required for industrial uses." They concluded that information concerning the "industrial application" of nuclear energy must not be shared among nations until effective safeguards acceptable to all nations were devised and implemented. The three nations that worked closely together during wartime to develop the atomic bomb thus adopted a common policy to prevent the diffusion of technology relevant to civilian nuclear power, pending the outcome of decisions concerning international control.

It was also recognized from the beginning that no single nation could have a monopoly in the field of nuclear energy. Since the science underlying nuclear technology was universal knowledge, the three atomic "haves" were under no illusion that, by simple fiat, they could forever deny access to the "have nots." Their joint declaration was at most a holding operation.

The Baruch Plan. At first the atomic bomb was widely believed to have revolutionary consequences for the international political system. Indeed, the United States adopted such a view in its initial proposal for dealing with nuclear energy in the world community. The Baruch Plan, put forth at the United Nations in 1946, called for the creation of an "International Atomic Development Authority" that would be entrusted with all phases of the development and use of atomic energy. The Authority was to have managerial control or ownership of all nuclear activities potentially dangerous to world security, and the power to control, inspect, and license all other nuclear activities. Implementation of the Baruch Plan would have entailed no less than the construction of a limited form of world government under whose authority "condign punishments" for violations of rules of control would be administered. Once this revolutionary Authority was in operation, all existing nuclear weapons would be destroyed and peaceful uses of nuclear energy would be developed. The U.S. approach thus envisioned that international inspection and control would come first and its own nuclear disarmament would follow. Only after the Authority and a veto-free system of sanctions had been established would the United States stop the manufacture of atomic bombs and dispose of its stockpile.

Understandably, the Soviet Union's response was diametrically opposed to the Baruch Plan. Complete prohibition of the "production and employment" of atomic weapons and destruction of all weapons stockpiles must be the first step. Of course, this meant the nuclear disarmament of the United States alone. International inspection and control procedures could be instituted thereafter. The lines were thus drawn between the two nations that had emerged from World War II as superpowers.

Atomic Energy Act of 1946. The overriding political importance of nuclear weapons in the international arena and lack of agreement on international control called forth a drastic response from the United States at the national level. The Atomic Energy Act of 1946 established the Atomic Energy Commission (AEC) under civilian control. It provided for government ownership of all fissionable materials and all facilities capable of producing sufficient fissionable material for a nuclear weapon. The Act made secret all information concerning the use of fissionable material for the production of electric power. It also prohibited any exchanges of information with other nations with respect to the use of nuclear energy for "industrial purposes."

The U.S. government was thus vested with ownership of the entire nuclear fuel cycle, and the cloak of secrecy was dropped over everything with an industrial implication. The government then contracted with universities for a large research effort and with private industry to develop, build, and operate facilities to produce the fissionable materials needed for an immense nuclear weapons stockpile.

In fact, the government-industry-university partnership created secretly in wartime under the Manhattan Project to develop the atomic bomb was carried forward largely intact for the development of both military and civilian applications after World War II ended. The government was without question the senior partner. But the relationships that existed in the early years enabled a limited number of insiders to establish strong industrial capabilities through their research, development, and operating contracts with the government. A few large private firms consequently obtained advantageous starting positions for the competitive race that was to begin when the government's monopoly ended.

Atoms for Peace and the Promotion of Nuclear Power

President Eisenhower's Proposals. By 1953, the nuclear circumstances of the world had changed dramatically. The margin of nuclear superiority enjoyed by the United States was slowly but surely diminishing as both superpowers acquired destructive capacities and pressed closer to technological boundaries. The Cold War raged both abroad and within the United States, but the death of Stalin seemed to open up new possibilities for moderating mutual antagonism.

Accordingly, on December 8, 1953, President Dwight D. Eisenhower delivered his famous "Atoms for Peace" speech before the United Nations. He first perceptively analyzed the "awful arithmetic" of the atomic bomb, but then refused to "accept helplessly the probability of civilization destroyed." Instead, Eisenhower proposed that the United States, the Soviet Union, and other governments principally involved make joint contributions from their stockpiles of fissionable materials to an "International Atomic Energy Agency." The Agency was to be responsible for storage and protection of the contributed materials. But the more important responsibility of the proposed Agency was to devise methods whereby fissionable materials would be allocated to serve peaceful purposes, and especially "to provide abundant electrical energy to the power-starved areas of the world."

What eventually became the International Atomic Energy Agency (IAEA) was thus originally a proposal to divert fissionable materials from military to peaceful uses. An attractive feature of the proposal was that it could be undertaken without prior agreement on a system of international inspection and control that would necessarily apply within the Soviet Union. At least some nuclear disarmament could be carried out by simply depositing fissionable materials in a bank which might be located anywhere except in a nation with nuclear weapons.

On December 21, 1953, the Soviet Union gave a curt response. The diversion of a small part of the available fissionable materials to peaceful purposes would in no way lessen the danger of nuclear war. The U.S. proposal would, according to the Soviet Union, at most "serve to relax the vigilance of the peoples" with regard to the problem of nuclear weapons.

Political Foundations for the Development of Nuclear Power. Despite the Soviet reaction, Atoms for Peace was an idea whose time had come. Most nations warmly welcomed the prospect of a new era of international cooperation to foster and share what had until then been suppressed and kept secret. Yet the major benefit envisioned—the economical generation of electric power—was still a decade or more away.

Why then did Atoms for Peace command such widespread support, even from governments that normally viewed the international situation with realism, if not cynicism? A number of experts were overly optimistic about when nuclear power would become economical, but this is only a small part of the answer. Atoms for Peace derived its irresistible political momentum from a conjunction of ideas and interests.

U.S. Non-Proliferation Policy. For the United States, international cooperation in the peaceful uses of nuclear energy was both atonement for the guilt associated with having been the first nation to develop and use nuclear weapons and an essential part of a long-term policy of non-proliferation of nuclear weapons. Once the Soviet Union had broken the U.S. nuclear weapons monopoly, the continuation of a policy that sought to deny peaceful as well as military uses of nuclear energy to the rest of the world appeared to be politically unworkable, as well as morally unjustifiable. A policy to prevent proliferation of nuclear weapons to other nations seemed to require a willingness on the part of the United States not only to guarantee the nuclear security of its allies, but also to foster development of the peaceful uses of nuclear energy among all nations.

Creation of Nuclear Options. For other governments apart from the Soviet Union, Atoms for Peace represented a least common denominator from which to work. The same road leads most of the way to both a civilian nuclear industry and a nuclear weapons capability. The fork is reached only after a long, costly journey. Implicit in Atoms for Peace was an authorization for any nation to travel quite some distance down the nuclear road without fear of reprimand or reprisal and with assistance from other nations.

Scientific Interests. The scientific community has an essentially global composition, and the free exchange of information is a vital principle in that community. Atoms for Peace represented the creation of the best of all possible worlds for nuclear scientists engaged in research not directly related to weapons. International exchanges of scientific and technical information would be not only permitted but actively supported and subsidized. A scientist could arm himself with facts about scientific achievements abroad which he could turn into a strong argument for increased support of his work at home. The scientific community is not only cooperative, but also intensely competitive.

Private Economic Interests. Private economic interests, especially those in the United States, were also well served by Atoms for Peace. It was foreseen that the technology needed for the nuclear generation of electric power would be too costly, and the risk of failure too great, for private industry in any nation to develop without a large government subsidy. Yet a nuclear industrial capability was so far-reaching that its development as a state-owned exception in a private enterprise economy, as required by the Atomic Energy Act of 1946, would probably be inefficient and disruptive, and quite possibly unsuccessful. For the United States, Atoms for Peace as a foreign policy plank fit nicely with private ownership of nuclear industry and government subsidies to the private sector.

Governmental Economic Interests. While pursuing the development of its own national program, the United States viewed international cooperation as necessary to ensure that U.S. industry would occupy a strong position in the future world nuclear market. Many thought that nuclear power would first become economical in nations with high energy costs, such as prevail in Western Europe and many less-developed nations. A more open international environment would enable American nuclear industry to establish a strong position in any foreign market that might develop before nuclear power became economical in the United States itself. In the promotion of nuclear power, governmental and private interests in the United States fused into a dynamic partnership.

Atoms for Peace thus signaled a major reordering of priorities. Prior to 1953, international control came first and peaceful nuclear development second. Thereafter, development came first and international inspection and control second, if at all. Once taken, the decision to promote the peaceful uses of nuclear energy throughout the world soon became as irreversible as the presence of nuclear weapons.

The Atomic Energy Act of 1954: Legal Framework for the Development of Nuclear Power. Basic changes in domestic law were required in order for the United States to implement President Eisenhower's Atoms for Peace proposals. These were obtained in the Atomic Energy Act of 1954.

International Relationships. One purpose of the Act was international cooperation to make available the benefits of peaceful nuclear applications "as widely as expanding technology and considerations of the common defense and security will permit." The government was authorized to enter into an "international atomic pool" with a group of nations, and thus the way was paved for the United States to become a member of a future IAEA. The 1954 Act also authorized the United States to enter into "agreements for cooperation" with other nations regarding peaceful uses of nuclear energy.

Domestic Relationships. The 1954 Act effected basic changes in the relationship between government and private industry. It authorized private ownership of nuclear facilities under AEC license. Licensees were authorized to possess, but not own, fissionable materials—which remained under government ownership in the U.S. for another decade. The Act authorized a wide range of government assistance to private industry in the development of nuclear energy as a commercially competitive source of electric power. Subsidies made available included the following: research and development contracts involving assistance in reactor construction to demonstrate the "practical value" of nuclear power; leases of nuclear fuel on favorable terms; guarantees to buy back produced plutonium at an inflated price; and government indemnity for liability to the public from nuclear accidents. Thus, the government was committed in 1954 to promote aggressively the development of peaceful nuclear technology by private industry, and a system of governmental licensing was substituted for government ownership as the principal method of regulation and control.

Prior to the Atoms for Peace decision in 1953, information concerning industrial applications of nuclear energy was generally classified. In the wake of that decision, government policy swung abruptly from secrecy to openness. Previously existing controls on information relevant to peaceful nuclear research and industrial applications were for the most part abolished.

Private Ownership of Fissionable Materials. In 1964, private ownership of fissionable materials was authorized by law. A timetable was established for the termination of government leases and guaranteed purchases, and for the transition to mandatory private ownership of fissionable materials used and produced in civilian nuclear power reactors. Government licensing for health, safety, and national security purposes continues, however. After December 31, 1970, new distributions of enriched uranium fuel to domestic and foreign purchasers were by sale or "toll enrichment." The latter involves the enrichment, for a fee, of privately owned uranium in AEC facilities. In addition, after 1970 the AEC could not guarantee to purchase plutonium produced through the use of fuel previously sold or leased to foreign or domestic customers. By June 30, 1973, all government-owned reactor fuel previously leased for power reactors had to be purchased from, or returned to, the government.

Government Monopoly of Enrichment. At present, the last vestige of government ownership of civilian nuclear industry is enrichment plants. The question of the future ownership of these plants is complex and unsettled. Moreover, uranium enrichment, which has strategic importance in both economic and security terms, is the one remaining exception to an otherwise unclassified nuclear fuel cycle. The details concerning the material and design of the barrier used in the diffusion process is highly classified within most national programs. However, substantial pressure is being exerted by private industry on the U.S. government to reconsider its policy regarding enrichment technology generally, including both diffusion and centrifuge methods. In response to this pressure, the AEC has been granting broader access to its classified enrichment information to interested industrial firms.

International Cooperation. It took three years of international negotiation from 1953 through 1956 to translate President Eisenhower's proposal for an International Atomic Energy Agency into a new international organization with the potential for global membership. While multilateral negotiations plodded along toward an IAEA, events elsewhere moved quickly ahead.

Bilateral Agreements for Cooperation. The United States did not await the creation of a global framework through which to channel nuclear assistance to other nations. As authorized in the Atomic Energy Act of 1954, the government moved rapidly to negotiate a large number of bilateral agreements for cooperation. These were concluded mostly with allies, but also with some non-aligned, less-developed nations. Other Western nations with relatively advanced nuclear programs such as the United Kingdom and Canada followed suit. Even the Soviet Union, reluctant as it was to assist other nations with nuclear applications–peaceful or military–finally negotiated bilateral agreements with most Communist states and a few developing nations.

U.S. bilateral agreements were of two general types. One covered assistance for research activities only and provided for the gift by the United States of a small research reactor and the fuel required for its operation. The other covered both research and power applications, including general arrangements for the supply of nuclear fuel for power reactor projects to be specified in subsequent contracts. International nuclear activities of private U.S. companies were permitted, but only if they were carried on under the umbrella of a government-to-government agreement, with an export license from the AEC covering any nuclear material or equipment.

All agreements for cooperation contained a guarantee that nuclear materials would be put to peaceful uses. In order to verify that the guarantee was observed, the U.S. AEC obtained the right to inspect the materials and facilities it supplied. Also, the consent of the United States was required prior to any transfer to a third nation of material or equipment subject to the agreement. Furthermore, under the early agreements, the United States undertook to buy back all plutonium produced in nuclear material transferred.

The bilateral approach may have helped rather than hindered the development of the IAEA. The terms and conditions of bilateral agreements for cooperation set precedents that were used in the multilateral negotiations. Nevertheless, bilateral agreements preempted much of the scope for multilateral action, and the potential role of the IAEA as a supplier of nuclear assistance in its own right was undercut.

Regional Cooperation. During the IAEA's gestation period, major decisions were also taken regarding nuclear cooperation to further the economic and political integration of Western Europe. The United States played a leading role in these decisions.

The first and probably most successful step toward integration was the creation of the European Coal and Steel Community in 1952. This was an application by the "Six"–France, the Federal Republic of Germany, Italy, and the three Benelux countries–of the theory of functional integration by economic sectors. In 1955, the Foreign Ministers of the Six again embraced the concept of functional economic integration, stressing the need for common development of nuclear energy as a particular step which, along with the creation of a broad common market (the European Economic Community), would eventually bring about the integration of national markets. At this time, it was still hoped that the United Kingdom might join the continental Six in a broader European framework for nuclear integration. But the United Kingdom demurred and excluded itself from membership in the European Atomic Energy Community (Euratom) until 1973.

The principal aims of Euratom, which formally came into being in 1958, are to create the conditions necessary for "the speedy establishment and growth of nuclear industries" within the European Community, and concurrently to "guarantee, by appropriate measures of control, that nuclear materials are not diverted for purposes other than those for which they are intended."

Nuclear integration via Euratom probably reached its zenith before the ink was dry on the Treaty establishing it. Euratom's subsequent history has been one of halfhearted, largely unsuccessful attempts to create a new community of interest within Western Europe. The supranational conception of Euratom was adopted by the Six in the aftermath of the 1956 Suez crisis, and well in advance of the availability of commercial nuclear power. The immediate threat of interrupted energy supplies created a sense of need for supranational action to accelerate development of nuclear power. Once it became clear that the Suez Canal had lost most of its strategic significance as far as oil imports from the Middle East were concerned, much of the sense of urgency about nuclear integration in Western Europe was lost. Furthermore, Western Europe fully recovered its economic health during the late 1950s. The stronger the national economies of Euratom's member states became, the greater were the incentives to compete and the less to cooperate in the development of an important new technology.

The United States tried hard to make Euratom work in the direction of European unity, even to the extent of giving promotion of Euratom priority over the achievement of other foreign policy objectives, including for a time achievement of an agreement with the Soviet Union on the Non-Proliferation Treaty. The United States insisted on channeling its assistance to the Six through Euratom and eventually terminating all bilateral agreements with individual Euratom member states (except Italy), although most of these states would have preferred that these agreements continue. Nevertheless, Euratom was not able to provide a multinational substitute for national nuclear power programs in Western Europe, simply because its member nations did not want it to.

Global Cooperation. The proposals for an International Atomic Energy Agency that President Eisenhower presented to the United Nations in 1953 were finally successful in 1957. But by the time the IAEA emerged from protracted negotiations, it had to be superimposed upon a complicated network of preexisting bilateral relationships. Moreover, even in multilateral efforts, the IAEA did not occupy a central role at the outset. Nevertheless, the Agency gradually increased its membership to over a hundred nations and has now become an entrenched member of the bureaucracy of international organizations related to the United Nations.

The objectives of the IAEA are to "accelerate and enlarge the contribution of atomic energy to peace, health and prosperity throughout the world," and "ensure, so far as it is able" that nuclear assistance provided by or thorough it is not used "to further any military purpose." The specific nuclear objectives of the IAEA are, therefore, substantially the same as those of Euratom, although its composition and ultimate political purposes are different.

The original concept of the IAEA as a bank for fissionable materials and as a channel through which the benefits of nuclear power could be made widely available, although specified in the Agency's Statute, has never been broadly implemented. From its inception, the IAEA has served mainly as a framework for technical assistance in the peaceful nuclear field, and the activities of the Agency have been aimed primarily at the less-developed nations. Support for these activities has come mostly from the developed nations through a combination of assessments and voluntary contributions. The IAEA budget has been slowly rising to $20 million in 1972, a relatively small amount which must be spread very thin.

The IAEA has never been used as a supply channel for nuclear power reactors or power reactor fuel. Nor is such a role likely to arise in the future. The transactions involved are too costly and complex for nations to entrust to an international agency as middleman. Instead, the major role of the IAEA is likely to become the administration of safeguards, as required under the Non-Proliferation Treaty, to ensure that governments do not divert nuclear materials from civilian uses to weapons programs.

Development of Nuclear Power Technology

In 1953, the major task was to demonstrate that nuclear power could be practical. A decade of technological development was required, and only the industrially advanced nations could assume such a costly burden. The process of technological development was carried on primarily within various national programs on an internationally competitive basis. The political prestige that would accrue to the winner of the technological race, together with the economic benefits to be derived from cheaper electricity at home and substantial nuclear sales abroad, gave power reactor development programs a high priority in the United Kingdom, France, Canada, and, of course, the United States.

Foreign Nuclear Power Programs. It was the Soviet Union, however, that created a sensation at the First Geneva Conference in 1955 by disclosing that it had built and put into operation the first reactor to be used for producing electric power. Thereby, the Russians claimed technological leadership in the nuclear power field. The claim was widely accepted for a time by many of the less-developed nations. It was also effectively used by the developers of nuclear technology in Western nations to enhance their own claims for more support from their respective governments. However, the Soviet Union was not as far ahead in either technology development or application as many were led to believe. The Soviet "power" reactor, which went into operation in 1954, had a generating capacity of only five megawatts and was nothing more than an experiment.

The Soviet Union opted for enriched uranium fuel, taking advantage of the enrichment capability initially developed for its military program. After having stolen a march on the propaganda front in the less-developed world and created a flurry of activity in the West, the Russians did little to promote nuclear power at home and even less to market their technology abroad.

At least until agreement was reached on the Non-Proliferation Treaty, the Russians were considerably more suspicious of the intentions of some nations making claims for peaceful nuclear assistance than were the Western governments. Therefore, despite loud Russian protestations in the late 1950s of nuclear aid without strings, their agreements for cooperation have remained a series of open-ended and largely unfulfilled expectations. The Soviet Union has supplied power reactors to its East European allies, grudgingly and with much delay. In 1969, it also competed aggressively in order to win a power reactor sale to Finland, managing so far to keep the Western nuclear suppliers away from its periphery. And more recently Soviets have made serious efforts to compete with the United States as a supplier of low-enriched uranium for power reactors in Western Europe and Japan.

In 1956, the United Kingdom opened up a temporary lead in civilian nuclear capacities with the installation of four 50-megawatt power reactors. As late as 1968, Britain's nuclear power capacity was the largest in the world. The British failed almost completely, however, in the sale of power reactors abroad. The disparate results may be explained by the fact that the United Kingdom's domestic nuclear power program was dual-purpose. The plutonium produced in civilian power reactors was used in its nuclear weapons program, and therefore the government was able to allocate a substantial portion of the costs of nuclear generation of electricity to weapons production. The reactors initially developed by the United Kingdom—graphite-moderated and natural-uranium fueled—were simple and efficient plutonium producers, but they were not economical for exclusively commercial purposes. This became widely understood and, with the exception of one early sale to Japan, was reflected in the lack of an export market for this type of British nuclear power reactor. Now the United Kingdom has gone on to develop an advanced reactor, the AGR, that uses low-enriched uranium fuel.

The French nuclear power program was patterned after the British and used the same reactor type for a dual military-civilian purpose. France achieved little success in the international market despite an aggressive sales effort. In 1969, France finally gave up its own line of natural uranium power reactors in favor of enriched uranium-fueled reactors for its own future nuclear power plants. These are to be manufactured under license from U.S. and/or German firms.

Canada, on the other hand, has made considerable headway with its heavy water-moderated, nautural uranium-fueled reactors in less-developed nations, including India and Pakistan. Canada has, in fact, succeeded in carving out an important niche for itself as the primary exporter of natural uranium reactors.

Meanwhile, the Federal Republic of Germany and Japan have each made commitments to nuclear power on a time scale and to an extent that at least equals and may well surpass the programs in Britain, France, and Canada. Moreover, many industrially advanced countries, including Italy, the Netherlands, Sweden, and Switzerland, have launched major nuclear industries. The list of those with substantial nuclear power programs now includes such politically and geographically diverse countries as Argentina, India, Spain, and Taiwan.

U.S. Nuclear Power Program. For a time, the U.S. civilian power reactor development program appeared to lag behind foreign competition, especially the United Kingdom. The United States, like the Soviet Union, backed the development of higher performance lightwater-moderated reactors using low-enriched uranium fuel, the LWR's. In doing so, the United States was able to build upon the technology base previously acquired in the development of nuclear propulsion reactors for naval vessels. There was also a substantial incentive to develop a reactor that could utilize the existing large capacity for enriching uranium which had been built in the first place for the production of high-enriched uranium for nuclear weapons.

In December 1963, the Jersey Central Power & Light Company, an investor-owned utility, announced its intention to build a 560-megawatt power reactor at Oyster Creek. Jersey Central contracted to purchase this reactor from the manufacturer without any financial assistance from the U.S. government solely because, on the basis of the bid price, the reactor showed promise of producing cheaper electricity than a power plant of similar size using fossil fuel. This dramatic event triggered a vast increase in nuclear power plant orders in the U.S. and worldwide.

In the mid-1960s, the United States thus emerged from the competition to develop commercial nuclear power with a commanding, though temporary, technological lead. But this achievement owed much to the deep involvement of the U.S. in military applications of nuclear energy. Moreover, the economic viability of the U.S. civilian nuclear power program depends on the government's willingness to forego repayment—by equipment manufacturers and electric utilities—of more than $2.5 billion in development costs borne by taxpayers over more than a decade.

Internationally, the number of suppliers competing in each sector of the nuclear fuel cycle is increasing, and the ability of the United States—or any other nuclear supplier acting alone—to influence the nature and rate of nuclear technological innovation is rapidly diminishing. Among exporters no single nuclear supplier is now able to control the policy of other suppliers. On the other hand, dependence by the nuclear have-nots on imports should not be very risky in sectors of the fuel cycle where multiple sources of supply exist.

DEVELOPMENT OF SAFEGUARDS AGAINST NUCLEAR DIVERSION

Material Controls in the Early U.S. Weapons Program[2]

During the atomic bomb development in World War II, careful control was maintained over nuclear material not only to protect military secrets, but also because every possible gram of material produced was needed to fabricate the first weapons. Plant managers and their military supervisors were fully informed of the status of the material and its use. Material balances were important primarily in order to improve and control the processes involved, and to ensure that all available material was converted to its intended use.

Though plant inventory information was accumulated, no formal materials control over the entire operation had been instituted by the end of 1946 when the Manhattan Engineering District operations were transferred to the newly established AEC. In 1947 a small group was formed within the AEC into the Source and Fissionable Materials Accountability Branch of the Production Division. From its inception, the functions of this group were accountancy and control against loss. The number of AEC operations and the quantities of material involved increased greatly in the 1950s, but the general direction of the Materials Accountability Branch and its successors did not change until the mid 1960s.

During the 1950s and early 1960s, material balances–the backbone of modern material accountancy systems–generally were not closed by a complete series of measurements. Measurements were dependent on the willingness of production managers to make them, and many production managers did not see the need for measurements on scrap materials. In some very important cases, the measurement procedures simply did not exist.

The nuclear material control function was upgraded in the early 1950s to divisional status as the Division of Nuclear Materials Management at AEC headquarters. Even though the Division's control system was incomplete, the overall security against loss was high. The AEC had multiple avenues for protection against loss. To achieve the necessary control over material involved in its operations, the AEC depended on responsible management furnished by its operating contractors, employees whose loyalty and reliability were subject to security clearance, and on physical protection measures at the facilities involved; and finally, material accountancy. With these measures in effect, transfers of materials between plants or operations were considered transfers between friends. Separate measurements by shipper and receiver were infrequent and, if the measurements taken indicated the existence of a discrepancy, it was frequently negotiated away.

Development of IAEA Safeguards[3]

As a secondary consequence of the success of Atoms for Peace, the availability of large amounts of fissionable materials in civilian nuclear power industries will create a major and widespread threat to international security and stability unless effective safeguards are implemented in nuclear power programs. The primary international safeguards mechanism that has been developed is essentially a system of international accounting and observation applied to the nuclear materials used, produced, and processed in peaceful nuclear activities. Such a system gives an external authority, the IAEA, the rights to examine the design of nuclear facilities; to receive reports concerning inventories of strategic materials and operations; and to send inspectors to verify the observance by the nation concerned of its peaceful uses guarantee regarding the safeguarded activity. The frequency of reports and inspections prescribed are related to the potential military significance of the fissionable materials and facilities involved.

In 1958 Japan applied for IAEA assistance in obtaining nuclear fuel for a research reactor, thereby agreeing in principle to submit to Agency safeguards. Despite the nominal extent of the required safeguards, the Japanese request undercut claims that the IAEA would have no safeguards duties at all to perform for many years.

However, an IAEA safeguards system was not established until March 1961, when the Board of Governors approved, after complicated negotiations, an instrument which became known as the "First Safeguards Document." It was applicable only to research reactors with capacities up to 100 megawatts (thermal). Power reactors were thus not covered.

In 1962, the United States adopted a policy of transferring to the IAEA the responsibility for administration of safeguards with respect to its bilateral agreements for peaceful nuclear cooperation, except for agreements with Euratom countries.

The U.S. initiative and parallel efforts by Britain and Canada were largely responsible for the marked expansion in the applicability of the IAEA's safeguards system during the years which preceded the Non-Proliferation Treaty. Moreover, since 1963 the Soviet Union has given strong support to the development and application of safeguards by the IAEA in non-nuclear-weapon countries, although it has refused to accept safeguards on any of its own peaceful nuclear activities.

Again after complex negotiations the IAEA Board of Governors gave its approval in February 1964 to an extension to reactors above 100 megawatts (thermal) of the system contained in the First Safeguards Document. Substantially the same measures applied to power reactors as research reactors, except for a provision permitting continuous inspection of power reactors. Concurrently with the IAEA action extending its system, the U.S. agreed to place under Agency safeguards the Yankee atomic power reactor, a 175-megawatt light-water, enriched uranium reactor located in Massachusetts. The United Kingdom shortly thereafter invited IAEA inspection of two identical gas-cooled, natural uranium reactors.

Thereafter, in April, 1965, a revised and greatly improved document known as "The Agency's Safeguards System (1965)" came into effect. Nevertheless, the revised system contained detailed procedures only for reactors. In June 1966, the Board of Governors adopted provisions for extending safeguards to reprocessing plants. Soon after this extension, the U.S. agreed that, primarily as a training exercise, the spent fuel from the Yankee power reactor would be subject to IAEA safeguards during its chemical reprocessing at the Nuclear Fuel Services plant in New York.

In June 1968, the IAEA adopted provisions for safeguarding nuclear materials in conversion plants and fuel fabrication plants. Proposals are now pending to extend the Agency's Safeguards System to uranium enrichment plants. Thus detailed IAEA procedures have now been developed to cover all steps in the nuclear fuel cycle except for enrichment.

AEC Safeguards on U.S. Nuclear Industry: Mid-1959s to Mid-1960s[4]

During the late 1950s and early 1960s those who directed the activities of privately owned nuclear facilities originally came from AEC operations. Therefore, much the same attitudes toward safeguards against nuclear diversion prevailed in private as in government installations. Some persons recognized that commercial operations did not have the AEC's physical protection measures or employees whose background had been investigated for security purposes, as in the AEC-directed weapons production complex. However, many people assumed that fissionable material would be well guarded because of its very high unit cost. Indeed, the AEC endorsed this position. The idea of strategic value, as distinct from economic value, was advanced by a few, but it was not used explicitly as an element of AEC regulations or operation. The concept of strategic value places a special worth on high-enriched uranium, plutonium, or other materials that could be used directly, without further isotope enrichment, in nuclear explosives.

In the early 1960s plant operations were not shut down or senior management alarmed if, after the closing of a formal material balance, substantial quantities of nuclear material were unaccounted for. The fledgling nuclear power industry was not to be impeded by stringent controls. In fact, during this period the AEC decided not to impose on licensees all the requirements applicable to those operating government facilities under contracts with the AEC. It was officially noted, however, that the adoption of the policy did not imply that the AEC was unconcerned with safeguarding the material involved. Therefore, if its policy proved inadequate, other means of assuring adequate protection would be adopted. Formal AEC safeguards policy thus encouraged independent operations and was consistent with a broad policy to encourage smaller companies to enter the developing nuclear fuel industry.

Most of the operating personnel in the AEC and commercial facilities considered safeguards to be directed against a clandestine effort by a national government to develop weapons under the cover of a nuclear power program. Since the U.S. government already possessed nuclear weapons, nuclear operations in the United States would not require safeguards. The possibilities of diversion of nuclear materials by non-governmental groups were not taken seriously by most persons.

Two erroneous beliefs were also commonly held during these years. The first was that plutonium with a high content of the Pu^{240} isotope, which is typically produced in "economic" nuclear power operations, could not be used for explosives. The second was that a "nuclear weapon program" would be beyond the technical and economic capabilities of all but the major industrially advanced countries.

IAEA Safeguards Under the Non-Proliferation Treaty[5]

The spread of civilian nuclear power in a commercially competitive global environment threatens to outrun the willingness of the national governments concerned to accept safeguards and to open peaceful nuclear activities on their territories to international inspection. Clearly, a comprehensive framework is needed if safeguards are to be implemented on a worldwide scale. The Treaty on Non-Proliferation of Nuclear Weapons (NPT), which entered into force in March 1970, is intended to provide such a framework.

The NPT broadly protects the "inalienable right" of every party to continue to engage in peaceful nuclear activities, a right of cardinal importance to industrially advanced nations. It also contains an important undertaking on the part of the nuclear suppliers to "cooperate in contributing" to peaceful nuclear development, with special regard for the needs of less-developed nations. The promise of Atoms for Peace is thus reaffirmed, but not unconditionally.

Under the NPT every non-nuclear-weapon party is required to accept safeguards in accordance with the IAEA system on "all peaceful nuclear activities" on its territory or under its control. This includes completely indigenous activities, as well as those that incorporate substantial nuclear imports. In order to reduce discrimination between nuclear-weapon and non-nuclear-weapon parties, the United States and the United Kingdom—but thus far not the Soviet Union—have offered to permit IAEA inspection of all nuclear activities in their respective countries, "excluding only those with direct national security significance." Full implementation of the U.S. and U.K. offers would create a large drain on limited IAEA resources. Therefore, when the offers are taken up, IAEA safeguards are likely to be applied selectively, rather than generally, to nuclear facilities in the U.S. and U.K.

In April 1970, a few weeks after the NPT became effective, a committee was established within the IAEA to undertake a revision of the entire IAEA safeguards system to meet the requirements of the NPT and also the Treaty on the Prohibition of Nuclear Weapons in Latin America (Tlatelolco Treaty). In May 1971, the Board of Governors approved the committee's work in the form of provisions on "The Structure and Content of Agreements Between the Agency and States Required in Connection with the Treaty on the Non-Proliferation of Nuclear Weapons" (INFCIRC/153). The Board has instructed the Director General to use these provisions as a basis for negotiating safeguards agreements between the IAEA and non-nuclear-weapon parties to the NPT. Finally, in September 1972 agreement was reached between the IAEA, Euratom, and the five non-nuclear-weapon Euratom members regarding a safeguards agreement under the NPT which would cover peaceful nuclear activities in the five states concerned (Belgium, the Federal Republic of Germany, Italy, Luxembourg and the Netherlands).

It is important to note that the objective of IAEA safeguards under the NPT is "the timely detection of diversion of significant quantities of nuclear material .... and deterrence of such diversion through the risk of early detection." International safeguards are not intended to *prevent* diversion. Such prevention would require an international agency to have the capability to use substantial force effectively. This would imply that the need for safeguards against nuclear theft could cause a revolution in international politics. The interest in safeguards in the international community is nowhere near that strong. Nevertheless, the IAEA is attempting to play an active role in accelerating the development and implementation by national governments of measures to prevent unauthorized diversion of nuclear materials from their nuclear power industries. In 1972 a panel of experts was convened by the Agency which developed a set of general guidelines called "Recommendations for the Physical Protection of Nuclear Material."

It may be argued that internationally administered safeguards infringe upon national sovereignty and undercut the trust and mutual confidence that are the basis of good relations between nations. Moreover, safeguards are discriminatory; they are forced upon nations needing nuclear assistance, while leaving the suppliers, which are frequently nations with nuclear weapon capabilities, free to continue the nuclear arms race. However, in view of the potential military significance of the fissionable materials involved, some form of international control over the civilian uses of nuclear energy in countries without nuclear weapons would seem to be essential—at least as long as the avoidance of the further proliferation of nuclear weapons is considered to be a useful objective.

Although many difficult problems of implementation remain unresolved, the NPT could result in the widespread application of IAEA safeguards to civilian nuclear power programs in a large number of nations. This would constitute a significant step toward the well-regulated development of atoms for peace in a more open international community.

NOTES TO APPENDIX A

[1]The material in this section is a condensation and revision of earlier work. See Mason Willrich, *Global Politics of Nuclear Energy* (New York: Praeger Publishers, 1971), especially Chapters 3 and 4, pp. 43–73, and sources cited therein. See also for a recent summary review Warren H. Donnelly, *Commercial Nuclear Power in Europe: The Interaction of American Diplomacy with a New Technology* (Washington: Committee on Foreign Affairs, U.S. House of Representatives, committee print, 1972).

[2]This section is based on Edwin M. Kinderman, "National Safeguards" in Mason Willrich (ed.), *International Safeguards and Nuclear Industry* (Baltimore: The Johns Hopkins University Press, 1973), p. 142–150. See also Delmar L. Crowson, "U.S. Safeguards Overview" in Robert B. Leachman and Phillip Althoff (eds.), *Preventing Nuclear Theft: Guidelines for Industry and Government* (New York: Praeger Publishers, 1972), pp. 31–41.

[3]See Bernhard G. Bechhoefer, "Historical Evolution of International Safeguards" in *International Safeguards and Nuclear Industry, op. cit.*, note 2, pp. 21–45.

[4]See Edwin M. Kinderman, *op. cit.*, note 2.

[5]See Bernhard G. Bechhoefer, *op. cit.*, note 3. For a full discussion of the NPT, see Mason Willrich, *Non-Proliferation Treaty: Framework for Nuclear Arms Control* (Charlottesville: Michie Co., 1969).

Appendix B

Foreign Nuclear Power: Reactor Types and Forecasts

REACTOR TYPES

Light-water reactors will account for most of the nuclear power capacity expected to be installed in foreign countries by 1980. Several other reactor types, however, will account for significant amounts of the total nuclear power capacity in various countries. These are: the gas-cooled natural-uranium reactor (GCR); the gas-cooled enriched uranium reactor (AGR); heavy-water moderated and cooled, natural-uranium reactor (HWR); fast-breeder reactor (FBR); and high-temperature gas-cooled, high-enriched uranium reactor (HTGR).

The GCR, which has been developed primarily by the United Kingdom, uses natural uranium for fuel, graphite as a moderator, and carbon dioxide as a coolant. The fuel consists of natural uranium metal alloyed with about 1 percent molybdenum. This is contained in hollow rods 1.7 inches in diameter and about two feet long, clad with magnesium-zirconium alloy. The rods are inserted into graphite sleeves. Typically, about fifteen of these elements are stacked end to end to form fuel assemblies thirty feet long. These are inserted into hexagonal prisms of graphite that constitute the moderator. The plutonium produced in the GCR's is not expected to be recycled through these reactors, but rather is to be used for other purposes. Although most of these types of power plants have been built in the United Kingdom, several are in operation in other countries.

The AGR is the next generation of the United Kingdom's gas-cooled reactors and is fueled with low-enriched uranium (1.5 to 1.8 percent uranium-235 initially and two to 2.5 percent uranium-235 in equilibrium), graphite moderated, and cooled by carbon dioxide. The fuel consists of uranium oxide pellets in stainless steel tubes about 0.6 inch in diameter and about three feet long. A typical fuel element consists of a cluster of about thirty-six of these fuel pins in three rings located within graphite sleeves. Eight fuel elements, end to end, form a fuel stringer assembly about thirty feet long. In contrast to GCR's, the plutonium produced in AGR's is likely to be recycled as a supplement to the uranium-235. Large scale plutonium recycle in these reactors can probably be expected to start before 1980. A small number of AGR's are under construction or planned outside the United Kingdom.

HWR's, which have been developed primarily in Canada, use natural uranium for fuel and heavy water for both moderator and coolant. The fuel is in the form of uranium oxide pellets in metal tubes about 0.5 inch in diameter and typically about eighteen feet long. A typical fuel assembly consists of thirty-six of these fuel rods arranged in three concentric circles. As in the case of other reactors that use natural uranium fuel, it is not planned to recycle plutonium through the HWR.

All fast breeder reactors now in operation or planned through 1980 use mixed oxides of plutonium and uranium as fuel, and liquid sodium as a coolant. Some use uranium at enrichments ranging from about 20 percent to nearly 95 percent to supplement the plutonium as fuel. Fuel element characteristics vary rather widely among several reactor types, but these differences do not appear to be particularly significant from the point of view of safeguards. Several countries (notably the United Kingdom, France, the Soviet Union, and the Federal Republic of Germany) have either started operation of prototype FBR's or expect to do so within the next three or four years.

As for research and test reactors, the MTR type and the TRIGA account for most of those in operation in foreign countries. There are, however, perhaps several dozen additional different types, many of which are especially designed facilities for rather specific purposes. They all typically have core loadings of only a few kilograms of high-enriched uranium. There are several hundred research or test reactors now operating in several dozen countries.

Characteristics of foreign power reactors, not included in Chapter 3, are summarized in Table B-1.

RESEARCH AND DEVELOPMENT PROGRAMS

The same general comments that we made about U.S. nuclear research and development programs apply to such programs in other countries. Including nuclear research and development programs in the communist countries, it is likely that the total amounts of fission explosive materials involved in civilian research and development programs in foreign countries are probably several times the amounts in comparable programs in the U.S. The Federal Republic of Germany alone has received more than 2,000 kilograms of plutonium from the United States, primarily for experimental work related to fast breeder reactor development. It would not be surprising if hundreds of kilograms of plutonium and high-enriched uranium were being transferred every year between nuclear facilities outside the United States.

Table B-1. Characteristics of Typical Foreign Reactors*

Component	*AGR*	*GCR*	*HWR*
Electric Power, MW(e)	1,000	1,000	1,000
Thermal Power, MW(th)	2,380	3,275	3,000
Fuel Type U(N) = natural uranium U(L) = low-enriched uranium	U(L)O_2 pellets in stainless steel tubes U^{235}/U = 1.5-1.8% initially, 2-2.5% in equilibrium	Metallic U(N) in rods inside graphite sleeves	U(N)O_2 pellets in metal rods
Moderator	graphite	graphite	heavy water
Coolant	CO_2	CO_2	heavy water
Mass of Fuel Assemblies (total)	~190 tonnes	~1,000 tonnes	~200 tonnes
Initial Natural Uranium Inventory	173 tonnes (1.5% U^{235})	900 tonnes (natural uranium)	195 tonnes (natural U)
Inventory of U^{235} (contained in low enrichment)	2,580 kg	7,525 kg	1,380 kg
Initial High-enriched U^{235} (3%) Inventory	–	–	–
Initial Pu Inventory	–	–	–
Annual Uranium Feed (low enrichment)	21.9 tonnes (2.3% U^{235})	250 tonnes (natural ~.71%)	104 tonnes (natural ~.71%)
Annual U^{235} in low enrichment uranium feed	503 kg	1,780 kg	1,115 kg
Annual Fully Enriched Uranium (93% U^{235}) Feed	–	–	–
Annual Pu Output	179 kg	540 kg	376.2 kg
Annual Pu Input	~125 kg after Pu recycle starts	–	–
U^{233} Production Rate	–	–	–

*LWR and HTGR summarized in Table 3-1, for U.S. reactors.

NUCLEAR POWER GROWTH OUTSIDE THE U.S. THROUGH 1980

Table B-2 summarizes the recent AEC forecasts ("Nuclear Power Forecasts," WASH-1139, U.S. Atomic Energy Commission, December 1972) along with our calculated estimates of the nuclear material inventories and rates of flow. The AEC forecasts do not include the Peoples Republic of China. We have also assumed the operable non-military nuclear capacity in China will be very small through 1980. The spread between the high and low estimates in the AEC forecast for foreign, non-communist countries is 22 percent of the "most likely" value for 1980. Uncertainties concerning plans for nuclear power development in the communist countries would increase this spread for all foreign countries to perhaps 35 percent by 1980. Comparing Tables 3-2 and B-2, we see that the total projected nuclear power in the U.S. in 1980 is expected to be 40-45 percent of the world's total.

Table B-2. Forecasts of Foreign Nuclear Power and Associated Nuclear Material Flows—1972–1980

		1972	*1973*	*1974*	*1975*	*1976*	*1977*	*1978*	*1979*	*1980*
1.	Nuclear electric generating capacity, GW(e)	20.0	24.1	34.3	47.0	68.1	84.1	111	132	160
2.	Total number of nuclear power plants	77	90	107	130	163	192	234	264	307
3.	LWR capacity, thousands of megawatts	8.0	8.8	16.1	24.5	42.9	55.5	65.5	73	79.5
4.	GCR capacity, thousands of megawatts	8.3	8.3	8.3	8.3	8.3	8.3	8.3	8.3	8.3
5.	AGR capacity, thousands of megawatts	.035	1.9	5.3	6.6	6.6	9.2	9.2	9.2	9.2
6.	HWR capacity, thousands of megawatts	2.6	3.4	3.4	3.6	4.4	5.4	6.7	8.5	9.5
7.	FBR capacity, thousands of megawatts	.36	.9	1.5	1.5	1.5	1.5	1.8	1.8	2.8
8.	Other, unspecified capacity, thousands of megawatts	.8	.8	.8	2.5	4.2	4.2	19.5	31	51
9.	Annual Pu extracted from fuel (tonnes)	6.9	7.3	8.2	10.9	13.5	18.3	21.9	27.8	38.1
10.	Cumulative Pu extracted from fuel (tonnes)	6.9	14.2	22.4	33.3	46.8	65.1	87.0	114.8	150
11.	Annual Pu placed in storage (tonnes)	3.6	4.1	3.5	5	7.5	3.9	(.1)	(3.1)	(3.5)
12.	Annual Pu recycled in FBR (tonnes)	.4	1.8	2.6	1.8	1.8	1.8	2.6	2.2	4.7
13.	Annual Pu recycled in LWR & AGR (tonnes)	0	0	0	0	0	6	13.8	20.6	24.4
14.	Annual total Pu recycled (tonnes)	.4	1.8	2.6	1.8	1.8	7.8	16.4	22.8	29.1
15.	Pu used for R&D (tonnes)	1.0	1.0	1.0	1.2	1.4	1.6	1.8	2.0	2.2
16.	Cumulative Pu placed in storage (tonnes)	3.6	7.7	11.2	16.2	23.7	27.6	27.5	24.4	20.9
17.	Cumulative Pu recycled (tonnes)	.4	2.2	4.8	6.6	8.4	16.2	32.6	65.4	94.5
18.	Cumulative Pu used for R&D (tonnes)	1.0	2.0	3.0	4.2	5.6	7.2	9.0	11.0	13.2
19.	Annual U_3O_8 (thousands of tonnes of U)	9.7	10.8	15.5	18.4	21.0	26.5	29.4	34.0	38.0
20.	Cumulative uranium feed requirements (thousands of tonnes of uranium)	9.7	20.5	36.0	54.4	75.4	101.9	131.3	165.3	203.3

Table B-3 shows for each country the present and 1980 projected numbers of power reactors and the total electric generating capacity which these reactors represent. The "other" column includes power reactors that have not yet been officially announced, but that are expected to be installed by 1980.

Table B-3. Foreign Nuclear Power, By Country

Country	*No. of Power Plants*	*Installed Capacity [MW(e)]*	*No. of Power Plants*	*Installed Capacity [MW(e)]*
Japan	5	1,756	41	31,636
West Germany	7	2,082	22	14,995
United Kingdom	28	5,335	43	14,479
USSR	10	2,457	23	11,997
Sweden	1	440	13	10,060
France	6	2,481	12	7,281
South Africa	–	–	8	6,898
Canada	5	1,974	9	5,482
Switzerland	3	1,006	6	3,406
Taiwan	–	–	4	2,808
Korea	–	–	4	2,328
Italy	3	597	5	2,163
East Germany	1	70	5	1,830
Czechoslovakia	–	–	4	1,760
Belgium	–	–	3	1,650
India	3	600	8	1,610
Argentina	–	–	3	1,518
Finland	–	–	3	1,480
Mexico	–	–	2	1,200
Netherlands	1	55	3	1,105
Spain	3	1,100	3	1,100
Romania	–	–	2	880
Bulgaria	–	–	2	880
Austria	–	–	1	700
Brazil	–	–	1	626
Yugoslavia	–	–	1	600
Thailand	–	–	1	500
Philippines	–	–	1	420
Pakistan	1	125	1	325
Other (not yet announced)	–	–	–	28,000
TOTALS	67	20,078	231	161,000

Note that the number of countries with operable power reactors is fourteen now, and is expected to increase to twenty-nine by 1980. The countries are listed in decreasing order of nuclear power capacity expected to be operable in 1980. The numbers in these columns include only officially announced plant constructions and plans.

NUCLEAR POWER GROWTH OUTSIDE THE U.S. (EXCLUDING COMMUNIST COUNTRIES): 1980-2000

The industrialized nations of the world are increasing their energy consumption at a rate equal to or greater than the U.S. To meet the growing electric energy demand, many of these nations are turning to nuclear power stations. Commercial nuclear power development is presently being pursued by more than two dozen nations, with most of the development being centered in Europe and Japan. The AEC projects that the installed nuclear power capacity will be 140 thousand megawatts at the end of 1980, 578 thousand megawatts at the end of 1990, and 1,460 thousand megawatts at the end of the year 2000 (see Table B-4).

Table B-4. Foreign Forecast of Installed Nuclear Power Capacity (Thousands of Megawatts) Excluding Communist Countries*

Year Ending	*LWR*	*AGR + HWR*	*HTGR*	*LMFBR*	*Total*
1979	90	25	0	0	115
1980	108	32	0	0	140
1981	130	39	0	0	169
1982	152	46	0	0	198
1983	173	58	0	0	231
1984	202	62	0	0	264
1985	234	69	0	1	304
1986	271	75	2	2	350
1987	315	80	7	3	405
1988	345	82	15	7	451
1989	383	92	23	14	512
1990	424	102	31	21	578
1991	478	112	40	30	660
1992	536	121	49	33	740
1993	543	125	66	66	800
1994	596	145	61	77	880
1995	636	159	68	106	970
1996	671	164	75	149	1,060
1997	703	175	81	190	1,150
1998	738	191	88	221	1,240
1999	766	193	93	297	1,350
2000	803	208	109	337	1,457

*The reactor mix was estimated from information presented in WASH 1139 (1972).

Since this study is primarily concerned with U.S. safeguards, less attention has been given to the worldwide nuclear material flow projections than to the U.S. nuclear material flows. Furthermore, it would not be possible to treat all foreign nations as a single unit as implied by the computer model used for the U.S. projections. For example, in the U.S. projections the number of support facilities is dependent upon the total megawatts of installed nuclear

Table B–5. Plutonium and Highly Enriched Uranium Inputs and Outputs for Foreign Reactors, Excluding Communist Countries for the Years 1981–2000 (Tonnes)

CODE: PUI = Plutonium Inputs; PUO = Plutonium Output

Year bea.	*PUI* LWR*	*PUI LMFBR*	*PUI Total*	*PUO AGR*	*PUO** HWR*	*PUO LMFBR*	*PUO LWR*	*PUO Total*	*U^{235} Input HTGR*	*U^{233} Input Recycle in HTGR*
1981	10.8	0	10.8	3.3	2.7	0	28.9	34.9	0	0
1984	20.8	0	20.8	6.1	5.0	0	41.3	52.4	0	0
1987	28.0	0	28.0	9.2	7.5	0	63.6	80.3	0	0
1990	45.9	24.6	70.5	11.0	7.5	10.5	93.8	112.8	11.4	0
1993	57.3	38.7	96.0	15.9	7.5	28.9	130.0	182.3	22.0	4.6
1996	71.5	135.8	207.3	21.8	7.5	105.0	162.0	296.3	25.3	9.9
2000	88.6	337.5	426.1	29.7	7.5	304.0	199.0	540.2	30.7	12.2

*10% of the U^{235} contained in LWR fuel elements is replaced by plutonium.

**It is assumed that one-quarter of the total AGR + HWR electric capacity (see Table B–4) is composed of HWR up to and including the year 1990. After 1990, no more HWR's are constructed.

Table B-6. Total Plutonium Output and U-235 Input (in tonnes) at the End of the Year

Year	United States		Foreign (Non-Communist)		Communist		Total	
	Pu Output	U^{235} Input	Pu Output	U^{235} Input	Pu Output	U^{235} Input	Pu Output	U^{235} Input
1980	26.9	1.6	34.5	0	3.6	0	65.0	1.6
1972–1980	99.2	7.24	130	0	20.0	0	249.2	7.24
1990	120	37.0	150	11.4	44.8	4.56	314.8	52.9
1972–1990	862	219	892.5	30.9	311.6	12.36	2,066.1	262.3
2000	634.0	41.0	580	30.7	324.0	18.42	1,538.0	90.1
1972–2000	4,223.0	694.0	4,731.0	228.0	2,100.0	149.0	11,054.0	1,071.0

capacity. The same assumption cannot be made worldwide, since individual countries may wish to construct reprocessing and/or fabrication plants regardless of the size of their nuclear industries.

The reactor mix presented in Table B-4 is derived from a graph presented in the U.S. AEC forecast. From the reactor mix, the total amount of plutonium output, the uranium-235 input requirements, and the uranium-233 output for foreign reactors (excluding the Communist countries) can be derived for each year. A projection was also made for plutonium input into foreign reactors based on an assumption that plutonium recycle only occurs in the LWR, and that 10 percent of the uranium-235 in the LWR fuel is replaced by plutonium. The results of these projections from 1980 to 2000 are presented in Table B-5.

WORLDWIDE ESTIMATE OF PLUTONIUM OUTPUT AND URANIUM-235 INPUT

Worldwide, there are three blocks of forecasts: The U.S.; foreign, excluding communist countries; and the communist countries. The AEC forecasts provide an estimate for the communist nations, excluding China. That forecast is 19.5 gigawatts at the end of 1980, 146 gigawatts at the end of 1990, and 600 gigawatts by the end of 2000. In order to get a very rough estimate of the worldwide material flow, it is assumed that the reactor mix in the communist nations will be similar to that in other foreign countries. It is also assumed that China's installed capacity will be five gigawatts (corresponding to five 1,000 megawatt power reactors) in 1980, fifty gigawatts in 1990, and 300 gigawatts in 2000. (Mason Willrich disagrees with this sentence.) The worldwide plutonium production and uranium-235 input for 1980, 1990, and 2000 are presented in Table B-6.

Appendix C

Control of Personnel Access to Protected Areas, Vital Areas, and Material Access Areas

CONTROL OF PERSONNEL ACCESS TO PROTECTED AREAS, VITAL AREAS, AND MATERIAL ACCESS AREAS

A. Introduction

Proposed amendments to the Commission regulations of 10 CFR Part 50, "Licensing of Production and Utilization Facilities," 10 CFR Part 70, "Special Nuclear Material," and 10 CFR Part 73, "Physical Protection of Special

Regulatory Guides are issued to describe and make available to the public methods acceptable to the AEC Regulatory staff of implementing specific parts of the Commission's regulations, to delineate techniques used by the staff in evaluating specific problems or postulated accidents, or to provide guidance to applicants. Regulatory Guides are not substitutes for regulations and compliance with them is not required. Methods and solutions different from those set out in the guides will be acceptable if they provide a basis for the findings requisite to the issuance or continuance of a permit or license by the Commission.

Published guides will be revised periodically, as appropriate, to accommodate comments and to reflect new information or experience.

Copies of published guides may be obtained by request indicating the divisions desired to the U.S. Atomic Energy Commission, Washington, D.C. 20545, Attention: Director of Regulatory Standards. Comments and suggestions for improvements in these guides are encouraged and should be sent to the Secretary of the Commission, U.S.Atomic Energy Commission, Washington, D.C. 20545, Attention: Chief, Public Proceedings Staff.

The guides are issued in the following ten broad divisions:

1. Power Reactors
2. Research and Test Reactors
3. Fuels and Materials Facilities
4. Environmental and Siting
5. Materials and Plant Protection
6. Products
7. Transportation
8. Occupational Health
9. Antitrust Review
10. General

Nuclear Material," would, if adopted, require measures (1) for the protection against industrial sabotage of fuel reprocessing plants and certain facilities subject to the provisions of 10 CFR Part 70 and (2) for the protection of special nuclear material (SNM) against theft or diversion from certain licensed facilities.

One element of this protection is proper control of access of personnel to and from protected areas, vital areas, and material access areas. Searching persons and packages for firearms, explosives, and other devices which could aid in sabotage or theft of SNM is another element of physical protection.

This guide describes acceptable methods of searching personnel prior to entry into a protected area and upon exit from a material access area, and of controlling access to protected areas, vital areas, and material access areas.

B. Discussion

The objective of controlling access to protected areas, vital areas, and material access areas is to ensure that (1) only persons authorized access to a protected area are permitted within that area and (2) that only individuals authorized access to vital equipment or special nuclear material will be allowed within vital areas or material access areas.

The objective of searching individuals prior to permitting entry into a protected area is to prevent illicit passage into the protected area of objects such as firearms, explosives, and incendiary devices which could aid in industrial sabotage to the facility or in the theft of special nuclear material. Searching individuals and packages for concealed special nuclear material at exit points from material access areas provides a means of detecting attempted theft or diversion of special nuclear material.

Some means by which control of access can be accomplished include a key and lock system, a magnetic or electronic key-card system, an attendant guard or watchman, or a closed-circuit TV (CCTV) in conjunction with keys or key-cards. Of these means, the magnetic or electronic key-card system in conjunction with closed-circuit TV offers the greatest security with a minimum of personnel. The key-cards are much more difficult to duplicate than keys and the locks cannot be "picked." Further, the control system can "read" the key-card and record the identity of the card (to whom it was issued) and the time of entry. A closed-circuit TV system would allow visual observation of the access point without requiring an attendant guard or watchman. In fact, by use of closed-circuit TV several such access points can be maintained under observation by a single guard or watchman. Such a system would be especially useful at access points to remote or normally unoccupied vital areas or material access areas. In any case, visual observation, either directly or via CCTV, provides a positive means of assuring that only individuals authorized access to an area pass through the access point into the area.

Searching of individuals can be carried out by means of a hands-on search ("frisking"), or by means of devices which will detect the presence of weapons and explosives or SNM concealed on the individual, or by a combination of both. The search should be conducted in a manner which (1) provides assurance that firearms, explosives, and other such contraband are not being carried into the protected area and that SNM is not being transported out of a material access area and (2) minimizes inconvenience to the individuals being searched. The use of equipment capable of detecting weapons, explosives, or SNM is usually the preferable form of searching, since the use of detection devices avoids the personal imposition of a hands-on search.

An "airport type" weapon (metal) detector located in a passageway arranged so that all individuals entering the protected area pass through the detector provides a convenient and effective means of searching for firearms.

Devices capable of detecting dynamite, TNT, and other explosives can be used to search individuals for concealed explosives. Most explosive detectors commercially available at present are of the hand-held "sniffer" variety; hence an attendant guard or watchman must pass the detector over the individual being searched. However, it is possible to locate an explosive detector in a passageway and to use the detector in the same manner that a fixed weapon detector is used.

If a hand-held explosive detector is used, the explosive check is best made after the weapon detector has indicated that no weapon is concealed upon the individual. This procedure affords greater protection to the attendant guard or watchman on the presumption that concealed explosives offer less of an immediate danger to the guard or watchman than a concealed firearm.

One alternative approach to the hand-held explosive detector would be the location of an explosive detector within a revolving-door frame. The rather small volume of air trapped in a section of the revolving door would be sampled by the explosive detector and, as the isolation of the air volume by a revolving door section provides some concentration of vapors emitted by any explosives within that section, the effectiveness of the detector would be increased. To further increase efficiency of the explosive detector, the air in the door section might be flushed through the detector.

Searching individuals for concealed SNM upon exit from material access areas can be accomplished in a variety of ways. For example, at facilities processing plutonium or uranium-233 the search for concealed SNM can be made in an attended air lock between change rooms. At areas where only highly enriched uranium is processed, the search can be carried out by use of a doorway SNM monitor and a metal detector in conjunction with a closed-circuit TV (CCTV) system, hence a guard or watchman need not be attendant. However, whether or not the access point is attended, the use of both an SNM monitor and a metal detector would seem necessary to assure that enriched uranium, shielded or unshielded, is not being concealed. In addition, exit from any material access area should be controlled to assure that all individuals and packages exiting from a material access area pass through the SNM check system.

It is the facility guards and watchmen who are charged with the responsibility of assuring that firearms, explosives, and other similar items or devices are not transported into the protected area and that SNM is not removed from a material access area without authorization. Hence, they should search any packages being carried into the protected area or out of a material access area. No individual should be allowed to directly hand carry any package, valise, tool box, or similar hand-carriable item into the protected area or out of a material access area. Such objects should be handed to an attendant guard or watchman who will check them and pass them into the protected area or out of the material access area. To further reduce the possibility of concealment, where feasible, bulky outer clothing such as overcoats, raincoats, greatcoats, and ski jackets should be left in a cloak room provided outside the protected area and in any case should never be taken into a material access area. The licensee may wish to use several members of the security force to check packages, coats, etc., during shift change to minimize the delay encountered in gaining access. Unattended access points into the protected area can be used, provided observation of such points is maintained by CCTV to assure that packages are not being hand carried into the protected area at that point.

Posting of a sign in a conspicuous location will inform individuals requesting access into the protected area that they will be searched, and that any packages, etc., they wish to take into the protected area will also be searched.

Although the Commission regulations do not require searching of individuals entering a material access area, observation of access points provides a convenient method of ensuring that personnel do not carry weapons, explosives, and other similar items or devices into the material access area.

In emergency situations, such as those which may require the evacuation of a material access area, the objectives of access control and search should not be allowed to compromise health and safety. Hence, the licensee should develop plans of action and provide areas and equipment for searching and controlling access under emergency conditions compatible with the objectives of both safety and security. Such emergency procedures will minimize the effectiveness of an emergency situation deliberately perpetrated to conceal theft of SNM.

Administrative controls, as well as physical barriers where applicable, may be employed to gather evacuating individuals within a holding area. Such controls would serve both to verify that no one has remained in the evacuated area and to ensure that an emergency situation will not successfully conceal an attempted theft of SNM.

C. Definitions

For the purpose of this guide the following definitions are provided:

1. "Guard" means an armed and uniformed individual whose primary duty is the protection of materials and property to the extent that theft of SNM or

sabotage of the facility could pose a threat to the common defense and security or result in a radiological hazard to public health and safety.

2. "Watchman" means an unarmed individual, not necessarily uniformed, who provides protection for materials and property in the course of performing other duties.
3. "Patrol watchman" means an arms-qualified individual whose primary duty, at least during threat or emergency situations, is the protection of material and property, and who is normally unarmed but who may be armed during emergency or threat situations. A patrol watchman may or may not be uniformed.

D. Regulatory Position

1. Protected Areas

a. Identity and Authorization. At each access point into a protected area, an identity and access authorization check should be made in conjunction with a search for firearms and explosives. Such identity and access authorization checks should be performed by an attendant guard or watchman or by means of an electronic or magnetic key-card system and a closed-circuit TV system. Packages should be taken into the protected area only at access points attended by a guard or watchman. If the access point is unattended, the individual monitoring the access point via closed-circuit TV should carefully observe any individual requesting access at that point to ensure that no packages are being carried into the protected area.

b. Personnel Search. If the search of individuals is to be carried out by means of detection equipment, a weapon (metal) detector and an explosive detector should be used. An acceptable arrangement for the use of detection equipment in a secure access passageway is illustrated in Figure 1. The doors on the secure access passageway should be interlocked so that both cannot be simultaneously open, thus providing positive access control. An explicit enabling act should be required of a security individual, either attending the secure access passageway or in the central alarm station, to open the inner door.

c. Metal Detector. The metal detector located within the secure access passageway should be capable of detecting a minimum of 200 grams of non-ferrous metal placed anywhere on the body at a 90 percent confidence limit. The false alarm rate should be a maximum of 1 percent.

d. Explosive Detector. The explosive detector, as a minimum, should be capable of detecting dynamite, TNT, and similar nitrogen compounds in minimum amounts of 200 grams at a 90 percent confidence limit. The false alarm rate should be a maximum of 1 percent. If detector is hand held rather

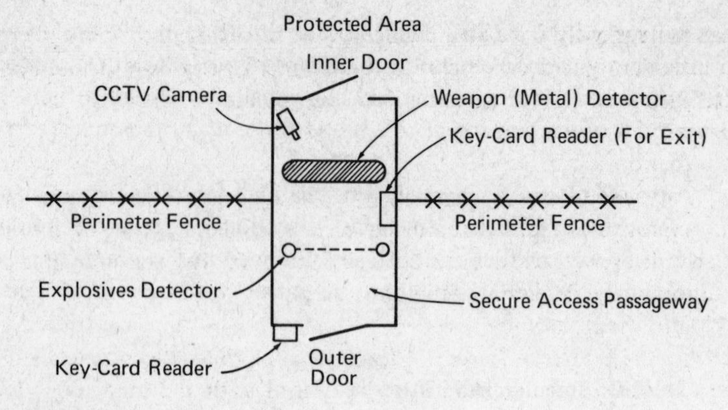

Figure C-1. Secure Access Passageway into Protected Area (Unattended)

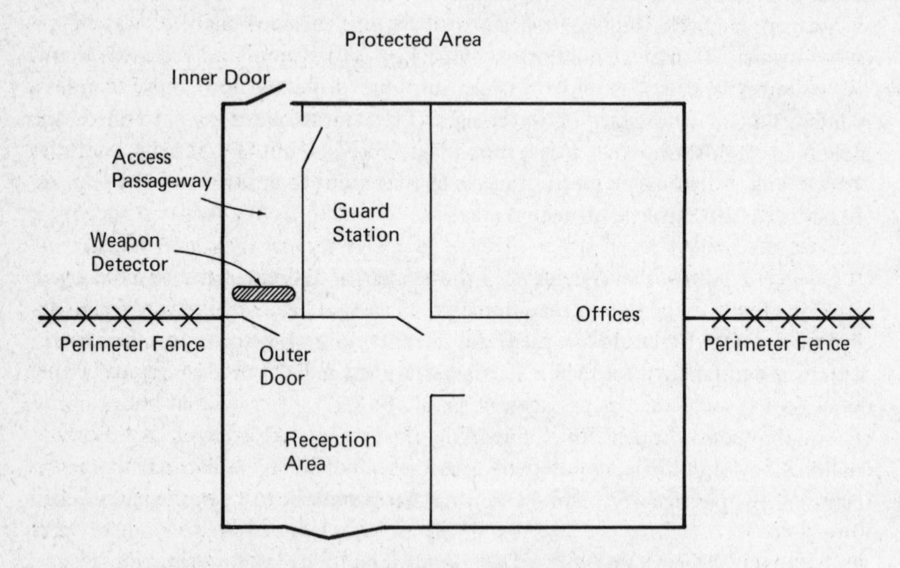

Figure C-2. Secure Access Passageway at Entrance to Protected Area (Attended)

than permanently fixed to a passageway or revolving door frame, hence requiring an attendant guard or watchman, the search for explosives should be performed after the search for firearms. An acceptable arrangement is illustrated in Figure 2.

e. Alarm Annunciation. The alarms of the weapon detector and the explosive detector should annunciate at the location of the detectors, if attended, as well as in a central alarm station. The alarm annunciation at the location of the detectors need not be aural.

f. Alarm System. The alarms of the weapon (metal) detector and the explosive detector should be interfaced with the inner door lock so that, with an alarm triggered, the inner door cannot be opened from either side without a specific action by the individual manning the central alarm station acknowledging the alarm and enabling the inner door to be opened.

2. Material Access Areas Containing Pu or U-233

a. Change Room Exit. Checking for concealed plutonium or uranium-233 at an exit point from a material access area into a protected area should be performed in an attended secure access passageway located between change rooms. An acceptable arrangement is shown in Figure 3. Unless exit is into a contiguous material access area, all individuals should exit from a material access area, other than a vault, only via the change rooms and should be required to deposit all work clothing in the inner change room, walk through the passageway, and dress in street clothing in the outer change room. The licensee should generally not allow packages to be transported out of the material access area via the change rooms. Showers, except those used exclusively for health physics, should be located in the outer change room. A guard or watchman need not be attendant except when personnel are exiting from the material access area.

b. SNM Detector. An SNM detector should be located within the passageway. The detector should be capable of detecting 0.5 gram of plutonium or 1 gram of uranium-233 shielded by 3 mm of brass concealed anywhere on an individual at a 90 percent confidence limit. The false alarm rate on the detector should be less than 0.1 percent.

c. Door Interlock. The doors of the attended secure access passageway should be interlocked so that both cannot be simultaneously open. The doors should also be alarmed so that an explicit action must be taken by either the attendant security individual or the individual manning the central alarm station to enable either door to open without triggering the alarm.

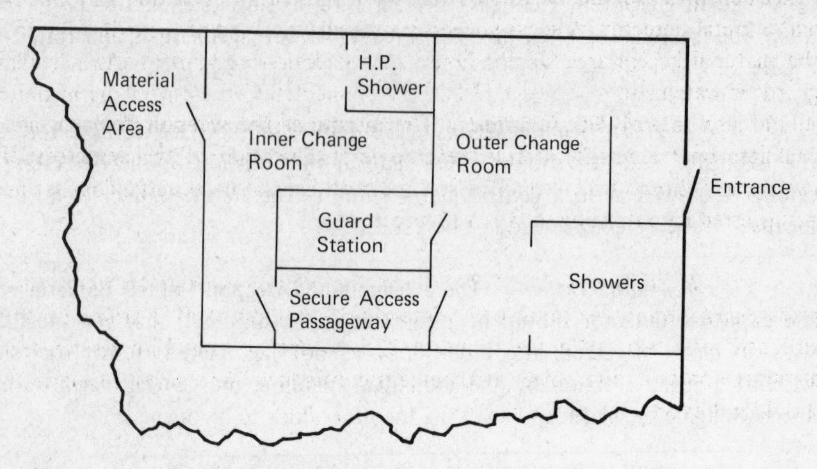

Figure C-3. Secure Access Passageway Between Change Rooms

d. Packages. All packages, including waste barrels and work clothes hampers, being transported out of a material access area should be checked by an attendant guard or watchman for concealed SNM, preferably at an exit point expressly provided for packages. SNM packages should be checked for proper seals, identification, and transfer documentation.

e. Change Room Access. Access by personnel into a material access area should be permitted only through the change rooms. Control of access should be accomplished either by a guard or watchman attending the secure access passageway between the change rooms, or by a combination of key-card and CCTV when the passageway is unattended.

f. Observation of Individuals. Procedures should be employed in the control of access to material access areas to ensure that no lone individual is allowed within a material access area without some means to observe that individual's activities.

3. Material Access Areas Containing Highly Enriched Uranium, and Vaults Containing SNM

a. Exit. At material access area exit points, the check for concealed SNM should be carried out by means of an SNM doorway monitor and a metal detector. A secure access passageway located at the exit point from the material access area should house the detection equipment. An attendant guard or watchman or a closed-circuit TV connected to the central alarm station should also be provided. Administrative procedures should require the passage of packages only through attended exit points. The doors of the secure access passageway should be interlocked so that both cannot be simultaneously open. A suggested layout is illustrated in Figure 4.

b. SNM Detector. The SNM doorway monitor in the secure access passageway should be capable of detecting a minimum of 3 grams uranium enriched to 90 percent in the uranium-235 isotope in 3 mm of brass concealed anywhere on an individual at a 50 percent confidence limit. The false alarm rate should not exceed 0.1 percent.

c. Metal Detector. The metal detector in the secure access passageway should be capable of detecting a minimum of 100 grams of

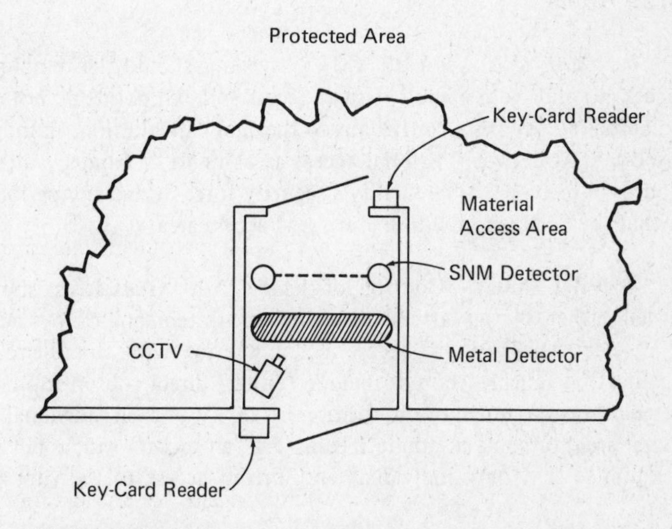

Figure C-4. Secure Access Passageway at Exit From Material Access Area

non-ferrous metal (shielding) at a 90 percent confidence limit concealed anywhere on an individual. The false alarm rate should not exceed 0.1 percent.

d. Alarms. The doors of the secure access passageway should be alarmed and interfaced with the doorway monitor such that an individual can be detained for a sufficient time for the doorway monitor to operate. If an individual passes through without waiting for the proper period of time (perhaps indicated by a light) the alarm should sound. The doorway monitor and metal detector alarms and the door alarms should annunciate in the central alarm station and may also annunciate at the passageway.

e. Access. The exit points from the material access area should be used for access points as well. Control of access should be by either the attendant security individual or by a key-card CCTV system.

f. Closed-Circuit TV Observation. If observation of the passageway is accomplished by CCTV, the guard or watchman monitoring the passageway should carefully observe any individual within to ensure that no packages are being carried into or out of the access area.

g. Observation of Individuals. Procedures should be employed in the control of access to material access areas to ensure that no lone individual is allowed within a material access area without some means to observe that individual's activities.

h. Vaults. A key-card CCTV system should be employed to control access to and from a vault if such access and exit points do not open to or from material access areas contiguous to the vault. In addition, all individuals who transport SNM between material access areas or to or from a vault, should be escorted by a member of the facility's security force during any period of the transport that the SNM is not within a material access area.

4. Vital Areas. Control of access into vital areas should be accomplished either by an attendant guard or watchman, or by means of magnetic or electronic key-card access in conjunction with closed-circuit TV. The identification check should include either direct observation by an attendant guard or watchman or observation by CCTV of each individual passing into the vital area, or some alternate means (e.g., an escort) which will provide positive assurance that only individuals authorized access to the vital area are permitted to pass into that area.

5. Security Force Response to an Alarm. The guards and patrol watchmen should be trained and prepared to protect the facility from sabotage and the SNM within from theft.

a. Protected Area Access Point. Upon annunciation of an alarm from explosive or weapon detection equipment located at a protected area access point attended by a lone guard or watchman, a guard should be dispatched immediately to the access point originating the alarm. If the access point is unattended, two guards should be sent to the access point. At the access point the guard or watchman should request that the individual's pockets be emptied and that the individual pass again through the detection equipment. If the individual complies and if the alarms do not register, the individual may be allowed to pass into the protected area after the contents of the individual's pockets have been examined verifying that no attempt has been made to pass explosives or firearms into the protected area. If, however, an alarm continues to register, the individual should be physically searched by an *unarmed* security individual, while at least one guard or armed patrol watchman observes, to verify that no firearms or explosives are yet concealed by the individual. If the individual refuses to comply with the request for further searching, or if a weapon or explosives are found, the individual should be denied access.

b. Material Access Area Exit Point. If an SNM or metal detector alarm or a door alarm is triggered at a material access area exit point attended by a guard or watchman or at an unattended exit point, security personnel, at least one of whom is armed (a guard or armed patrol watchman), should be dispatched to that exit point. The individual should be searched by emptying pockets and passing again through the detection equipment or by a hands-on search performed by an *unarmed* security individual while at least one guard or armed patrol watchman observes. The cause of the alarm should be determined before the individual is released. If the cause of the alarm was an object, metal or SNM, not concealed by the individual, the individual should be searched without the object to ensure that the object is not a decoy and that SNM is not still being concealed by the individual. If the security personnel determine that attempted unauthorized removal of SNM has been made with the intent to steal SNM, local police and the Federal Bureau of Investigation should be contacted, and the individual should be held by the security personnel until the local police arrive and arrest the individual.

c. Unoccupied Vital Areas and Material Access Areas. If unauthorized entry is made or attempted into a vital area or material access area, or if an intrusion alarm protecting an unoccupied vital or material access area is triggered, two armed security personnel should be dispatched immediately to the area of alarm. If, however, the area of the alarm can be observed by CCTV, the guard or watchman in the alarm station where the TV monitor is located should first verify the existence of intrusion and assess the extent of a threat, if any, before dispatching the security personnel. If the existence of intrusion is verified, either by CCTV or security personnel in the area, a law enforcement authority should be notified immediately. If possible, the intruder(s) found by the security personnel should be searched and detained until arrest by local police.

6. Emergency Procedures. The licensee should provide procedures and equipment to maintain the level of access control and SNM and facility protection during conditions of emergency or equipment failure. Emergency procedures should be developed and executed in a manner consistent with safety.

a. Evacuation Procedures. During emergency conditions which require evacuation of part or all of the facility, temporary SNM checking stations should be established at the perimeter of the protected area or at a personnel collection area outside the protected area. All individuals should be searched for concealed SNM before being released from the protected area or collection area. In addition, a roll of all individuals who had entered the evacuated area should be taken to ensure that all have evacuated safely. If an evacuation or other emergency alarm sounds, guards and watchmen should take position at prearranged surveillance points to ensure that:

(1) Proper evacuation routes are being observed,

(2) SNM is not being tossed over the protected area perimeter barrier, and

(3) No one attempts to gain unauthorized access to the protected area during the emergency.

b. Failed Detection Equipment. Failed detection equipment should be repaired as quickly as possible. In the interim, alternate access or exit points or hand-held detection devices or hands-on search procedures should be employed. In no case should the failure of equipment be allowed to compromise the protection of the facility or the SNM within the facility.

Appendix D

Risks of Governmental Diversion in Non-Nuclear Weapon Countries

The possibility that the government of a nation might divert nuclear material from the civilian nuclear power industry in its own country is the most widely recognized diversion risk. Ironically, the governments of the United States and the Soviet Union, two nations which have already acquired nuclear weapons, have been primarily concerned with this possibility. Their attention has been focused mainly on the governments of those nations which have not yet acquired nuclear weapons, but which have substantial nuclear power programs developing on their territories.

It is usually suggested that a government's purpose in engaging in diversion from nuclear industry would be to acquire a nuclear force more quickly and cheaply than would be possible if a military nuclear program were established separately. It is sometimes also suggested that a government might seek to produce nuclear weapons secretly by diversion of material from civilian industry. Such a picture of the risks of governmental diversion, which many people have in mind, appears to us to be oversimplified and it does not account for some of the more serious possibilities.

It is useful to precede discussion of the particular risks of governmental diversion with a general discussion of the possible reasons why any government may wish to engage in diversion from the nuclear power industry. This involves essentially a brief outline of the pros and cons of nuclear weapon proliferation and examination of certain subsidiary reasons for nuclear diversion. The material is intended for readers who are not familiar with the national nuclear weapon proliferation problem and the impact of the Non-Proliferation Treaty (NPT) on the problem.[1]

REASONS FOR NUCLEAR DIVERSION

Why would a government want to divert nuclear material from civilian industry? As mentioned previously, the reason most often suggested and most seriously considered is that a government may want the material for use in the warheads of a nuclear force. There are, however, a number of other possible reasons. A government may want to use nuclear material diverted from civilian industry for a naval propulsion program, or it may want the material for the manufacture of nuclear explosives for civilian applications—a so-called "Plowshare" program. Furthermore, a government may wish to conduct a weapon-oriented research and development program, although it may not have decided as yet to manufacture nuclear weapons.

Deployment of a Nuclear Force

Obtaining fission explosive material is only one step in a long series toward the development of an operational nuclear force. Moreover, diversion from civilian industry is only one of several ways for a government to obtain the essential material for use in nuclear warheads. Whether a government would engage in nuclear diversion in order to deploy a nuclear force depends, therefore, not only on the rationale for the force, but also on its capabilities related to delivery systems and its options to obtain material by means other than diversion.

Reasons For and Against a Nuclear Force. One of the assumptions on which this study is based is that a policy of non-proliferation of nuclear weapons is desirable in part as a means of reducing the risk of nuclear war. Our purpose here is not to justify nor to criticize non-proliferation policy as such. Therefore, the main arguments, for and against, that are likely to be weighed in a governmental decision regarding a nuclear force may be outlined briefly. Of course, a party to the NPT may not legally manufacture or otherwise acquire nuclear weapons, and hence is prevented from deployment of a nuclear force, as long as it chooses to abide by its Treaty obligations.

On behalf of a nation presently without a nuclear force, the arguments in favor of acquiring such a capability run as follows:

The government may view a nuclear force as necessary to deter an attack (using either nuclear or conventional armaments) by a nation which itself possesses a nuclear force. This is, of course, the main reason why the United States and the Soviet Union have strategic nuclear armaments. With respect to governments making decisions in the future, the perceived threat may come from one of the two principal nuclear powers or from one of the other nuclear powers—the United Kingdom, France or China. The Federal Republic of Germany and Japan are often cited as examples of countries that might some day feel the need to have nuclear forces of their own in order to deter the Soviet Union. India and Japan (again) are examples of countries that might wish to acquire nuclear forces to deter China.

The government may view a nuclear force as necessary to offset its position of inferiority in manpower or conventional armaments in relation to a perceived threat to its security. A strong motive behind the United States government's rapid development and deployment of a nuclear force in the late 1940s and 1950s was the belief that NATO needed nuclear weapons to balance Soviet superiority in manpower and conventional armaments in Europe. A possible rationale for the acquisition of a nuclear force by Israel or South Africa would be the threat of eventual defeat by overwhelming numbers of conventionally-armed Arabs in the former case or Black Africans in the latter case.

The security guarantee of a nuclear-armed ally may be viewed as unreliable. This possibility has been a continuing concern in U.S. relations with its allies in Europe and Asia. United States treaty guarantees are intended, among other things, to be effective substitutes for the possession of independent nuclear forces by various allies such as Japan, the Federal Republic of Germany, Italy, and others. The credibility of a guarantee might be diminished in the mind of the intended beneficiary government by any one of a number of U.S. actions, ranging from specific withdrawals of armed forces from overseas bases to a general isolationist trend in U.S. foreign policy. If a government perceives that a threat to its security is increasing while the credibility of a guarantee from a nuclear-armed ally is decreasing, it may well be prompted to reexamine whether or not it should acquire a nuclear force of its own. However, if the perceived threat diminishes, the perceived need for a U.S. nuclear guarantee may also diminish.

There may be no effective assurance that an ostensibly non-nuclear-weapon nation does not have a secret stockpile of such weapons. The government of a small country may face a hostile neighbor with a large civilian nuclear power industry. If there were no international inspection or control measures applicable to the industry, the government of the small country may feel that acquisition of nuclear weapons is necessary as a hedge, since its potential adversary could engage in large-scale nuclear diversion from its civilian industry and rapid deployment of a nuclear force in the future. (This also indicates one reason why some governments might establish nuclear power programs on other than strictly economic grounds in order to keep up with their neighbors.)

Prestige is another important reason why a government may desire nuclear weapons. Though more vague, prestige may be as pervasive a reason for acquiring nuclear weapons as the reasons, previously discussed, which are based on national security requirements. The drive for national prestige has certainly been an important factor in the program of every nation that has thus far acquired nuclear weapons. Prestige was one of the considerations which prevented both the United States and the Soviet Union from settling for anything less than a position "second to none" in the strategic arms limitation, or SALT, agreements concluded at the Moscow summit meeting in 1972.[2] The need for a place at the superpower conference table has been an important motivation in the British nuclear weapon program, while a similar need for status and an independent position in an East-West bargaining process were among the factors which led France to acquire its nuclear force de frappe. Certainly, China increased its prestige throughout the world quite remarkably by developing a nuclear force. There is no reason to rule out prestige as an important factor in future decisions by a sixth or seventh government to acquire a nuclear force.

The general arguments against a nuclear force may be summarized as follows:

There are a variety of reasons why the acquisition of a nuclear force might decrease rather than increase a nation's security. The government which deploys a new nuclear force, or takes steps toward such deployment, may destabilize its relations with one or more of the present nuclear-weapon nations. Indeed, such action might provoke forcible intervention in the country acquiring nuclear weapons, although this has not occurred in the past. If the government intended its new nuclear force to offset actual or potential inferiority in conventional armaments, the development of such a nuclear force may invite its adversary to do the same and thus set off a chain reaction of nuclear weapon proliferation in the region. This could lead one or more of the existing nuclear powers to become involved in the region in very dangerous circumstances. Thus, it would be difficult for the Soviet Union to ignore pleas from its Arab friends if Israel acquired a nuclear force, nor could China be expected to ignore requests for help from Pakistan if India decided in favor of nuclear weapons.

It is often said that a nuclear force is something that few nations can afford, and none can easily support. Every one of the five present nuclear-weapon-nations has paid dearly for its nuclear arsenal. The cost of such a force varies enormously, however, depending on the quantity and quality of the armaments involved. A force composed of a few nuclear weapons delivered by fighter-bombers or converted commercial airliners may cost tens of millions of dollars per year, but an invulnerable force of a few Polaris-type submarines would cost hundreds of millions of dollars per year. A government may believe initially that a small unsophisticated nuclear force will suffice. However, a decision in favor of nuclear weapons seems irreversible. In addition, the history of the five-sided nuclear arms race demonstrates amply that nuclear weapon programs, once they are established, develop a strong momentum of their own. The economic costs, especially the long-term costs, therefore constitute a strong reason why the government of a non-nuclear-weapon nation may prefer to seek security either under the umbrella of a guarantee from one of the nations already possessing nuclear weapons or in a general policy of non-alignment outside any military alliance.

More prestige may accrue from alternative courses of action than from acquisition of nuclear weapons. Indeed, possession of a nuclear force may not only reduce the nation's security, but diminish rather than enhance its prestige. Since World War II, the Federal Republic of Germany and Japan have sought and gained great power status in economic terms alone. Indeed, these two non-nuclear-weapon countries have now rather clearly surpassed Great Britain and France as major industrial powers. India has chosen non-alignment, more or less, and claimed the moral virtue of its status as a non-nuclear-weapon nation. The acquisition of a nuclear force by any of these countries in the future would erode whatever prestige it has won through restraint.

Nuclear arms control is gradually evolving as an alternative to a continuing nuclear arms race among a widening circle of nations. The cumulative effect of the nuclear test ban, the NPT with its IAEA safeguards requirements on civilian nuclear activities, the SALT agreements, and other arms control measures may enable the government of a nation to find both more security and more prestige in self-restraint and active support of further arms control measures than in the development of a nuclear deterrent of its own. In this respect, the future success of the NPT in preventing the acquisition of nuclear weapons by additional countries depends substantially on whether the SALT talks are successful in downgrading the importance of nuclear armaments in Soviet-American relations, and ultimately among all five nuclear-weapons powers.

Nuclear Force Deployment Process. If the government of a nation is persuaded that it should deploy a nuclear force, the deployment process involves a number of actions that may be coordinated in various ways. These actions include producing or otherwise obtaining fission and possibly fusion explosive materials, developing and testing nuclear devices and proof-testing warheads, production of warheads, constructing or otherwise obtaining nuclear delivery vehicles (aircraft, land- or sea-based missiles and launchers), testing delivery systems and warheads together, and, finally, deployment of an operational nuclear force. The economic cost and technical difficulty, of each phase in the deployment of an operational nuclear force will vary with the specifications for the force, and these specifications are derived from the justification.

For example, it would be difficult to rationalize the acquisition of a nuclear force by the Federal Republic of Germany or Japan that was less sophisticated than the British or French deterrent forces. (It should be noted, however, that the acquisition of even a few crude nuclear bombs by a country such as Germany or Japan might be perceived by other affected governments as very dangerous and destabilizing.) Furthermore, if long range missile delivery were required, technical considerations of accuracy and yield/weight ratios would require the development of fusion warheads, which involve much more difficulty technically than fission warheads.

Depending on the justification for a nuclear force and the particular circumstances confronting the government of a nation, there are a number of shortcuts a government might take in the process of acquiring an operational nuclear force. For example, nuclear weapon testing might be minimal or even entirely omitted in the interest of secrecy. (The bomb the U.S. dropped on Hiroshima was an untested weapon of different material and design from the Trinity device secretly tested at Alamagordo, New Mexico.) Omission of weapon testing would be feasible only if the military leaders had sufficient confidence in the technical expertise of the weapon designers and manufacturers to accept untested warheads in their operational inventory. Israel is sometimes cited as an example of a country where secrecy could be important enough and the technical expertise readily available to stockpile nuclear warheads whose designs had never been proof-tested.

As another example of a shortcut, commercial airliners might be quickly and cheaply converted into delivery vehicles in circumstances where missile delivery was not required and the air defense capabilities of a potential adversary were minimal. India is sometimes offered as an example of a country that might follow this course, although there such a force would be relatively useless against China in view of the distances from Indian bases to the most vital targets in China.

Ways to Obtain Fission Explosive Material for Use in Nuclear Weapons. Until recently, obtaining the fission explosive material for nuclear warheads was considered to be the long lead-time step in the acquisition of an operational nuclear force. In order to obtain plutonium, it was necessary to build special production reactors and fuel fabrication and reprocessing facilities, and to operate the complex for a period of years. In order to obtain high-enriched uranium, a technologically complex and very costly gaseous diffision plant was required. The use of nuclear fuel to produce electricity results in the widespread availability of fission explosive material in the civilian nuclear power industry. Instead of being the long lead-time and very costly ingredient in a nuclear force, more than enough fission explosive material will be available immediately to a government that decides to acquire a nuclear force if the government has access to a civilian nuclear power industry.

Nonetheless, diversion from civilian industry should be viewed as only one of several ways to obtain the fission explosive material required. The following additional possibilities may be considered:

A government may obtain complete nuclear weapons or technical and material assistance in the manufacture of nuclear weapons from another nation. No government is known to have transferred complete nuclear weapons to another. However, the United States has for many years substantially assisted Britain in developing and maintaining its independent nuclear force, and the Soviet Union in the past helped China to a limited extent in the manufacture of nuclear weapons. Indeed, refusal of the Soviet government to fulfill its earlier promises to China regarding nuclear weapon assistance emerged as a key point in the mutual recriminations which surfaced with the Sino-Soviet rift in the early 1960s.

The government of a nation may establish a nuclear weapon program that is entirely independent of civilian industry, including a completely separate nuclear fuel cycle for the production of fission explosive material. The nuclear weapon programs of the United States and the Soviet Union were begun exclusive of any civilian effort, and the establishment of these programs preceded by many years any industrial applications of nuclear energy. Indeed, much of the civilian nuclear technology now in use is a "spin-off" from the technology developed originally for use in military nuclear programs in these countries. Since the termination of Soviet assistance, China's nuclear program presently fits in this category in view of the government's concentration of its resources on military applications.

A government may establish a nuclear weapon program and look to its civilian nuclear power industry as the source of supply for some or most of the fission explosive material it needs. Uranium enrichment plants, which are now located only in the nuclear-weapon states, produce some high-enriched uranium for military purposes, as well as large amounts of low-enriched uranium for power reactor fuel. A substantial amount of the plutonium used in the French and British nuclear weapon programs was produced in so-called "dual-purpose" reactors. These reactors were simultaneously producing electricity for power grids and plutonium for weapon manufacturing. In fact, uranium enrichment plants were built originally for military purposes and subsequently most of this capacity was diverted to civilian production. Moreover, the dual-purpose reactors were not economical as power reactors. Military programs in effect subsidized civilian power generation using reactor technology that was not commercially competitive. Thus, diversion in the past has really been from military to civilian uses. However, if nuclear diversion occurs in a non-nuclear weapon country in the future, it is likely to be primarily from civilian to military uses.

Finally, the government of a nation may decide to establish its own nuclear weapon program and attempt to obtain some or most of the fission explosive material it needs by theft from the civilian nuclear industry in another nation or by purchase on a black market. Of the various ways to acquire nuclear weapons outlined above, this is the only one that has not been used thus far.

Military Propulsion

In addition to use in nuclear weapons, the principal military application of nuclear material is as fuel in propulsion reactors for surface vessels or submarines. (Nuclear propulsion for merchant vessels has not been commercially attractive so far, but it may be in the future.) As previously noted, the development and production of a sophisticated strategic delivery system, such as a ballistic missile-carrying nuclear submarine, may take substantially longer than the development and production of nuclear warheads, especially if nuclear material is available in civilian industry for warhead use. Therefore, a government may want to divert nuclear material from civilian industry for use in a naval propulsion program prior to a decision to manufacture nuclear weapons. Such diversion is not prohibited by the NPT. Nor are IAEA safeguards applied to material that is openly diverted for such a purpose, although the fact of diversion and the amounts involved would become known.

Weapon-Oriented R&D

Furthermore, the government of a non-nuclear-weapon nation may, without deciding to manufacture nuclear weapons, want to proceed with a weapon-oriented research and development program. Such a program could be established to study the effects of nuclear explosions on certain conventional armaments, or to develop weapon designs and test non-nuclear components of nuclear weapons. The underlying reason for the program would probably be to shorten the time that would elapse between a possible future decision to manufacture nuclear weapons and the production of sophisticated, efficient warheads.

Under the NPT, non-nuclear-weapon parties may engage in activities related to nuclear weapon R&D as long as they fall short of actual "manufacture" of a weapon. Moreover, these activities are not subject to IAEA safeguards. If there were a civilian nuclear industry in a non-nuclear-weapon nation, it could be a source of nuclear material for the conduct of such activities.

If one government were to establish a weapon-oriented R&D program, others might do the same. The action-reaction phenomenon could lead to a series of governmental decisions to maneuver as close as possible to the nuclear weapon threshold without moving across it, civilian industry being the source of nuclear material in each case. Such governmental maneuvering in key non-nuclear-weapon countries might, however, generate an atmosphere of apprehension in civilian nuclear power industries, as well as jeopardize the NPT.

Acquisition of Plowshare Explosives

The NPT prohibits non-nuclear-weapon parties from acquiring nuclear weapons "or other nuclear explosive devices." The prohibition against "other" nuclear explosive devices is based on the proposition that the nuclear explosive which would be used in a civilian application, such as the underground stimulation of natural gas production or a large-scale surface excavation for canals or harbors (so-called Plowshare projects), may be indistinguishable from a nuclear weapon. The NPT seeks to prevent nuclear weapon proliferation and yet to permit non-nuclear-weapon nations access on a nondiscriminatory basis to all civilian uses of nuclear energy. In order to achieve this, the NPT prohibits non-nuclear-weapon parties from acquiring their own Plowshare explosives, but it requires the nuclear-weapon parties to supply others with nuclear explosive services for civilian applications, when and if such applications become economically feasible.

The governments of several non-nuclear-weapon nations have expressed concern with the NPT's denial of their independent right to develop Plowshare explosives. In particular, India and Brazil have based their refusal to become parties to the NPT in part on this ground.

If the government of India or Brazil were to decide to develop, test, and manufacture nuclear explosives, it might claim that the devices involved were explosives for a Plowshare program and not nuclear weapons. Regardless of whether such a declaration of peaceful intent is accepted or rejected by other governments, the fission explosive material used would probably have been diverted from civilian industry.

GOVERNMENTAL DIVERSION OPTIONS

A country-by-country analysis might be used to narrow the risk of governmental diversion from the civilian nuclear power industry. However, this approach can easily lead to erroneous conclusions because it does not take proper account of the dynamic nature of the technological, economic, and political forces at work. Therefore, we have categorized governments according to the nuclear capabilities they control or have access to. These technological capabilities and the particular way in which they are deployed and used for civilian purposes will provide whatever options for nuclear diversion a government may have.

We have found it convenient to classify national nuclear capabilities as follows (always assuming we are concerned with the government of a non-nuclear weapon nation):

1. no concentrated nuclear material or facilities;
2. nuclear research facilities;
3. small nuclear power industry;
4. large nuclear power industry.

No Concentrated Nuclear Material or Facilities

Over half of the nations of the world now have no relatively concentrated nuclear materials or facilities (aside from medical or agricultural equipment that use small amounts of radioactive substances) on their territory. Most small, economically undeveloped countries, especially those in Africa, are in this category. Despite the growth of civilian nuclear power elsewhere, this situation will continue for many years.

How could the government of a nation without any indigenous nuclear capability acquire nuclear explosives? Since there would be no nuclear facilities, not even a research reactor, on territory under its jurisdiction, probably the government would lack the indigenous skills and resources to produce fission explosive materials (even though low-grade explosive material might suffice for the type of devices it wants initially). In these circumstances, the government would, nevertheless, have three options: First, it could attempt to obtain a few weapons from a nuclear-weapon nation, either a non-party to the NPT or a party willing to violate its Treaty obligations. Second, it could attempt to arrange for the theft of nuclear material from civilian industry in another country and/or for the manufacture of explosive devices in a foreign country or by foreigners or specially trained citizens in its own country. Or, third, it could attempt to purchase a manufactured nuclear weapon on a black market.

It is unlikely that the government of a nuclear-weapon nation would give nuclear weapons to a small nation outright, no matter how desperate the circumstances of the small nation. Neither France nor China have so far shown any indication of giving nuclear weapons to other countries, even though neither of them is a party to the NPT.

A small nation could, however, follow a route to the acquisition of nuclear weapons similar to those we have discussed for a terrorist group or criminal group—i.e., arrange to steal the fission explosive materials from another country, or obtain the materials from a black market. Thereafter, the government could establish a program to design and make their own explosives, using its own specially trained citizens, or inducing or forcing foreign experts to help them. However, purchase of complete nuclear weapons in a black market would be another possible way for a small nation without any nuclear capability to obtain a few nuclear weapons. Of course, the availability of this option would depend on: the existence of a nuclear black market, and on the capability of groups operating the market to manufacture explosive devices.

If an international black market developed, but was limited to the supply of nuclear material for illicit use, then the risk of a nation without any previous nuclear capability acquiring a secret stockpile of nuclear weapons would be less. However, if an international black market were to develop at all, some of those involved might well acquire the capability to fabricate nuclear explosive devices in order to exploit the potential for large profits in sales of fabricated devices to the governments of small nations. The dealers in illicit nuclear explosives might even create substantial demand by making an initial sale or two to petty dictators with dreams of glory. Thereafter, the sellers in a nuclear black market might play on the fears of more responsible leaders who would have no way of knowing which nations had secret nuclear weapon stockpiles. Therefore, if an international black market in nuclear explosive devices ever comes into being, a possible consequence would be quite widespread and rapid nuclear weapon proliferation among small nations without any previous nuclear capability.

Nuclear Research Facilities

A large number of countries have one or more research reactors and in some cases other research facilities on their territories. Quite a few of these countries have not yet established nuclear power programs, although a number may do so within the next few years.

The government of a small nation with a nuclear research program, but no power program, may want nuclear material for use in nuclear weapons or to conduct a weapon-oriented R&D program. It is less likely that it would want nuclear material for non-weapon military activities, such as naval propulsion, in view of the cost of these types of systems. Like a nation without any nuclear capability, the government of a nation with a nuclear research capability may well want to keep its weapon program secret as long as possible in order to avoid the international complications that would result from disclosure. Israel is the example most often used of a country with a strong nuclear research program and no nuclear power reactors under construction (although some have been in the planning stage for many years). There are various ambiguities concerning the possible military dimensions of the Israeli nuclear program, which the Israeli government has taken pains *not* to clarify.[3]

The government of a nation with nuclear research facilities on its territory has several more diversion options than a government without access to such facilities and the materials in them. If it wanted to acquire a secret stockpile of nuclear weapons, its first choice would be whether to look abroad for explosive devices or nuclear material or to divert material from facilities on its own territory. As to its options abroad, our previous analysis of a nation without any nuclear capability would seem to apply in most respects to a nation with only a research capability. However, with respect to black market purchases, the government of a nation with a nuclear research program would have potentially available an important asset lacking in a nation without any nuclear capability. Some of those engaged in the research program would have sufficient technical knowledge to design and supervise the manufacture of nuclear weapons. The question then arises whether the government could persuade a few of its knowledgeable research scientists or engineers to work in a nuclear weapon program. If the government's interest in nuclear weapons was justifiable, it seems likely that this manpower could be successfully diverted from civilian research to work on weapons.

Assuming the requisite technical expertise were available, the government could then purchase fission explosive material in the international black market and use its own manufacturing capability. In this way, the government might be able to obtain a small stockpile of nuclear weapons of higher quality than the devices available in the black market. Whether this would be the result would depend on the skills of domestic scientists diverted from civilian research compared with those of a criminal group that specialized in explosive manufacture, and also on the quality of the nuclear material available in the black market.

In addition to options for obtaining nuclear material abroad, the government of a nation with a nuclear research program may also have options for diverting the requisite material from its indigenous nuclear facilities. Most research reactors are very small (only a few megawatts or less) and are fueled with only a few kilograms of high-enriched uranium. Complete fuel assemblies are obtained from a country with an enrichment capacity. Although a supply of unirradiated high-enriched uranium fuel for a research reactor could rather easily be chemically processed to obtain the uranium metal, the amount extractable from a core would generally be five kilograms or less. Moreover, the extraction would probably become known quickly to the supplier country. Plutonium production in this type of research reactor fuel is minimal; and thus plutonium recovery through fuel reprocessing is not a significant diversion option. Therefore, the risk of governmental diversion of fission explosive materials from high-enriched research reactors appears very low.

There is another research reactor type that is larger (25-40 megawatts thermal), and it operates on either natural or low-enriched uranium fuel. For example, reactors of this type are located in Israel and India. These reactors can produce enough plutonium for at least one nuclear weapon per year. Even if a natural uranium research reactor were available, fuel fabrication and reprocessing facilities and a supply of natural uranium, either from indigenous deposits or a secure foreign source, would also be necessary before the government would have a practical plutonium diversion option. In short, for a nation to divert plutonium from a nuclear research program to a weapon program, it would need to have a complete natural uranium fuel cycle, albeit one on a quite small scale.

Small Nuclear Power Industry

A large number of countries have or will soon have on their territories one or more nuclear power reactors, but no commercial scale enrichment, fuel fabrication or reprocessing facilities. This is what we mean by "small nuclear power industry," a very elastic term as we shall see.

The options for governmental diversion of nuclear material from domestic industry in such a country would be shaped by the technical capabilities and precise posture of the industry, which will vary widely from country to country and will evolve within various countries at different rates over time. In any event, there would be a number of individuals employed in the nuclear industry who would be, or could rapidly become, technically competent to design and produce nuclear weapons.

If the nuclear industry were privately owned, the attitude of industrial leaders toward the government's proposed military nuclear program would be important. The full cooperation of a few industrial leaders and technical personnel would be necessary if diversion were to be kept secret. If the government were doubtful about its ability to obtain sufficient cooperation from industry, it might prefer to obtain fission explosive material or fabricated devices abroad, assuming there was a black market.

The possibility that a government would find it difficult to obtain the necessary cooperation in diversion from a privately owned nuclear industry should not be overstated, however. Only a few key people would need to be directly involved. Those who were willing to participate might be rewarded by the assurance of favorable future treatment for their business operation. And if the government's plans were justifiable, they would probably find strong support for them in industry in any event.

With respect to diversion options abroad, it should be noted that the nuclear power industry has strong transnational linkages. Industry officials might know of sympathetic counterparts in other countries who would agree to obtain nuclear material covertly. Therefore, with the help of key industrial officials it may be more feasible for a nation with a small nuclear power industry to arrange specially for diversion from nuclear industry in another country than in the case of a nation without any nuclear industry of its own.

Pre-diversion Actions. One basic governmental decision related to diversion will be how much of it should be open and how much concealed. The government might explicitly declare its intentions to acquire a nuclear force, and proceed thereafter with the entire program on an open basis. However, this course of action would seem unlikely if the government anticipated that its decision would receive a cool or hostile reception abroad. In general, it would seem advantageous for a government to pursue diversion options which would compress the time gap between the disclosure of its nuclear intentions or nascent capabilities and the deployment of an operational nuclear force.

Assuming the government of a nation with a small nuclear power industry did not wish to disclose its intentions fully at the outset, there are a number of steps which could be taken openly that would not themselves constitute nuclear diversion. These steps would greatly enhance the possibilities for the effectiveness of subsequent diversion, and thus they might be called "pre-diversion actions."

If the domestic power industry used natural uranium in its reactors, a pilot fuel reprocessing plant might be built even though a large commercial plant would not be economical. A number of countries have already done this, including Argentina, India, and Italy, for example. Such a plant could enable the government to accumulate a small stockpile of plutonium. Furthermore, under present U.S. policy, at least, if the fuel were shipped abroad to the U.S. for reprocessing, the produced plutonium would be returned to the country of origin.

If natural uranium-fueled power reactors were operated under normal commercial procedures to achieve maximum fuel burnup, the plutonium would not be optimum for weapon use. However, a small domestic reprocessing plant, together with the capability of refueling a natural uranium reactor without a shutdown, would enable the government–with industrial cooperation–to irradiate some fuel for short periods and then reprocess it to obtain plutonium for nuclear weapons. Industrial cooperation would probably not be difficult to obtain since this pre-diversion option could be exercised with little or no disruption to commercial power generation with natural uranium reactors.

If the domestic power industry used low-enriched fuel in its reactors, the government might also build a small reprocessing plant to obtain plutonium. Since on-line charge and discharge of fuel from this type of reactor is presently not feasible for most designs, a trade-off would exist between the difficulty, and disruption of frequent reactor shutdowns in order to discharge some fuel to obtain plutonium of a quality that was optimum for weapons and the complexity or penalty in using plutonium with a high plutonium-240 content in nuclear explosives.

With reactors fueled with low-enriched uranium, however, a small enrichment plant might be built (assuming centrifuges or perhaps laser technology could be purchased abroad). Such a pilot plant might be justified as an appropriate way to obtain industrial experience in order to supply enriched fuel for the domestic power industry as it expands. If its balance of payments position and domestic economy were strong, the government might also stockpile on its territory low-enriched reactor fuel several years in advance of need. A small enrichment plant would then enable the government to divert a portion of this stockpile to the plant in order to produce high-enriched uranium for weapons. Relevant here is the fact that more than half of the separative work required to produce high-enriched uranium has been done in producing low-enriched uranium.

A nuclear power industry may be small, but still include both natural and low-enriched uranium reactors. For example, Spain is in this situation. The government of a country with such a mixed-reactor economy could aggregate the pre-diversion options available for each reactor type. If a large stockpile of low-enriched uranium were available, it would even be possible to use some of this stockpile as feed in a small enrichment plant, the result being high-enriched uranium for weapons and uranium with a uranium-235 content similar to natural uranium for reactor fuel.

If the domestic industry included an HTGR, which requires high-enriched uranium fuel, a number of further pre-diversion options could be developed. Given the quantities of high-enriched fuel involved, domestic construction of an enrichment plant to supply sufficient fuel for this type of power reactor may be appropriate as a commercial venture. In any event, the construction of a fuel fabrication plant for HTGR fuel might be justified. High-enriched uranium would be purchased abroad for fabrication by the domestic industry. The fabrication plant would then become the most convenient place from which subsequently to divert high-enriched uranium for weapons.

Breeder reactors are being developed in several countries. However, each of these has a large nuclear power industry. It seems unlikely that breeder reactors will be exported until they are proven safe and commercially viable in the countries developing them. Therefore, it seems likely that the special risks of nuclear diversion associated with breeder reactors will be limited to countries with relatively large nuclear power industries until about 1990.

In summary, the government of a nation with a small nuclear power industry might take, or encourage private industry to take, a number of pre-diversion actions. These actions, which would substantially expand the government's diversion options and greatly facilitate future diversion, include: construction of pilot plants for fuel reprocessing, uranium enrichment, and fuel fabrication, even though such plants on a commercial scale would not be economical; stockpiling produced plutonium, which may or may not have optimum characteristics for weapon use; and stockpiling low-enriched uranium. The choice of actions would depend on the circumstances of each industry and government. It is important to note that any of these measures could well be taken by a government which had no present intention of acquiring, or even of enhancing its ability to acquire, nuclear weapons in the future. However, despite peaceful disclaimers regarding its intentions, the government of another nation may view any one or a series of these actions as provocative or threatening.

Legitimate Diversion Options. In addition to developing a nuclear power posture with certain characteristics favorable for future diversion, the government of a nation with a small nuclear power industry could establish a naval propulsion reactor program and/or a weapon-oriented R&D program using material supplied by the civilian industry. As noted previously, if the nation involved were a party to the NPT, neither the establishment of such programs nor the diversion of material from industry to them would conflict with the NPT. Nor would IAEA safeguards apply while the material was being used in such programs. However, the application of IAEA safeguards in accordance with the NPT would in effect require the government to disclose the existence of any such program and also the nature and amount of material being diverted to it. Therefore, the amount of legitimate diversion through this loophole in the NPT would be known, and other governments would be left to their own devices to determine whether diversion to such a program was actually a step in diversion to nuclear weapon manufacture. Moreover, a significant amount of nuclear material could not be accumulated in such a program without arousing serious suspicions. Therefore, it would seem that the major consequence of diversion to such programs would be substantial compression of the time gap between the decision to deploy and actual deployment of an operational nuclear force.

Illicit Diversion Options. Having analyzed the possibilities for the creation of a nuclear industry posture that would lend itself to nuclear diversion and the possibilities of nuclear force-related diversion permissible under the NPT, we turn now to consider the possibilities of illicit diversion. Among the options available, a government with access to a small nuclear power industry might still consider seriously the possibilities of obtaining nuclear material which had been diverted from another country, especially if it could be purchased from a black market. With respect to diversion from domestic industry, the government would have to decide between two basic strategies: first, diversion of fission explosive material for use directly in nuclear weapons; and, second, diversion of non-explosive material for further processing in clandestine facilities.

Diversion of Fission Explosive Material. With respect to plutonium diversion, there is a range of options. Some spent fuel rods enroute from a power reactor to a commercial reprocessing plant might be diverted to a small clandestine reprocessing facility. The act of diversion would be difficult to conceal, especially if, as is likely, the commercial reprocessing facility were in a foreign country. Furthermore, the construction and operation of a clandestine reprocessing plant might well be detected.

Another plutonium diversion possibility would be secret removal of a few rods from a reactor with an on-line fuel charge and discharge capability. This would also permit obtaining plutonium with low Pu-240 content, but secret exercise of the option would be complicated. The fuel rods to be diverted would normally have been obtained from the commercial fuel fabrication plant. If they were irradiated for a shorter period than other rods in the reactor in order to obtain plutonium of optimum quality for weapons, they would have to be replaced either by the fuel fabricator, making him as well as the reactor operator a collaborator in the diversion plan, or by a clandestine fuel fabrication plant, which would add to the number of clandestine facilities required for this option and increase the costs and associated risks of disclosure.

Diversion of plutonium after commercial reprocessing is, therefore, the most likely possibility. If the fuel which was reprocessed had been irradiated for maximum burnup, it would be relatively high in plutonium-240 content. It should also be noted that a small nuclear power industry is not likely to include a large chemical reprocessing plant. If a pilot plant were built, due to the much smaller flow of materials through it, diversion from the plant would be easier to detect than diversion of an equivalent amount of plutonium from a large plant.

In view of these constraints upon diversion of plutonium from a small nuclear industry, an easier course for the government to follow in order to obtain sufficient plutonium for weapons would be to furnish its scientific program with a large materials test research reactor that uses natural uranium fuel. A relatively small amount of plutonium of optimum quality for explosives could be produced in such a reactor, separated in a pilot chemical reprocessing plant built primarily to serve the nuclear power industry, and stockpiled for a number of years. Depending on the controls applied, it may not be possible to divert stockpiled plutonium without detection, but the elapsed time from diversion of material to the completion of a finished nuclear warhead would be minimal.

One further plutonium diversion option remains to be considered. As described earlier, techniques for recycling plutonium in lieu of all or part of the uranium-235 content of uranium reactor fuel have been developed. Commercial use of plutonium-bearing fuels is expected to begin in a few years. As this happens, opportunities for diversion of fission explosive materials from LWR fuel cycles will continue to exist at the output of fuel reprocessing plants, and, in addition, at fuel fabrication plants. Of course, the plutonium being recycled through a fuel fabrication plant may not be the optimal quality for weapon production. It may also be doubted whether a small nuclear power industry would quickly develop the capability to reprocess and/or fabricate plutonium-bearing fuels, as well as uranium fuels.

High-enriched uranium, which could be diverted for use in nuclear weapons, would be used as fuel for the HTGR (and may well be used for the initial core loadings of fast breeder reactor types now being developed, including the LMFBR). A small nuclear power industry would probably obtain enrichment services for HTGR fuel in a country with a large nuclear power industry. The extent to which it could perform its own fuel fabrication would depend on economic considerations and on the willingness of the governments of the supplier nations to permit sales of high-enriched uranium prior to fabrication. As indicated previously, a pilot fuel fabrication plant might be justified on experimental grounds. Diversion from such a plant would be feasible, but whether such diversion would escape detection would partly depend on the plant capacity. Diversion of high-enriched uranium from a small pilot plant would be much more obvious than diversion of an equivalent amount of material from a large commercial plant.

Diversion of Non-explosive Fissionable Material for Clandestine Processing. In order to obtain plutonium bombs, natural uranium might be diverted to a clandestine weapon manufacturing complex that included fuel fabrication, reactor, and chemical reprocessing facilities, in addition to weapon manufacturing facilities. The complex might be concentrated in one location in order to reduce the risk of the material flows being detected. Alternatively, it could be dispersed to reduce the risk of detection of the nuclear facilities involved. Essentially, this diversion option would amount to clandestine construction and operation of an entire nuclear fuel cycle. Diversion from civilian industry would occur after mining and milling. Exercise of this option would not be easy to carry out.

Clandestine nuclear facilities, even though quite small, would be especially difficult to keep secret in a country with only a small nuclear power industry, where such facilities would stand out. If they were concentrated in one complex in a remote region, the facilities would be likely to be detectable by satellite photography. If they were dispersed throughout an industrial region, the material flow would be vulnerable to detection by various other national intelligence means. This would include the possibility that one or more of those in the nuclear industry who opposed the diversion program would become informants. Another indication of the occurrence of this kind of diversion would be the absence from normal work of trained manpower in an industry where the number of employees was small enough so that everyone would know each other. Furthermore, large quantities of plutonium would be available in subsequent stages of the civilian fuel cycle. Only a fraction of this material, if diverted, would be enough for a small nuclear weapon program.

In order to obtain uranium for bombs, natural or low-enriched uranium might be diverted to a clandestine conversion-enrichment-weapon manufacturing complex. The amount of separative work required would be greater using natural uranium rather than low-enriched uranium as the feed material. As noted earlier, more than half of the separative work required to produce high-enriched uranium for weapons is performed in producing low-enriched uranium for reactor fuel. If, as is likely, low-enriched uranium were available, it seems unlikely that a government would divert natural uranium to a clandestine conversion-enrichment-weapon manufacturing complex.

If low-enriched fuel were diverted from civilian industry for use as feed material, a small enrichment plant could produce a significant amount of high-enriched uranium for use in weapons. Such a plant might be secretly built using the gas centrifuge or possibly using laser separation techniques, if developed. However, there would be several constraints on this diversion option in a nation with a small nuclear power industry.

In the first place, low-enriched uranium may be purchased several years in advance of need as power reactor fuel and stockpiled in the interim, but this would be a costly practice for a small industry. Moreover, the government of the nation where enrichment is performed may require the enriched material to be stockpiled on its territory, rather than physically transferred to the country that owns it, until close to the time the material is required for actual use as power reactor fuel. This is believed to be present U.S. policy.

Secondly, the domestic industry may not include a plant for fabricating low-enriched reactor fuel, relying instead on foreign plants for this service. If so, the transfer of low-enriched uranium to the country prior to fuel fabrication would serve no commercial purpose and would probably raise suspicions. If, on the other hand, the industry included a pilot fuel fabrication operation, the diversion from it of low-enriched uranium would involve a substantial and noticable fraction of the plant's throughput when operating at full capacity.

A nation with a small nuclear power industry (aside perhaps from the Netherlands) would in all probability not have a capability to manufacture centrifuges itself. (Under the Tripartite Agreement between the Netherlands, the Federal Republic of Germany, and Great Britain covering joint development and commercial exploitation of gas centrifuge technology, the centrifuges are to be manufactured in plants in Germany, a country with a large nuclear industry, and in Britain, a country with a large nuclear industry and nuclear weapons).

Therefore, the government of a nation with a small nuclear power industry would have to be able to purchase centrifuges secretly abroad. This may or may not be easy or possible. As discussed previously, it does not seem likely that a black market in centrifuges will develop, even if a black market in nuclear material were to develop. In any event, the government of a nation with a small nuclear power industry is likely to find the diversion of low-enriched uranium a difficult option to exercise until gas centrifuge technology has been developed and is widely used for an extended period of time. However, we again note that this situation may change dramatically and high-enriched uranium may be much more generally available if low-cost methods for separating uranium-235 are developed.

Diversion: Amount, Quality, and Time. Finally, in connection with diversion options for the government of a nation with a small nuclear power industry, we need to focus attention on the amount and quality of material and the time involved. Diversion of a small amount (less than one critical mass) of low quality fission explosive material (for example, 20-80 percent enriched uranium or plutonium containing more than 10 percent Pu-240) would not seem significant. Diversion of low quality material at the same rate over a long period of time could lead eventually to enough material for a weapon stockpile. However, if low quality material were involved, even after a long period of small-scale diversion only relatively inefficient nuclear weapons would be available. This fact may make this option relatively unattractive to governments, as distinguished from non-governmental groups. Diversion of a small quantity of high quality fission explosive material for only a short period of time would not result in enough material for a small weapon stockpile. However, this mode of diversion, if initially successful, might be continued for a longer period of time until detected or the government's requirements for nuclear weapons were met.

In a nation with a small nuclear power industry, diversion of a large amount of nuclear material is likely to be detected regardless of the quality of material and time period involved. For this reason, larger-scale diversion of low quality material may be viewed as involving a major risk without a commensurate reward. Moreover, in a country with a small nuclear power industry, diversion of a large amount of material over a long period of time would be impossible to arrange without substantial disruption of the nuclear industry or its complete conversion to military production.

Diversion of a large amount of high quality material in a short time remains to be considered as a serious diversion possibility. The most likely tactic here would be for the government to accumulate openly an amount of high quality fission explosive material that was ample for its foreseeable weapon requirements. At the appropriate time, the government would then divert the entire amount required. Careful coordination with industry would permit this tactic to be carried out with a minimum of disruption to industrial operations—

with, of course, compensation to the firms for the value of the material removed from the civilian fuel cycle.

Large Nuclear Power Industry

The number of nations with large nuclear power industries will be limited for the foreseeable future to the larger industrially advanced nations. Between 1980 and 2000 a number of non-nuclear-weapon nations will probably move into this category.

In order to support a large power reactor capacity, the nuclear industry within a nation can be expected to include commercial-scale operations in every stage in the nuclear fuel cycle with the possible exception of uranium enrichment. If gaseous diffusion continues to be the most economical enrichment method, it is likely that additional diffusion plant capacity outside the U.S. (and possibly within the U.S.) will be under multinational private or private-public ownership. However, if centrifugation, laser, or some other method proves to be reasonably competitive with diffusion on economic grounds, it is likely that a large nuclear power industry would include an enrichment plant to meet some or all of its nuclear fuel requirements.

Any large nuclear power industry will probably include a mix of reactor types. The share of operable power reactor capacity represented by the various types will vary from country to country and evolve over time. Possible scenarios for the U.S. have been described and analyzed in Chapter 4.

The material flow through the nuclear facilities would be very large. In particular, the flow of fission explosive material would be large in relation to probable military requirements. However, even in a large nuclear power industry, most of the plutonium flow would have a high Pu-240 content. The government would probably need high quality plutonium for a very advanced nuclear weapon program to fulfill military requirements for large-scale strategic nuclear systems. From this, it may be argued that, despite the large nuclear material flow, the risk of governmental diversion would not be great. The Federal Republic of Germany and Japan are often used as examples to support this line of argument, the hypothetical purpose of nuclear diversion in both cases being the ultimate deployment of a sophisticated nuclear force. It seems reasonable to us, however, that technical experts in these countries would be able to find ways around the problems connected with Pu-240, thereby permitting use of plutonium produced in the normal operation of power reactors to make efficient nuclear weapons.

In any event, the flow of high quality fission explosive material would become very large in either or both of two circumstances: a substantial share of the power reactor capacity in the HTGR; and/or a substantial share of the capacity is fast breeder reactors. Use of the HTGR would lead to a large flow of high-enriched uranium and ultimately to a large flow of uranium-233 as well. Use of any of the fast breeder reactors based on the uranium-plutonium fuel cycles probably implies a large initial flow of high-enriched uranium, followed by a large flow of plutonium. It is noteworthy that the plutonium produced in the uranium blanket in a fast breeder reactor, if removed frequently, would have a low Pu-240 content.

If the government of a nation with a large nuclear industry decided to divert material, the array of options would be very large indeed. They would largely parallel the options previously discussed for diversion from a small nuclear industry that had been structured so as to create the options. We will not, therefore, repeat the analysis here, but rather focus on the essential differences that exist in the diversion options between large and small nuclear power industries. These differences are due primarily to scale.

We have seen that in a nation with a small industry, the government can create numerous diversion options by encouraging or assisting in the construction of pilot facilities in parts of the fuel cycle other than power reactors, or by subsidizing the stockpiling of certain nuclear materials. The exercise of these options would be difficult to conceal, and the actions necessary to create them might well appear provocative to other governments. However, in a nation with a large nuclear power industry, the government would not need to take any special action for the same diversion options to exist. The posture of the industry would have an economic rationale, and, indeed, in many countries the particular decisions leading to that posture would be made by the private sector without governemnt intervention. Therefore, diversion options that would have to be self-consciously created in a country with a small industry would come into existence as a matter of course in a large nuclear power industry.

There is also a basic qualitative difference between the governmental diversion options with respect to large and small nuclear power industries. In a small industry, even without international safeguards, the diversion of a small amount of nuclear material would run substantial risk of detection. However, in a large industry, even with international safeguards, the diversion of a small amount of nuclear material would probably escape detection. Moreover, in a large nuclear industry in a country that was presumably otherwise industrially advanced, it would be more likely that small nuclear facilities could be built and operated secretly, hidden in large industrial complexes. Given the possibilities for clandestine diversion of fission explosive material from a large industry, however, it seems unlikely that the government would decide to divert low-enriched uranium to clandestine facilities for further processing.

Finally, in a large nuclear power industry, with or without international safeguards, there would be a substantial possibility that large-scale governmental diversion of nuclear material would become known to the governments of other nations in a relatively short time. However, IAEA safeguards would provide a basis for requiring the government suspected of diversion to clarify its intentions relatively quickly.

NOTES TO APPENDIX D

[1]See generally Mason Willrich, *Non-Proliferation Treaty: Framework for Nuclear Arms Control* (Charlottesville: The Michie Co., 1969).

[2]See generally Mason Willrich and John B. Rhinelander (eds.), *SALT: The Moscow Agreements and Beyond* (New York: The Free Press, 1974).

[3] Faud Jabber, *Israel's Nuclear Option and U.S. Arms Control Policies* (Southern California Arms Control and Foreign Policy Seminar, February 1972).

Appendix E

Reviewers Comments

Atomic Industrial Forum, Inc.
475 Park Avenue South
New York, New York 10016
Telephone (212) 725-8300
Cable AtomForum NewYork

James E. Sohngen
Technical Projects Manager

October 31, 1973

Mr. S. David Freeman
Director
The Energy Policy Project
1776 Massachusetts Avenue, N.W.
Washington, D.C. 20036

Dear Mr. Freeman:

This is in response to your recent letter regarding the revised version of the report "Nuclear Theft: Risks and Safeguards" by Mason Willrich and Theodore Taylor. While my detailed line referenced comments which were provided to you earlier on the initial draft have, in part, been incorporated there are some remarks which need to be made on the revised draft.

I wish to stress that the uranium being utilized in the commercial fuel cycle to fuel light-water reactors is of the low enriched type and is not directly useful in manufacturing nuclear explosives. The small amounts of highly-enriched uranium and plutonium currently flowing through the fuel cycle are, in my opinion, adequately protected. Much larger amounts of the latter materials which can be used in fabricating weapons will have to be dealt with in the future and the report identifies important policy considerations and raises many questions pertinent to the protection of these materials. I commend the authors for their efforts in this regard, but at the same time I am concerned that the report could create unnecessary apprehension in the minds of many regarding the current situation in this area. The issues addressed are future ones and I am confident, on the basis of my extensive contacts with government and industry leaders, that all are committed to a program of continuing to provide safeguards commensurate with need.

As the report states, there have been no known thefts of special nuclear materials to date. Nevertheless, to forestall the occurrence of any such unfortunate incident in the future, industry is increasing its protection capabilities to keep pace with its increasing output. The Atomic Energy Commission is impressing, by regulation, strict new requirements to protect nuclear facilities and materials. Implementation of upgraded safeguards has already occurred at some plants and is in progress at others. Both government and industry have accelerated the development of supporting technology. The industrial goal is to provide reasonable assurance that special nuclear materials are not subject to theft. Thus, the problems are being addressed in a timely manner and work is moving ahead toward their solution. In order not to mislead, the report should more adequately reflect the progress and momentum government and industry have achieved in the safeguards area.

Our concern with this imbalance in the report is evidenced by the conclusions. For example, the third conclusion "Without effective safeguards to prevent nuclear theft, the development of nuclear power will create substantial risks to the security and safety of the American people, and people generally" highlights my concern about the overall negative tone of the report. The text which supports the conclusion deals with theft scenarios, threats and hoaxes. It is highly conjectural. Written as an adversary document, the result is to place unbalanced emphasis on the risk and consequences of theft. The conclusion should at least include the statement found earlier in the report that analysis of security risks applicable to nuclear theft deal with very low probability risks. In addition, it would be appropriate to restate in the conclusions that many of the materials are self protecting because of their radioactivity and that the risk of theft is thereby diminished.

A further example is found in the opening statement in the conclusions which states "Nuclear weapons are relatively easy to make, assuming the requisite materials are available." The validity of this statement depends on many factors, including the availability of readily usable materials; however, one must read later conclusions in some detail to discover that the materials available are generally in such a form as to be non-utilizable.

The report offers several proposals to enhance the protection of nuclear materials, including the establishment of a national nuclear protection service. If, in furtherance of common defense and security of the United States, facilities and materials are to be protected by armed guards prepared to neutralize a threat, the government should seriously consider this suggestion by the authors.

On the other hand some alternatives which the report offers are probably unworkable. For example, the report encourages the co-location of fuel cycle facilities. Although there are plans to co-locate a limited number of plants in the fuel cycle, it would be impractical to concentrate the industry in just a few locations. The suggestion of shipping fuel in convoy once a year may have merit from the standpoint of minimizing transportation protection resources. However, achieving a master shipping schedule within the entire fuel cycle is only academically possible. This, combined with the suggestions that all safeguarded material should be in massive containers which could only be removed from the vehicle with a heavy crane, that a single shipment would involve a 50-man security force and that coded radio signals should be used to disable vehicles if they stray from their predetermined routes could effectively stop the movement of fissionable material. Satisfactory transportation safeguards should be achievable with far less disruption and economic impact on the general public.

It should also be noted that the costs of the proposed safeguard's measures are estimated to be $70 million by 1980. This estimate reflects only the salary and associated costs for security force personnel. It makes no provision for the substantial costs of sophisticated security devices, communication systems, vehicles, etc. Moreover, the cost estimate ignores the impact on capital and operating costs. Therefore, the overall annual expenses would be substantially in excess of the estimated $70 million in 1980.

In closing, I am convinced that the problems are being and will continue to be properly managed. The AEC and the industry are in full agreement that nuclear materials and facilities must be properly protected.

Sincerely yours,

James E. Sohngen

JES:msp

Selected Bibliography

Official Documents

Advisory Panel on Safeguarding Special Nuclear Material. *Report to the Atomic Energy Commission.* Washington: Unpublished, March 10, 1967.

International Atomic Energy Agency. *Power and Research Reactors in Member States.* Vienna: IAEA, issued annually.

Smyth, Henry D. *Atomic Energy for Military Purposes: The Official Report of the Development of the Atomic Bomb Under the Auspices of the United States Government,* 1940–1945. Washington: Government Printing Office, 1945.

United Nations General Assembly. *Report of the Secretary-General on the Effects of the Possible Use of Nuclear Weapons and on the Security and Economic Implications for States of the Acquisition and Further Development of These Weapons.* U.N. Doc. A/6858, October 10, 1967.

U.S. Atomic Energy Commission. *An Evaluation of High Temperature Gas-Cooled Reactors.* Washington: AEC Division of Reactor Development and Technology, 1968.

U.S. Atomic Energy Commission. *Current Status and Future Technical and Economic Potential of Light Water Reactors–WASH–1082.* Washington: AEC Division of Reactor Development and Technology, 1968.

U.S. Atomic Energy Commission. *Environmental Survey of the Nuclear Fuel Cycle.* Washington: AEC Fuels and Materials Directorate of Licensing, November 1972.

U.S. Atomic Energy Commission. *Environmental Survey of Transportation of Radioactive Materials To and From Nuclear Power Plants.* Washington: AEC Directorate of Regulatory Standards, December 1972.

U.S. Atomic Energy Commission. *Fusion Power–An Assessment of Ultimate Potential, WASH–1239.* Washington: AEC Division of Controlled Thermonuclear Research, February 1973.

U.S. Atomic Energy Commission. *Liquid Metal Fast Breeder Reactors, Part II: 1962–1971, USAEC Report TID–3333.* Washington: USAEC, 1972.

U.S. Atomic Energy Commission. *The Nuclear Industry*. Washington: Government Printing Office, issued annually.

U.S. Atomic Energy Commission. *Nuclear Power 1973–2000–WASH-1139(72)*, Washington: AEC Office of Planning and Analysis, Forecasting Branch, December 1972.

U.S. Atomic Energy Commission. *Physical Protection of Classified Matter and Information (AC Manual Appendix–2401)*. Washington: AEC Division of Security, June 26, 1969, and revisions.

Comptroller General of the United States, "Improvements Needed in the Program for the Protection of Special Nuclear Material," Report to the Congress, November, 1973.

Books

Bader, William. *The United States and the Spread of Nuclear Weapons*. New York: Pegasus, 1968.

Beaton, Leonard. *Must the Bomb Spread?* Harmondsworth, Middx., England: Penguin Books, 1966.

Beaton, Leonard and Maddox, John. *The Spread of Nuclear Weapons*. New York: Praeger, 1962.

Feiveson, Harold A. *Latent Proliferation: The International Security Implications of Civilian Nuclear Power*. Princeton: Unpublished Ph.D. dissertation, 1972.

Glasstone, Samuel (ed.). *The Effects of Nuclear Weapons*. Washington: U.S. Government Printing Office, 1962.

______. *Sourcebook on Atomic Energy*. 2d ed. Princeton, N.J.: Van Nostrand, 1958.

Hewlett, Richard G. and Anderson, Oscar E., Jr. *The New World*. University Park: Pennsylvania State University Press, 1962.

Hogerton, John F. *Atomic Energy Deskbook*. New York: Reinhold Publishing, 1963.

International Atomic Energy Agency. *Safeguards Techniques: Proceedings of a Symposium in Karlsruhe, 6–10 July 1970* (2 vols.). Vienna: IAEA, 1970.

Leachman, Robert B. and Althoff, Phillip (eds.). *Preventing Nuclear Theft: Guidelines for Industry and Government*. New York: Praeger, 1972.

Lovatt, James E. *Nuclear Materials Management and Control*. New York: Gordon & Breach, 1972.

McKnight, Allan. *Atomic Safeguards: A Study in International Verification*. New York: United Nations Institute for Training and Research, 1971.

Szasz, Paul C. *The Law and Practices of the International Atomic Energy Agency*. Vienna: IAEA, 1970.

U.S. Atomic Energy Commission. *Safeguards Research and Development: Proceedings of a Symposium, 27–29 October 1969*. Springfield, Va.: Clearinghouse for Federal Scientific and Technical Information (WASH 1147), 1970.

Willrich, Mason. *Global Politics of Nuclear Energy*. New York: Praeger, 1971.

______. *International Safeguards and Nuclear Industry*. Baltimore: The Johns Hopkins University Press, 1973.

______. *Non-Proliferation Treaty: Framework for Nuclear Arms Control.* Charlottesville, Va.: Michie, 1969

Articles, Pamphlets and Technical Reports

Adelson, Alan M. "Please Don't Steal the Atomic Bomb," *Esquire,* May 1969.

Atomic Industrial Forum. *Protection of Special Nuclear Materials and Facilities.* New York: AIF Committee on Nuclear Materials Safeguards, February 1973.

Beaton, Leonard. "Nuclear Fuel-For-All," *Foreign Affairs,* vol. 45, July 1967, pp. 662-669.

Colby, L. J., Dahlberg, R. C., and Jaye, S. "HTGR Fuel and Fuel Cycle Summary Description," GA-10233. San Diego: Gulf General Atomic, 1971.

Donnelly, Warren H. *Commercial Nuclear Power in Europe: The Interaction of American Diplomacy with a New Technology.* Washington: Committee on Foreign Affairs, U.S. House of Representatives, committee print, 1972.

Gilinsky, Victor. *Fast Breeder Reactors and the Spread of Plutonium.* Santa Monica, California: RAND Memorandum RM-5148-PR, 1967.

Gulf General Atomic. "Self Sustaining Power Plant Combination Systems Consisting of High-Temperature Gas-Cooled Reactors and Gas-Cooled Fast Breeder Reactors." San Diego: Gulf General Atomic, September 1973.

Haefele, W. et al. "Safeguards System Studies and Fuel Cycle Analysis," *Proceedings of the International Conference on the Constructive Uses of Atomic Energy, Nov. 10-15, 1968,* ed. Ruth Farmakes. Washington, D.C.: American Nuclear Society, 1969, pp. 161-79.

Imai, Ryukichi. "Nuclear Safeguards," *Adelphi Papers No. 86.* London: International Institute of Strategic Studies, March 1972.

Ingram, Timothy H. "Nuclear Hijacking: Now Within Grasp of Any Bright Lunatic," *Washington Monthly,* December 1972. pp. 20-28.

Lapp, Ralph E. "The Ultimate Blackmail," *The New York Times Magazine,* February 4, 1973, p. 13.

Leachman, Robert B. "Diversion Safeguards: Political and Scientific Effectiveness in Nuclear Materials Control," *Final Report for Grant No. GI-9 of the National Science Foundation.* Manhattan, Kansas: Kansas State University, June 1972.

McPhee, John. "The Curve of Binding Energy," *The New Yorker Magazine,* December 3, 10, and 17, 1973.

Shapely, Deborah. "Plutonium: Reactor Proliferation Threatens a Nuclear Black Market," *Science,* vol. 172, April 9, 1971, pp. 143-146.

Weinberg, Alvin M. "Social Institutions and Nuclear Energy," *Science,* vol. 177, July 7, 1972, pp. 27-34.

Wu, Leneice N. The Branch Plan: "U.S. Diplomacy Enters the Nuclear Age," *Report by the Congressional Research Service, Library of Congress, for the House Committee on Foreign Affairs Subcommittee on National Security Policy and Scientific Developments.* Washington: Government Printing Office, August 1972.

Index

About the Authors

Mason Willrich is Professor of Law at the University of Virginia. From 1968 to 1973, he was also Director of the Center for the Study of Science, Technology, and Public Policy at the University of Virginia. Mr. Willrich was Assistant General Counsel of the U.S. Arms Control and Disarmament Agency from 1962 to 1965 and has served on the U.S. delegations to the conference of the Committee on Disarmament in Geneva and to various safeguards review working groups of the International Atomic Energy Agency. He was awarded a Guggenheim Memorial Foundation Fellowship in 1973. Mr. Willrich has served as a consultant to the Pacific Gas and Electric Company, the RAND Corporation, the U.S. Arms Control and Disarmament Agency, and the Naval War College. His books include *SALT: The Moscow Agreements and Beyond* (1974) (co-author and co-editor), *International Safeguards and Nuclear Industry* (1973) (co-author and editor), *Global Politics of Nuclear Energy* (1971) and *Non-Proliferation Treaty: Framework for Nuclear Arms Control* (1969). He is the editor of *Civil Nuclear Power and International Security* (1971) and co-editor of *Nuclear Proliferation: Prospects for Control* (1970). Mr. Willrich graduated from Yale University in 1954 and received his law degree from the University of California, Berkeley, in 1960.

Theodore B. Taylor is Chairman of the Board of International Research and Technology Corporation (IR&T), a subsidiary of General Research Corporation located in Arlington, Virginia. Dr. Taylor worked on the design of nuclear explosives at Los Alamos Scientific Laboratory from 1949 to 1956. In 1956, he joined the General Atomic Division of General Dynamics Corporation, where he was technical director of the Nuclear Space Propulsion Project (Project Orion) and a Senior Research Advisor. From 1964 to 1966, he served as Deputy Director (Scientific) of the Defense Atomic Support Agency in Washington. He then spent two years in Vienna, Austria, as an independent consultant to the U.S. Atomic Energy Commission and several other organizations, working on the subject of international safeguards for nuclear materials. In 1967, he founded IR&T, a company primarily concerned with studies of the impact of technology on society. His publications include "The Restoration of the Earth" (1973, co-author with Charles C. Humpstone) and numerous articles on nuclear safeguards. Dr. Taylor graduated from the California Institute of Technology in 1945 and received his PhD in theoretical physics from Cornell University in 1954. In 1965, he was one of the recipients of the Ernest O. Lawrence Memorial Award of the AEC for his work on the development of nuclear explosives and the TRIGA research reactor.